KB149723

5판

인간
발달

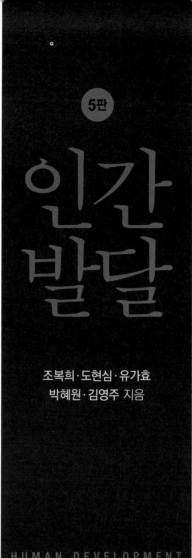

5판

인간
발달

조복희·도현심·유가효
박혜원·김영주 지음

HUMAN DEVELOPMENT

교문사

이 책이 처음 출판된 지 4반세기가 되었다. 당시만 해도 인간의 생애발달적 접근은 서구에서도 그 역사가 오래되지 않았고, 우리나라에서는 거의 처음이었다. 전생애발달, 인간발달이라는 용어조차 생소할 때였으나 25년이 지난 지금 인간발달은 대학의 교양과목이나 전공기초과목으로 자리 잡았다. 수능시험의 직업탐구영역의 한 과목으로도 채택될 정도로 인정받고 있다. 더욱이 우리 사회가 고령화되면서 평생교육과 함께 생애발달적 관점이 중요하게 여겨지고 있다. 이러한 변화에 이 책이 기여한 듯하여 저자들로서는 보람과 감사함을 느낀다.

이 책은 생애발달적 접근에 따라 발달의 초기인 영유아기, 아동기뿐만 아니라 청년기, 성인기 발달도 주요 쟁점을 중심으로 다루었다. 인간발달의 학제적인 특성에 따라 심리학, 아동학, 인류학, 사회학, 생물학, 의학 등의 다양한 영역에서 밝혀진 연구결과를 시기별로 나누어 종합하였다. 그동안 밝혀진 인간발달 이론이나 연구법도 놓치지 않고 포함시켰다. 이에 크게 네 부분으로 나누어, 인간발달의 기초, 태내기, 영유아기, 학동기를 포함한 아동기 발달, 청소년기 발달, 성인기 발달로 구성하였다.

5판에서는 기존 저자들에 더해 두 분이 개정작업에 참여하였다. 이 책의 첫 번째 부분인 인간발달의 기초와 성장 급등이 일어나는 영아기 발달을 다룬 1~4장까지는 조복희, 5장 유아기는 김영주, 6장 학동기는 박혜원, 7장 청소년기는 도현심, 8~10장의 성인기(전기, 중기, 후기)는 유가효 교수가 각각 분담하여 개정하였다. 최근 학문적으로나 사회적으로 여러 분야에서 많은 연구결과들이 쌓이고 변화가 급속히 이루어지고 있으므로 이러한 흐름을 반영하고자 노력하였으나 미흡한 부분이 여전히 남아 있다.

이 책은 인간의 생애전반을 통한 성장, 발달을 다루었기 때문에 저자들의 경험으로 보더라도 한 학기의 교과목으로 다 강의하기에는 분량이 많다고 볼 수 있다. 그럼에도 불구하고 분권을 하려고 하지 않은 것은 한 권의 책에서 인간발달을 전생애발달의 관점이라는 연속선상에서 다룸으로써 전체적인 조망을 갖도록 하는 것이 필요하다고 보았기 때문이다. 가능하다면 한 권의 책으로 1학기는 아동발달, 2학기는 청소년 및 성인발달을 강의함으로써 학생들이 오랫동안 곁에 두고 볼 수 있는 책이었으면 하는 바람도 있다.

끝으로 다시 본 개정판을 내도록 독려해 주시고 짧은 시간 동안 출판하느라 애써주신 교문사 류제동 회장님과 원고의 편집과 교정에 정성을 다한 편집부 여러분들께 깊은 감사를 드린다. 그리고 자료의 정리 등 많은 일을 도와준 이들께도 감사를 전하고 싶다.

2020년 9월
저자 일동

차례

CHAPTER

1

인간발달의
기초

인간발달은 심리학, 사회학, 생물학, 인류학 등의 여러 기초 학문에서 밝혀진 것을 종합하여 규명하는
학제적 연구이다. 인간발달 연구에 가장 크게 기여한 학문 영역인 발달심리학은 감각운동능력, 지각과
지적 기능 그리고 사회적·정서적 반응 변화를 상세히 객관적으로 기술하여 발달에서의 일반적인
경향을 규명하고 그 기능의 차이에 있어 개인차를 설명한다. 인간발달은 인간의 전 과정을 설명하는
미시적인 심리학적 접근뿐 아니라 사회학적·생물학적·인물학적 접근까지도 포함된다.

인간발달의 기초

인간을 대상으로 한 연구에서 전 생애를 통한 발달적 접근은 20세기 중반까지
도 별로 없었다. 인간의 신체적·심리적·사회적 행동발달을 설명하는 발달심리
학은 주로 아동기 이전까지 강조되어 왔으며, 한 개인의 후반부 생애를 설명하
는 심리학적 이론이나 모델을 최근까지도 찾아보기가 힘들었다. 이것은 발달
을 전제로 하는 변화가 아동기나 청년기에 급격하게 나타나기 때문이다. 분명
1~5세까지의 변화가 51~55세까지의 변화보다 큰 것은 사실이다.

　1970년대부터는 연구의 대상이 아동기를 벗어나 성인기, 노년기의 행동발달
까지 확대되었다. 이러한 경향은 여러 이유에서 비롯되었겠지만, 먼저 인간의
수명이 길어지면서 숫자적으로 성인기 이후의 인구가 많아졌기 때문이다. 〈그
림 1-1〉에서 보듯이 인간의 평균수명이 18세에서 41세로 증가하는 데 5,000년
이 걸렸다. 그 후 20세기에 평균수명이 30년 이상 증가하여 인간의 성장기라
볼 수 있는 20세까지가 전 인생의 1/4밖에 되지 않는다. 우리나라의 1933년의
평균 수명은 37.4세, 1957년에는 52.4세, 1999년에는 75.5세였다. 그러므로 연령
구조의 변화로 인해 성인기, 노년기가 필연적인 관심의 대상이 되었다. 우리나
라의 경우도 1985년에 14.8%이던 50세 이상의 인구가 1990년에는 16.1%, 2010
년에는 24.6%로 증가되었으며, 65세 이상의 노령 인구는 2025년에는 20%를 넘
어서고, 2036년에는 30%으로 높아질 것으로 전망되어 현대 사회에서 이들의
삶이나 지위가 연구의 주제가 되어야 함을 보여 준다.

두 번째 이유로 상호작용의 이론은 새로운 각도로 인간의 발달을 설명하게 되었다. 아동의 발달 변화는 가족의 변화를 초래하고 가족의 변화는 다시 개인의 변화를 가져다 준다. 이러한 상호적인 관계에서 부모는 자녀에게 일방적으로 영향을 주기만 한다는 생각에서 부모도 자녀로부터 영향을 받게 된다는 것을 인식하면서부터 부모기(parenthood)를 새로운 관점으로 해석하기 시작하였다. 이러한 관점은 인간이 전 생애를 통해 끊임없이 변화하며, 발전하는 것으로 새롭게 받아들여졌으며, 일단 성인이 되면 신체적·심리적 변화가 더 이상 오지 않는다는 사고는 잘못이라는 인식을 갖게 했다.

셋째, 단기간의 실험적인 방법으로 얻어진 기존의 연구들은 연령만을 기초로 한 순간적인 지식만을 제공하였지, 어떤 행동이 한 개인의 전 일생을 통해서 어떤 영향을 줄 것인가는 설명하지 못하였다. 즉, 개인의 연령이 증가하면서 일어날 수 있는 행동의 변화에 대한 평생발달적 차원에서의 인간의 이해에는 충분하지 못하였다. 전 생애를 통한 발달 변화의 연구는 개인내 간(intra-individual)의 변화뿐만 아니라 개인과 개인 간(interindividual)의 변화도 밝힐 수 있다.

인간발달의 전통적 접근은 출생 후 초기에 급격한 변화가 일어나고 청년기에는 발달의 정점에 이르며, 그 후 성인기에는 안정을 유지하나, 노년기에는 쇠퇴한다고 보았다. 이때에도 발달 현상의 많은 부분이 일어나고 있다고 밝히고 있으나 평생발달적 관점에서 성인 후기의

그림 1-1 선사시대부터 현대까지 출생 시 기대수명

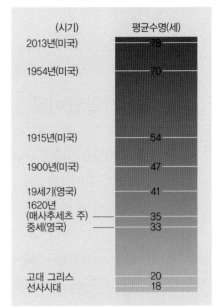

자료 : Santrock(2016), p. 4.

그림 1-2 평생발달에서의 변화

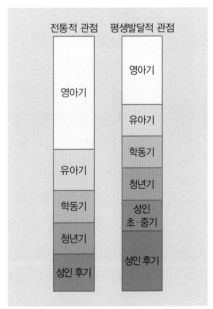

자료 : Santrock(1983), p. 12.

변화는 더욱 많이 일어난다(그림 1–2).

인간발달이란

인간발달은 수정의 순간에서 죽음까지의 전 생애를 통해서 일어나는 변화에서 유전적 요인과 환경적 요인을 과학적으로 규명하는 학문이다(Santroch, 2016). 인간발달 학자들은 한 개인의 전 생애를 통해서 일어나는 발달 변화에는 영속성이 있다고 본다. 왜냐하면 한 개인의 발달은 과거에 이미 형성되었던 구조 속에 현재의 경험이 복합되어 융화되어가기 때문이다. 예를 들어, 청년기에 있는 대학생은 유아기, 아동기에 지녔던 여러 가지의 경험 속에서 현재에 이르고 있고, 현재의 생활경험, 가치관 등은 미래의 생활유형, 태도 등에 영향을 미친다고 본다. 그러므로 평생발달적 접근의 인간발달 학자들은 발달이란 평생에 걸쳐 일어날 뿐 아니라 성인기의 변화는 개인 역사의 산물로 간주하는 것이다.

인간발달은 심리학, 사회학, 생물학, 인류학 등의 여러 기초 학문에서 밝혀진 것을 종합하여 규명하는 학제적(interdisciplinary) 연구이다. 인간발달 연구에 가장 크게 기여한 학문영역의 발달심리학은 인간의 감각운동능력, 지각과 지적 기능 그리고 사회적·정서적 반응 변화를 상세히 객관적으로 기술하여 발달에서의 일반적인 경향을 규명하고 그 기능의 차이에 있어 개인차를 설명한다. 즉, 성장과 발달에 있어 어떻게 변화를 일으키고 왜 변화가 오는가를 밝히는 것이다. 인간의 행동발달에 관심을 갖고 그 과정을 규명하고자 하는 발달심리학자들은 접근방법이 미시적이라 볼 수 있다.

인간발달은 인간의 전 과정을 설명하는 미시적인 심리학적 접근뿐 아니라 사회학적·생물학적·인류학적 접근까지도 포함된다. 사회적 단위나 사회구조, 즉 가족, 계층 등에 관심의 초점을 두는 사회학은 인간발달 연구에 많은 공헌을 하였다. 급속한 인구 증가율과 평균 수명의 연장으로 노년층의 인구 비율이 커져 사회구조에 변화가 왔다. 사회구조의 변화에 관심을 두는 사회학은 이 변화를 연구한 결과 개인의 발달이 사회구조에 영향을 미치고 개인은 다시 사회의 구조에서 영향을 받는 것을 밝혔다. 개인의 성인기, 노년기 발달에는 큰 관심을 두지 않았던 사회학에서 노인학(gerontology)이 연구 주제로 등장하게 된 것이다.

생물학은 인간발달 연구에 기본이며 필수적이다. 왜냐하면 인간은 생물학적인 유기체이며, 인간의 생물학적 기능이 생래적(生來的)인 것인가 또는 학습된 것인가를 밝혀야 하기 때문이다.

한 개인이 속한 문화를 비교함으로써 인간발달 과정의 양상을 밝히는 문화인류학도 인간발달 연구에 기여하였다. 한 세대에서 다음 세대로 전수되는 생활유형은 개인의 발달과 관련이 깊다. 비교문화적 연구는 인간의 공통된 행위와 문화에 따른 특수행위를 파악할 수 있는 유일한 방법이다. 문화적 차이로 인한 한 개인의 성장발달의 차를 설명할 수 없다면 인간의 특성에서 생물학적 또는 유전적 요인과 학습된 요인을 밝힐 수 없으므로 문화인류학은 인간발달의 이해를 위한 또 다른 접근법이라 하겠다.

| 2 |
인간발달의 단계

인간발달의 단계를 어떻게 나누느냐는 학자마다 많은 차이를 보이고 있고, 상반된 견해도 지니고 있다. 발달단계를 나눌 때 가장 보편적으로 사용되는 기준이 연령이다. 연령에는 생활연령, 생물학적 연령, 심리적 연령, 사회적 연령이 있다(Santroch, 2016).

생활연령(chronological age)은 출생 후 얼마만큼 시간이 흘러 갔느냐에 따라 결정된다. 흔히 우리가 말하는 20살, 30살 하는 연령이다. 발달을 연구하는 학자들은 이 연령이 개인의 심리적 발달을 설명하지 못한다고 보고 있다.

생물학적 연령(biological age)은 개인의 생물학적 건강에 바탕을 두고 산출된 연령이다. 생활연령이 같을지라도 개인의 신체기관의 기능에 의해 생물학적 연령이 달라지는데, 생물학적 연령이 어릴수록 수명이 길어진다고 볼 수 있다. 심리적 연령(psychologicalage)도 심리적 성숙에 따라 달라진다. 성숙된 사람은 스스로 감정조절을 잘하고 사고를 분명히 하는 경향이 있다. 사회적 연령(social age)은 각 개인의 생활연령에 맞는 사회적 기대나 역할을 하고 있느냐에 초점을 두고 있다. 결혼연령, 부모가 되는 연령, 은퇴연령 등은 사회가 부여하고 있는 사회적 연령이 된다.

사실상 연령에 따라 인간의 발달 특징을 분류하는 것은 개인의 발달과정도 다르고, 각 사회의 구조가 독특하기 때문에 단순하지 않다. 개인마다 발달의 양상이 다르고 개인이 도달하는 발달단계의 연령에 차이가 있다 하더라도 몇 가지의 유사점으로 발달 주기를 묶어 살펴볼 수 있다. 여기에서는 다음과 같이 여덟 단계로 나누어 살펴보았다.

(1) 태내기(수태~출생)

어머니의 자궁 내에서 태아의 신체조직이 구성되고 발달하는 시기로 약 266일이 된다. 태내기는 배란기, 배아기, 태아기의 세 단계로 나누어진다.

(2) 영아기(infancy, 0~2세)

출생 후 24개월까지를 영아기라 하는데, 첫 며칠 동안은 신생아로 언급되기도 한다. 영아는 아무것도 할 수 없는 무력한 아이가 아니라 생존에 필요한 반사활동을 할 수 있으며 자고, 먹고, 울면서 성장하는 개체이다. 그러나 영아기의 아동은 심리적·신체적 활동에 있어서 성인에게 많이 의존한다. 이 시기가 끝날 즈음이면 간단한 어휘를 말하게 되고 걸을 수도 있게 된다.

(3) 유아기(early childhood, 2~6세)

때로는 취학적 시기(preschool age)로 언급되는 유아기에는 운동능력이 급속히 발달하여 뛰고 달릴 수 있어 하루 종일 바쁜 나날을 보낸다. 또한 자아의 발달로 '나'는 유일한 개체로 인식된다. 급속한 언어의 획득으로 사고의 범위가 넓어지고 부모와의 대화, 친구와의 접촉으로 기본적 사회화도 이루어진다.

(4) 학동기(middle & late childhood, 6~12세)

이 시기는 공식적인 교육이 시작되어 초등학교에 다니는 때이다. 사물에 관한 관심이나 지적 호기심으로 무엇이든지 알고 싶어 하고 이해하고자 하는 욕구가 매우 많다. 유아기보다 훨씬 발달된 정신능력을 지니게 되고, 학교라는 사회를 통해 보다 넓은 세상과 문화를 접한다. 이들은 과거나 미래에 대해 관심이 적으며 현재를 즐긴다.

(5) 청소년기(adolescence, 12~20세)

청소년기에는 급속한 신체적 성숙을 이루게 되며, 자아정체감을 갖게 된다. 이들은 세상의 모든 것을 안다고 여기며 영원히 살 것이라고 착각을 한다. 성에 눈을 뜨면서 어른스러운 행동을 하고자 하고 부모가 이해해 주기를 기대한다. 동시에 독립적인 성인으로서의 삶을 위한 정신과 신체를 준비하는 시기이다. 이때는 가족 밖에서 보내는 시간이 많아진다.

(6) 성인 전기(early adulthood, 20~40세)

성인 전기에는 직업을 갖고 부모로부터 독립한다. 미래에 대한 계획을 세우고 배우자를 선택하여 새로운 가족을 형성하고 자녀를 양육하는 일, 그리고 독립된 직업인으로서의 성장 등으로 매우 변화가 많은 시기이다.

(7) 성인 중기(middle adulthood, 40~65세)

직장인으로서 책임이 무거운 시기이며, 자녀들을 책임감 있고 행복한 성인으로 자라도록 도와주어야 한다. 또한 중년의 생리적 변화에 적응해야 한다. 자식들이 떠나가면서 자신의 위치에 회의감도 드는 시기이다.

(8) 성인 후기(late adulthood, 65세 이상)

신체적 능력, 건강이 쇠약해지는 것을 경험하고 직장에서 은퇴하는 시기이다. 인생이 얼마 남지 않았다는 것을 인지하고 죽음을 준비해야 한다.

| 3 |

발달에 대한 견해와 발달의 유형

발달(development)은 변화(change)를 의미한다. 인간은 수태로부터 사망까지 신체적 기능이나 심리적 기능에 있어 변화가 오는데, 이것을 발달이라 본다. 발달은 간혹 성장(growth)이라는 용어와 혼용해서 쓰기도 한다.

발달은 인생의 긴 과정에서 지속적으로 일어나는 변화이다. 이 변화는 계획된 순서대로 체계적으로 일어나므로 예측할 수도 있다. 발달은 양적인 변화만 뜻하는 것이 아니라 질적인 변화도 포함하고 있다. 또한 특정 기능의 변화는 다른 기능의 변화를 가져오게 하므로 발달은 상호작용적이면서 누적적인 것이다. 발달 변화의 속도는 개인마다 다르고 개인의 행동 양상이나 기능의 발달 속도가 각각 다른 것이 그 특징이다.

1) 발달의 견해

체계적인 과정을 따라 이루어지는 발달 변화를 설명하는 견해는 크게 성숙론, 환경론, 상호작용론으로 나누어진다.

(1) 성숙론

성숙론(maturationism)을 지지하는 학자는 인간의 발달이 유전에 의해 결정된다고 본다. 이들에 따르면 유전이 발달의 중요하고 직접적인 요인이다. 성숙론의 개념은 17세기 후반 루소(Rousseau)의 《에밀(Emile)》에서 언급된 것이 시초이다. 루소는 발달의 변화는 유전적으로 이미 결정된 단계순으로 일어난다는 사실을 처음으로 제시하였다. 그는 유전이나 생물학적 요인이 발달 변화의 본질과 과정에 영향을 미친다는 성숙론의 확고한 이론적 근거를 마련하였다.

그 후 다윈(Darwin)은 《종의 기원(Origin of Species)》에서 성숙론적 개념을 설명하였다. 다윈은 인류의 많은 행동이 유전에 의한 것이라고 언급하고 있는데, 그의 견해에 따르면 발달 변화는 자연도태라는 과정을 통해서 일어난다는 것이다.

다윈의 진화론적 생물학과 루소의 자연주의적 철학을 잘 조화시킨 홀(G. Stanley Hall)은 성숙론적 발달 변화의 견해를 제시하였다. 그 후 태내 발달의 연구로부터 발달에 순서가 있다고 발표한 사람은 게젤(Gesell)이다. 그는 태내에서 태아의 기관이나 조직이 유전적인 계획에 따라 순서대로 발달하듯이 이런 유전적 물질은 생의 전반에 걸쳐 발달과정에 계속적으로 영향을 미친다고 보았다. 그는 대부분 아동의 특정 연령에 나타나는 특정 행동에 대한 규준적 자료를 수집하였다. 그의 이런 방법을 규준적 접근(normative approach)이라 한다.

(2) 환경론

성숙론의 개념에 상반되는 발달 변화에 대한 개념은 환경론(environmenta-lism)이다. 환경론자는 발달 변화란 학습과 훈련경험의 결과라고 강조한다.

루소가 성숙론의 초기 이론가라면 로크(Locke)는 환경론의 가장 초기 지지자이다. 로크는 출생 시 인간은 텅빈 백지상태(tabula rasa)와 같다고 믿고 개인의 인성, 지능, 행동특성은 경험에 의해 학습된다고 하였다.

이러한 견해는 20세기 초반에 파블로프(Ivan Pavlov)와 왓슨(John Watson) 두 사람에 의해 새로운 각도로 연구되었다. 파블로프는 고전적 조건화(classical conditioning) 이론을 정립하였으며, 왓슨은 파블로프이론을 기초로 행동주의 (behaviorism)를 심리학의 크나큰 영역으로 만들었다. 파블로프의 고전적 조건화 이론과 왓슨의 행동주의이론은 뒤에서 다시 언급되고 있다.

심층논의 속담에서 본 유전과 환경

가장 간소한 문학 장르인 속담은 옥스퍼드 속담사전에서는 '짧고 함축성 있는 말'로서 보았고 속담은 '인류의 경험을 통해 얻어진 가치나 진실을 간단명료하게 또는 은유적으로 표현하는 것'으로 평범한 일반 민중으로부터 식자층에 이르기까지 광범위하게 향유되어 왔다. 영국의 러셀(Russell) 경은 속담을 '한 사람의 위트 그리고 많은 사람의 지혜(One man's wit and all men's wisdom)'라고 기술하고 있다. 세계의 모든 문화에 존재하는 속담은 그 공동체의 문화적 또는 역사적 체험이 축적되어 오랜 세월을 거쳐 전수되어 왔다.

(계속)

아동발달관을 볼 수 있는 속담으로 선천을 지지하는 속담과 후천을 강조하는 속담으로 나눌 수 있다. 아동의 발달이 대부분 유전적으로 예정되어 있어 선천적인 요인에 의해서 이루어진다는 외국의 속담은 다음과 같은 것이 있다.

- '굽어진 나뭇가지는 굽어진 채로 자란다(As the twig is bent, so grows the tree)'
- '핏줄이 말해준다(Blood will tell)'
- '나무는 열매를 보면 안다(The tree is known by its fruit)'
- '표범도 자기 얼룩을 바꿀 수는 없다(A leopard cannot change its spots)'
- '양파는 장미를 만들지 못한다(An onion will not produce a rose)'
- '비스듬한 가지에 비스듬한 그늘이 진다' (일본)
- '배나무를 심었다면 복숭아를 기대할 수 없다' (중국)

우리나라 속담에는 다음과 같은 것이 있다.

- '그 아버지의 그 아들'
- '돌은 갈아도 옥이 되지 않는다'
- '될성부른 나무는 떡잎부터 알아본다'
- '씨도둑은 못한다'
- '집에서 새는 바가지 들에 가도 샌다'
- '콩 심은 데 콩 나고 팥 심은 데 팥 난다'

아동이 양육이나 사회적 요구에 따라 그리고 개인이 경험하는 환경에 따라 성장한다는 후천을 강조하는 외국의 속담을 볼 수 있다.

- '기회가 도둑을 만든다(Opportunity makes the thief)'
- '후천적인 특성은 천성을 능가한다(Nurture passes (is above) nature)'
- '잘 가꿔진 정원에서도 잡초가 있다(You may find weeds even in the best garden)'
- '어느 무리에나 검은 양이 있다(There is a black sheep in every flock)'

아동의 발달에서 후천을 강조하는 우리나라 속담에는 다음과 같은 것이 있다.

- '개똥 밭에서도 인물 난다'
- '왕후장상에 어찌 씨가 있으랴'
- '자식이란 한 배에서 나와도 오롱이 조롱이'
- '재간 뱃속에서 타고난 사람 없다'

여러 문화에서 보여주고 있는 속담에서 공통적으로 선천을 강조하는 속담이 훨씬 더 많이 존재하고 있었다. 이것은 속담이 생활의 경험으로 유지되는 과정에서 아동을 보는 관점이 선천론적 견해가 후천론적 견해보다 공감해 왔다는 것을 의미하는 결과라 하겠다.

우리나라 속담은 특성으로 비유성, 오랜 세월을 통해 내려온 전통성을 지니고 있다. 또한 민중에 의해 생성되어 하층민의 정서를 포함하고 있어 속된 가치를 의미하는 통속성이 있다. 특히 '씨도둑은 못한다', '개똥밭에도 인물난다'는 속담은 통속적인 어휘를 담고 있다.

자료 : 조복희(2015).

(3) 상호작용론

유전이나 환경요인 중 어느 하나만이 발달 변화의 과정이나 특성에 작용하는 것이 아니라 유전과 환경이 모두 상호 관련되어 있다는 견해가 발달의 상호작용 견해이다. 최근에는 유전과 환경의 상호작용론(interactionism)으로 발달을 설명하는 학자가 늘어나고 있다. 그러므로 주어진 환경에서 특정 행동의 선택은 유전을 통해 받은 인자 때문으로 해석한다. 이들 중도론자들은 발달에 있어 유전과 환경을 독립적인 요인으로 분리하여 볼 것이 아니라 두 요인이 어떻게 결합되어 발달이 일어나게 하는가에 초점을 두고 있다.

환경요인의 질이나 양의 차이가 여러 행동이나 기능에 똑같이 작용하지는 않는다. 환경조건이 매우 나빠도 어느 정도의 수준 이상이면 특정 행동이나 기능의 발달에 이상이 없을 수도 있고, 반대로 환경조건이 아무리 좋다 하더라도 발달의 한계가 있을 수 있다.

최근에는 인간발달의 관점이 생물학적—사회적—문화적 과정의 변화로 나타난다고 보며, 상호작용을 하는 두 요인은 직접적으로 상호작용하지 않는 것으로 간주되고 있다. 즉, 문화, 지식의 축적·경험·학습 등의 요인을 통해 생물체와 환경의 상호작용이 중재되는 것이다(곽금주 외, 2009).

2) 발달의 유형

발달의 유형은 다음과 같이 몇 가지로 나눌 수 있다.

(1) 계속적 변화

일생에 걸쳐 변화는 계속해서 일어난다. 수태의 순간에서부터 죽을 때까지의 변화는 계속된다. 변화는 누적적이고 부가적인 특성이므로 개인은 연령이 증가함에 따라 더욱 복잡해지고 조직적인 행동을 하게 된다.

아동의 언어, 사고, 행동의 발달이 꾸준히 점차적으로 이루어진다고 보는 학자는 문제해결능력이 단어를 습득하고 많은 정보를 기억할 수 있는 능력의 결과이며, 아동이 기는 것부터 시작하여 걷는 것으로 나아가면서 근육의 힘이 생

기고 신경계의 협응으로 운동능력이 이루어진다고 보는 것이다. 이렇게 발달이
이전 경험을 토대로 점진적이면서 연속적인 변화의 과정으로 본다는 것은 양
적 변화에 초점을 두고 있다.

(2) 단계적 변화

발달을 단계적 변화로 보는 견해는 발달을 불연속성의 개념으로 설명하고 있
다. 변화가 층계의 계단을 오르는 것과 같은 방식으로 일어나는 것으로 간주한
다. 변화과정의 각 단계는 다른 단계와 구분되고 독특하다. 각 개인은 각각의
단계에서 성취해야 하는 과업이 있다. 이 과업을 달성해야만 다음 단계도 무난
히 맞게 되고 바람직한 발달의 양상을 띠게 된다.

비연속적인 견해로써 발달을 설명하는 학자는 발달이 특정 시기에 기본적인
재조직이 일어나면서 질적 차이를 보인다고 생각한 것이다. 예를 들어, 청소년
기에 들어서면서 그 이전 시기에는 가능하지 않았던 추상적 사고가 가능한 것
은 사고의 양적인 변화가 아니라 질적인 변화인 것이다. 피아제(Piaget)의 단계
이론은 대표적인 비연속적인 접근일 것이다.

(3) 점성적 파도 모형

변화를 설명하는 또 다른 견해로는 점성성(epigenesis)이 있다. 점성성(epi는

그림 1-3 계속적 변화(왼쪽)와 단계적 변화(오른쪽)

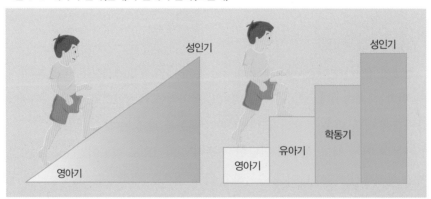

자료 : Berk(1994), p. 5.

upon의 뜻이며, genesis란 emergence의 뜻이다)이
란 생물학적 용어로서 발달의 과정 동안 나타나는
특성, 성질, 기능들을 묘사하는 데 사용되고 있다.

발달의 이런 견해는 단계적 견해와 유사하여 한
단계에서의 발달 특질과 본질은 다음 단계에 발생
하는 특성에 영향을 미친다. 이 모델에 따르면 발달
이란 일생을 통해 일련의 파도처럼 진행된다고 제
시하고 있다(그림 1-4).

그림 1-4 점성적 모형

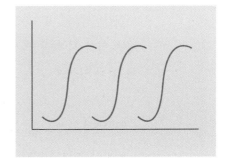

(4) 발달적 곡선

전 생애에 걸쳐 일어나는 변화는 종 모양의 곡선
으로 표시된다(그림 1-5).

발달을 인생의 특수 지점까지는 변화가 증가되었
다가 그 이후는 감소되는 연속적 과정으로 본다.
일생의 전반부에서의 발달은 그 속도가 느리지만
변화의 비율은 서서히 증가한다. 중반부에서는 발
달의 속도가 빨라지고 발달의 정도도 정점을 이루

그림 1-5 발달적 곡선

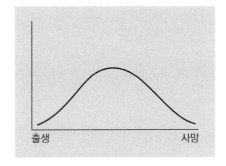

게 된다. 후반부에서의 변화는 급속하게 하강하면서 주기의 끝에 이르면 변화
는 매우 느린 속도로 떨어진다.

3) 발달에 대한 최근 관심 주제

우리 사회는 영유아, 아동, 청소년, 성인, 노인에 대한 일반인들의 관심이 대단
하다. 인간발달 학자들은 이들의 관점에서 당연히 접근해야 한다. 최근에 관심
이 되고 있는 주제를 살펴보면 건강과 웰빙, 부모됨, 교육, 사회·문화적 맥락 그
리고 사회정책 등이 있다(Santroch, 2016).

(1) 건강과 웰빙

건강한 삶을 영위하고자 하는 것은 인간 최대의 목표이다. 여기에 관련된 주제는 임신 시 약물 복용, 음주, 흡연, 유전상담, 모유수유와 인공수유, 조기 중재, 위기 청소년, 운동, 노년기의 건강, 죽음 준비 등이 있다.

(2) 양육과 부모됨

부모가 되어 자녀를 양육하는 것은 인간에게 주어진 최고의 기쁨이라고 일컫는다. 부모됨에 관련된 주제로는 취업모와 보육, 이혼 부모의 자녀, 아동학대와 방임, 가족관계, 3세대 가정, 자녀양육의 사회적 지지 등이 있다.

(3) 교육

한 인간이 성장하고 발달해 나가는 데 있어 교육은 지대한 영향을 미친다. 유아기의 다양한 교육경험, 학교와 가정의 협력, 창의적 교육 프로그램, 이중언어, 취약계층의 교육기회 등은 발달에서 매우 중요한 교육 관심사이다.

(4) 사회 · 문화적 맥락과 다양성

사회·문화적 맥락은 역사적·경제적·사회적·문화적 요인에 의해 달라진다. 사회·문화적 맥락을 이루고 있는 구성체로는 가정, 학교, 동료 그룹, 이웃, 거주 지역 등이 있으며 이 구성체들은 각각의 역사적·경제적·사회적·문화적 배경을 달리하고 있다.

문화란 오랜 세월 동안 특정 집단의 사람들끼리 나눈 상호작용의 결과로 볼 수 있다. 문화를 집단으로 나눌 때 유럽 문화와 아시아 문화처럼 매우 광범위하게 구분하기도 하고 또는 양반 종손가의 문화처럼 다소 좁게도 나눌 수 있다. 비교문화적 연구는 각 문화의 특성을 비교한다. 미국이나 중국과 같은 땅이 넓은 국가는 다양한 종족으로 이루어져 있어 여러 소수민족이 있다. 단일민족으로 구성되었다고 자부해 오던 우리나라도 국제화라는 시대적 변화로 인해 다문화 국가로의 변화가 빠르게 진행되고 있다. 발달에 대한 최근의 관심 주제는 사회·문화의 다양성, 유사성과 차이, 가치관의 차이가 연구의 관심사이다.

성(gender)은 사회·문화적 차이를 가져다 줄 뿐 아니라 발달에서 심리적 차이를 초래한다. 어머니 역할과 아버지 역할, 여성성과 남성성 그리고 양성성, 성 역할의 발달에 영향을 주는 기재 등은 발달연구에서 매우 중요하다.

(5) 사회정책

사회정책은 정치적 제도에서 결정되고 실행된다. 평생발달적 관점에서 보면, 영유아와 아동, 노년은 정책 결정에 참여가 어려우므로 복지정책에 소외될 가능성이 크다. 「영유아보육법」, 「아동학대범죄의 처벌 등에 관한 특례법」, 한부모가족지원법」, 「다문화가족지원법」, 「장애아동복지 지원법」 등의 사회정책은 불평등을 최소화할 수 있을 것이다. 또한 이러한 불평등에 대한 관심과 연구에 인간발달 학자들이 관심을 가져야 할 것이다.

빈곤 속에서 성장하는 아동들도 관심의 대상이 되어야 하고, 생의 끝에서 나이든 성인들을 위해 다루어야 할 건강문제도 사회정책에 포함되어야 한다.

| 4 |
인간발달의 연구법

복잡한 발달의 양상을 이해하기 위해서는 과학적인 연구를 통해 규명해야 한다. 여기에서는 과학적 연구의 목적과 방법을 살펴본 뒤 발달에 대한 접근법을 소개한다.

1) 연구의 목적

발달 연구의 목적은 다른 학문 분야와 마찬가지로 타당성 있고 객관성 있는 지식체계를 정립하기 위한 것이다. 인간에 대한 정확한 지식은 아동행동을 기술(description)하고 설명(explantion)하며, 예측(prediction), 통제(control)할 뿐 아니라 교육이나 부모의 자녀 양육 등의 실용성에 전적으로 기여할 것이다. 발달 연구의 궁극적인 목적은 지식체계의 정립에 있으나 구체적인 목적은 다음과 같이 볼 수 있다.

첫째, 행동의 발달적 기능을 밝히는 것이다. 즉, 아동의 특정 연령에서 보편적으로 일어나는 행동을 기술하는 것이다. 만약 특정 연령의 신체발달, 언어발달 등의 규준적 발달유형을 규명한다면 연구의 첫 번째 목적이 이루어진다고 볼 수 있다. 규준은 한 개인이 정상적으로 발달하고 있는가를 결정할 수 있는 근거를 제공해준다.

규준의 개념이 한 개인의 그가 속한 집단 다수와 유사한 발달과정으로 발달해 가는 것을 바람직하게 보는 것을 전제로 한다. 하지만 행동의 평균은 사회에 따라, 시대에 따라, 문화에 따라 그리고 사회계층에 따라 매우 다르다는 것을 인지해야 한다.

둘째, 발달에서의 개인 차이를 밝히는 것이다. 개인차를 측정하려면 먼저 개인차의 범위를 결정한 뒤, 여러 유형의 개인차 간의 관계를 결정하고, 주어진 특정 행동의 개인차의 발생요인을 알아내야 할 것이다. 개인차가 존재한다고 가정할 때, 그 원인이 어디에 있는가는 매우 중요한 문제이다. 연구에서의 두 가지 목적, 즉 규준을 발견하는 것은 많은 자료를 수집하여 보편화된 발달의 유형을 찾는 것이고, 개인차를 밝히는 것은 평균으로부터 어느만큼 다른가를 보는 것이기 때문에 서로 다른 철학적 관념에서 출발한다.

2) 연구방법

연구를 위한 자료의 수집방법에는 실험법, 관찰법, 질문지법, 면접법, 검사법 등이 있다.

(1) 실험법

실험법은 발달에 영향을 미치리라 가정되는 특정 변수, 즉 독립변수를 조작하여 그 조작의 효과를 종속변수에서 측정하는 것이다. 실험법은 인과관계를 밝힐 수 있는 가장 적합한 방법으로 외적 변수를 통제할 수 있는 장점이 있다.

연구 목적에 따라 실험집단(experimental group)과 통제집단(control group)을 구분하여 독립변수의 영향을 밝힐 수 있다.

그러나 실험법은 인간발달 연구에 많은 제한점을 갖고 있다. 먼저 인간행위가 인위적인 실험실에서는 일어나지 않을 수 있다는 것이다. 뿐만 아니라 독립변수 이외의 외적 요인을 배제할 수 없고, 연구자의 기대가 실험의 결과에 영향을 줄 수 있다는 것이 제한점이다.

(2) 관찰법

관찰법은 연구 대상자의 언어나 행동에 대한 자료를 실제 관찰을 통해 수집하는 방법이다. 관찰의 환경이 자연적인가, 인위적인가에 따라서 자연관찰과 통제관찰로 나눌 수 있고, 이것은 또다시 조직적 관찰과 비조직적 관찰로 나누어진다. 비조직적인 자연관찰은 현장 연구(field study)이며, 실험실에서 표준화된 척도를 사용하면 조직적인 통제관찰이 되는 것이다.

관찰법은 비언어적 행동까지 관찰할 수 있다는 것이 가장 큰 장점이지만, 관찰하고자 하는 행동이 일어나기를 기다려야 하고, 자연상황에서의 관찰은 외적 변수를 통제할 수 없다는 단점이 있다.

(3) 질문지법

개인의 감정, 동기, 과거의 행동이나 사적 행위에 관한 정보를 얻기 위해 흔히 사용되는 것이 질문지법이다. 대체적으로 고정된 질문으로 구성된 이 방법은 한꺼번에 많은 피조사자들을 대상으로 할 수 있어 경제적이고, 익명이 보장되므로 사적인 내용도 포함되며, 응답이 체계적으로 분류될 수 있다는 장점이 있다.

질문지에는 구조화된 질문과 비구조화된 질문이 있다. 응답의 범주가 분명하고 교육수준이 낮은 연구 대상에 사용될 수 있는 구조화된 질문은 우편을 통한 자료 수집에도 적합하다. 비구조화된 질문은 응답을 소수의 몇 개 범주로 나누기 어려운 정확하고 자세한 정보를 수집할 때 사용된다.

(4) 면접법

피조사자와의 면접을 통해 자료를 수집하는 이 방법은 개인에 대한 많은 정보를 알고 싶을 때 유용하게 사용된다. 상황에 따라 면접자의 질문이 달라질 수 있는 융통성이 있으며, 비언어적 행동까지 관찰하여 응답의 타당성을 높일 수 있다.

그러나 면접법은 시간과 돈이 많이 소요되며 응답자의 신분이 노출되어 사적인 정보는 거부될 수 있다. 면접법에서는 면접자와 피면접자 간의 라포 (rapport) 형성이 이루어져야 신뢰성 있는 응답을 기대할 수 있다.

질문 내용은 정해져 있으나 언어는 고정되지 않은 비구조화 면접법과 질문이 표준화되어 있어 응답이 쉽게 부호화되어 자료의 타당성이 높은 구조화된 면접법이 있다. 비구조화된 면접은 연구 대상자의 무의식적이고 주관적인 감정까지도 알아낼 수 있는 방법으로, 정신치료요법에 흔히 사용된다. 전화면접은 자료수집과정이 매우 빠르고 경제적이다.

(5) 검사법

개인을 같은 연령의 다른 사람과 비교하는 경우 표준화된 검사법을 사용한다. 이 검사법은 한꺼번에 여러 측면의 많은 자료를 수집할 수 있다는 장점이 있다.

그러나 인간의 행동 특성을 검사에 의해서 측정하기는 어렵고, 또한 표준화된 검사라 해도 그 신뢰도나 타당도가 높지 않은 특성이 있다. 따라서 문항 선정에서부터 측정상의 오류나 해석상의 오류를 범하기 쉽다는 단점이 있다. 표준화된 검사들 가운데 널리 사용되는 것에는 지능검사, 적성검사, 태도검사 및 성격검사 등이 있다.

3) 발달의 비교 접근법

인간발달은 전 생애를 통한 개인의 발달 변화에 연구의 초점을 두기 때문에 시간적 경과는 중요한 변인 중 하나이다. 시간적 경과와 개인의 발달 변화의 관계를 밝히기 위한 방법으로 종단적 접근, 횡단적 접근 등이 있다.

(1) 횡단적 접근법

횡단적 접근법(cross-sectional approach)은 상이한 연령집단을 대상으로 같은 시기에 한꺼번에 조사하여 연령에 따른 행동 특성을 비교하는 것으로 발달 연구에서 가장 흔히 사용되고 있다. 즉, 연령의 차이는 보편적 발달 변화의 차이를 가져 오는가? 또는 연령별 차이는 그 특정 집단이 갖는 경험의 차이에서 비롯되는가? 라는 문제를 횡단적 연구에서 밝힐 수 있다.

횡단적 연구는 연령의 변화에 따른 순수한 발달 특성의 변화와 함께 환경적 요인도 결과 해석에 고려되어야 한다. 횡단적 접근법은 많은 연구대상을 단기간에 조사할 수 있으므로 경제적이고 노력이 적게 드는 장점이 있다.

(2) 종단적 접근법

종단적 접근법(longitudinal approach)에서는 동일한 피험자를 계속 추적하면서 반복하여 연구하는 방법이다. 이 방법은 횡단적 접근법의 취약점이라고 할 수 있는 연령집단 간의 비교와 개개인 발달의 연속성을 밝히는 것을 보완할 수 있다.

종단적 접근에도 많은 어려움이 있다. 장기간에 걸친 같은 실험자와 피실험자를 확보해야 하며, 같은 방법으로 자료를 수집해야 하므로 매우 거시적인 연구계획이 필요하다.

만약 종단적인 연구 도중에 연구 문제나 측정 도구가 타당하지 않다고 밝혀지면 계속적인 연구가 불가능해지므로 사전에 충분한 계획을 세운 후 연구가 시작되어야 한다.

한 연령집단을 연구대상으로 삼는 종단적 연구는 발달 변화가 연령의 차이에서 기인하는지 아니면 역사적·문화적 변화에서 비롯되는지 결론짓기 어려울 때가 많다. 즉, 연구과정에서 개인의 경험을 통제하지 못한다는 단점이 있다. 이런 단점과 함께 많은 경비와 시간, 노력이 요구되므로 극히 일부의 연구만이 종단적인 방법으로 행해지고 있는 실정이다. 대표적인 종단적 연구로 하버드대학 연구팀이 1930년대에 입학한 268명을 72년 동안 연구하여 인생의 행복을 조사한 사례가 있다.

(3) 시간 차이 연구

시간 차이 설계(time lag design)는 연령을 일정하게 하면서 연구 시기를 다르게 하고 연구 대상을 달리하는 연구로서 문화적 효과를 평가할 수 있는 방법이다. 연구 대상의 연령은 같으나 태어난 시기(cohort)가 다르기 때문에 다른 접근법에서 야기될 수 있는 문화적·역사적 변화에 따른 환경적 요인을 밝히는 데 유리하다. 동시출생집단(cohort)은 나이 때문에 생길 수 있는 변화뿐 아니라 출생시기가 유사하여 유사한 경험을 공유한 집단이라 보이는 차이를 규명할 수 있다. 우리나라에서 전쟁 후 1955~1963년에 태어난 베이비붐 세대, 1960년대에 태어난 386세대, 베이비붐 세대가 다시 출생붐으로 1979~1992년에 태어난 에코세대 또는 N세대, 그리고 1990년대 이후에 태어난 그 세대는 각기 다른 경험 속에 성장해온 것이다. Z세대는 디지털 문화에 익숙하여 아날로그를 경험하였던 이전 세대와 다른 가치관을 가질 수밖에 없다.

(4) 연속 연구

연속 연구(sequential research)는 종단적 접근, 횡단적 접근과 시간 차이 설계의 단점을 보완하고 각각의 장점을 극대화시키기 위한 혼합적 방법이다. 네슬로오드(Nesselroade)와 발테스(Baltes, 1974)의 청소년 연구에서 처음에 13, 14, 15, 16세이던 네 집단의 피험자를 15, 16, 17, 18세가 될 때까지 추적하여 조사하였다. 이 연구의 전체적인 기간은 2년밖에 안 되었으나, 13~18세까지의 자료를 수집할 수 있었으며, 각 집단 간의 비교 시 종단적 연구, 횡단적 연구, 시간 차이 연구의 제한점을 배제시켜 해석할 수 있었다.

지금까지 살펴본 연구방법과 다음 제2장에서 다루는 인간발달 이론의 관계를 보면 〈표 1-1〉과 같다.

표 1-1 연구방법과 발달이론의 관계

연구방법	내용
관찰법	• 모든 이론이 어떤 형태의 관찰이든지 강조 • 행동주의와 사회인지이론은 실험실 관찰 강조 • 비교행이론은 자연 관찰 강조
면접법	• 정신 분석학자나 인지 연구자들은 면접법 사용 • 행동주의, 사회인지, 비교행동이론자들은 면접법을 거의 사용하지 않음
표준화 검사	• 어떤 이론가도 표준화 검사법은 사용하지 않음
사례연구	• 정신 분석학자들은 사례연구를 가장 많이 사용
상관연구	• 모든 이론가들이 사용. 정신 분석학자들이 가장 적게 사용
실험연구	• 행동주의자 및 인지이론가, 정보처리이론가들이 선호하는 방법 • 정신 분석학자들은 드물게 사용
종단연구	• 이론가들은 이 방법을 별로 사용하지 않음

자료 : 조복희(2009), 아동발달, p. 36.

4) 질적 연구

질적 연구는 양적 연구의 한계를 비판하면서 대안으로 모색된 연구방법이다. 양적 연구에서 양은 비교와 측정을 통한 관계적 속성을 밝히는 연구인 데 비해, 질적 연구는 개별의 고유한 속성을 있는 그대로 보기 위해 범주, 척도 등의 인위적인 개념을 최소화하여 연구하는 것이다(조용환, 2008). 질적 연구법의 초기는 단순히 나와 타인의 상이점을 이해하기 위해서 철학적 사고에 근거를 둔 인문학 혹은 인류학에서 비롯되었다(Denzin & Lincoln, 2003).

(1) 질적 연구의 특성

질적 연구의 성격은 다음과 같다(Bogdan & Biklen, 2003). 먼저, 일상적 현상의 역동성을 연구하는 질적 연구는 연구의 자료 수집에 있어서 철저히 자연적인 환경을 중시하며, 둘째, 연구자가 표현하는 문자언어가 중요하게 작용하여 연구주제를 선정하고, 자료를 수집하여 분석한 후 그 결과를 보고하는 과정은 연구자의 언어로 기술된다는 것이다. 셋째, 질적 연구는 결과보다 과정을 중시하여 질적 연구자는 연구과정에서 '왜'와 '어떻게'라는 질문에 대한 대답을 모색하기 위해 한층 깊고 면밀하게 자료를 수집한다. 넷째, 양적 연구는 미리 가설을 설정하여 실험을 통해 그 가설의 진위 여부를 판가름하지만, 질적 연구는 여러 단계와 과정을 통해 수집된 자료를 기반으로 귀납적(inductive)인 논의(argument)를 펼친다. 마지막으로, 의미(meaning)를 찾는 것이다. 참여자와의 긴밀한 상호작용 관계를 바탕으로 한 질적 연구자들은 연구참여자의 관점과 가치를 이해함으로써 더욱 의미 있는 연구로 발전하는 것으로 간주한다.

(2) 질적 연구의 종류

인문과학 분야에서 가장 널리 알려지고 사용되는 질적 연구법을 다음 다섯 종류로 간추려 소개하였다(조복희, 2009).

① 이야기/화술 연구

이야기/화술연구(narrative research)는 한 명 내지는 두 명의 연구대상자와의 상호작용을 통해 수집된 이야기나 경험담을 연구자가 분석하고 보고하는 절차를 거친다. 질적 연구자는 본인이 설계했던 연구문제에 의거하여 자료를 분석할 때에 이야기분석법(narrative analysis)을 쓰기도 하고, 전기(傳記)법을 쓰기도 한다. 후자의 경우 자서전(autobiography), 생활사(life history) 혹은 구술사(oral history)의 형태로 연구결과를 보고할 수 있다(Creswell, 2007).

② 현상 연구

이야기/화술연구는 한 명 내지는 두 명의 연구대상자에 초점을 두는 반면, 현상연구(phenomenological research)는 여러 명의 경험담 혹은 이야기를 연구대상으로 한다(Creswell, 2007). 연구자가 정한 하나의 현상을 여러 참여자들이 체험하고 그 과정에서 어떠한 공통된 경험을 하는지에 연구자는 귀추를 기울인다. 연구결과를 보고할 때에는 한 현상에 대한 개개인의 경험을 극소화하면서 여러 명에게 적용 가능하도록 일반적이며 보편적인 본질로 기술한다.

연구자는 하나의 현상을 정해 놓고 이 현상을 다방면으로 경험한 대상자만을 선정해 연구에 참여하도록 유도하여야 한다.

③ 근거이론 연구

근거이론 연구(grounded theory research)는 수집된 자료를 토대로 하나의 분석적인 이론을 산출하는 연구이다. 근거이론 연구자는 소수에게서 수집된 경험적 자료를 토대로 다수에게 적용할 만한 하나의 보편화된 이론을 성립하고 설명하고자 한다.

④ 민족지학 연구

민족지학 연구(ethnographic research)는 어원(ethnic)에서 보듯이 문화적 차이를 밝힌다는 데서 출발한다. 근거이론 연구에서와 마찬가지로, 민족지학 연구도 참여자들 간에 형성되는 공통된 행동, 사고, 언어 등의 공유양식(pattern)을 연구하고자 한다. 근거이론 연구는 20명 남짓의 개개인을 연구에 참여시키는 반면, 민족지학 연구는 이보다 많은 수를 연구대상으로 고려한다. 연구의 참여자를 선정할 때에도 임의로 참여자 개개인을 선정하는 근거이론 연구자와 달리 민족지학 연구자는 한 문화집단 내의 인원 전부를 연구대상으로 선정한다.

민족지학 연구는 다른 종류의 질적 연구에서도 흔히 사용되는 관찰법이 주 연구방법으로 쓰인다. 다만, 민족지학 연구에서의 관찰자료는 연구자가 더 직접적으로 관여하여 수집된 자료라는 점에서 다른 질적 연구에서의 관찰자료와 달리한다. 관찰 중에서도 참여관찰(participant observation)법, 즉 연구자가 대상 집단에 직접적으로 관여함으로써 집단 내 개개인들의 행동, 언어, 상호작용 등을 유심히, 그리고 상세히 관찰한 결과를 자료로 수집하게 된다(Creswell, 2007).

⑤ 사례 연구

사례 연구(case study research)는 연구자가 정해 놓은 범위 내의 한두 사례에 대해 정보를 수집하고 조사하는 방법이다. 사례는 연구자의 연구 취지에 따라 한 집단 혹은 여러 집단으로 그 범위를 한정할 수 있다.

사례 연구는 면밀하고 다양한 정보수집 과정을 거치는데, 연구의 취지에 따라 관찰, 면접, 시청각자료, 문서, 보고서 등을 이용할 수 있다.

사례 연구의 장점은 연구대상으로부터 관찰, 심층면접, 관련 문서 등 다양한 방법으로 자료를 수집하여 광범위하면서 심층적인 자료를 얻을 수 있다는 것이다. 이러한 특성 때문에 임상적인 경우에 선호되는 자료 수집방법이다. 사례 연구는 가설검증을 위한 연구가 아니다. 그러므로 사례 연구를 통해 얻어진 자료는 가설검증을 위한 다른 연구의 방향 제시를 할 수 있다는 것이 매우 커다란 장점이 된다. 단점으로는 사례 연구를 통해 얻은 자료가 쓸모없이 단순히 한 현상에 대한 모습만 보여 주는 경우가 허다하다는 지적을 받고 있다. 즉 현상에 대한 원인과 결과의 관계를 보여 주지도 못하고 일반화도 할 수 없이 시간과 노력만 낭비하는 연구로 끝낼 수 있다는 단점이 크다.

(3) 질적 연구의 과제

양적 연구, 질적 연구의 형태는 물과 기름 같이 그 성질이 근본적으로 매우 다르다. 물과 기름이 인위적으로 섞일 수밖에 없듯이 이 두 연구 형태도 때로는 섞이기도 하지만, 대부분 잘 어울리지 못한다. 그래서 고전적인 양적 연구자들은 질적 연구의 본질을 이해하지 못하고, 심지어는 질적 연구를 '연구'라고도 간주하지 않는다. 반면에, 질적 연구자들은 양적 연구를 간단한 숫자놀음이라고 밖에 생각하지 않는다.

5) 연구의 윤리

연구자가 연구를 하게 되면 간혹 연구에 참여하는 대상들이 지니고 있는 감정을 무시하는 경향이 있다. 즉, 연구자가 연구를 과학적으로 하고자 하는 목적과 연구 참여자의 권리 사이에 일종의 갈등관계가 생긴다. 특히 어린 아동에게는 부당한 행동을 강요하여 심리적 또는 신체적 해가 될 수 있으므로 다각적인 보호 단계가 필요하다(Bolshaw & Josephidou, 2019). 얼마 전까지만 하더라도 윤리에 대한 가치관에 별로 주목하지 않고 연구자 개개인의 양심에 따라 연구가 이루어졌으나 연구대상자의 권익은 연구자의 연구 목적보다 우선이라는 것을 주지해야 한다.

연구가 아무리 중요하다 하더라도 연구를 하는 과정에서 참여하는 사람이 신체적·심리적으로 상처를 입어서는 안 되며, 연구대상은 연구의 성격을 미리 알고 자발적으로 연구에 참여해야 한다. 본인이 모르는 사이에 연구되어서는 안 되며, 연구대상이 되도록 강요당해서도 안 될 뿐만 아니라 연구대상자는 연구의 도중에 그만둘 수 있는 권리가 있다. 또한 연구자는 연구를 위해 연구대상자를 속여서는 안 되며 연구자는 연구에 참여한 대상으로부터 얻은 정보에 대해서는 비밀을 보장해야 한다.

2

인간발달의
이론

이론이란 특정 현상을 묘사하거나 설명 또는 예측하는 기능을 갖고 있다. 학문이 성숙되지 않은 초기
단계에서는 현상을 통해 관찰된 자료를 정리하여 발달을 기술하는, 즉 "무엇을", "언제"라는 것이 주요한
이론의 구성이 되지만 학문에 대한 지식이 구축되면 발달을 설명하는, 즉 "왜", "어떻게"에 대한 주제로
옮겨간다. 인간의 발달과정을 설명하는 데는 여러 가지 이론이 있을 수 있다. 지금까지 어떤 이론도
발달을 이해하는 데 포괄적으로 설명한 것이 없으며, 한 현상을 설명하는 데에는 어떤 특정 이론체계가
적합하고, 또 다른 현상에는 또 다른 이론체계가 더 적합하다. 이론은 연구와 밀접한 관계가 있어
이론은 연구의 결과로부터 도출된다. 현상을 설명하고자 하는 가설을 설정하고 이것을 위한 체계적인
관찰과 실험을 진행하는 연구과정을 통해 얻어진 이론은 인간이 어떻게 발달하고 성숙해 나가는지를
요약하여 보여준다. 이론은 연구의 결과를 해석하는 틀에 따라 달라질 수 있으며 이론은 시간의 흐름에
따라 기존 이론으로 설명될 수 없는 부분이 발견되어 새로운 이론으로 대체되기도 하는 특성이 있다.
인간발달을 이해하는 데는 크게 단계적 접근과 비단계적 접근의 두 가지 패러다임(paradigm)으로
구분된다. 프로이트, 에릭슨, 피아제 등의 이론은 단계이론이고 학습이론, 인본주의이론 등은
비단계이론이라 하겠다. 단계이론은 곤충의 성장과정과 비교될 수 있다. 예를 들어, 나비는
알-유충-애벌레-성충의 과정을 거치는데, 각 과정은 각기 다른 단계와 구별되는 독특한 특성을
지니고 있다. 단계이론은 발달에서의 성숙과 환경의 관계를 명확히 해주어 많은 연구들이 단계이론적
접근을 하고 있다.
학습이론과 같은 비단계이론은 식물의 잎의 성장에 비교된다. 식물의 잎은 한번 씨로부터 싹이
나면 계속 크기만 하고, 모양이 급작스럽게 변하는 것이 아니라 성장이 점진적이고 계속적이다.
학습이론가들은 영아기와 유아기 사이에 급작스런 발달 변화가 일어난다고 보지 않고, 시간을 두고
차곡차곡 누적된 변화로 발달된다고 보았다.

2

인간발달의 이론

| 1 |
초기 이론

인간발달에 대한 접근은 철학적 접근까지 포함하면 그 역사가 오래되었다고 보겠다. 고대 그리스 플라톤(Platon)의 이상주의나 아리스토텔레스(Aristoteles)의 실재주의 등에서 인간의 발달에 대한 언급을 볼 수 있고, 중세에 와서 플라톤의 철학은 로크(Locke)에 의해 백지설로 이어졌다. 자연주의자 루소(Rousseau)는 로크와 달리 경험의 중요성을 덜 강조하였다. 루소는 인간에 대한 평생발달적 접근을 시도한 최초의 학자로 간주된다.

19세기에 들어오면서 과학의 발달로 인해 인간에 대한 이해는 철학자에게서 과학자의 영역으로 그 방향이 전환되었다. 인간의 종에 대해서나 개인의 발달에 대한 생물학적인 연구가 활발해졌는데, 다윈(Darwin)은 여기에 큰 발자취를 남겼다.

20세기에 들어와서야 인간발달 연구는 철학자와 생리학자가 아닌 심리학자들에 의해서 이루어졌다. 이들은 인간을 직접 관찰하여 자료를 수집하고 이론을 구축하고자 노력하였다.

다윈의 진화 생물학에 루소의 자연주의 철학을 가미하여 성숙이론을 확립한 홀(G. Stanley Hall), 파블로프(Pavlov)의 조건화 반사를 기초로 한 왓슨

그림 2-1 인간발달에 대한 이론을 펼친 학자들

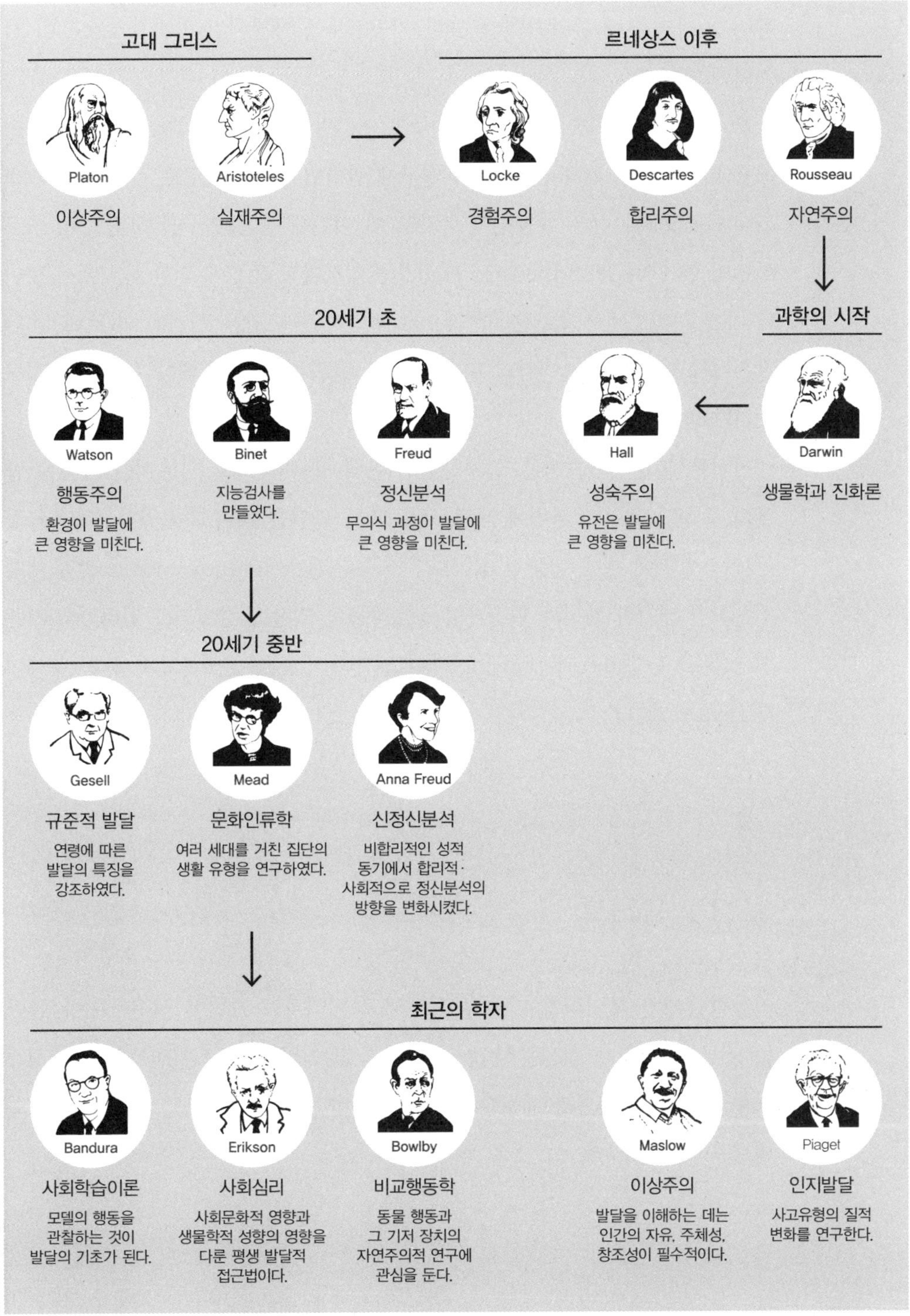

고대 그리스

Platon
이상주의

Aristoteles
실재주의

르네상스 이후

Locke
경험주의

Descartes
합리주의

Rousseau
자연주의

과학의 시작

Darwin
생물학과 진화론

20세기 초

Watson
행동주의
환경이 발달에
큰 영향을 미친다.

Binet
지능검사를
만들었다.

Freud
정신분석
무의식 과정이 발달에
큰 영향을 미친다.

Hall
성숙주의
유전은 발달에
큰 영향을 미친다.

20세기 중반

Gesell
규준적 발달
연령에 따른
발달의 특징을
강조하였다.

Mead
문화인류학
여러 세대를 거친 집단의
생활 유형을 연구하였다.

Anna Freud
신정신분석
비합리적인 성적
동기에서 합리적·
사회적으로 정신분석의
방향을 변화시켰다.

최근의 학자

Bandura
사회학습이론
모델의 행동을
관찰하는 것이
발달의 기초가 된다.

Erikson
사회심리
사회문화적 영향과
생물학적 성향의 영향을
다룬 평생 발달적
접근법이다.

Bowlby
비교행동학
동물 행동과
그 기저 장치의
자연주의적 연구에
관심을 둔다.

Maslow
이상주의
발달을 이해하는 데는
인간의 자유, 주체성,
창조성이 필수적이다.

Piaget
인지발달
사고유형의 질적
변화를 연구한다.

(Watson)의 행동주의 이론, 그리고 그 유명한 정신분석이론의 프로이트(Freud) 등이 20세기 초에 활약하였다. 또한 지능검사를 개발시킨 비네(Binet)도 이 시기의 학자이다.

20세기 중반 성숙이론에 기초를 두고 인간발달의 변화에 대한 시기와 그 순서를 밝힌 게젤(Gesell)은 아동의 연구에 관찰법을 체계적으로 사용하였다. 스키너(Skinner)와 같은 행동주의 학자도 이 시기에 많은 연구를 하였으며, 프로이트의 딸 안나 프로이트(Anna Freud)는 인간발달을 성에 의한 해석에서 벗어나 새로운 각도에서 정신분석학적으로 접근하였다. 같은 시기에 미드(Mead)와 같은 문화인류학자는 인간의 변화에 사회·문화적 영향에 대한 시각을 제시하였다(그림 2-1).

정신분석이론, 학습이론, 인지발달 이론의 세 거대하고 기본적인 이론은 발달의 특성인 유전과 환경에 대해 서로 다른 관점을 지니고 있었다. 그러나 최근에는 발달에 대해 이분적 접근보다는 브론펜브레너(Bronfenbrenne)의 체계이론처럼 개인적 특성과 환경과의 상호작용의 역할이 강조되고 있다. 즉, 기존의 이론을 통합(theory bridging)하여 인간의 발달을 설명하고자 하는 추세이다(Leaper, 2011).

| 2 |

정신분석이론

인간발달에서 무의식의 기제가 강조되고 심리치료 요법이 사용되어야 한다는 이론적 견해가 정신분석(psychoanalysis)이론이다. 프로이트의 심리성적(psychosexual) 이론과 에릭슨(Erikson)의 심리사회적(psychosocial) 이론을 살펴보면 다음과 같다.

1) 프로이트의 이론

프로이트(Sigmund Freud)는 1856년 지금의 체코슬로바키아의 모
라비아(Moravia)에서 태어났다. 그러나 그는 생애의 대부분을 비엔
나(Vienna)에서 보냈으며, 제2차 세계대전 시 나치를 피해 영국의
런던으로 옮겨가 살다가 1933년에 세상을 떠났다. 그는 정신분석
학이론의 창시자이며, 20세기 최고의 학자로 꼽히고 있다. 프로이
트는 신경계통을 전공한 의사로서 신체적 이상은 정신적 갈등에서
비롯될 수 있다고 믿었다.

그림 2-2 프로이트

자료 : 조복희(2014). p. 63.

그리하여 그는 히스테리 환자의 무의식 속에 잠재된 생각이나 욕망을 자유
연상(free association)과 꿈의 해석, 아동기 때의 경험, 가족관계 분석이라는 기
법을 개발하여 치료하였다.

(1) 성격의 기본 가정

프로이트는 인간의 성격발달에 대해 세 가지 기본 원칙을 제시하였다. 즉, 정
신적 결정론(psychic determinism), 무의식적 동기(unconscious motivation) 그
리고 성적 에너지(libido)이다.

정신적 결정론이란 인간의 모든 정신적 활동은 그 이전의 행동이나 사건에
의해 결정된다는 것이다. 한 인간의 사고나 감정의 원인을 잘 파악하기는 힘들
다 하더라도 현재의 행동은 반드시 과거에 그 원인이 있다는 것이다.

인간의 행동은 과거의 경험에서 결정될 뿐만 아니라 무의식적 동기가 반드
시 있다고 보았다. 우리가 일상 생활에서 생각하고 느낄 때는 우리가 인식할
수 없는 무의식에 의해 동기 유발이 된다는 것이다. 무의식이 인간의 심적 내
용의 대부분을 차지하지만 일부분은 자각상태의 의식(conscious)과 전의식
(preconscious)도 있다. 전의식은 자각상태는 아니지만 쉽게 의식으로 끌어올
릴 수 있다.

마지막으로 인간의 본능적인 성적 에너지가 사고와 행동의 동기가 된다고 보
았다. 배고픔, 목마름, 성에 대한 원초적인 욕망을 충족시키면서 정신적 흥분을

하거나 긴장을 해소해 나가는 것이 성격발달의 기본이 된다고 간주하였다. 프로이트에 의한 성의 개념은 감정, 애정, 사랑 등을 모두 포함하는 넓은 의미를 가지고 있다(Monte, 1980 ; Baldwin, 1980).

(2) 성격의 구조

프로이트에 의하면 인간이 가지고 있는 욕망을 충족하려면 반드시 사회나 현실과의 갈등이 초래된다. 이 갈등의 해결방법으로 성격의 구조를 이해하여야 한다.

인간이 출생 시 갖고 태어나는 원본능(id)은 비이성적이고, 무의식적이며, 이기적인 본능을 의미한다. 예를 들어, 유아기의 아동은 현실에 대한 감각이 없고, 현실적으로 가능한 것과 불가능한 것에 대한 판단이 불가능하므로 강력한 충동적 본능에 즉각적인 만족을 추구하기 때문에 쾌락원리(pleasure principle) 또는 1차적 과정의 사고(primary process thinking)에 의해 행동한다.

그러나 생후 2년째가 되면 아동의 기본적 본능은 현실과 충돌하게 된다는 것을 인식하게 된다. 예를 들어, 배고픔에 대한 본능이 어머니의 존재 유무에 따라 항상 즉각적으로 만족될 수는 없다는 것을 경험한다. 따라서 계속적인 원본능과 현실과의 갈등이 생기게 되고, 이러한 갈등의 과정을 거쳐 성격의 제 2단계인 자아(ego)가 발달하게 된다. 자아는 현실원리(reality principle)를 따르며 현실과 타협하기 위해 이성적 사고나 인식, 그리고 계획 등이 포함되는 2차적 과정의 사고(secondary process thinking)이다. 자아란 현실적으로 가능하지 않은 것을 깨달을 수 있게 되면서 생기게 되고, 만족의 지연이 때로는 바람직하다는 생각을 포함하는 이성적 수준의 성격이다. 원본능이 즉각적인 만족을 원하는 데 비해 자아는 현실 판단을 통해 가장 적절한 해결책을 찾고, 이를 통해 본능적 욕구를 충족시키려 한다.

생후 3~4년이 되면서 발달하기 시작하는 성격의 세 번째 구조는 초자아 (super ego)이다. 이것은 원본능과는 달리 출생 시 갖고 태어나는 것이 아니라 학습에 의해 획득된다. 초자아는 자아와 같이 현실과의 접촉을 통해 발달하나, 물리적 현실보다는 사회적 현실이 바탕이 된다. 초자아는 아동이 부모 또는 타인과의 동일시를 통해 사회적 가치나 문화적 규범을 얻게 되면서 내면화된 표상이다. 사회적·문화적 규범은 원본능과 반대되는 것이므로 원본능과 초자아는 일반적으로 갈등상태에 놓이게 된다. 이 원본능과 초자아의 갈등을 적절하게 해결해 주는 것이 자아라는 중재자이다.

(3) 발달단계

프로이트는 인간발달은 원본능, 자아, 초자아의 발달로 인해 일련의 단계를 거친다고 보았다. 이 일련의 단계를 심리성적 단계(psychosexual stage)라 하며 구강기, 항문기, 남근기, 잠복기, 성기기로 나눈다.

아동이 성장하면서 성적 만족을 얻는 신체 부위가 단계마다 변화하나 각 단계는 그 이전의 단계와 그 다음의 단계와 어느 정도까지는 겹치게 된다.

① 구강기

구강기(oral stage)는 출생에서 1세 정도까지이다. 프로이트는 출생을 인간 불안의 근원으로 보았다. 그러므로 수면은 불안에 대한 도피이며, 인간은 어두운 곳을 좋아하고 따뜻하고 부드러운 것에 접촉하고 싶은 욕망이 있다. 구강기에는 입, 입술, 혀, 잇몸 등을 자극하는 데 만족을 느껴 빨고, 깨물고, 삼키고, 입술로 장난함으로써 충동적이고 즉각적인 만족을 얻는다. 이 시기는 의존적 구순기(oral dependent)와 도전적 구순기(oral aggressive)로 나눌 수 있다. 도전적 구순기는 이가 나기 시작하면서 이유로 인해 가져온 좌절을 깨무는 것으로 해소해 나간다.

구강기에 유아는 본능적 욕구에 대한 만족을 느끼며, 행복하고 안정된 시기를 지나게 되면 순조롭게 다음 단계로 옮겨 갈 것이다. 그러나 어머니의 애정을 느끼지 못하고 엄격한 수유시간 등으로 이 시기에 얻어야 할 만족을 충족시키지 못했다면 다음 단계로 옮겨가지 못하는 고착(fixation)현상이 나타난다. 손가락을 빨거나 손톱을 깨무는 습관 또는 지나친 흡연이나 과음, 과식 등이 그 예이다. 이것은 단계에 따라 충족되어야 할 욕구에 대한 적절한 만족이 정상적인 성격발달에 필수적임을 말해준다.

② 항문기

1~3세 아동의 성적 에너지가 항문과 그 주위 부분으로 옮겨 왔기 때문에 항문기(anal stage)라 부르며, 이 시기의 아동은 대·소변의 배출이나 보유에서 만족을 얻는다.

항문기에는 대·소변 가리기 훈련이 시작되므로 그 훈련과정에서 아동의 본능적 충동은 외부에 의해 통제될 수밖에 없다. 이때 아동은 대·소변의 배출을 통제하기 위해 본능적 욕구에 대한 만족을 지연해야 한다는 필요성을 느끼며, 아울러 자아의 발달을 가져오게 된다.

항문기 동안 적절한 대·소변 가리기 훈련이 행해지지 않는다면 고착 현상이 일어나, 항문기적 성격을 지니게 된다. 신체적으로 충분히 성숙하지 않았을 때 대·소변 가리기 훈련이 강요하는 것은 바람직하지 못하다.

아동은 배설물을 즉각적으로 배설하지 않고 참고, 보유함으로써 오는 쾌감과 배설하고 난 뒤 근육의 이완으로 오는 쾌감을 아울러 갖게 된다. 이 경험은 아동으로 하여금 가치 있는 물건을 보유하는 만족을 얻게 한다.

③ 남근기

남근기(phallic stage)는 대략 3세 이후부터 4~5세까지를 말하는데, 이 단계에 이르면 주된 성적 에너지가 항문에서 성기로 옮아가서 아동은 성기에 관심을 가지고 가치를 부여한다. 성기를 만지고 자극함으로써 성적 기쁨을 얻고 성별에 대한 신체적 차이를 인식하고 출산에 대한 관심도 높아진다.

프로이트는 남근기 동안 나타나는 가장 중요한 현상을 오이디푸스 콤플렉스(Oedipus complex)라 하였다. 어머니에 대한 애정의 경쟁 대상자인 아버지는 신체적으로 너무나도 월등하기 때문에 적대감을 느낄 뿐 아니라 자신의 제일 중요한 부분인 성기를 제거할 것이라는 거세 불안(castration anxiety)까지 상상한다. 이러한 아버지에 대한 적대감과 어머니에 대한 성적인 욕망 사이에서 느끼는 심리적 갈등은 그 욕망을 억누름으로써 동성의 아버지를 동일시하는 것으로 해결된다. 즉, 남아는 자신의 사랑의 경쟁자인 아버지의 도덕률과 가치체계를 내면화함으로써 양심과 남성적 역할을 습득하고 자아 이상을 발달시킨다.

반면, 여아들은 사랑의 짝으로 아버지를 원하나 어머니에 의해 좌절되는 엘렉트라 콤플렉스(Electra complex)를 경험하고, 아버지의 사랑을 잃지 않을까 하는 두려움을 갖는다. 여아 역시 동성의 어머니를 동일시함으로써 이 심리적 갈등을 해결한다. 이 시기의 여아는 남아의 성기를 갖지 않았다는 데서 남근을 부러워하는 남근 선망(penis envy)을 지니게 된다.

④ 잠복기

6세 정도에서 시작하여 사춘기에 접어들기까지의 시기로 이때는 성적 욕구에 대한 흥미가 약해지고, 그 욕망을 억누르고 있어 잠복기(latency stage)라 하였다.

아동은 지적 활동인 학업에 열중하고 환경 탐색도 하며, 앞으로의 사회생활에 필요한 여러 가지 기술도 습득한다. 동성의 친구와 친하게 놀면서 집단을 이루어 몰려다니며 놀이나 게임을 통해 규칙을 알게 되고, 사회의 규범에 대해서도 배우나, 이성에 대해서는 배타적이다. 따라서 이 시기를 동성기라고도 부른다.

⑤ 성기기

프로이트의 발달단계에서 마지막 단계인 성기기(genital stage)는 13~19세 정도까지이다. 사춘기에 들어서면서 신체적으로 성 기능이 성숙되면서 성적 관심이 높아진다. 성적 만족의 1차적인 영역은 여전히 성기 부근이나 이성과의 성적 욕구도 충족시킬 수 있는 생리적인 기능을 갖추게 된다. 그러므로 잠복기에서 동성의 또래집단과 어울렸지만, 성기기가 되면 아동은 이성과의 접촉에 최대의 관심을 둔다.

이성에 대한 성적 욕구는 심미적인 활동을 통하여 승화시킬 수 있다. 독서, 운동, 과외활동, 사회봉사활동 등은 도덕적 규범이 존재하는 사회에서 청소년들이 성적 욕구를 승화하는 대체활동이라 하겠다.

(4) 프로이트의 추종자

프로이트 밑에서 연구했던 학자 중 융(Carl Jung, 1875~1961), 애들러(Alfred Adler, 1870~1937)는 각자 독자적 이론을 발전시켰다. 스위스의 심리학자인 융은 인간에게는 두 종류의 무의식, 즉 개인적 무의식(personal unconscious)과 집단적 무의식(collective unconscious)이 있다고 하였다. 개인적 무의식은 프로이트가 언급한 무의식과 같은 것으로 사람마다 각자가 지니고 있는 무의식이다. 집단 무의식은 선조로부터 유전된 인류에게 공통적인 것이다. 그는 집단 무의식이 인류에게 유사한 역할을 한다는 것을 증명하기 위해 여러 민족의 종교적 가공물(artifact)을 수집하였다.

애들러도 프로이트 밑에서 연구하였으나, 프로이트와는 달리 인간 성격의 중요 부분은 의식이라고 보았다. 프로이트에 의한 성적 에너지보다는 남들보다 뛰어나고자 하는 욕망이 심리발달에 중요하다고 믿었으며, 이와 같은 욕망을 본능으로 간주하였다. 만약 이 욕구가 없다면 그것은 열등감(inferiority complex)이 뿌리깊게 박혀 있는 것으로 보았다.

융과 애들러 두 학자는 프로이트 밑에서 연구를 하였으나 각자 새로운 이론을 개발하였을 뿐 아니라 프로이트와 매우 반대되는 견해를 폈다는 것이 특기할 만한 사실이다.

(5) 평가

프로이트이론은 인류의 원초적 심성에 대한 이해를 도왔고, 개인의 인성발달에 대한 많은 시사점을 주었다. 그러나 많은 학자들은 프로이트이론의 타당성에 의문점을 제시하였다.

첫째, 프로이트이론의 개념, 원칙 그리고 제안점(proposition)을 시험해 볼 수가 없다. 예를 들어, 남근 선망, 오이디푸스 콤플렉스, 성격 고착 등과 같은 개념은 증명하기가 힘들다.

둘째, 프로이트이론은 특정 문화에 한하여 설명되기 때문에 다른 문화나 다른 민족에게는 적용되기 힘들다.

셋째, 비정상적인 사람의 성격발달을 설명할 수는 있으나, 이것을 정상적인 사람에게 적용한다는 것은 무리가 따른다. 또한 과거의 회상으로 얻어낸 결론은 여러 오류가 생길 여지가 있고, 과학적 기초 위에서 연구가 진행되지 않았다는 비판도 받고 있다.

2) 에릭슨의 이론

독일의 심리학자인 에릭슨(Erik Homburger Erikson)은 1902년 프랑크푸르트(Frankfurt)에서 태어나, 유태인 부모 밑에서 자라났다. 그는 대학의 정식 학위가 없는 학자로, 하버드(Harvard)대학의 교수직을 갖고 있는 예외적인 사람이다. 에릭슨의 발달이론은 근본적으로 프로이트의 정신분석학적 접근에 기초하고 있으나, 프로이트와는 달리 아동의 사회적·문화적 환경의 중요성에 관심을 보였다. 따라서 프로이트의 이론이 심리성적 이론(psychosexual theory)이라면, 에릭슨의 이론은 심리사회적 이론(psychosocial theory)이라고 한다.

그림 2-3 에릭슨

자료 : 조복희(2014). p. 72.

프로이트와 에릭슨의 정신분석학적 이론은 크게 세 가지에서 다르다고 본다.

첫째, 에릭슨은 문화적 요인을 강조하였기 때문에 아동의 성장발달에는 부모뿐만 아니라 가족, 친구, 사회, 문화 배경이 중요하게 작용한다고 보았으나, 프로이트는 단지 부모의 중요성만을 강조하였다.

둘째, 프로이트는 한 단계에서의 실패를 고착이라는 것으로 설명하여 그 실패는 되돌릴 수 없는 것으로 간주하였는데, 에릭슨은 실패의 수정이 가능하다고 보았다. 나중이라도 적절한 사랑과 보살핌이 주어지면 수정이 가능한 것이다. 이러한 의미에서 에릭슨은 인간을 낙관적 견해를 가지고 보았다.

셋째, 프로이트의 발달단계에서의 설명은 20세 이전까지만을 언급하였는데, 그것도 6세 이전이 인간발달에 매우 중요하다고 본 반면에, 에릭슨은 평생발달적 접근을 하였다.

에릭슨은 초자아의 발달이나 역할보다는 자아의 발달에 따른 건강한 정체감 형성을 강조하였으며, 심리사회적 위기(psychoso-cial crisis)를 통해 발달하는 것으로 보았다. 이 위기는 신체적 성장이나 문화적 영향에 기인하는 것으로 이 위기를 어떻게 극복하는가에 따라 정상인으로서의 성장이 이루어진다고 보았다. 즉, 심리사회적 단계는 사회적 환경에 적응하려는 개인의 욕구와 욕구충족과정에서 야기되는 갈등에 의해 구별되고, 각 단계는 대립되는 두 개념으로 설정되었다.

인간발달에 있어 에릭슨의 유연하고 낙관적이면서 환경론적인 견해는 인류학적이고 행동주의적인 입장이 많이 첨가된 것으로 볼 수 있다.

(1) 제1단계 : 신뢰감 대 불신감

에릭슨의 첫 단계인 신뢰감(basic trust) 대 불신감(mistrust)의 시기는 프로이트의 구강기에 해당하는 생후 1년간에 형성된다. 에릭슨은 건강한 성격의 가장 기본적인 요소를 신뢰감으로 보았다. 따라서 어머니나 어머니를 대신하는 사람은 이 시기에 가장 중요한 인물이며, 아동이 궁극적으로 갖게 되는 신뢰감과 불신감은 어머니-아동 관계의 질에 의해서 결정된다. 어머니로부터 따뜻하고 애정적인 보살핌을 받게 되면 아동은 이 사회에 대한 신뢰감을 발달시킬 수 있다. 신뢰감이 형성되면 비록 어머니가 때때로 없다 하더라도 누군가가 자신을 돌보아주리라는 믿음을 갖게 된다.

그러나 춥고 배고플 때 욕구 충족이 되지 않고, 기저귀가 젖었을 때도 갈아주지 않는다면 유아는 불신의 감정을 가지고 인생을 시작할 것이다. 이러한 신뢰감 대 불신감의 비율은 앞으로의 인생을 살아가면서 맺게 되는 모든 사회적 관계에서 어떻게 성공적으로 적응하는가에 밀접한 관련이 있다.

(2) 제2단계 : 자율성 대 수치심 및 회의감

프로이트의 항문기에 해당하는 시기로, 이 시기의 아동은 신체 근육의 성숙과 대·소변 가리기로 배설물의 방출과 보유에 대한 통제를 훈련받는다. 2세가 되면 아동들은 자신들의 행동 주체가 자기 자신이라는 것을 서서히 깨닫게 되어 지금까지의 반사적 행동에서 반응적인 행동을 보인다. 예를 들어, 젖을 빨 때도 적당한 자극이 주어졌을 때의 수동적 빨기 반사로부터 자신의 의도에 의한 빨기도 한다. 아동은 이러한 의도적 행동을 통해 자율성(autonomy)을 획득하게 된다. 훈련을 통해 결국은 스스로 환경을 조절할 수 있다는 것을 알게 된다. 아동 자신이 무엇을 할 수 있다는 생각과 동시에 자신의 지나친 시도에 대한 주위의 비난도 인식할 수 있게 되어 이 둘 간의 평형을 유지하려고 노력한다.

만약 아동이 덜 성숙된 상태에서 외부 통제가 너무 빨리 또는 너무 엄격하게 주어진다면 아동은 자신의 통제능력의 미약함과 더불어 외부압력자를 조절할 수 없는 무능력에 대해 심한 수치심(shame)과 회의감(doubt)을 갖게 된다.

에릭슨은 엄격한 배변 훈련은 아동을 강박적으로 만들어 사랑, 노력, 시간, 돈에 있어 인색하고 소심해지게 하고, 강박적 행위는 회의심, 수치심과 병행된다고 하였다. 반면, 확고하고 친절하며, 점진적인 배변 훈련을 받은 아동은 자존감을 잃지 않으며, 자기 통제감각을 발달시켜 강하면서도 사회적으로 인정받는 자율 감각을 획득한다고 보았다.

(3) 제3단계 : 주도성 대 죄책감

4~5세가 되면 아동은 언어를 사용하고, 신체적 능력이 개발되며, 주변의 여러 가지 물건을 마음대로 다룰 수 있게 된다. 뿐만 아니라 많은 호기심으로 질문에 대한 해답을 스스로 찾음으로써 상상력을 개발한다. 충분한 어휘를 획득한 아동은 그 개념들을 이해하게 되면서 주변 환경을 이해하게 된다. 그리하여 자신의 행동에 목표와 계획을 세우는 주도성(initiative)을 지니게 된다. 아동이 주도하는 행동은 때로 사회에 바람직하지 않은 행동이어서 부모로부터 제재를 받을 수 있다. 부모의 제재가 일관적이면서도 부드럽지 않다면 아동은 자신의 주도적인 행동에 자신감을 잃을 뿐만 아니라 나쁜 짓을 한다는 죄책감(guilt)도 갖게 된다. 즉, 자신의 행동을 주도하지 못하고 그 행동에 대해 책임을 질 수 없을 때 죄책감을 경험하게 된다. 이 단계는 오이디푸스 갈등의 시기로, 동성 부모를 동일시함으로써 갈등을 해결하고 그들 자신이 누구인가를 발견하는 시기이다.

(4) 제4단계 : 근면성 대 열등감

프로이트의 잠복기에 해당하는 사춘기 전 단계가 근면성(industry)의 발달단계이다. 이 시기는 가정이라는 울타리를 벗어나 작은 사회를 경험하는 초등학교에 다니는 시기로, 학교생활을 통해 많은 지적 능력을 개발할 뿐 아니라 친구와의 접촉은 사회의 가치관이나 규범을 획득하는 좋은 기회이다. 친구와의 관계에서 아동들이 무엇인가를 주도적으로 할 수 있고, 자신감을 얻게 되면 근면성이 개발된다. 그들은 가치 있는 일을 하기를 원하고 무엇인가 인정받고자 할 뿐 아니라, 일을 완성하는 데 인내력을 발휘함으로써 만족을 얻는다.

이때 부모와 주변 성인이 아동에게 적당한 과업을 주어 그 과업을 수행하면서 그들이 가치 있는 일이라 느낀다면 건전한 근면성을 개발하는 데 도움이 될 것이다. 반면 친구와 비교하여 아동이 스스로 자신감이 없다고 느끼거나 학교생활에 적응할 준비가 되지 않은 상태에서 입학하여 계속적인 실수를 하여 자신감과 근면성이 개발되지 않으면 열등감(inferiority)을 느끼게 될 것이다.

(5) 제5단계 : 정체감 대 정체감 혼돈

에릭슨이 제일 관심을 둔 시기가 제1단계인 신뢰감의 형성기와 함께 청년기이다. 이 시기는 신체가 급격히 성장하고, 그들에게 요구되는 사회적 역할도 지금까지와는 달리 새롭다. 아동기에 가졌던 자신의 관점이나 가치관이 이 시기에 와서는 부적당함을 느끼게 되어 이 부조화에 어떻게 대처해야 하는지 당황하게 된다. 따라서 자기 존재에 대한 새로운 인식, 즉 '나라는 존재는 무엇인가' 라는 의문과 함께 자신의 능력, 존재 의미를 탐색하면서 많은 고민과 갈등을 겪는다. 이 의문에 해답을 얻지 못하면 정체감의 혼돈(identity confusion)이 일어난다. 사회에서의 자신의 역할을 정확히 인식하고 목적의식이 뚜렷한 청년은 자아정체감(ego identity)을 확립하여 이 위기에 대처할 수 있다. 정체감의 확립을 위해 그들의 초기 경험과 개인적 욕구를 성공적으로 통합해야 하고, 초기 12년간의 발달이 자아정체와 자기정의로 잘 합성되어야 한다.

정체감의 혼돈을 방어하기 위해 청소년은 영웅이나 위인 등을 동일시하여 그들의 개성을 일시적으로 잊으려 한다. 가까운 친구들도 서로 전형적인 모델이 됨으로써 정체감 혼돈의 위기를 잘 지나가도록 돕는 역할을 한다.

자신의 개성에 대한 강한 인식을 갖고 사회로부터 인정을 획득한 청년들은 자신에 대한 확고한 정체감을 형성하여 건전한 성인으로 성장하게 된다. 반면, 정체감 혼돈의 위기를 성공적으로 극복하지 못한 청년들은 생의 후기에 부정적이며 타인을 잔인하게 취급하고 영웅에 대해 무조건적 동일시나 충성을 다하는 미성숙한 인성 특징을 가지게 된다.

(6) 제6단계 : 친밀감 대 고립감

청년기에서 성인기로 전이되는 시기로 친밀감(intimacy)을 발달시키지 못하면 고립감(isolation)의 위기를 갖는다. 이 시기에는 특정 이성과의 친밀한 관계를 유지시키려는 욕구가 생겨나서 궁극적으로 배우자를 선택하게 된다. 이러한 과정에서 획득되는 친밀감은 결혼생활을 성공적으로 수행하는 데 결정적인 역할을 한다. 친밀감이란 비이기적인 방법으로 다른 사람과 감정이나 가치관을 교류하는 성숙된 인간관계로, 자아정체감이 잘 확립된 사람이라면 원만하게 얻을 수 있다. 그러나 청년기에 자기 자신에게만 몰두하여 자아정체감을 확립하지 못한다면 타인과의 관계에서도 친밀감을 형성하지 못한다. 이들은 친구나 부모, 심지어는 결혼한 배우자에게도 사회적인 위축을 느끼게 되어 결국은 고립감을 느끼게 된다.

에릭슨에 의한 친밀감이란 반드시 이성과의 결혼과 성적인 친밀만을 의미하는 것이 아니라 타인과의 접촉을 통한 사회적 친밀감(social intimacy)도 포함하고 있다.

(7) 제7단계 : 생산성 대 침체감

결혼한 부부는 자녀를 낳고 그들이 사회의 한 구성원으로 올바르게 성장하는 것을 도와주는 것이 보편적이다. 에릭슨은 다음 세대를 교육시켜 사회적 전통을 전수시키고 가치관을 전달하는 부모로서의 역할이 생산성(generativity)을 획득하는 것으로 보았다. 자녀가 없는 부부는 입양을 할 수도 있고, 또는 가까운 친척이나 친구의 자녀들과 접촉하여 생산성을 얻게 될 수도 있다. 생산성은 사회적 활동을 통해서도 획득될 수 있다. 직장에서 젊은 세대를 지도하고 교육시키기도 하며, 창의적인 학문의 성취와 예술적 업적을 통해서도 사회적인 생산성을 발휘한다.

이 시기에 다음 세대에 대한 관심이나 사회에 관심을 두지 않고 자기 자신의 물질적인 또는 신체적인 안녕에만 치중하게 되면 타인에 대한 관대함이 결여되며 침체성(stagnation)이 형성된다.

(8) 제8단계 : 자아통합감 대 절망감

에릭슨의 마지막 단계인 노인기에는 지금까지 지내온 삶을 돌아보게 된다. 자신의 생애를 돌아보면서 보람과 가치가 있었다는 것을 인식하고 오랜 삶을 통해 노련한 지혜를 획득하게 되면 자아통합감(ego integrity)을 얻게 된다. 반면에 젊음을 잃고 직업에서 은퇴한 후 신체적·경제적 무력감을 느끼며, 지나온 자신의 삶이 무의미했다고 느끼면 절망감(despair)을 느끼게 된다. 절망감과 죽음에 대한 공포를 느끼는 노년들은 성취감을 이루지 못한 지금까지의 인생을 다른 방향으로 바꾸기에는 시간이 너무 짧게 남았다는 것을 인식하여 초조해지기 시작한다. 희망이 없고 고독감에 찬 이들은 비참한 절망감에서 인생을 끝내게 되는 것이다.

(9) 평가

인간을 이해하는 데 있어 평생발달적 접근을 시도한 에릭슨은 문화적 요인에 강조점을 두고 정신분석학 이론을 확장시켰다고 보겠다. 그러나 그의 이론은 개념체계가 명확하지 않고 불분명하다는 지적을 받고 있다. 그 결과 그의 이론에 의거한 실증적 연구가 부족하다.

학습이론

학습이론에서는 인간의 발달에 단계가 있다고 보지 않으며, 발달 변화에 있어 연령의 언급도 없다. 인간의 기본적인 생물학적·심리적 동기는 환경에 의해 좌우되므로 보상과 벌이 중요시된다. 뿐만 아니라 발달은 질적인 변화이므로 측정, 증명될 수도 있다고 본다.

학습이론의 고전적 조건 형성과 조작적 조건 형성 그리고 사회학습이론을 개괄적으로 살펴보면 다음과 같다.

1) 고전적 조건 형성

(1) 파블로프의 실험

현대 학습이론의 창설자인 파블로프(Ivan Pavlov, 1849~1936)는 러시아의 생리학자로서 개를 실험대상으로 하여 고전적 조건 형성(classical conditioning) 이론을 제시하였다. 개의 침 분비량이 자동으로 기록되도록 장치한 실험실에서 침의 분비에 관련이 없는 다른 자극을 주어 이 중립자극이 선천적인 반응을 유발시키는 것을 관찰하였다. 중립자극에는 불빛을 사용하였다. 불이 켜진 몇 초 후 음식을 제공하는 절차가 여러 번 반복되면 실험자는 불을 켜고 음식은 제공하지 않았다. 그럼에도 불구하고 개는 불빛과 음식을 연합하는 학습을 하여 침을 분비하는 것이다. 파블로프는 이러한 학습을 조건반응(conditioned response)이라고 불렀다. 반면 음식물에 대한 침의 분비는 무조건반응(unconditioned response)이라고 하며, 이 경우에는 학습이 아니다. 빛 자체는 침의 분비를 유발하지 않지만 빛과 음식을 연합하여 조건화되었을 때에만 타액을 분비하므로 빛은 조건자극(CS : Conditioned Stimulus)이다. 〈그림 2-4〉는 파블로프의 조건화 실험에서 불빛 대신 종을 사용하였다.

그림 2-4 파블로프의 실험

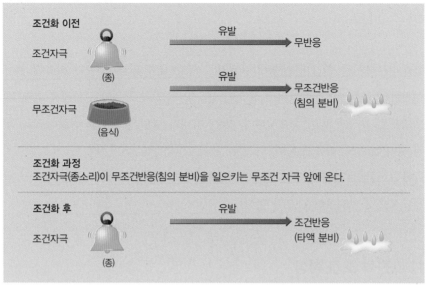

자료 : Dworetzky(1984), p. 230.

(2) 왓슨과 레이너의 실험

파블로프의 연구를 미국에 소개한 것은 왓슨(John B. Watson, 1878~1958)이며, 미국 행동주의(behaviorism)의 창시자이다. 행동주의란 말은 왓슨의 과학에 대한 견해에서 비롯되었다. 그는 인간의 모든 행동은 학습된 것으로 간주하였으며, 생물학직인 유전을 전혀 인정하시 않았다. "나에게 12명의 아이를 준다면 그들을 자신이 원하는 대로 의사든, 변호사든, 도둑이든, 거지든 만들 수 있다"라는 그의 유명한 말은 행동주의 입장을 잘 나타낸 것이라 하겠다.

왓슨과 레이너(Rayne)에 의해 수행된 실험은 파블로프의 고전적 조건형성 실험을 인간에게 적용시킨 것이다. 왓슨은 유아들이 큰 소리에 두려움을 느낀다는 것을 관찰하고 조건자극을 큰 소리와 연결시키면 조건자극이 공포를 유발시킬 수 있으리라 추론했다.

이 경우 큰 소리는 아무런 학습 없이 두려움을 유발시키므로 무조건 자극이다. 왓슨과 레이너가 선택한 중립자극은 아동들에게 공포를 유발하지 않는 흰 쥐였으며, 피험자는 11개월 된 유아였다. 피험자에게 쥐를 보여 줄 때마다 큰 소리를 들려주는 과정을 7회 반복한 후 소리를 제거하고 쥐만을 피험자 앞에

그림 2-5 왓슨과 레이너의 실험

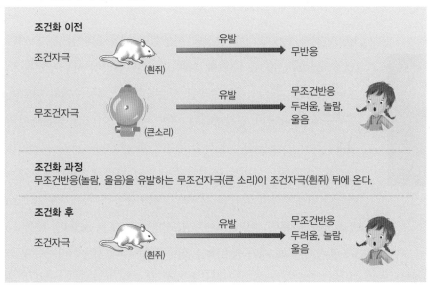

자료 : Dworetzky(1984), p. 231.

제시하였을 때 피험자는 쥐에 대해 공포를 나타냈다. 왓슨과 레이너의 실험상
황은 인간의 일상상태보다 조작적이고 정교할지라도, 그 결과는 인간의 정서반
응 습득뿐 아니라 모든 학습과정을 설명하는 데 일반화될 수 있을 것이다. 행
동주의자들은 인간의 정서뿐만 아니라 가치관이나 태도도 이와 유사한 과정
을 통해 학습되는 것으로 본다. 〈그림 2-5〉는 왓슨과 레이너의 실험을 보여
준다. 아동이 성장하면서 학습하는 행동은 고전적 조건형성으로 설명될 수 있
는 것이 많다.

칼을 만지다가 벤 경험이 있는 아동이 날카로운 물체를 만지려고 할 때 어머
니가 "아파"라고 제시하면, 회피반응을 유도할 수 있는데, 이러한 과정이 조건
형성이다. 일상 생활에서도 조건화 과정을 훈련시킬 수 있다. 예를 들어, 엄마
가 젖을 주면서 이마를 만지면 조건화 후에는 이마를 만지기만 해도 젖을 빠
는 반응을 보인다.

2) 조작적 조건형성

그림 2-6 스키너

자료 : 조복희(2014). p. 83.

1950년대와 1960년대에 절정을 이루었던 행동주의이론은 스키너(B. F. Skinner, 1904~1990)에 의해 또 다른 접근이 이루어졌다. 스키너(1974)는 지금의 행동주의를 왔슨 시대의 행동주의와 다르며, 행동주의란 단순히 인간행위에 대한 과학이 아니라 인간과학의 철학이라고 언급하였다. 조작적 조건형성(operant conditioning)을 발표한 스키너는 고전적 조건형성은 특정 자극에 대해 반응하는 간단한 반사행동의 학습을 설명하기에는 유용하나 유기체 스스로 조작하는 행동을 설명하기에는 부적당한 것으로 보았다. 예를 들어, 개를 앉도록 훈련시킬 때 개가 앉으면 음식을 주는 것이 보통이다. 즉, 음식이 '앉는다'는 반응 뒤에 오므로 유기체는 자신의 행동을 조작한다. 그러나 파블로프의 실험에서는 반응 이전에 음식물이 제공된다는 것이 차이점이다. 다시 말하면, 고전적인 조건화에서는 자극이 반응을 유도하나 조작적 조건화에서는 반응이 자극을 유도시킨다.

스키너는 쥐의 실험에서 보상이 주어지거나 긍정적 강화를 받는 방향으로 행동하거나 '조작(operation)'하도록 학습된다는 것을 밝혔다. 강화(reinforcement)된 행위는 반복하는 경향이 있고, 강화되지 않은 또는 처벌된 행위는 또다시 발생할 확률이 줄어든다. 다른 사람을 도와주었을 때 "고맙다"라는 반응을 보이면 이 행위는 계속되고, 뜨거운 물에 손을 데면 앞으로 데지 않도록 노력할 것이다. 그러므로 조작적 조건형성에서는 강화의 역할과 기능이 학습에 중요하다. 강화에는 부적 강화와 정적 강화가 있다. 즉각적인 강화가 행동 후 한참 있다 가해지는 강화보다 효과적인 것으로 연구에서 밝혀졌으며, 신중한 강화 계획에 따라 행동 수정(behavior modification)이 가능한 것이다.

3) 사회학습이론

자극을 주면 반응을 한다는, 즉 강화에 따라 바람직한 행동을 한다거나 벌에 의해 부정적인 행동을 적게 하게 된다는 이론과는 달리, 사회학습이론(social learning theory)에서는 관찰 대상자의 행동 결과를 관찰함으로써만 학습하는 것이 아니라 모델(model)의 모방, 그리고 동일시를 통한 학습까지 포함한다.

사회학습이론가들도 개인의 행위는 외부의 자극에 의해 영향을 받는다고 여기나 자극—반응이론가들과는 달리 인간은 그들의 환경을 스스로 통제할 뿐만 아니라 구성해 나간다고 보는 것이 그 차이점이다. 이러한 의미에서 자극과 반응의 학습은 양방적(bidirectional)이나, 사회학습이론가들은 상호적 결정론(reciprocal determinism)을 믿는 학자들이라 하겠다.

사회학습이론으로 아동의 행동을 잘 설명할 수 있는 부분이 많다. 성역할의 발달, 공격적 행위, 친사회적 행동 등은 다른 사람을 관찰·모방하여 획득될 수 있는 행동이다.

4) 학습이론의 평가

학습이론은 문제행동을 위한 교육적 프로그램에 지대한 영향을 미쳤다고 할 수 있으나 몇 가지의 한계점을 지니고 있다.

발달에 있어 환경을 강조한 나머지 생물학적인 영향을 무시한 것은 잘못된 결론일 수 있으며, 인간발달 전반을 설명하지 못하고 인간의 복잡한 행위는 설명될 수 없다는 것이다. 또한 조작과 통제는 하급동물에게만 적용될 수 있으며 실험실 밖의 인간의 일상생활에서의 이해에는 한계가 있다고 평가한다.

| 4 |
인지이론

정신분석학이론가들이 성격발달에 1차적 관심을 가졌던 반면, 인지이론가들은 사고발달과정에 이론의 초점을 두었다. 이들은 인간을 단순히 외부 자극에 대한 반응자 또는 무의식적인 욕구를 지닌 생명체로 보지 않고, 의사 결정에서 의식적인 사고과정을 중요시하였다(Berk, 2017).

1) 피아제의 이론

그림 2-7 피아제

자료 : 조복희(2014). p. 90.

인지이론을 편 대표적인 학자는 피아제(Jean Piaget, 1896~1980)이다. 1896년 스위스의 뇌샤텔(Neuchatel)에서 태어난 피아제는 심리학을 공부한 것이 아니라 생물학을 전공하였다.

피아제는 큰 호수에 있던 연체동물을 작은 연못으로 옮겨와 키울 때 환경의 변화로 유기체의 구조적인 변화가 온다는 것을 관찰하였다. 여기에서 피아제는 연체동물은 어느 범위까지 환경에 적응해 나갈 수 있는 특성을 갖고 태어난다는 구조상의 유연성을 인지하였다.

피아제의 연체동물에 대한 연구로 인간에게서도 유사점을 발견하게 되었다. 마치 연못의 연체동물이 환경의 변화에 따라 유기체의 변화를 가져오듯이 인간의 두뇌는 그 인지적 구조를 변화시킴으로써 환경에 적응해 나가는 능력이 있다는 것을 발견한 것이다. 그리하여 피아제는 유기체와 환경의 상호작용이 어떻게 발달해 나가는지를 연구하게 되었고, 이것은 자연히 인간의 인지와 사고과정에 연구의 초점을 맞추게 되었다.

인간의 사고과정을 분석함으로써 지식의 발달과정을 규명하는 인식론(epistemology)이 피아제의 연구영역이다(Piaget, 1974). 초기에 심리학자들의 관심을 끌지 못하다가 1960년대에 인정을 받기 시작하였다(Konner, 2010).

(1) 피아제이론의 기본 개념

피아제의 인지발달을 이해하자면 도식, 적응, 동화, 조절과 같은 주요한 개념의 이해가 우선적이다.

① 도식

도식(schema)은 그리스어의 '형태(form)'를 뜻하며, 사물이나 사건 또는 사실에 대한 전체적인 윤곽이나 개념을 말한다. 기본적인 반사를 갖고 태어난 유아는 반사행동의 반복을 통해 도식을 형성해 나간다. 예를 들어, 빨기 반사를 갖고 태어난 갓난아기는 젖을 빨음으로써 빤다는 것에 대한 도식을 지니게 되고, 이것이 계속 기억 속에 남아서 반복하게 된다. 이 과정을 통해 도식은 분화되고 녀 복합적인 도식으로 발전된다.

피아제는 어린아이들의 두뇌는 생물학적으로 충분히 발달되지 않았고, 경험의 폭이 좁으므로 이들이 지니고 있는 도식은 질적으로 성인의 도식과는 다르다고 믿었다. 연령이 증가함에 따라, 그리고 많은 경험을 통해 인지구조가 발달하게 되는데, 이것은 도식의 질적인 변화를 뜻한다.

② 적응

피아제는 인간의 연구에서 그의 학문적 기초인 생물학을 바탕으로 두 가지 질문을 제기하였다. 첫째, 어린 아동이 복잡한 세계에 적응(adaptation)할 수 있도록 하는 것은 무엇인가? 라는 질문이고 둘째, 아동의 환경에 대한 적응능력은 어떤 발달적 단계를 거치는가? 하는 것이다.

인간은 태어나면서부터 생존을 위해 끊임없이 주변 환경에 적응해야 한다. 유기체의 환경에 대한 적응은 동화(assimilation)와 조절(accommodation)의 상호작용에 의해 일어난다. 동화는 이미 경험 또는 학습으로 형성된 개념, 즉 기존의 도식에 맞게 새로운 자극을 이해하는 것을 말한다. 이러한 기존의 개념에 대한 변화가 조절이다.

도시에서 자란 아동이 어머니와 함께 시골을 가던 중 소를 보고 "엄마 저기 개가 지나가"라고 말한다고 할 때, 엄마는 "저것은 개가 아니고 소라는 거야"라고 대답할 것이다. 이 아동은 발이 네 개이고 털이 난 짐승은 '개'라는 자기 나름의 도식을 지니고 있다. 이 기존의 도식에 새로운 물체인 '소'를 끌어 들여 이해하고자 하는 것이 동화이다. 그러나 어머니로부터 그렇지 않다는 것을 지적받으면서 아동은 이미 지니고 있던 도식과 새로운 물체 사이에 차이를 인식해 나가면서 기존의 도식을 변용해 나가야 한다. 소는 개보다 크고 빨리 달릴 수 없다는 것을 인식하면서 도식에 변용을 한다. 이와 같은 도식의 변용이 피아제의 조절이란 개념이며, 환경에 대한 적응이다.

표 2-1 피아제이론의 기초개념

개념	주요 초점	실례
도식 (schema)	정신적 구조 또는 경험을 의미 있게 조직하는 방법으로 연령에 따라 변화한다. 첫 번째 도식은 운동형태로 나타나는데, 이 운동형태의 도식으로 영아가 주변 세계를 이해해 나간다.	생후 1개월 정도 된 영미는 '파악 도식'으로 물체를 대한다. 손에 닿는 어떤 물체라도 같은 방식으로 물건을 잡는다. 그러나 4개월이 되면 제공된 물체의 크기에 따라 손을 벌리는 정도가 달라진다.
적응 (adaptation)	환경과의 직접적인 상호작용을 통하여 도식이 변화하는 과정이다. 동화와 조절로 이루어진다.	그림책에서 처음으로 캥거루를 본 희경이는 캥거루를 이해하기 위하여 그녀의 도식들을 적용시키려고 노력한다.
동화 (assimilation)	현재의 도식에 의하여 세계를 해석하는 것이다. 아동들은 주변 세계를 이해하기 위해 도식을 동화시키거나 사용하려고 애쓴다. 도식의 성공적인 사용은 균형상태, 안정된 인지적 상태를 만든다.	처음에 희경이는 현재의 도식을 캥거루에 적용시켜 보는데, 그것을 '토끼'라고 부른다.
조절 (accommodation)	새로운 도식을 창출하거나 새로운 사물을 이해하기 위해 도식을 바꾸는 것이다. 아동이 동화하는 것보다 조절을 더 많이 할 때 불균형 상태에 있거나 또는 인지적 불안정에 있게 된다.	후에 희경이는 캥거루가 토끼와 같지 않다는 것을 알아차린다. 그녀는 그녀의 도식을 물체를 해석하기 위해 수정하는데, 캥거루를 '우스운 토끼'라고 부른다.
균형화 (equilibration)	발달을 통하여 균형과 불균형 사이를 왔다갔다 하면서 좀 더 효과적인 도식을 점차적으로 만들어 간다.	희경이가 '토끼 도식'을 수정했을 때 새로운 인지적 구조는 주변세계를 이해하는 데 더 적합하다.
조직화 (organization)	도식과 관련된 과정은 상호관계된 체제 속에서 모아진다. 따라서 주변세계에 대하여 잘 적용될 수 있다.	희경이는 그녀의 '토끼', '고양이', '캥거루'에 대한 도식을 함께 연결한 후 그들 사이의 유사성과 차이점을 쉽게 지적한다.

자료 : Berk(1996), p. 212.

　동화와 조절은 인지발달과정의 두 가지 측면으로서 서로 분리될 수 없다. 상호작용을 되풀이해 나가며 조화를 이룬 균형상태로 발달해 나간다. 균형화(equilibration)는 사고의 평형을 의미하며, 평형은 정지된 상태가 아니라 동적이다. 즉, 구체적인 사고를 하게 될 때 인지적 갈등이 해결되는 것이다. 아동은 복잡한 주변환경에 적응해 나가면서 고도의 논리적인 사고를 할 수 있는 성인으로 성장하는 것이다. 〈표 2-1〉은 피아제이론의 기초개념과 초점을 실례로 들어본 것이다.

(2) 인지발달단계

피아제는 아동의 인지능력은 그들이 성장해 가면서 몇 단계를 거쳐 발달해

간다고 보았다. 이 인지발달단계는,

- 단계별 성취연령은 개인에 따라 다르고
- 모든 아동은 단계를 순서대로 밟고 발달하며, 절대로 단계를 뛰어넘을 수 없고
- 한 단계에서 다음 단계로 넘어갈 즈음에는 두 단계의 인지적 특징이 모두 보일 수 있다는 특성이 있다.

① 감각운동기

발달심리학자들이 말하는 영아기인 생후 첫 2년을 피아제는 감각운동기 (sensory-motor stage)라고 했는데, 이 말은 아동의 행동이 자극에 대한 반응에 의한 것임을 말한다. 즉, 자극은 감각(sensory)이고, 반응은 운동(motor)이라 간주하였다. 이 시기 동안 아동은 감각과 신체운동 간의 관계를 발견하게 된다. 피아제는 신생아의 인지세계를 미래에 대한 설계나 과거의 기억이 없는 현재의 세계로 보았으며, 그들에게는 사고의 근거가 되는 어떠한 정보도 없으므로 생각하지 않고 행동만 한다고 하였다. 감각운동기의 초기에는 생득적인 반사활동으로 행동하나, 후기에는 꽤 발달된 지적 활동을 한다. 감각운동기의 가장 특징적인 것은 물체의 영속성 개념이 부족하다는 것이다. 피아제는 이 감각운동기를 다음과 같은 여섯 단계로 나누어 설명하고 있다.

- 반사활동기(reflex activity, 출생~약 1개월) : 신생아가 학습되지 않은 생득적 반사로써 그 주위 환경에 적응하려는 시기이다. 환경으로부터의 자극에 빨고, 울고, 숨쉬고, 재채기하는 등의 자연적인 반사로 대처한다. 반사운동을 통해 여러 가지 도식을 만들어 간다. 동화가 환경적응의 대부분을 차지하지만 조절도 볼 수 있다. 예를 들어, 젖을 빠는데 젖꼭지와 가슴을 구별하는 것이 조절의 예다.
- 1차 순환반응(primary circular reactions, 1~4개월경) : 순환반응이란 우연히 일어났던 흥미를 끄는 행동을 반복한다는 의미에서 붙여진 이름이며,

1차적이란 이러한 행동이 생물학적인 반사에 그 근원이 있다는 의미이다. 유아가 그의 엄지손가락을 반복해서 빤다면 이것은 우연적인 행위가 아니라 손과 입 사이의 협응을 통해서 이루어진 행동이다. 그러나 엄지손가락을 빠는 행동은 우연히 시작된 것으로 재미있기 때문에 반복하는 것이다. 따라서 반복해서 나타나는 이 행동은 획득된 적응행위로 볼 수 있다. 이 단계에서 반사활동에 의해 형성된 도식은 습관으로 나타난다.

- 2차 순환반응(secondary circular reactions, 4~8개월경) : 이 단계의 특징은 순환반응이 유아 자신의 신체에 한정된 것이 아니라 주위환경에 존재하는 물체에까지 확대된다는 것이다. 2차 순환반응은 환경에 대한 인식의 시작으로 우연히 했던 행위가 재미있었다면 똑같은 결과를 얻기 위해 행동을 반복하는 것이다. 유아가 딸랑이를 우연히 흔들었을 때 활동 자체에 흥미를 느껴 반복하는 것이다. 즉, 딸랑이를 흔드는 근육 자극에 흥미를 느끼는 것이지만, 2차 순환반응기에는 활동이 일으킨 환경의 변화에 흥미를 갖는다. 딸랑이를 흔들었을 때 나는 소리에 관심이 있는 것이다. 이런 유아의 행동은 환경을 인식한 의도적이고 목적을 지닌 행위라 할 수 있다. 또한 이 시기에는 이전 단계에서 보였던 개별행동이 통합되어 여러 형태의 협응활동이 나타난다. 앞에서 말한 딸랑이를 흔든다는 것은 소리를 듣기 위한 것이므로 손과 귀의 협응이며, 공을 잡는다는 것은 손과 눈의 협응이다. 2차 순환반응기에는 대상 영속성(object permanence) 개념이 서서히 나타나기 시작한다. 감각운동기의 첫 번째와 두 번째 단계에서는 유아 앞에 놓인 흥미로운 물체를 감추어 버린다면 그 물체는 이미 존재하지 않은 것처럼 여겨 찾는다는 등의 관심을 보이지 않는다. 그러나 2차 순환반응기에는 물체가 시야에서 사라지면 그것을 찾고자 하는 대상 영속성의 기초 개념 획득을 볼 수 있다.

- 2차 반응의 협응(co-ordination of secondary reac-tions, 8~12개월경) : 이 시기에는 특별한 목적을 달성하기 위해 획득된 여러 가지 도식을 새로운 상황에도 사용하게 된다. 예를 들어, 장난감을 꺼내기 위해 막대기를 사용하는 것은 목적을 위한 수단의 선택이 된다. 세 번째 단계에서의 도식

그림 2-8 대상 영속성의 실험

1. 실험자의 손에 물체가 있다.

2. 실험자가 손을 쥔다.

3. 손을 헝겊 밑에 넣는다.

4. 물체는 헝겊 밑에 두고 손을 치운다.

5. 아이는 실험자의 손을 본다.

6. 아동은 의아해 한다.

물체가 보이지 않으면 찾을 수 없다. 아동은 물체가 실험자의 손에 있지 않으면 그것이 천 밑에 있을 것이라는 추론을 하지 못한다.

의 협응은 완전히 의도적이지도 않고 목적에 직접적이지도 않다. 그러나 네 번째 단계에서는 수단과 목적이 분리될 수 있는 의도성(intentionality)이 역력하다. 이제 유아의 행동은 완전히 의도적이고 기존의 도식을 목표 성취를 위해 협응시킨다. 이 단계의 유아는 사람과 사물을 구별하고 숨긴 물건을 찾을 수 있다. 즉, 대상 영속성을 획득한다. 이 단계 이전의 유아는 한 장소에서 다른 장소로 인형을 옮겼을 때, 전에 있던 장소의 인형은 존재하지 않고, 옮겨진 장소에는 새로운 인형이 무(無)에서 나타났다고 느낀다. 〈그림 2-8〉은 아동의 물체에 대한 대상 영속성 실험을 보여준다. 그러나 대상 영속성을 획득한 유아는 원인과 결과의 관계를 이해하기 시작하여 어떤 행위의 결과를 예상할 수 있다. 따라서 옮겨져 다른 곳에 놓인 인형이 바로 전 장소에 놓여 있었던 인형이라는 것을 안다. 미래의 결과에 대해 인식할 수 있고, 그 결과를 낳기 위해 의도적 행동을 할 수 있다.

- 3차 순환반응(tertiary circular reactions, 12~18개월) : 생후 12~18개월의 유아에게는 3차 순환반응이 일어난다. 1차 순환반응은 흥미를 끄는 단순한 행동을 반복하는 단계이며, 2차 순환반응은 이전에 만족을 주었던 행위를 목적을 갖고 계속 반복하는 것이다. 3차 순환반응은 단순한 목적을

지난 반복이 아니라 새로운 행동이 어떤 결과를 가져올 것인가를 알아보기 위해 다양하게 실험해 보는 것이다. 유아는 단순히 주어진 결과에 만족하지 않고, 새로운 반응을 시도하는 시행착오의 학습을 도모한다. 피아제는 이러한 시도를 인간이 지니고 있는 선천적인 호기심 또는 새로운 것에 대한 흥미의 시작으로 보았다. 5단계 이전에는 새로운 사건을 조절하여 이미 획득된 도식에 동화시키는 것이 전부이다. 그러나 5단계의 유아는 자신의 현재 정신구조와 다른 새로운 사물과 사건에 대해 관심을 갖고 동화의 과정을 거친다. 이 과정은 기존의 인지구조가 분화되어 더 적당한 새로운 도식을 만들기 위해 조절하는 재생산적 동화이다.

- 사고의 시작(mental combination, 18~24개월경) : 감각운동기의 마지막 단계의 아동은 문제를 해결하기 위해 실재의 물체뿐 아니라 상징이나 이미지를 인지적으로 조합하고 조정하기도 한다. 즉, 상징을 통해 새로운 인지구조를 생각하기도 하며, 이러한 인지구조들을 결합시켜 새로운 수단을 발생하는 사고를 시작한다. 예를 들어, 이 단계의 아동은 컵을 들고 가다가 문에 도달하면 문을 열어야 한다는 상황을 판단하여 손에 들었던 컵을 다른데에 놓는다. 즉, 문을 열기 위해 손을 비운다. 이것은 손의 컵이 문을 여는 데 방해가 된다는 것을 깨닫기 때문이다. 컵을 손에 들고 문을 열려고 하다가 실패하여 시행착오과정을 통해 다른 행동을 취하는 것이 아니라, 머릿속으로 생각을 한 후 행동한다.

감각운동의 발달은 인간에게만 한한 것이 아니라 오랑우탄, 고릴라 그리고 침팬지도 비슷한 발달을 보였다. 오랑우탄 연구에서는 감각운동기의 여섯 단계가 발달속도만 다를 뿐 똑같은 순서의 발달임을 보였다. 세 번째 단계와 네 번째 단계는 인간보다 두 달 일찍 도달하였으나, 다섯 번째와 여섯 번째는 조금 늦게 나타났다(Dwortzeky, 1984). 이 같은 연구결과로 감각운동발달이 다른 동물에게도 존재한다는 것이 밝혀졌으며, 또한 인지발달에서의 생물학적 요인의 중요성이 증명된 셈이다. 인지발달은 두뇌와 신체 신경조직에 인지구조의 성숙이 무엇보다 중요하다는 것을 의미한다. 너무 어린 아이에게 걷는 연습을 아무리 시켜도 효과가 없듯이, 생물학적으로 미성숙한 아이에게 인지훈련을 시킨다고 해서 나이든 아이처럼 사고할 수는 없다. 이런 의미에서 피아제의 이론은 점성적(epigenetic) 접근이다.

② 전조작기

아동이 2세가 되면 언어의 획득과 함께 전조작적 사고단계로 들어간다. 이 시기 사고의 특징은 감각운동기와 비교할 때 감각운동적 행위에 덜 의존적이라는 것이 차이점이다.

언어의 급격한 습득과 함께 사물이나 사건을 내재화할 수 있는 능력이 생기고, 보이지 않는 것을 기억하는 표상이 나타난다. 뿐만 아니라 상징적으로 사고하는 능력도 증가한다. 그러나 이와 같은 사고능력의 발달에도 불구하고 다음 단계인 조작기의 아동에 비해 미숙하다. 즉, 사고의 논리적인 조작이 가능하지 않아 전조작기(preoperation stage)라 부른다. '조작'이란 과거에 일어났던 사건을 내면화시켜 서로 관련지을 수 있는, 즉 논리적인 관계를 지을 수 있는 것을 뜻한다.

전조작기 사고의 특징에는 상징놀이, 자기중심적 사고(egocentrism), 물활론(animism), 직관적 사고 등이 있다. 상징놀이는 물리적으로 현실에 존재하는 대상보다 아동의 내부에 정신적 표상으로 만들어 낸 현실과 다른 대상을 갖고 노는 놀이이다. 예를 들어, 빗자루를 총으로 간주해서 총처럼 메고 다니거나 쏠 수도 있고, 나무토막을 차라고 여겨 '뛰뛰빠빠' 하면서 놀기도 한다. 또한 나무 판대기를 상이라 하면서 그 위에 돌 등을 올려놓고 음식이라며 먹는 시늉을 하기도 한다. 이때 각각의 물건들은 아동의 마음속에 있는 어떤 것을 표상화시키는 대표기제(representation)를 의미한다. 대표기제에는 상징놀이 이외에 심상(mental image)도 있다. 심상이란 물리적으로 눈 앞에 없는 것을 머릿속에 떠올리는 것을 말한다. 감각운동기의 아동은 자신이 이전에 들은 것이나 본 것을 머릿속에 그리지 못하므로 심상을 만들지 못한다고 보겠다. 상징놀이는 언어의 급속한 발달과 함께 다양해진다. 언어의 습득은 아동의 상징능력을 조직화시킬 수 있는 수단의 획득을 뜻하며, 사물이나 사람을 지칭할 수 있는 범위

그림 2-9 세 산의 실험

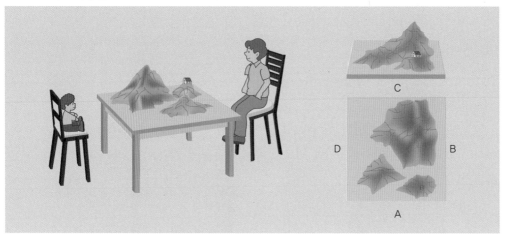

인형이 A, B, C, D의 각기 다른 위치에 앉아 있을 때 산이 어떻게 보이는가를 묻는다.

자료 : Clarke-Stewart & Koch(1983), p. 77.

를 확대시킨다. 아동의 머릿속에 간직한 사건이나 행동을 묘사하여 타인에게 전달하는 능력이 언어의 획득과 함께 생기는 것이다.

자아중심적인 사고는 전조작기 아동의 또 다른 특성이다. 세상의 모든 사물은 자신의 입장에서만 보고 판단하며 다른 사람의 입장을 고려하지 않는 것이다. 자기중심적인 아동은 남들도 자기와 같이 생각한다고 믿기 때문에 타인의 관점이나 감정을 이해하지 못한다. 즉, 조망 수용능력이 아직 획득되지 못한 것이다. 피아제의 '세 산의 연구'는 아동의 자아중심적 사고를 보여 주는 유명한 실험이다. 〈그림 2-9〉와 같이 크기가 다른 세 개의 산모형을 탁자 위에 두고 한 의자에 인형을 앉히고 또 다른 의자에 아동을 앉게 한다. 산의 배치도를 그린 그림 카드에서 인형이 보는 것을 집으라고 했을 때 대부분의 전조작기 아동은 자신이 본 산의 배치도를 선택한다. 그러나 아동이 7~8세가 되면 인형이 보는 산의 배치도를 맞춘다. 이것은 그들이 다른 사람의 입장에서 사고를 하게 된다는 것을 의미한다.

물활론의 사고는 전조작기 아동의 자연관을 말해준다. 모든 사물은 생명이 있어 생각하고 감정이 있다고 믿는다. 피아제와 전조작기 아동의 다음과 같은 실례의 대화는 물활론의 사고 특징을 보여준다.

물활론 실례

피아제	해는 움직이니?
아동	네, 사람이 걸어가면 해는 따라가요, 사람이 돌아가면 해도 돌아가요.
피아제	왜 해가 움직이지?
아동	왜냐하면 사람이 걸어가니까 그래요.
피아제	해는 살아 있어?
아동	물론이에요. 그렇지 않으면 해는 우리들을 따라 올 수도 없고, 빛나지도 않아요.

그림 2-10 아동의 꿈

태양은 움직이고, 꿈은 실제로 일어나는 일로 생각한다.

정원의 돌들은 서로 좋아하기 때문에 모여 있고, 뚱뚱한 사람이 의자에 앉으면 의자는 아파한다고 믿는다. 좋아하는 인형과 자주 놀아주지 않으면 인형이 심심해 하리라는 생각은 물활론적 사고이다. 아동의 독특한 자연관을 보여 주는 또 다른 것은 인공론(artificialism)이다.

전조작기 아동의 사고의 한계는 보존의 개념이 없다는 것이다.

③ 구체적 조작기

피아제의 구체적 조작기(concrete operation)는 7~12세경으로, 이 단계에서 아동은 사고를 논리적으로 조작할 수 있는 능력을 획득한다. 앞에서 말했듯이 조작이란 논리적 규칙이다. 신발의 끈을 묶는다는 것은 단순한 행동처럼 보이지만 묶는 순서를 머릿속에 그리고 조작할 수 있어야 가능하다. 그러나 이들의 조작적 사고는 관찰이 가능한 구체적 사건이나 사물에 한정되어 있기 때문에 구체적 조작기라 하였다. 가상적인 상황을 만들어서 추론할 수는 없어 추상적이고 복잡한 가설의 정신적 사고는 아직 가능하지 않다.

비록 추상적인 용어를 사용한다 하더라도 구체적인 사건이나 사물과 연결시켜 사고하는 실제 세계에 한정된다. 예를 들어, 친한 친구가 다른 사람과 싸운다고 가정할 때, 어떻게 했으면 좋겠는지를 아동에게 묻는다면, 구체적 조작기의 아동은 이것을 가정으로 받아들이지 않고 실제로 일어났던 사실로 인정하게 된다. 만약 "사람에게 꼬리가 있다면 어떨까"라는 질문을 던진다면, 이 시기의 아동은 구체적으로 보아 왔던 동물이나 만화 등에서 답을 찾으려고 한다. "사람에게 꼬리가 있다면 우습다", "나무에 매달릴 수 있다" 등의 대답이 있을 수 있다. 그러나 구체적 조작기를 지난 다음 형식적 조작기에 있는 아동은 구체적으로 경험하지 않은 가설에도 자유스럽게 상상을 하여 대답한다. "애인끼리는 다른 사람 몰래 탁자 밑으로 꼬리를 내밀어 잡을 것이다", " 사람에게 꼬리가 있다면 행복할 때 꼬리를 흔들어 개한테 들킬 것이다" 등의 재미있고도 기지에 찬 대답을 들을 수 있다. 이런 대답을 구체적 조작기의 아동에게는 기대할 수 없다.

- 보존(conservation)의 개념 : 전조작기 아동은 보존의 개념을 획득하지 못하나 구체적 조작기의 아동은 이 개념을 얻게 된다. 보존이란 외형의 변화에도 불구하고 다시 첨가되거나 빼버리지 않는 한 어떤 물체의 질량이 같다는 것을 판단할 수 있는 능력을 말한다(Phillips, 1975).

  보존개념은 세 단계를 거쳐 획득된다. 먼저 주어진 상황에서 한 면에만 관심을 두고 보는 비보존상태가 첫 단계이며, 두 번째는 과도기로서 한 면보다는 다소 여러 각도에서 보지만 높이와 밑면적의 관계와 같은 3차원에서는 이해하지 못하는 단계로, 실험에서 통과하는 횟수보다 실패하는 횟수가 더 많다. 세 번째는 보존개념 형성기이다. 이 진흙도 모양을 바꾸면 저것과 똑같이 될 거라고 가역성을 지적하거나, 이것은 아무것도 보태지도

그림 2-11 보존 개념

보존과제	제시	변형
수	두 줄에 동전을 같이 제시한다. 	동전의 간격을 달리해도 개수가 같은지를 묻는다. 
길이	두 개의 막대기를 제시한다. 	한 막대기를 옮긴 후 같은 길이인지 묻는다. 
액체	두 컵에 같은 양의 물을 제시한다. 	길쭉한 컵에 물을 부은 후 같은 양인지 묻는다. 
양	같은 양의 진흙을 보여준다. 	한 진흙을 길게 만든 후 같은 양인지 묻는다. 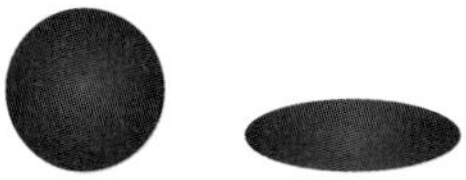
면적	두 소가 같은 면적의 풀을 먹는다는 것을 보여준다. 	한쪽 소의 풀을 흩어 놓은 후 두 소가 같은 면적의 풀을 먹는지 물어본다. 
무게	두 진흙 덩어리가 같은 무게임을 보여준다. 	하나의 덩어리를 변형시킨 후 두 진흙 덩어리가 다른 무게인지를 물어본다. 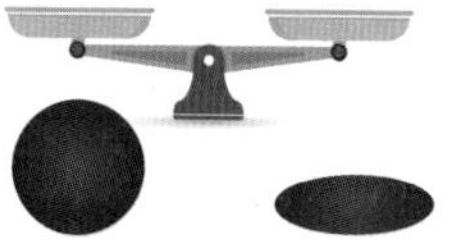
부피	같은 크기의 진흙을 같은 양의 물 속에 담그면 물의 높이가 같이 올라오는 것을 보여준다. 	한 진흙 덩어리를 변형시켰을 때 물의 높이가 달라지는가를 물어본다. 

떼내지도 않았으므로 먼저와 같은 것이라고 대답하는 동일성(identity), 이것은 저것보다 작지만 둥그스름하고 저것은 대신에 납작하지 않느냐는 보상(compensation)으로 설명한다. 이와 같이 가역성, 동일성, 보상의 세 가지 이유 중 하나를 들어 대답할 때 보존개념이 형성되었다고 간주한다.

전조작기의 아동이 보존개념의 실험에서 실패하는 것을 피아제는 네 가지의 원인으로 설명하였다. 첫째, 각각의 상황을 분리해서 생각할 뿐이지 그것을 종합할 능력이 없기 때문이다. 똑같은 액체를 다른 컵에다 옮기거나 진흙을 변형시키면 본래의 것과 같을 것이라는 것을 연관시켜 사고하지 않기 때문이다.

둘째, 전조작기의 아동들은 그들의 사고에서 가역성이 부족하기 때문이다. 액체를 본래의 컵에 부으면 똑같다든가, 막대기를 옮겨 놓아도 같은 것이라든가, 진흙을 다시 둥그렇게 만들면 본래의 모양으로 돌아온다는 것을 인식하지 못하기 때문이다.

셋째, 보존개념을 이해하기 위해서는 아무것도 보태거나 빼내지 않았을 때는 본래의 액체와 질량은 동일하다는 생각을 가져야 하는데, 이들에게는 그것이 없기 때문이다. 몇몇 아동들은 이러한 가정을 이해하다가도 실제 눈 앞에서 다르게 보이므로 문제해결에 갈등을 느끼는 것이다.

마지막으로 두 컵의 액체 모양은 좁은 컵에서는 높아질 것이고, 큰 컵에서는 낮아질 것이라는, 서로 상쇄하는 능력에 대한 이해가 없다. 실험할 때 좁은 컵에 액체를 부으면서 어느 정도 높이가 될까 맞추어보라고 물으면 먼저의 컵보다 높이 올라올 것이라고 정확하게 대답을 하는 아이들도 양에 있어서는 같지 않다고 주장하는 것이 이것을 증명해 준다.

- **분류화(classification)** : 아동은 구체적 조작기에 들어서야 사물을 일정한 속성에 따라 분류할 수 있다. 피아제는 사물의 분류에서 '전체'와 '부분'의 관계, 다시 말하면 상위 유목과 하위 유목과의 관계를 이해하는 것을 유목 포함(class inclusion)이라고 하였다. 이 시기의 아동은 다섯 송이의 장미와 두 송이의 카네이션에서 꽃이라는 것은 상위 유목이 되고, 장미와 카네이션은 그 상위 유목 밑에 동등하게 나누어질 수 있다는 것을 이해한다.

이렇게 단순히 한 가지 속성에 따라 분류할 수 있는 능력은 구체적 조작기가 시작될 때 생긴다.

8~9세가 되면 사물의 여러 복합적인 속성의 분류도 가능해진다. 피아제는 한 줄에 초록색의 물건을(예 : 모자, 사과, 연필), 반대편 줄에 초록색, 빨간색 등의 색깔이 다른 나무토막을 나열한 뒤 중간에 무엇이 들어가는지 묻는 실험을 했다. 이때 초록색 나무토막이라고 대답하면 복수 분류화(multiple classification)의 능력을 지닌 것이다. 이것은 한편에서는 초록색이라는 것과 다른 편에서는 나무 토막이라는 공통적인 속성을 인식하기 때문이다.

- 서열화(seriation) : 사물과 사물의 관계에서 순서를 이해하는 서열화의 개념은 구체적 조작기에 이르러서야 획득된다. 〈그림 2-12〉와 같이 넘어지는 막대기의 그림을 순서대로 맞추는 것은 논리적인 조작능력이 생기지 않은 전조작기에는 가능하지 않다. 길이, 크기, 무게, 부피, 색도에 대한 서열 개념의 획득은 사물 간의 관계의 이해에서 비롯된다. 복수 서열화(multiple seriation)의 능력은 7세경에 얻어진다. 높이와 넓이가 다른 아홉 개의 컵 배열을 요구했을 때(그림 2-13) 7세 정도가 되어야 정확하게 나열을 할 수 있었다.

그림 2-12 서열화

자료 : Hetherington & Parke(1975), p. 322.

그림 2-13 복수 서열화

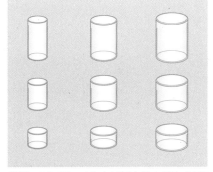

행렬순으로 높이와 크기에 따라 컵을 놓을 수 있을 때 아동은 다양한 서열을 이해한다.

④ 형식적 조작기

구체적인 세계에 아동을 묶어 놓았던 사고의 제한으로부터 자유로워지는 시기는 11세경에 시작하여 14, 15세경까지의 형식적 조작기(formal operation)이다.

이 시기의 아동은 앞의 여러 단계를 거치면서 획득한 지적 축적으로 논리적인 사고가 가능한 인지적 성숙이 이루어진 단계이다. 피아제는 형식적 조작기의 아동과 성인의 사고과정에서 질적인 변화는 거의 없다고 보았다.

이 단계의 사고는 다음과 같이 세 가지의 특징으로 앞의 구체적인 조작기와 구별될 수 있다.

- 가설-연역적 인지구조(hypothetic-deductive cognitive strategy) : 구체적 조작기의 아동은 문제를 사전에 계획해서 해결하고자 하는 것이 아니라 이것저것 시도해보는 시행착오적 방법을 택한다. 그러므로 많은 시간적 소모가 필수적이다. 반면 형식적 조작기의 아동은 문제해결을 위해 가능한 모든 방법을 생각하여 그 결과를 가정하여 여러 방법 중에서 가장 정확한 것을 시도해 본다. 뿐만 아니라 가설의 설정을 통해 일반적인 사실에서 특정한 사실을 끄집어 낼 수 있다.

- 조합적 분석능력(combinational analysis) : 형식적 조작기에 있는 아동은 조합적 사고가 가능하다. 문제해결을 위해 체계를 갖고 가능한 조합을 차례차례 시도한다. 구체적 아동기의 아동은 조합적 능력이 없으므로 아무런 체계 없이 이것저것 마구 섞어 시행착오적인 접근방법을 취한다.

- 추상적인 사고(abstract reasoning) : 구체적 조작기의 아동은 그들의 사고가 현실적으로 존재하는 사물, 즉 구체적 세계에 한정되어 있다. 그러므로 이들은 민주주의, 종교, 자비와 같은 추상적 개념을 이해하지 못한다. 이들에게 종교란 교회에 다니는 것으로 동일시하는 구체적인 행동으로 이해될 뿐, 정신세계의 일부나 다른 사람에 대한 사랑 등의 추상적 개념으로 이해하지는 않는다. 그러나 형식적 조작기에 도달한 청소년들은 추상적인 사고를 할 수 있다. 이들은 자신의 삶의 의미를 음미하고, 사회적인 규범이나 가치관을 이해하며, 예술작품의 많은 상징을 터득한다. 그러므로 이들은 사고과정을 스스로가 조작할 수 있는 인지구조가 매우 성숙되었다고 볼 수 있다. 현실과 반대되는 가설적인 상황을 사고할 수 있고, 추상적 개념을 이해하며, 문제해결에 많은 방법을 시도할 수 있다. 그리하여 청소년들은 현실과 동떨어져 꿈이 많은 이상주의자가 되며, 때로는 문제를 일으키는 젊은이가 된다. 이와 같은 과정은 지적 발달의 한 과정이므로 너무 걱정할 필요는 없다.

(3) 평가

피아제는 아동을 잘 관찰한 훌륭한 관찰자였으며, 정신능력발달의 질적인 본질에 대한 피아제의 새로운 시각적 접근은 높이 평가되고 있다. 새로운 시각은 두 가지로 요약될 수 있는데, 첫째, 아동은 어른이 가르치는 대로 배우는 것이 아니라 스스로의 방법으로 배운다. 둘째, 아동은 어른과 사고방식이 다르다는 것이다.

그러나 피아제의 이론에서 발달단계에 도달하는 연령은 개인의 경험과 문화에 따라 매우 다르다고 지적되고 있다. 또한 피아제가 연구 방법이 과학적이 아니어서 동화와 조절, 균형화 등은 그 발달과정이 증명되기가 힘들다는 비판을 받는다.

지금까지 살펴본 인간발달의 세 가지 주요 접근방법에 대한 토마스(Thomas, 1985)의 평가를 참고로 보면 〈표 2-2〉와 같다.

표 2-2 세 이론의 평가

비교 기준	아주 좋음	보통	아주 나쁨
아동의 현실세계 반영	B	B F C	
이해의 명확성	B F	C F	
약육지침 정도	B	C	
검정 가능성	B	C	F
새로운 연구 자극	B F C		

주) B-행동주의적 접근, C-인지적 접근, F-프로이트 이론

2) 정보처리이론

오래전부터 심리학자들이 가져 왔던 인간의 보이지 않는 지적 구조나 인지과정에 대한 의문이 정보처리에 대한 연구로 이어져 왔다.

인간이 감각을 통해 들어온 환경으로부터의 인상을 수용하는 순간과 가시적

반응이 나타나는 순간 사이에는 무엇이 일어나는가를 그려 보려고 하는 것이 정보처리이론(information processing theory)이다. 두 순간 사이에서 일어나는 과정을 분석하는 것은 정보처리 관점, 즉 컴퓨터의 투입, 과정, 산출의 모형 분석과 기본적인 틀이 일치한다. 투입과 산출은 외부에서 직접 목격될 수 있으나, 중간 과정의 요소와 그 작용에 대해서는 추측할 수밖에 없다.

따라서 정보처리이론가들은 연속 작용의 중간과정의 본질에 대해 추측하고, 정보를 조작하는 인간의 내부 기제 요소를 규명하며, 이러한 요소가 인간의 행동을 유발하기 위해 어떻게 상호작용하는가를 기술하려고 시도한다.

(1) 정보처리이론의 발달과정

정보처리이론의 발달은 세 종류의 다른 학문적 배경으로부터 그 근원을 찾을 수 있다(그림 2-14).

첫째, 커뮤니케이션(communication) 영역으로 이 분야의 학자들은 인간이 어떻게 메시지를 타인에게 전달하는가를 밝히면서 개개인의 감각구조를 정보 입수의 근원으로 보았다. 커뮤니케이션 학자들은 메시지에 있는 정보가 무엇인

그림 2-14 정보처리모델

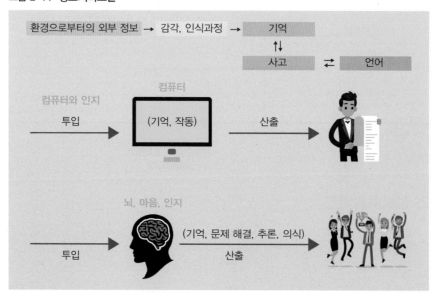

자료: Santrock(20df), p. 57.

가 하는, 정보를 전달하는 데 있어서의 과정을 설명하고자 했다.

둘째, 컴퓨터 과학의 발달은 정보처리이론에 결정적인 영향을 주었다. 컴퓨터는 속도가 매우 빠른 정보처리과정의 구조를 갖추고 있기 때문에 컴퓨터 구조를 인간의 사고과정과 대비시켜 분석할 수 있는 것이다. 컴퓨터와 인간은 사고과정에서 논리적이고 규칙이 있다는 점에서 서로 유사하다. 또한 정보를 다루는 데 있어 한계가 있다는 것도 유사하다. 컴퓨터 하드웨어(hardware)의 한계를 인간 두뇌의 감각기관의 한계와 비유하고, 소프트웨어(software)의 한계는 인간 학습과 발달의 한계로 비유된다.

마지막으로, 현대 언어학도 정보처리이론의 정립에 영향을 끼쳤다. 인간 사고의 규칙이나 인간의 어떠한 상황에 대한 이해를 언어학적 모델로 해석하려고 한 것이 정보과정에 있어서 중요하게 받아들여졌던 것이다. 이와 같이 커뮤니케이션, 컴퓨터, 언어학의 연구가 정보처리과정 연구를 활발하게 하는 밑받침이 되었고, 이것은 인간의 인지과정을 이해하는 데 도움이 되었다.

정보처리과정에는 다섯 단계의 과정이 있다고 학자들은 주장하고 있다. 사람에게 정보의 자료로서 자극이 주어졌을 때 먼저 ① 주의를 집중하고, ② 지각한 뒤, ③ 기억을 하다가, ④ 사고하여, ⑤ 마지막으로 상황에 대한 문제해결을 하는 것이다. 이 중 주의집중, 지각, 기억을 정보처리의 가장 중심적인 현상으로 본다(그림 2-15). 먼저 '주의'란 자극이라 볼 수 있는 주변의 사건에 대한 집중을 뜻한다. 집중은 목적적 작동이다. 따라서 인간을 환경에 의해 부여되는 인상을 수동적으로 기록하는 존재가 아니라 자극을 추구하는 능동적 존재로 본다.

두 번째 단계인 '지각'이란 인간의 오관으로 얻어지는 정보 또는 지식의 해석으로 볼 수 있다. 사물이나 사건을 어떤 측면에서 보느냐 하는 관점에서 정보

그림 2-15 정보처리과정

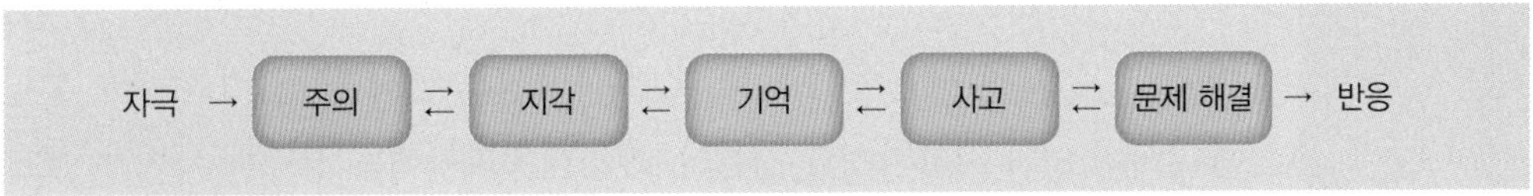

자극 → 주의 ⇄ 지각 ⇄ 기억 ⇄ 사고 ⇄ 문제 해결 → 반응

자료 : Fogel(2009), p. 62.

가 달라질 수 있다. 정보과정의 세 번째 단계는 '기억'이다. 기억을 연구하는 데 있어 단기·장기기억과 같은 하위영역의 존재를 가정하고, 저장과 보류에 영향을 주는 요인을 찾음으로써 기억의 복잡한 작용을 설명하려고 했다. 또한 단기·장기기억을 배제하고 대신 정보처리과정의 깊이나 수준을 이용하여 기억을 설명하려고도 했다.

이와 같이 주의집중, 지각, 기억의 연구를 통해 어떻게 인간이 정보처리를 하는가에 대한 관심은 계속 높아지고 있다. 정보처리과정에서의 네 번째 단계는 '사고'로서 논리적 사고와 경험적 사고로 나눌 수 있다. 사고를 해나가는 과정에서 과거의 경험이나 기억을 끄집어내어 동일하지 않은 두 사물이나 사건과의 관련성을 찾아보는 것이다. 마지막 단계는 '문제해결능력'이다. 이것은 정보처리과정의 마지막 목표이다.

(2) 연구방법

실험심리학영역에서 미시적으로 연구하는 정보처리이론가들은 두 가지 방법으로 그들의 가설을 일반화하고 정교화하고 있다.

첫째, 인간을 실험 대상으로 하여 빛의 수용, 단기기억에 저장 가능한 정보의 조각 수, 단기기억의 자료들이 장기기억에 저장되기 위해 어떻게 부호화되는가에 대한 연구이다.

둘째, 컴퓨터를 인간 정신 작용의 모사체로 보는 것이다. 컴퓨터는 인간의 문제해결과 거의 유사한 과정을 거쳐 산출을 생산한다. 그러므로 컴퓨터 프로그램이 점차 개발된다면 인간 사고과정을 이해하는 데 진일보할 것이다.

(3) 평가

정보처리이론의 강점은 자극의 단순한 감지에서부터 복잡한 규칙의 개발에 이르기까지 다양한 인지적 과정에 접근한다는 것이다.

그렇지만 정보처리이론은 컴퓨터 모델 사용으로 인해 몇 가지 단점을 갖는다. 왜냐하면 인간 사고과정과 컴퓨터 모델 작동과정에는 상당한 차이가 있고, 모델이 인간 행동을 적절히 기술한다 하더라도 여전히 사람이 생각하는 방법과는 주요 면에서 차이가 있기 때문이다. 첫째, 발달을 설명하는 데 있어 문제점을 갖는다. 발달의 한 영역 내에서의 변화는 잘 설명하고 있으나, 여러 행동영역 간의 상호관계에서의 변화를 기술하는 데에는 난점이 있다. 즉, 인지와 정서, 동기, 사회성 발달을 연결지어 설명하기에는 불충분하다.

둘째, 발달과정을 설명하는 데 있어 구체적·부분적 행동변화나 문제해결 등은 잘 설명하나, 행위의 출현이나 소멸에 대한 설명은 부족하다. 끝으로 행동의 상황적 요인에 대한 관심이 부족하다. 행동의 자연적 상황에 대해 덜 민감한 반면, 처리과정의 기저장치에 초점을 두고 있으므로 인간의 요구, 목표, 능력, 상황에서의 가능성이나 요구 간의 상대적 측면에 대한 관심이 부족하다.

| 5 |
인본주의이론

인본주의적(humanistic) 심리학자들은 인간을 이해하는 데 지금까지의 여러 학자들과 다르게 접근한다. 특히 행동주의자와는 정반대의 입장을 취하고 있고 행동주의이론에 대한 반동작용으로 인본주의적 이론이 발달해 왔다고 볼 수 있다. 인본주의자들은 인간은 자극에 대해 반응을 보이는 단순한 암상자(black box)가 아니므로 기계적 방법으로 접근해서는 안 된다고 믿는다. 이들은 인간행동발달에서 환경의 요인을 중요시하지 않을 뿐만 아니라 무의식적 욕구나 본능도 배제하고 있다. 뿐만 아니라 동물의 실험결과를 인간에게 적용시키는 것도 인정하지 않으며, 과학적 연구방법에도 의문을 제기한다.

인본주의 학자들은 개인은 자아실현을 위한 주체로서 감정, 사고를 할 수 있는 인격체라고 강조하면서 인간발달과정에 낙관적인 견해를 지니고 있다. 매슬로(Abraham Maslow)와 로저스(Carl Rogers)는 인본주의이론의 대표적 학자이다. 매슬로는 개인이 능력을 발휘하고자 하는 동기를 강조하는 자아발달(self-development)의 이론을 폈다.

그는 이 욕구를 자아실현(self-actualization)이라고 명명하였다. 자아실현을

그림 2-16 매슬로의 위계적 욕구

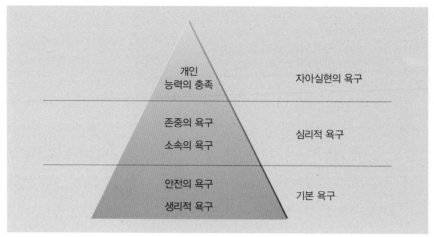

자료 : Hall(1983), p. 384.

이룩하기 위해서는 보다 기본적인 욕구가 먼저 만족되어야 한다. 생리적 욕구
(physiological needs), 안전의 욕구(safety needs), 소속의 욕구(belongingness
needs), 존중의 욕구(esteem needs)가 자아실현 이전에 충족되어야 하는 욕구
이다(그림 2-16).

생리적 욕구는 신체의 균형을 이룰 수 있는 영양분의 섭취, 갈증의 해소, 휴
식의 본능을 말하며, 안전의 욕구는 불안과 공포로부터 벗어난 안전성을 의미
한다.

개인은 어느 조직에 소속될 때 심리적 안정성을 느끼는 소속의 욕구, 자아존
중과 다른 사람으로부터의 존재가치를 인정받는 심리적 욕구가 뒤따른다. 이
와 같은 위계적 욕구가 가장 절정에 다다른 것이 자아실현이다. 이것은 적어
도 성인기 중반이나 후반이 되어야 실현할 수 있다. 이 시기 이전에는 낮은 단
계의 욕구를 충족시키는 데 급급하다. 예를 들어, 청소년기에는 소속의 욕구가
강하며 성인기 초기에는 존중의 욕구에 많은 정신을 쏟는다.

로저스(1978)는 개인의 성격을 주관적 경험에다 초점을 맞추었다. 주관적인
경험은 인간을 단편으로 나누어 연구하는 것이 아니라 전체로 보아야 한다고
주장한다. 자아(self)와 현실세계의 조화, 그리고 개인의 실제 자아와 이상적인
자아(ideal self)의 조화가 이루어져야 바람직한 것으로 간주된다(Lefton, 1979).

자아와 현실세계의 조화가 이루어지지 않으면 타인과의 관계가 원만하지 못하고 현실에 대한 적절한 사고를 할 수 없어 부적응 현상을 빚는다. 이와 같은 로 저스의 사고는 정신치료요법자에게 널리 받아들여지고 있다(Mead, 1977).

인본주의이론은 정신분석학이론처럼 사용하고 있는 개념들이 모호하고 이론을 검사해 볼 수 없으므로 비과학적이라는 비판을 받고 있다. 또한 개인의 발달에서 생물학적인 기초를 전혀 고려하고 있지 않은 것도 지적된다.

| 6 |

비교행동학이론

비교행동학(ethology)이론은 다윈(Darwin)의 진화론에서 유래한다. 그러나 인간행동에 진화론적 접근을 하고 다른 동물에게서 발견된 지식을 인간에게 적용한 것은 최근의 일이다. 인간행동의 설명을 생물학적 기초에 두는 비교행동학자들은 행동주의자들의 환경론에 가장 큰 반론을 제기하였다. 인간의 생래적 행동 특성을 무시하고 학습에만 치중하는 환경론적 접근은 잘못이라고 지적하고 있다. 오히려 인간행동의 많은 부분은 유전적으로 결정되어 있고, 또한 유전적 여러 결정인자는 학습에도 영향을 미친다고 본다(Berk, 2017).

비교행동학이론을 처음으로 편 사람은 유럽의 동물학자 로렌츠(Konrad Lorenz)와 팀버겐(NikoTimbergen)이다. 로렌츠는 어미 거위가 낳은 알을 두 집단으로 나누어 한 집단의 알은 어미 거위가 부화하게 하고, 다른 집단의 알은 로렌츠 자신이 부화시켰더니 그가 부화시킨 알에서 깨어난 새끼 거위들은 그를 어미처럼 졸졸 따라다니는 것

그림 2-17 각인

부화한 지 몇 시간 지나지 않은 거위 새끼들이 어미 거위 대신에 로렌츠를 보았다. 이 새끼들은 로렌츠가 그들의 어미인 양 졸졸 따라다녔다.

을 관찰하였다. 로렌츠는 이런 새끼 거위의 어미 거위에 대한 추종 행동을 각인(imprinting)이라 명명하였다(그림 2-17). 각인 연구에서 밝혀진 것은 이 현상이 결정적 시기(critical period)에서만 일어난다는 것이다. 병아리와 오리의 결정적 시기는 부화 후 36시간 정도인데, 부화 후 13~16시간 사이가 가장 민감하다. 포유동물인 개나 원숭이도 각인 현상을 보였다.

개인의 생물학적인 유전체가 사회성 발달에 어떤 영향을 미칠까를 연구하는 심리학자들은 비교행동학의 연구결과에 관심을 기울였다. 비교행동학의 영향을 받아 가장 깊이 연구된 심리학적 영역이 애착(attachment)과 공격성(aggression)이다. 보울비(John Bowlby)와 에인스워드(Mary Ainsworth)에 의하면 신생아는 선천적으로 인간에게 접근하고자 하는 성향, 즉 애착 욕구를 가지고 태어나며, 공격적인 행위의 근원도 이미 가지고 세상에 나온다고 보았다.

에인스워드는 애착 행위를 깊이 연구하여 다음과 같은 세 가지 결론을 얻었다. 첫째, 특정 대상에게 가까이 하고자 하는 성향인 애착 유대감(attachment bond)과 울고, 매달리는 등의 눈으로 관찰이 가능한 애착행동과는 현저한 차이가 있다. 이 애착 유대감과 애착행동은 항상 같이 나타나지 않는다. 즉, 애착 유대감이 있다 하더라도 애착행동을 보이지 않을 수 있다. 둘째, 어머니와 아동의 상호작용에는 개인차가 뚜렷하며, 이러한 차이 때문에 각각 어머니와 아동 간의 애착 성격도 다르다. 셋째, 어머니와의 애착관계는 아동의 여러 성장발달과 관련이 있다. 예를 들어, 대상 영속성 개념을 획득한 아동이 어머니와 강한 애착을 갖는다는 것은 애착행위가 인지발달과도 관계가 있다는 것을 의미한다(Berk, 2017).

비교행동학이론과 유사한 접근방법이 사회생물학(sociobiology)이다. 이 이론은 인간의 사회적 행위를 설명하는 데 생물학적 개념을 사용하는 방법으로 사회생물학이 다윈의 진화론을 완성시키는 것으로 보았다. 이 이론의 대표적인 학자는 하버드 대학의 생물학자 윌슨(Edward O. Wilson)이다. 그는 발달이란 유전과 환경의 상호작용이라고 보지만 유전적 인자가 사회적 행위의 기간을 이루고 있다고 본다. 사회생물학자들은 인간의 이타행위, 경쟁심, 사회화 등을 설명하기 위해 생물학적인 근원을 밝히고자 노력하며, 성별에 의한 노동의 변화를 그들의 관점에서 연구하고 있다(Berk, 2017).

| 7 |

생태학적 이론

비교행동이론이 발달에서 생물학적 요인에 강조를 두는 것과 달리 생태학적 이론은 환경이 매우 중요하다고 본다. 생태학적 이론을 편 브론펜브레너(Bronfenbrenner, 1917~2005)는 사회·문화적 관점에서 아동의 발달을 체계화하였다(Konner, 2010). 그에 의하면 아동이 살고 있는 환경은 가장 직접적인 체계에서 넓게는 문화에 기초한 체계까지 다섯 체계가 있다는 것이다. 미시체계(microsystem), 중간 체계(mesosystem), 외체계(exosystem), 거시체계(macrosystem), 시간차원(chronosystem)이 그것이다.

미시체계는 아동이 몸담고 있는 가족, 친구, 학교 등으로서 이 체계의 부모, 친구, 선생님들은 아동과 밀접하게 상호작용함으로써 영향력을 행사한다. 대부분의 아동발달에 대한 연구는 이 미시체계에 집중되어 있다.

중간체계란 미시체계 속에서 성장하는 개체가 특정한 시점에서 상호작용하는 것을 의미한다. 예를 들어, 가정생활과 학교생활, 가정생활과 친구관계 등의 상호 연관성으로, 부모와 관계가 원만하지 않은 아동은 친구와의 관계도 원만하지 않은 경우가 많은데, 이때 중간체계가 아동의 발달에 영향을 미친다고 볼 수 있다.

세 번째 체계인 외체계는 지역사회 수준에서 기능하고 있는 사회의 주요기관으로 직업세계, 대중매체, 정부기관, 교통·통신시설 등이 포함된다. 아동은 이 체계에 직접적으로 관여하지는 않지만 그 체계로 인해 여러 가지 경험이 달라질 수 있다. 예를 들어, 어머니의 직장은 아동의 일상생활을 달리할 것이고, 아동이 살고 있는 지역의 놀이터, 문화시설 등은 아동의 경험의 폭을 다르게 할 것이다.

거시체계는 법률과 같은 명백한 형태를 가진 것도 있으나 대부분의 거시체계는 비형식적인 것으로 관습과 일상생활 습관 등이 포함된다. 한 개인이 속해 있는 사회·문화적 배경에 따라 가족의 양육태도 등의 가치관은 매우 다르며, 이러한 신념이나 가치관은 인간의 발달에 지속적으로 영향을 준다.

그림 2-18 생태학적 접근

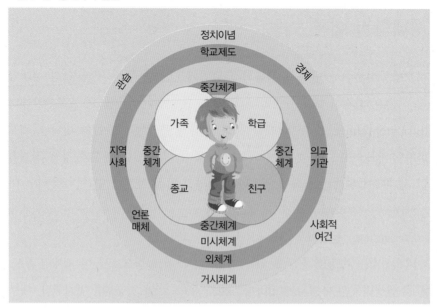

자료 : Berger & Thompson(1995), p. 5.

마지막으로 시간차원은 시간적으로 한 시점의 사건이나 경험이 아닌 사회역
사적 환경을 의미한다. 예를 들어, 최근 여성들의 취업에 대한 욕구는 대단히
커서 10~20년 전과 매우 다르다. 이와 같이 시대에 따라 달라지는 경험을 시
간차원이라 한다.

지금까지의 발달이론을 요약해서 비교하면 〈표 2-3〉과 같다.

표 2-3 발달이론의 비교

구분	정신분석적 접근	행동주의적 접근	인지론적 접근
이론가	• 정신분석 : 프로이트, 융 • 신정신분석 : 에릭슨	• 조건화 : 스키너, 왓슨 • 사회학습 : 반두라	• 인지발달 : 피아제 • 정보처리 : 브루너
기본개념	• 정신분석 : 무의식의 생물학적 본능이 발달의 원동력이다. • 신정신분석 : 발달은 심리·사회적 위기의 해결에서 온다.	• 조건화 : 발달이란 고전적·조작적 조건형성에 근거한 학습과 관계가 있다. • 사회학습 : 모방, 간접 학습, 강화에 의해 발달이 영향을 받는다.	• 인지발달 : 환경에 대한 적응은 단계에 따른 지적 구조의 발달에 의한다. • 정보처리 : 상징적 표상을 사용한 지각, 개념, 기억체계의 발달이 중요하다.
발달의 근원	• 프로이트 : 리비도, 본능, 초자아, 자아의 힘 • 에릭슨 : 상충하는 심리사회적 발달과업 간의 갈등 해결	• 환경적 자극, 유인과 강화에 반응하는 추동	• 문제 해결, 상황과 정신적 잠재력의 상호작용
강조점	• 유전과 환경 모두	• 환경	• 유전, 성숙
목표	• 프로이트 : 무의식에서 기인하는 심리성적 갈등 해결 • 에릭슨 : 정체감과 심리사회적 발달 • 인성·애착·정서·도덕성·무의식	• 환경적 학습에 기초한 사회적으로 인정되는 행동 습득 • 학습된 모든 행동	• 정보처리를 위한 인지구조의 질적 발달 • 지식·논리적 사고
한계점	• 인성발달에만 전반적인 초점을 두었다.	• 학습될 수 있고, 측정이 가능한 행동에만 강조점을 두었다.	• 지적 발달만을 강조하여 다른 성장에 대해서는 거의 무시하였다.

구분	비교행동론적 접근	인본주의적 접근	생태학적 접근
이론가	• 로렌츠 • 보울비	• 로저스 • 매슬로	• 브론펜브레너
기본개념	• 동물에서의 발달과정은 인간발달의 진화와 유사하다.	• 총체적 주체로서의 자아개념과 인간 존재의 유일성, 주관적 감정, 인간의 가치를 강조한다.	• 아동의 사회·문화적 환경이 발달에 중요하다.
발달의 근원	• 생물학적이고 유전적인 결정론	• 자아인식과 자아실현의 내적 특성	• 사회적 맥락의 상호작용
강조점	• 유전	−	• 유전과 환경 모두
목표	• 신체구조, 유기적 조직, 운동행동의 출현 • 인성·정서·공격성·언어	• 인간의 잠재능력 실현을 통한 개인적 성장	−
한계점	• 환경적 요인을 무시하였다.	• 주관적이고 측정이 곤란하다.	−

3

태내 발달과
출산

인간의 생명은 남성의 정자와 여성의 난자가 만나서 시작된다. 매우 작은 정자와 난자가 만나 자궁 속에서 40주가 지나면 하나의 생명체로 이 세상에 태어난다는 것은 태내기가 얼마나 중요한가를 의미한다. 내기에 형성되는 신체적 구조와 기능은 한 개인의 전 생애를 통해 특징지을 수 있는 신체구조와 행동발달의 기초가 되는 것이다.

CHAPTER

3

태내 발달과 출산

|1|

유전

부모로부터 자녀에게 전달되는 특성이나 기질을 유전인자(gene)라고 하는데, 이것은 염색체(chromosome) 속에 들어 있다. 모든 인간의 모습, 즉 두뇌구조나 신체구조가 유사하다는 것은 누구나 인간 특유의 염색체를 갖고 있기 때문이다. 그러나 염색체 속에는 사람마다 각기 다른 수천 개의 유전인자가 들어 있다(그림 3-1).

그림 3-1 유전인자

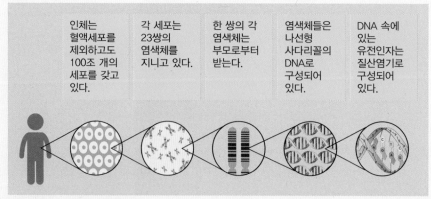

인체는 혈액세포를 제외하고도 100조 개의 세포를 갖고 있다.

각 세포는 23쌍의 염색체를 지니고 있다.

한 쌍의 각 염색체는 부모로부터 받는다.

염색체들은 나선형 사다리꼴의 DNA로 구성되어 있다.

DNA 속에 있는 유전인자는 질산염기로 구성되어 있다.

자료 : Seifert & Hoffnung(1997), p. 60.

염색체는 DNA(Deoxyribonucleic acid)라는 화학명으로 설명되고 있다. DNA는 나선형 층계 모양을 하고 있는데, 층계의 난간과 유사한 두 개의 긴 가닥은 계단과 비슷한 몇 개의 짧은 가닥으로 연결된다. 정자와 난자를 제외한 신체의 어느 세포 속에나 존재하는 염색체는 23쌍인데, 그중 22쌍은 체염색체이며, 23번째 쌍은 성염색체이다. 염색체와 유전인자의 배열이나 특성은 개인마다 다르다.

개인의 독특한 염색체와 유전인자의 구성·배치 형태를 유전형(genotype)이라 한다. 이에 비해 실제로 외부로 나타나 관찰될 수 있는 개인의 특성은 표현형(phenotype)이라고 한다.

유전의 법칙에는 표현형으로 나타나는 우성인자와 나타나지 않는 열성인자가 있다. 두 인자를 모두 받은 아동은 우성인자가 표현형으로 나타나게 되나 열성인자만을 전해 받은 아동은 열성인자가 표현형이 된다. 그러므로 색맹이 아닌 부모에게서 색맹의 아이가 나올 수 있는 것은 색맹은 열성 유전인자이므로 부모 둘 다 열성인자를 가지고 있을 경우, 즉 색맹이 아닌 부모에게서도 색맹의

그림 3-2 우성인자와 열성인자가 어떻게 유전되어 유전형과 표면형으로 나타나는가를 보여 준다.

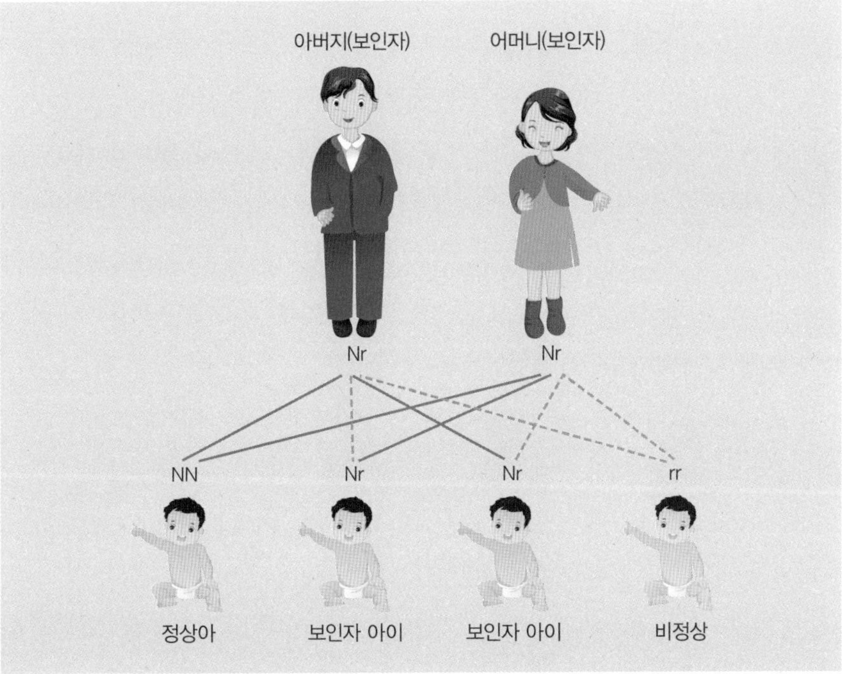

N은 정상적인 유전인자이고 r은 열성인자이다.

자녀가 태어날 수 있는 것이다. 〈그림 3-2〉는 그것을 잘 보여 준다.

유전적 차이에서 나타나는 인간의 특성은 그 영역에 따라 다르다. 머리색, 피부색 등의 신체적인 특징은 거의 절대적으로 유전에 의해 좌우될 수도 있다. 정신분열증과 같은 정신병은 0.3~0.5의 상관계수를 보이며, 지능이나 기질은 유전과의 상관계수가 0.5~0.8 정도로 높다(Santrock, 2016).

〈그림 3-3〉은 쌍둥이를 다른 환경에서 키웠을 때 나타나는 상관관계이다.

그림 3-3 일란성 쌍생아를 다른 환경에서 키웠을 때 나타나는 여러 특성의 상관관계이다. 연구된 쌍생아의 사례 수는 31~56명이었다.

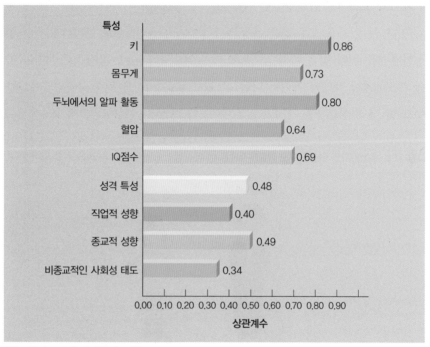

자료 : Sigelman & Shaffer(1995), p. 74.

생명의 시작

1) 난자와 정자

남성의 정자와 여성의 난자가 만나면서 새 생명체는 시작된다. 둥근 모양의 난자는 인체 내에서 가장 큰 세포로서 직경이 0.14~0.2mm로 때로는 현미경 없이도 볼 수 있다. 여자는 출생 시부터 미성숙한 난자를 가지고 있는데, 월경이 시작되면서 난자는 난소에서 한 달에 한 개씩 배출된다. 월경주기의 중간쯤 시기에 난소로부터 배출되는 난자는 스스로 움직일 수 없으나 나팔관 속 융모의 수축운동으로 자궁까지 갈 수 있다. 배출된 성숙한 난자는 대략 72시간 정도 생존한다.

긴 꼬리를 가진 올챙이 모양의 정자는 크기가 난자의 약 40분의 1로 난자보다 훨씬 작다. 한 번에 사정되는 정액 속에 들어 있는 정자의 수는 4억~5억 개 정도로 여성의 질 내에 사출되면 꼬리운동과 근육의 수축, 호르몬의 영향으로 자궁을 거쳐 나팔관까지 헤엄쳐 간다. 1분에 0.5cm 정도 헤엄쳐 간 많은 정자가 난자와 만나게 되면 그중 하나가 난자막을 뚫고 들어가고 꼬리는 떨어져 없어진다. 정자의 수명은 48~72시간 정도이다.

대개의 경우 하나의 난자와 하나의 정자가 만나 임신이 되는데, 경우에 따라 두 개의 난자가 배출되어 두 개의 정자와 만나면 성격이 다른 이란성 쌍생아가 된다. 이란성 쌍생아는 서로 다른 유전인자를 가지고 있으며 성(性)이 같을 수도 있고 다를 수도 있다. 이들은 각각의 태반에서 성장하므로 같이 태어난 형제자매로 보면 된다. 한 난자와 한 정자가 만난 수정란이 첫 번째의 세포분열과정에서 두 개로 나누어지면 일란성 쌍생아가 된다. 이들은 유전인자가 같으므로 외모나 성격이 유사할 뿐 아니라 같은 성으로 태어난다.

2) 성의 결정

여성의 난자는 X성염색체만 가지고 있으나 남성의 정자는 XY 두 종류의 성염색체를 가지고 있으므로 난자가 어떤 종류의 정자와 만나느냐에 따라 태아의 성이 달라진다. 난자가 X성염색체의 정자와 만나면 여아가 되고 Y성염색체의 정자와 만나면 남아가 된다.

그림 3-4 정자

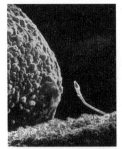

자료 : charotte J. Patterson (2007). p. 58.

|3|
태아의 발달

정자와 난자가 만나 형성된 수정란은 배란기(germinal period), 배아기(embryonic period), 태아기(fetal period)의 세 단계를 거쳐 발달된다.

1) 수정과 착상(배란기)

정자와 난자가 만나는 현상을 수정(conception)이라고 하는데, 난자의 막을 뚫고 들어간 정자의 핵과 난자의 핵이 만나 새 개체가 시작된다. 이 수정란을 다른 말로 접합체(胚卵, zygote)라고도 한다.

수정란은 즉시 2분 분열을 시작하여 수정 후 72시간이 지나면 32개의 세포로, 4일째는 90개의 세포로 된다. 이렇게 세포분열을 거듭하면서 수정란은 난관 내부의 섬모운동과 난관의 수축작용으로 나팔관과 난관을 지나 자궁 속으로 내려온다.

외세포 덩어리가 태반으로 전환되고 있을 때 내세포 덩어리는 배아(embryo)와 양막(amnion)이 된다. 양막은 태아의 집이 되는데, 나중에 양수로 가득찬다. 무색투명한 양수는 외부의 압력으로부터 태아를 보호할 수 있는 쿠션과 같은 역할을 하며 태아의 체중을 일정하게 유지할 수 있도록 해준다. 자궁 속

그림 3-5 수정과 착상

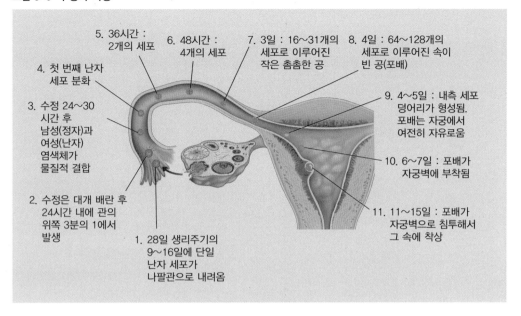

5. 36시간 :
2개의 세포

6. 48시간 :
4개의 세포

7. 3일 : 16~31개의
세포로 이루어진
작은 촘촘한 공

8. 4일 : 64~128개의
세포로 이루어진 속이
빈 공(포배)

4. 첫 번째 난자
세포 분화

3. 수정 24~30
시간 후
남성(정자)과
여성(난자)
염색체가
물질적 결합

9. 4~5일 : 내측 세포
덩어리가 형성됨.
포배는 자궁에서
여전히 자유로움

10. 6~7일 : 포배가
자궁벽에 부착됨

2. 수정은 대개 배란 후
24시간 내에 관의
위쪽 3분의 1에서
발생

1. 28일 생리주기의
9~16일에 단일
난자 세포가
나팔관으로 내려옴

11. 11~15일 : 포배가
자궁벽으로 침투해서
그 속에 착상

의 수정란은 하루 혹은 이틀 정도 떠돌다가 자궁 속에 정착한다. 이것을 착상이라고 한다. 난자의 배출 후 착상까지는 10~14일 정도 소요되는데, 모체는 전혀 이 변화를 느끼지 못한다. 자궁벽의 반을 차지하는 태반은 한편으로는 어머니의 자궁과 연결되어 있고 다른 한편으로는 태아의 탯줄과 연결되어 있다. 임신 초기에 태반은 태아의 신장, 장, 간, 허파의 역할을 한다(그림 3-5).

2) 배아기

수정란이 자궁벽에 착상한 때부터 2개월 말까지의 기간을 배아기라고 한다. 이 배아기에는 신체 주요 기관과 조직이 형성되고 분화된다. 머리 부분이 먼저 발달되어 배아기 때는 전체 길이의 반이 되는 것이다. 18일째가 되면 심장이 생기기 시작하는데, 3주 말에는 벌써 심장이 뛴다. 4주 말쯤에는 심장과 연결되는 탯줄이 형성되며 눈, 코, 신장, 허파가 될 부분들을 볼 수 있다. 이때쯤이면 소화기관의 분화도 이루어진다. 2개월 말에 배아의 길이는 약 2.5cm이고 무게는 약 14g이다. 배아기에는 신체의 여러 기관이 거의 형성되는 시기이므로 태내 환

그림 3-6 태내 발달의 결정적 시기

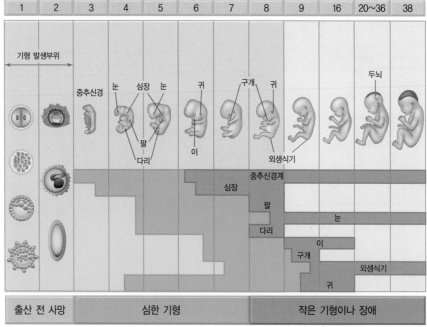

1	2	3	4	5	6	7	8	9	16	20~36	38

기형 발생부위

중추신경 / 눈 심장 눈 / 귀 / 구개 귀 / 두뇌 / 팔 / 다리 / 이 / 외생식기

출산 전 사망	심한 기형	작은 기형이나 장애

중추신경계 / 심장 / 팔 / 눈 / 다리 / 이 / 구개 / 외생식기 / 귀

자료 : Santrock(1994)

경에 각별한 주의가 요구된다.

3) 태아기

수정이 시작되고 나서 태어나기 전까지의 아이를 보편적으로 태아라고 하기도
하나 엄격히 말하면 임신 8주 말경 X-ray에 뼈세포가 나타나는 때부터 태어
나기 전까지를 태아(fetus)라고 한다. 3개월 때는 남녀 성의 구별이 가능하며 12
주가 되면 움직이기 시작하여 16주 내지 20주가 되면 어머니가 태동을 느낀다.
　태아기의 태아는 급속한 성장이 이루어져 5개월이 되면 출생 시 신장의 반이
나 되어 태아의 크기는 25cm, 몸무게는 400~450g 정도가 된다. 23주가 되면
신생아처럼 잠을 자고 깨며 수면을 위해 편안한 자세도 취한다. 24주가 되면
눈을 감고 뜨기도 하며, 엄지손가락을 입으로 빨기도 한다.
　임신 후반기가 되면 이미 기본적인 조직이 모두 형성되었기 때문에 출생에

대한 준비기라 할 수 있다. 이때는 이미 형성된 신경계통이 성숙하고 근육에
는 피하지방이 형성되어 인간으로서의 모습을 완성해 가는 것이다. 태반은 임
신 5개월 정도가 되어 완성되므로 그 이전에는 유산의 위험이 있다. 태반을 통
해 태아는 모체로부터 영양분과 산소를 공급받고, 탄산가스와 노폐물을 배출
한다. 또한 태아는 태반을 통해 어머니의 면역성을 얻어 출생 후 수개월 동안
여러 질병에 대한 저항력을 지니게 된다. 임신 후반기의 태반은 출산에 필요한
호르몬을 생성한다. 태반의 크기는 임신 말기에 직경이 15~20cm, 두께 3cm이
며, 무게는 500~700g 정도이다. 임신 말기에 양수는 누렇게 흐려지며 양수의
양은 500g 내지 1kg이다. 태반과 태아를 연결하는 탯줄은 약 50cm 정도의 길
이이며 자궁 내에서 꼬이지 않게 되어 있다.

표 3-1 태아의 발달

개 월	키(cm)	몸무게	발달 특징
1	매우 작음	매우 작음	• 수정란은 외배엽, 중배엽, 내배엽으로 발달 • 소화관, 콩팥, 심장, 신경계통, 근육의 형성
2	2.5	14(g)	• 척추 형성, 팔·다리의 발달, 심장 박동 시작, 외부생식기 출현 • 모든 조직이 존재하게 됨
3	7.5	28(g)	• 두 눈의 위치가 멀고 눈꺼풀은 붙어 있음. 코는 납작, 사지가 구분되고 손가락·발가락 형성, 주요 혈관 형성, 내부조직의 계속적 발달, 콩팥·간의 분비물 형성, 젖니가 될 부분이 생기기 시작, 성대의 형성
4	15	0.1(kg)	• 조직의 분화, 눈이 거의 완전히 형성, 콧대 형성, 겉귀 생김, 골화 계속되고 부속기관 발달, 손톱 발달, 머리가 전체 키의 1/3, 살갖은 진한 빨간색, 급속한 뇌의 성장
5	25	0.4(kg)	• 태아 움직임, 땀샘이 발달함에 따라 태지가 살갖을 덮음, 내부 기관의 계속적인 발달, 솜털이 나타남
6	31	0.6(kg)	• 눈꺼풀이 분리되고 속눈썹 형성, 피부는 여전히 진한 빨간색, 피부에 주름이 많음, 심장박동이 뚜렷해짐
7	38	1.2(kg)	• 눈을 뜸, 머리와 몸의 비율이 좀 더 적절해짐 • 미각을 식별할 수 있는 능력 생김
8	41	1.8(kg)	• 7개월이 지난 태아는 태어나면 생존 가능 • 몸무게·키의 급속한 성장, 급속한 두뇌 성장, 손톱 성장, 피부의 주름이 줄어 들고 피하지방 축적, 영구치 될 부분의 발달
9	45	2.1(kg)	• 두개골이 부드러워지고 피하지방 축적
10	50	3.2(kg)	• 손톱이 길게 자람, 계속적인 지방 축적, 피부에 솜털이 덮임

| 4 |

태내 환경

자궁은 바깥으로부터 격리되어 외부의 자극을 차단할 수 있는 안전한 곳이라고 볼 수 있다. 외부의 모든 자극은 모체를 통해서만 전달되기 때문에 태아에게 직접적으로 압력이 가해지지는 않는다. 그렇다고 완벽하게 보호될 수 있는 곳이라고 단정해서는 안 된다. 태아는 미성숙된 상태이고 매우 작아 미세한 자극에도 쉽게 영향을 받는다. 특히 기본적인 형체가 형성되는 첫 3개월은 자궁 내의 조그마한 변화에도 매우 치명적이기 때문에 각별한 주의가 요구된다.

1) 모체의 영양

태아의 정상적인 성장뿐 아니라, 자궁과 태반 등의 발육을 위해 임신부는 평상시보다 많은 영양소를 섭취해야 한다. 동물연구에 의하면 불충분한 영양분을 섭취한 모체에서 태어난 새끼는 두뇌 세포의 수가 적을 뿐 아니라 출생 후에도 두뇌성장에 이상이 발견되었다. 제2차 세계대전 말기 유럽에서 사산의 비율이 평상시보다 두 배나 되었고, 저체중아의 출생도 매우 증가했던 것을 볼 때 임신부의 불충분한 영양분의 섭취는 유산·사산 등의 원인이 된다고 할 수 있다. 뿐만 아니라 아동의 두뇌발달은 태내기에 가장 급속하게 이루어지기 때문에 임신부의 불충분한 영양 섭취는 아동의 지적 발달과도 관계가 있는 것으로 간주된다.

임신부 몸무게의 증가는 영양의 섭취에 좌우된다. 임신 말기에 임신부는 평균 10~12kg의 몸무게 증가를 보이는데, 그 내용은 〈그림 3-7〉에서 볼 수 있다.

열량은 임신 전반기에는 평상시보다 15% 정도 증가하다가, 후반기에 30% 정도 증가하여 섭취한다. 그러나 말기에는 임신중독증과 관계가 있으

그림 3-7 임신 중 체중의 증가

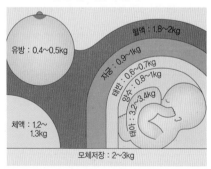

유방 : 0.4~0.5kg
혈액 : 1.8~2kg
자궁 : 0.9~1kg
지방 : 0.6~0.7kg
태반 : 0.8~1kg
양수 : 3.2~3.4kg
태아 :
체액 : 1.2~1.3kg
모체저장 : 2~3kg

임신 말기가 되면 10~12kg의 증가를 보인다.

므로 과잉 섭취를 피하는 것이 좋다. 단백질과 칼슘은 태아의 성장 발육에 필수적이므로 충분히 섭취되어야 한다. 임신 중 어머니가 충분한 칼슘 섭취를 안 하면 태아는 모체로부터 칼슘을 빼앗아 필요한 양의 일부분을 대체하기 때문에 충분한 섭취가 중요하다. 또한 칼슘 이외의 무기질과 여러 가지 비타민도 충분히 공급되어야 한다.

2) 약물

임부가 취하는 모든 약물은 태반을 통해 그대로 태아에게 전달되므로 각별히 조심해야 한다. 약물의 종류에 따라 일시적으로만 태아에게 영향을 미칠 수 있으나 어떤 약물은 치명적이면서 영구적으로 태아에게 영향을 끼친다. 한 예로 1960년대 유럽에서 다수 출생한, 팔과 다리가 없거나 팔다리가 몸체에 붙은 기형아는 임부가 임신 초기에 신경안정제인 탈리도마이드(thalidomide)를 복용한 결과로 밝혀졌다(그림 3-8). 이 외에도 키니네(quinine)는 귀머거리 아이를 갖게 하는 것으로 알려졌고, 항생제도 태아에게 해롭다고 본다. 임신

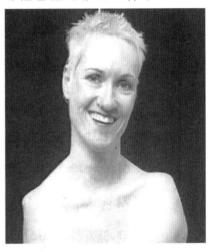

그림 3-8 탈리도마이드를 복용한 어머니에게서 태어난 앨리슨 래퍼(Alison Lapper)

이 된 줄 모르고 복용하는 피임약은 혈액 중에 비타민 A 수준을 높이면서 태아에게 심한 장애를 초래한다. 또한 마리화나나 헤로인 같은 환각제 또는 마약의 복용은 태아에게 좋지 않다.

임부의 질환을 치료하기 위해 사용하는 약물은 태반을 통해 태아에게 전해지므로 반드시 의사의 지시에 따르도록 한다. 특히 임신 첫 3개월 동안에 복용하는 약은 기형아의 발생률을 높게 하므로 삼가는 것이 좋다.

3) 흡연과 음주

임부가 담배를 피우면 태반을 통해 태아에게 전달될 수 있는 산소와 영양분을 줄일 뿐만 아니라 혈액 속에 니코틴을 축적하고 혈압을 증가시킨다. 태아에게 산소가 부족하면 질식하고 세포가 파괴될 수 있다. 8개월 된 태아를 대상으로 연구한 결과 임부가 담배를 피운 지 30분이 되었을 때 모든 태아가 반응을 보였는데, 그들은 가슴을 움직이는 것이 줄어들었고, 잠시 동안 숨쉬기를 완전 멈추었다. 임부가 담배를 피우면 조산아를 낳을 확률이 많은 것으로 나타났으며, 또한 달수가 찼다 하더라도 몸무게가 정상아보다 크게 미달되는 아이가 태어날 가능성이 매우 높다. 이렇게 태어난 유아들은 필연적으로 사망도 많고 여러 질병에 걸릴 확률이 매우 높다. 저체중 출산으로 태어난 영아의 25%가 태내 흡연과 관련 있었고 영아 돌연사 증후도 많고 심혈관계 문제 등 여러 질병에 걸릴 확률이 매우 높은 것이 발견되었다(Santrock, 2016).

임신 중의 알코올 섭취 또한 태아에게 나쁜 영향을 준다. 특히 임부가 알코올 중독인 경우 태아에게도 알코올 중독증(fatal alcohol syndrome)과 같은 현상을 볼 수 있는데, 그들의 특성은 세 가지로 나타난다(Berk, 2008).

첫째, 중앙신경계통의 미성숙으로 인해 지적 발달이 원만히 이루어지지 못하고 성격이 불안정하다.

둘째, 성장의 장애를 보여서 출생 시 몸무게와 키가 평균치에 미달한다.

셋째, 얼굴 모양에 이상이 있는데, 특히 턱 모양이 정상인과 다른 것으로 특징지어진다.

알코올 증후군을 갖고 태어난 아동은 성인이 되어서도 정신지체같은 심리적 장애뿐만 아니라 사회적 행동장애를 보인다. 태아는 워낙 작아서 조그만 태내환경의 변화에도 손상받기 쉬우므로 흡연이나 음주를 하지 않는 것이 가장 바람직하다.

표 3-2 약물이 태아에 미치는 영향

약물	영향
알코올	작은 머리, 비정상인 얼굴, 심장장애, 체중미달, 지적 발달 지체
담배	흡연자의 신생아는 작고 미숙한 편이다. 또한 대부분의 아동이 초기 문제를 극복하는 것으로 보이나 아이가 자라면서 신체적·지적 성장에 장기적인 지체를 보인다. 아버지가 흡연하는 경우 간접흡연도 마찬가지로 위험하여 아동은 체중 미달인 경우가 많다.
카페인	카페인은 장기적인 발달 이상을 보이지는 않으나, 출생 당시에 미숙아 출산이나 반사 운동 이상을 보이기도 한다.
아스피린	아스피린을 과다 복용하게 되면 신생아의 출혈, 위장장애를 일으키게 된다. 아스피린은 출생 때의 체중 미달과 낮은 지능검사 점수, 그리고 운동능력의 부족과 관련 있다는 증거가 있다.
항생제	산모의 과다한 스트렙토마이신 남용으로 귀머거리가 될 수 있다. 또한 테트라마이신은 미숙아 출산이나 골격 성장에 이상을 초래할 수 있다.
환각제	과다한 마리화나는 미숙아 출산, 체중 미달의 신생아를 출산할 수 있다.
안정제	호흡곤란을 일으킬 수 있다.
마약	헤로인이나 모르핀의 중독은 미숙아 분만을 증가시킨다. 신생아도 중독되어 있으므로 구역질, 발한 등의 금단현상을 보인다.
백신	살아 있는 바이러스 백신주사는 임신기간 동안 피해야 한다. 천연두, 홍역, 풍진 등의 예방주사는 기형 발생 물질이다.
성호르몬	여성호르몬이 포함된 피임약은 심장장애와 심장혈관에 문제를 발생시키는 것으로 알려져 왔으나 최근에는 별 문제가 없는 것으로 본다. 유산을 방지하는 데 사용하는 것으로 알려진 프로게스테론은 태아를 남성화할 수 있다.
비타민	비타민도 위험할 수 있다. 비타민 A의 과다복용은 언청이, 심장 기형 등의 심각한 장애를 가져온다.

4) 방사선

방사선이 태아에게 영향을 미친다는 것은 제2차 세계대전 시 일본의 히로시마 시에 원자폭탄의 투하로 증명되었다. 그 근처에 살아 방사선을 쐬었으리라 생각되는 어머니에게서 많은 기형아나 정박아가 태어났던 것은 인간에게 새로운 경종을 울린 일이다.

러시아의 체르노빌 어린이도 낮은 지능, 언어장애 및 정서장애를 나타냈다 (Berk, 2017). 진찰을 위한 소량의 X선은 태아에게 영향을 미치지 않을 수 있으나, 다량의 X선 투사나 하복부의 α선 검사는 가능하면 피하는 것이 좋다. 특히 임신 초기에 라듐선을 쬐면 기형아를 낳을 가능성이 있다.

5) 모체의 질병

임신부가 질병을 앓게 되면 태아에게도 영향을 끼친다(표 3-3). 그중 풍진은 임부가 아주 경미하게 앓았다 하더라도 태아에게는 치명적이다. 임부가 임신 첫 3개월 이내에 풍진을 앓았던 경우 태아는 청각장애와 시각장애 또는 심장병을 갖고 태어날 수 있다. 뿐만 아니라 심하면 정신박약아가 될 수도 있다.

임질이나 매독은 태아에게 치명적이어서 기형아의 출산 가능성이 높다. 임부가 임질을 가볍게 앓고 있을 때에 별다른 이상을 나타내지 않을 수 있으나, 출산과정에서 임질균이 눈으로 들어갈 수 있다. 이때 출산 직후 신생아의 눈에 페니실린을 몇 방울 떨어뜨리면 시각장애를 방지할 수 있다.

당뇨병은 신진대사의 이상이 있는 유전병이다. 그러므로 당뇨병을 앓는 임부에게서 태어난 아이는 이 병을 물려받을 가능성이 매우 높다. 당뇨병인 경우

표 3-3 임신 기간 동안 전염병들의 영향

	병명	유산	기형아	정신지체	체중미달과 조산
바이러스에 의한	후천성 면역결핍증(AIDS)	0	?	+	?
	수두	0	+	+	+
	거세포 바이러스(cytomegaovirus)	+	+	+	+
	포진(herpes simplex 2)	+	+	+	+
	유행성 이하선염(mumps)	+	?	+	+
	풍진	+	+	0	0
박테리아에 의한	매독(syphilis)	+	+	+	?
	결핵	+	?	+	+
기생충에 의한	말라리아	+	0	0	+
	주혈 원충법(toxoplasmosis)	+	+	+	+

주 : +-발견된 현상, 0-나타나지 않은 현상, ?-분명하지 않으나 가능한 증상
자료 : Berk(1996), p. 117.

에는 당뇨병이 있는 임부보다 그 임부의 태아가 훨씬 위험에 처하는 경우가 많다. 모체는 커다란 고통을 받지 않더라도 이들의 태아는 사산되거나 태어나도 수주 이내에 사망할 확률이 높다. 뿐만 아니라 대아가 호흡기 이상을 보이므로 출산과정을 단축해야 한다. 또한 대개 태아의 몸무게가 많이 나가는데, 이것은 체내의 지방질 때문이다. 보통 태아들보다 지방이 40~50%나 많다.

최근에는 후천성 면역결핍증(AIDS) 환자가 늘어나면서 임신부의 경각심을 길러 주고 있다. AIDS 환자의 어머니는 세 가지 방법으로 그들의 자녀에게 감염시킬 수 있다. 제일 먼저 임신 중 태반을 통해, 두 번째로는 출산 시에 산모의 혈액이나 체액의 접촉 그리고 출산 후에는 모유수유로 감염될 수 있다. 이 병에 감염된 아동은 1세 이전에 반이 죽고, 3세 전에 90%가 죽을 정도로 사망률이 높기 때문에(Berk, 2017) 무서운 병으로 인식되고 있다.

6) 모체의 연령

임부가 35세 이후에 출산을 하는 경우 의학적으로 노산(老産)이라고 한다. 노산인 경우 생산기능의 약화로 태아에게 여러 장애를 가져 올 수 있다. 대체적으로 자연유산이 많고 임신중독증 현상을 볼 수 있으며, 산도가 굳어져 분만시간이 길어 난산이 되기 쉽다. 뿐만 아니라 임부의 생명까지도 빼앗아 간다. 태아의 정상적인 발달이 어머니의 연령과 관계가 있는 것으로 밝혀졌다. 출산 직후 1분 후와 5분 후에 하는 애프가(Apgar) 테스트에서 35세 이상의 임부에서 태어난 아이는 7점 이하를 얻는 경우가, 25~29세 산모의 태아보다 훨씬 높았다.

저체중아의 출생 가능성도 35세 이상의 산모에게서 가장 높았고, 다운(Down)증후군은 산모의 연령에 따라 급격히 증가한다. 즉, 20세 이전

그림 3-9 어머니의 연령과 다운증후군을 가진 아이의 출산 가능성

어머니의 연령	다운증후군의 출산 가능성
20세	1,900 출산에 1
25세	1,200 출산에 1
30세	900 출산에 1
33세	600 출산에 1
36세	280 출산에 1
39세	130 출산에 1
42세	65 출산에 1
45세	30 출산에 1
48세	15 출산에 1

의 산모에게서 다운증후군의 아이를 갖을 확률은 1,900명 중 1명인 데 비해 30 세에는 900명에 1명이고, 48세가 되면 15명에 1명이다(그림 3-9).

양수검사는 임신 14~16주 사이에 하는 것으로 어머니의 배 속에 주사를 넣어 양수를 뽑아낸다. 양수 속에는 태아에게서 떨어진 세포가 있는데, 이 세포 속의 염색체를 가지고 다운증후군과 같은 유전 이상을 알 수 있고 태아의 성별을 파악할 수 있다.

〈그림 3-10〉에는 양수검사 과정, 〈표 3-4〉에는 태아의 진단방법이 제시되어 있다.

그림 3-10 양수검사

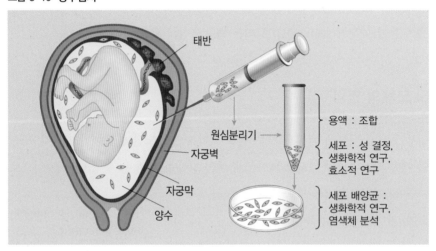

표 3-4 태아의 진단방법

방법	기술
양수검사 (amniocentesis)	가장 광범위하게 사용되는 태아진단법이다. 가느다란 바늘로 자궁 안의 양수를 추출하여 유전인자의 이상을 발견해 내는 방법이다(그림 3-10). 수정 후 11~14주 사이에 행하며, 검사결과를 알기 위해 3주 정도가 소요된다. 유산 위험이 약간 있다.
융모검사 (chorionic villus sampling)	임신 초기에 태아검사를 원할 때 융모검사를 한다. 가는 관을 질을 통해 자궁으로 삽입하거나 가느다란 복벽을 통해 삽입하여 작은 융모 조직을 떼어내 유전적 결함을 알아낸다. 수정 후 6~8주에 시행될 수 있으며, 24시간 이내에 결과를 알 수 있다. 양수검사보다 유산의 위험이 크며 초기에 시행될수록 유산의 위험이 증가한다.
초음파검사 (ultra-sound)	음파를 자궁에 투사하며 반사된 화면으로 태아의 크기, 모양, 위치를 알아낸다. 정확한 태아의 월령, 쌍생아 여부, 심한 신체적 결함을 확인할 수 있다. 또한 양수검사나 융모검사를 해야 하는지를 알 수 있다.

7) 모체의 정서상태

모체의 정서가 태아에게 중요하리라 여겨 각 문화마다 독특하게 강조해 왔다. 우리 문화는 태교라는 용어로서 임부에게 행동이나 섭생에 많은 지침을 주어 왔다. 우리나라 어머니의 83.2%가 태교를 실시하는 것으로 나타났으며 시작한 시기는 임신 3개월, 2개월, 5개월 순서였다. 태교의 방법은 〈그림 3-11〉과 같다 (한국아동학회, 2009).

태교는 현대에서도 그 의미가 중요시된다. 행동을 조심하여 유산이나 조산의 위험을 방지하고자 한 것, 약물 복용의 금기, 정서적 불안과 심리적 긴장을 피하도록 권장한 것은 지금도 해당되는 것이다. 더구나 생명의 창조를 부부 공동의 책임으로 본 아버지의 태교는 매우 현명한 가치관이다. 임신 중의 정서상태는 측정하기 어려우나 긴장이 명확한 경우, 즉 이혼, 남편이나 자녀의 사망또는 질병, 기타 뚜렷한 경제적 문제는 태아에게 나쁜 영향을 끼친다고 연구에서 밝히고 있다. 이와 같은 큰 충격을 받게 되면 자연유산이나 조산을 유발한다. 태아와 임부는 신경조직과 내분비 조직이 연결되어 있으므로 산모가 겪는 긴장이나 불안이 자연히 태아에게 전해진다고 생각할 수 있다. 임부는 신경이 예민하게 되므로 가족이 협력하여 임부를 편안하게 하는 것이 태아를 위하는 길이다.

그림 3-11 태교방법

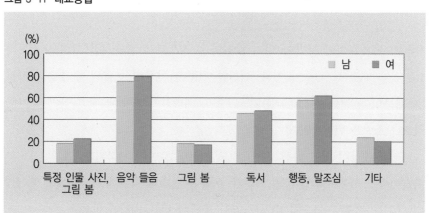

출산

출산 2주 전쯤이 되면 태아는 골반으로 내려오므로 아랫배가 불러지고 위의 압박이 덜해진다. 이렇게 태아가 아랫배로 내려오면 분만이 임박해졌다는 것을 알 수 있다.

1) 출산 준비

태아는 수정 후 266일 동안 모체의 배 속에 있으나 수정된 날짜를 정확하게는 모르므로 마지막 월경의 시작을 중심으로 280일째를 분만 예정일로 계산한다. 그러나 분만 예정일에 분만하는 산모는 많지 않다. 분만 예정일 전후 2주, 즉 예정일을 중심으로 4주 사이의 분만을 정상으로 본다.

임부 전체의 10% 정도가 유산을 하는데, 대개 유산의 70~80%가 임신 2, 3개월에 일어난다. 유산은 정자와 난자에 이상이 있거나 태아에게 이상이 있을 때 일어날 수 있다. 뿐만 아니라 모체의 이상, 즉 자궁·태반의 미발육으로 유산이 될 수 있다. 그리고 심한 육체활동이나 과로가 그 원인일 수 있으므로 조심해야 한다.

2) 분만

산월이 가까워지면 분만이 멀지 않았다는 징후로서 불규칙한 가벼운 진통과 요통을 때때로 느낄 수가 있다. 이러한 진통은 자궁이 조금씩 수축을 시작하기 때문이다. 뿐만 아니라 태아가 밑으로 내려갔기 때문에 위의 압박은 다소 적으나 소변은 빈번해진다.

이러한 증상이 있고 나서 1주일 정도 지나면 분만이 시작된다. 그 첫 신호로 이슬이라는 혈액이 섞인 출혈을 한다. 이슬은 난막의 일부가 자궁벽에서 떨어질 때 생기는 것으로 이슬이 비치고 나서 분만이 바로 시작되지 않을 수도 있다.

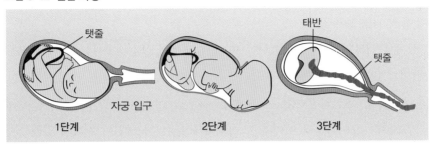

그림 3-12 분만 과정

태반

탯줄

탯줄

자궁 입구

1단계   2단계   3단계

분만은 세 단계로 나누어진다(그림 3-12).

(1) 제1기(개구기)

개구기는 진통이 시작되면서 자궁구가 10~12cm 정도 열리는 시기이다. 자궁 입구 근처의 난막이 떨어지면서 피가 많은 점액이 배출되고 진통이 시작된다. 진통은 자궁이 수축되면서 오는데, 처음에는 진통시간이 짧고, 진통 간격은 길면서 약한 진통이 온다. 그러다가 점차 통증은 심해지고 진통의 간격이 줄어들면서 진통 시간도 길어진다. 자궁이 열리면서 난막이 터져 양수가 나오는데, 이것을 파수라 한다. 제1기의 시간은 초산부는 10~12시간 정도이고 경산부는 초산부의 절반 정도 소요된다. 자궁의 수축운동은 긴장을 이완시켜야 원활히 이루어진다.

(2) 제2기(출산기)

자궁이 전부 열려 태아가 출산되는 시기를 출산기라 한다. 제1기와는 달리 모체가 힘을 주게 되면 태아가 산도 쪽으로 나오는 데 도움이 된다. 그러므로 임부는 분만에 의도적 참여가 가능한 것이다. 이 시기는 초산부가 1~2시간 소요되며, 경산부는 초산부의 반 정도이다.

(3) 제3기(후산기)

태아가 출산되고 나서 조금 있다가 약한 진통이 온다. 이때 자궁이 수축되면서 태반이 자궁벽에서 떨어져 난막과 함께 배출되는데, 이것이 후산이다. 이

3기는 5~15분 정도 소요되는데, 30분 이내에 태반이 배출되지 않으면 자궁벽에 유착 가능성이 있다.

통계에 의하면 출산에 소요되는 총 시간은 초산부의 경우 14시간 정도이다. 제1기가 12시간 반, 제2기가 80분, 제3기가 10분 정도 소요되는 것이 보편적이다. 경산부는 초산의 반 정도 소요된다.

우리나라 2세 미만의 어머니 1,291명에게 출산 시 남편이 어디에 있었는지 물은 결과 70.3%가 병원 내, 그리고 16.9%만이 분만실에 있었다(한국아동학회, 2009).

3) 다양한 분만

그림 3-13 제왕절개 분만

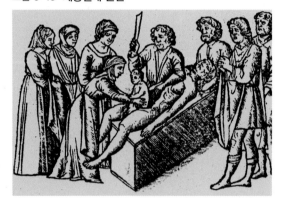

제왕절개라는 명칭은 로마 황제 시저의 탄생에서 유래된 것으로 여겨지고 있다(캐시디, 2015).

(1) 제왕절개 분만

태아의 이상이나 모체의 이상으로 정상적 출산이 어렵다고 판단될 때 제왕절개를 해서 분만할 수도 있다.

이 제왕절개 분만(caesarian operation)으로 태어난 아이는 산도를 지나면서 받는 압박을 받지 않기 때문에 아이에게 이로울 것으로 여겨지나 그렇지 않다. 도리어 호흡곤란의 경우가 많다. 그러므로 정상분만으로 태아나 산모가 위험이 따른다고 판단되지 않는 이상 그리 권장할 만한 방법은 아니다.

(2) 무통분만

산월이 가까워지면 임부는 긴장과 불안을 느낀다. 현대 의학이 아무리 발달되어 있다 하더라도 산모에게 있어 출산은 생명의 위기를 느끼는 일이기 때문이다.

최근에는 산모의 진통을 줄여 주기 위한 무통분만이 많은 산부인과 병원에서 사용되고 있다. 그러나 산모의 고통을 줄이기 위해 투여된 마취제는 태아에게 좋지 않은 영향을 준다는 것이 밝혀졌다.

무통분만에는 투약, 주사, 흡입마취, 국부마취 등이 있고, 자궁의 수축운동을 촉진하는 촉진주사가 있는데, 산모에게 투여된 진통제가 태아의 혈액 속으로 들어갈 수 있기 때문이다. 진통제를 사용하여 태어난 아이는 젖을 빠는 힘이 약하고 운동반응이 뒤떨어졌다.

출산의 불안과 진통의 고통을 줄이기 위한 물리적 방법 이외의 또 다른 방법이 있다. 그중 하나가 외국에서 널리 알려져 있는 라마즈(Lamaze)법이다. 이것은 산모의 고통을 줄이기 위해 호흡을 조절하는 방법으로 부부가 임신 5~6개월부터 훈련을 받아 남편의 참여하에 출산하는 것이다.

(3) 르부아이에 분만

최근에는 출산과정에서의 산모의 고통에만 관심을 둘 것이 아니라 태아에 대한 배려도 있어야 한다는 주장이 있다. 르부아이에(LeBoyer)는 출산된 아기가 감각기관이 매우 예민하게 발달되어 있다고 보았다. 그는 태아가 촉각이 발달되어 있고 들을 수 있으며, 시각적 능력도 있으므로, 아기의 입장에서 출산을 생각해야 한다고 주장한다. 아기의 감각을 고려하여 출산이라는 과정을 조금이라도 덜 충격적인 경험으로 받아들이게 하기 위해서 다음과 같은 방법을 제시하고 있다.

첫째, 분만실의 불빛을 약하게 한다. 9개월이나 컴컴한 자궁에 있다가 강렬한 불빛의 수술실과 같은 곳에서는 공포를 느낄 수 있으므로 가급적 불빛을 약하게 하는 것이 바람직하다.

둘째, 아기가 출생할 때 주변을 조용히 한다. 태아가 자궁 속에서도 어머니의 심장 뛰는 소리 등을 듣고 자랐다 하더라도 양수 속에 들어 있었기 때문에 그 양상이 다르다. 출생하자마자 들려오는 생소한 많은 소리는 놀라움의 대상이 될 수 있으므로 분만실에서는 작은 음성으로 이야기하는 것이 좋다.

셋째, 좁은 산도를 지나면서 고통을 받고 나온 아기의 탯줄을 성급하게 끊지 말고 어머니 배 위에 잠시라도 올려 놓아 서로의 체온을 통한 만족을 느끼도록 한다. 아기가 어머니의 심장소리를 듣도록 하면 자궁 밖의 생활에 안도감을 가질 것이다.

마지막으로, 탯줄을 끊은 신생아를 적당한 온도의 물속에 넣어 준다. 이렇게 해주면 아이는 물속에서 자궁 속의 양수인 양 손발을 움직이면서 긴장을 풀고 새로운 세계를 맞이할 수 있을 것이다.

(4) 저체중아

출생 시의 체중은 신생아의 건강지표로 여겨지고 있다. 출산 시의 몸무게가 2.5kg 이하의 아이를 저체중아라고 한다. 임신 37주 이내에 태어난 아이들은 대개 저체중아가 되기 쉽다.

저체중아는 보편적으로 머리 크기가 신체에 비해 크고 피부에 지방이 축적되기 전에 태어났기 때문에 피부가 붉다. 출생 후 외적 환경에 이겨내는 능력의 미숙으로 체온조절을 잘 못할 뿐 아니라 저항력이 약해서 신체적 질병이 많다. 이러한 신체적 발달 미숙은 그들의 사회적·정서적 발달도 느리게 하는 요인이 된다.

저체중아를 낳는 원인은 모체의 이상으로 임신중독증, 신장병과 같이 모체의 질병일 수도 있고 조기 파수, 태반 조기박리와 같이 자궁의 이상일 수도 있다. 또는 태아에게 이상이 있어서 일찍 출생할 수도 있는데, 선천적으로 기형이거나 쌍둥이인 경우 등이 그 예이다.

임부의 연령이 20세 이하인 경우에도 저체중아 출산율이 높다. 이것은 생식 기능이 충분히 발달되지 않았기 때문인 것으로 분석된다.

출산 간격이 너무 짧은 것도 저체중아의 출산과 관련이 있다. 위 형제와 차이가 1년이 되는 아이를 2년 내지 5년이 되는 아동과 비교하였을 때 1년의 출산 간격이 있는 아동이 출생 시의 몸무게가 현저히 적었고, 8개월이 되어서 베일리(Bayley) 테스트에서 낮은 점수를 얻을 뿐만 아니라, 4세 때는 비네(Stanford Binet)의 IQ 테스트에도 낮게 나타났다.

저체중아를 키우기 위해 만들어진 조산아 보육기(incubator)는 저체중아의 체온을 일정하게 하고 습도를 조절하며, 산소가 공급되도록 고안되었다. 보육기

의 온도가 높으면 시력장애를 일으키고 너무 낮으면 두뇌의 발달이 지연되므로
특별한 주의가 요구된다.

4

영아기

태어나서 약 2세까지를 영아기(infancy)로 보는데, 이는 라틴어의 'infantia'로부터 유래된 것으로 '말을 못하는'이라는 의미를 지니고 있다. 영아기의 2년이라는 짧은 시기에 무력해 보이는 아기는 하나의 독립된 존재로서 성장하게 된다. 급속한 신체발달로 만 2세가 되면 혼자 뛰어다닐 수 있다. 또한 언어의 획득으로 다른 사람과 의사소통을 할 수 있으며, 친구를 사귀어 그들의 활동세계를 넓혀가는 것이다. 뿐만 아니라 감각에 의해 한정되었던 외부세계의 이해는 과거를 기억할 수 있게 되어 세분화되고 미래의 행동까지 설계할 수 있게 된다.

영아기

|1|
신체적 특징

출생 후 첫 한 달을 신생아기라 한다. 이 기간은 무척 짧다 하더라도 독립된 생명체로서의 시작이라는 점에서 매우 중요하며, 새로운 환경에서 여러 적응을 해야 하므로 아기에게 특별한 의미가 있는 시기이다.

갓난아기의 피부는 붉고 끈적끈적한 태지(胎脂)로 덮여 있다. 신생아는 몸 전체가 솜털(lanugo)로 덮여 있으나 몇 주가 지나면 없어진다. 저체중아인 경우 이 솜털은 더 많다. 생후 3~4일이 지나면 신생아 황달이 나타나는데, 1주일 정도 지나 간 기능이 원활해짐에 따라 이것은 사라진다. 엉덩이 부근에 푸른 색깔을 띤 몽고반점은 10세 전후에 없어진다. 신생아는 신체의 크기에 비해 머리 부분이 커서 신장의 4분의 1 정도나 된다. 머리둘레는 약 33cm이고, 가슴둘레는 32cm 정도로 머리둘레가 가슴둘레보다 크다. 아기의 두개골에는 여섯 개의 숫구멍이 있는데, 그중 대천문과 소천문 두 개가 팔딱거리는 것을 볼 수 있다. 정수리 한복판에 있는 대천문은 1~2년이 지나야 닫히나, 소천문은 1년 이내에 닫힌다. 그러나 영양상태가 좋지 않다면 대천문과 소천문은 늦게 닫히게 된다.

우리나라 아동의 출생 시 평균 몸무게는 남자아이가 3.3kg, 여자아이는 3.2k이다. 신생아의 몸무게는 출생 후 며칠간은 줄어드는데, 이것은 몸 표면에서 수분이 증발되고 대변과 소변이 배설되는 데 비해 먹는 양이 적기 때문이다. 젖을 잘 먹으면 1주일이나 열흘 정도 지나서 다시 출생 시의 몸무게로 회복된다. 몸무게는 3~4개월이 되면 출생 시의 2배, 1년이 되면 3배, 2년이 되면 11~12kg으로 성인의 1/5 내지 1/6이 된다.

신생아의 키는 남자아이가 49.9cm, 여자아이가 49.1cm로 남자가 약간 더 크다. 1년이 되면 76~78cm가 되고, 2년이 되면 88cm 정도로 자라게 되어 성인 키의 1/2이 되며, 4세가 되면 키가 출생 시의 두 배가 된다. 출생 시의 머리둘레는 가슴둘레보다 약간 크나 생후 6개월 정도가 되면 머리둘레와 가슴둘레는 비슷해진다. 그러다가 생후 1년 정도 되면 비로소 가슴둘레가 머리둘레보다 커진다. 신체의 발육평가를 머리와 가슴둘레의 비율로 산출하기도 하는데, 머리통의 크기는 출생 시에는 전 신장의 1/4을 차지하다가 만 1세경에는 약 1/5이 된다. 얼굴도 처음에는 눈 윗부분이 눈 아랫부분보다 넓으나, 점차 턱 부분이 발달되어 균형을 이룬다.

생후 6~7개월이 되면 젖니가 아래 앞니부터 나기 시작한다. 개인에 따라 나는 시기가 매우 달라 태어날 때 이를 갖고 날 수도 있고, 돌이 되도록 이가 나지 않는 아기도 있다. 이가 나는 것이 빠르고 더딘 것은 개인의 영양상태나 지

표 4-1 영아의 신장과 몸무게

구분	신장(여아/남아)	몸무게(여아/남아)
0~3개월	49.1~59.8cm/49.9~61.4cm	3.2~5.8kg/3.3~6.4kg
4~6개월	62.1~65.7cm/63.9~67.6cm	6.4~7.3kg/7.0~7.9kg
7~9개월	67.3~70.1cm/69.2~72.0cm	7.6~8.2kg/8.3~8.9kg
10~12개월	71.5~74.0cm/73.3~75.7cm	8.5~8.9kg/9.2~9.6kg
13~15개월	75.2~77.5cm/76.9~79.1cm	9.2~9.6kg/9.9~10.3kg
16~18개월	78.6~80.7cm/80.2~82.3cm	9.8~10.2kg/10.5~10.9kg
19~21개월	81.7~83.7cm/83.2~85.1cm	10.4~10.9kg/11.1~11.5kg
22~24개월	84.6~85.7cm/86.0~87.1cm	11.1~11.5kg/11.8~12.2kg

주) 신체측정방법 : 24개월(2세) 미만-누운 키
24개월(2세) 이상-선 키
자료 : 질병관리본부·국민건강영양조사(2017), 소아·청소년 성장도표

적 발달과는 관계가 없다. 8~9개월이 되면 위 앞니 2개가 나고, 곧 위 바깥 앞니, 그리고 아래 바깥 앞니가 나서 1년이 되면 6~8개의 앞니가 모두 난다. 그다음 앞 어금니, 송곳니, 뒤 어금니의 순서로 생후 2~2년 반이면 20개의 젖니가 모두 난다.

신체의 발달은 여러 가지 요인에 영향을 받는데, 그중 선천적 요인으로 종족, 기후, 유전 등이 있을 수 있다. 그 외에 어머니의 영양상태, 아기의 출생 순위, 성별, 영양 섭취상태, 질병 등의 영향을 받을 수 있다.

| 2 |
두뇌발달

전통적으로 두뇌의 연구는 두 가지의 방법으로 이루어졌다. 먼저 두뇌를 다친 사람을 대상으로 하는 연구와 또는 미성숙한 발달을 한 채 죽은 아이를 대상으로 연구가 이루어졌다. 이 방법으로는 정상적인 뇌의 기능을 밝힐 수 없을 뿐만 아니라 연구 대상의 윤리적인 문제를 안고 있었다.

뇌는 전두엽(frontal lobe), 후두엽(occipital lobe), 측두엽(temporal lobe), 두정엽(parietal lobe)의 4개의 엽(lobe)으로 이루어져 있는데 전두엽은 자율운동과 시선을 관장하고, 후두엽은 시력, 측두엽은 청력, 두정엽은 신체감각에 대한 정보처리를 담당한다.

최근의 두뇌연구는 신경과학(neuroscience)자들의 뇌의 신경구조와 생리적 기제를 의학의 발달과 함께 급속히 알게 되면서 연구가 활발히 이루어지고 있다(Konner, 2010). 새로 개발된 EEG(Electroencephalography), PET(Position Emission Tomography)와 fMRI(Funtional Magnetic Resonance Imagery) 같은 기계는 인간에게 주어진 서로 다른 과제를 어떻게 수행하는지 그리고 어른과 아동의 두뇌가 어떻게 다른지 비교할 수 있게 하였다. 유발전위법(Evoked potentials)은 뇌파를 통해 뇌의 반응을 알아보는 것으로 영아의 머리에 전극을 놓고 전기 활동을 기록한다. 연구 결과, 아동의 주변에 주어진 여러 자극들

이 다 똑같이 아동에게 주의를 받는 것이
아니라는 것을 알아냈다. 여러 자극 중에
서 왜 특정 자극이 아동에게 주의를 받게
되고 의미를 지닐까 하는 의문을 지니게
되었다.

인간의 두뇌는 태내에서 신체의 다른 부
분보다 성장이 빨라 임신 5~7개월이면 개
인이 평생 사용할 뇌세포가 거의 만들어진
다. 뇌는 120~140억 개의 뉴런(neuron)이
라는 신경세포의 집합체이다. 뇌의 피질부
(cortex)를 구성하는 뉴런은 대부분 태내기
에서 만들어져 출생 때 가장 많으며 그 후

그림 4-1 발달 초기 피질의 시냅스 연결

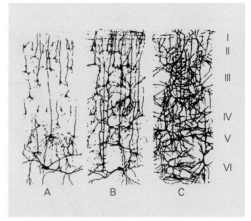

A : 생후 3개월, B : 생후 15개월, C : 생후 24개월.
오른쪽의 로마자는 세포층을 나타낸다.

자료 : 성현란 외(2001)

더이상 생성되지 않는다. 그러므로 태내에서의 영양과 모체의 건강은 매우 중요
하며 알코올 섭취나 약물 복용은 뉴런 생성에 영향을 미칠 수 있다는 것을 유
의해야 할 것이다.

뉴런과 뉴런 사이에는 시냅스(synapse)가 연결고리를 한다. 시냅스는 생득
적인 프로그램에 의해 만들어지는데 출생 후 2,500개 정도에서 만 2~3세가
되면 15,000개로 증가하다가 그 이후에는 점점 감소하는 것으로 보고 있다
(Bredekamp, 2011). 생후 첫 2년 동안 시냅스의 형성은 매우 빠르다. 시냅스의
형성 과정은 〈그림 4-1〉에서 보듯이 생후 3개월에는 드문드문 연결되어 있으
나, 24개월에는 매우 증가하였음을 알 수 있다. 특히 청각, 시각, 언어영역을 관
장하는 뇌의 피질부가 출생 후 급격하게 성장하는 것을 〈그림 4-2〉에서 보여
준다. 시냅스는 사용되지 않으면 소멸의 과정을 밟는, 즉 과잉생산 후에 가지치
기(pruning)를 하는 것이 두뇌발달의 독특한 특징이다. 복잡한 구조로 되어 있
는 뇌의 발달은 초기에는 생득적인 프로그램에 따라 진행되나 환경적인 요인으
로 뉴런이 손상된 경우에는 시냅스 형성이 순조롭지 못할 수 있다.

출생 후에도 두뇌발달은 급격히 이루어진다. 출생 시 머리의 크기는 상대적
으로 커서 성인의 3분의 2 정도이며 뇌의 무게는 300~400g으로 어른의 25%

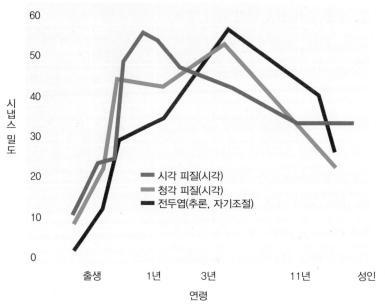

그림 4-2 영아기에서 성인기에 이르기까지 뇌에서의 시냅스 밀도

시냅스 밀도

- 시각 피질(시각)
- 청각 피질(시각)
- 전두엽(추론, 자기조절)

출생　1년　3년　11년　성인

연령

주) 뇌의 3영역의 시냅스 밀도에서 극적인 증가 이후 시냅스가 솎아지면서 밀도가 감소하는 것을 알 수 있다.
자료 : 이지연 외(2016). p. 120.

표 4-2 두뇌의 무게

연령	어른 두뇌 무게의 %
출생	25
6개월	30
12개월	60
20개월	75
5세	90

자료 : Schickedanz, Schickedanz, Forsyth&, Forsyth(2001).

정도이나 생후 6개월이 되면 거의 30%가 되고, 20개월이 되면 75%가 된다. 두뇌세포의 증가는 태내에서와 생후 2년간이 가장 급격히 이루어지므로 이 기간을 두뇌발달 급증기(spurt)라 한다. 영아기의 두뇌발달은 살아가면서 겪는 경험과의 상호작용에 의한 것, 즉 경험은 두뇌발달에 영향을 주고 두뇌의 성장이나 변화는 학습에 영향을 주는 것으로 보고되었다.

최근의 두뇌 연구에서 어휘력이 폭발적으로 일어나는 20개월 전후의 아이들은 대뇌피질의 기능 분화가 일어나는 것을 밝혔다. 또한 음소 변별 능력이 뛰어난 신생아가 태어난 지 1년 후에는 변별능력이 줄어들고 모국어에 대한 변별능력이 증가하는 것은 시냅스의 급증과 감소 시기와 관련 있는 것으로 간주한다.

시선을 관장하는 전두엽은 생후 3개월 무렵에 발달하기 시작하는데 이때의 영아들은 자신의 의지에 따라 시선을 옮기고 주의를 통제하는 능력, 즉 주의력이 생기는 것이다. 주의력은 인지발달의 기초적인 능력이면서 또한 원하지 않은 자극으로부터 시선을 돌리는 스트레스 대처 능력으로 볼 수 있다. 또한 신경생리학적 연구에서는 생후 몇 개월 이내에 보여주는 새로운 자극을 선호하는 반응은 두뇌의 피질 성숙과 관련이 있고 말소리를 알아듣고 소리를 내는 생후 초기 언어발달의 기본능력은 측두엽과 전두엽의 발달에 의존하고 있는 것으로 밝혀졌다. 이러한 뇌의 발달은 지속적으로 고르게 이루어지는 선형적인 발달을 하는 것이 아니라 주기적으로 발달의 급등현상을 보이는 순환 반복의 발달을 보여 준다. 생후 2세까지는 2~4개월, 7~8개월, 12~13개월, 그리고 18~21개월 사이에 인지능력의 발달과 함께 두뇌의 많은 변화를 보여 주었다(Cohen, 2002). 2세 이후에는 2~4세 사이, 6~8세 사이, 10~12세 사이, 그리고 14~16세 사이에 두뇌발달이 급격히 일어난다는 것이 확인되었다. 이것은 피아제의 감각운동기, 전조작기, 구체적 조작기, 형식적 조작기의 인지발달 단계와 대체로 일치한다(성현란 외, 2001)는 것이 흥미롭다.

아기가 배고플 때 그 욕구를 충족시켜 주고 기저귀를 갈아주면서 안아주는 등의 관계가 긍정적이면 뉴런의 연결망이 풍부하게 활성화된다. 반대로 배고픔이나 두려움과 같은 스트레스를 유발하는 경험은 코티졸과 같은 생존 호르몬의 활성화로 높은 수준의 사고와 관련된 두뇌 부분을 손상시켜 새로운 자극에 대한 경로를 발달시키지 못하는 것으로 밝혀졌다. 초기의 부정적인 양육경험이나 학대와 두려움의 경험은 두뇌의 발달과 관련이 있는 것이 분명한 것으로 여러 연구에서 보여준다. 뇌의 발달은 영양, 경험 등의 외부 환경과 타고난 생리신경계의 양방향적 관계가 있다고 보고 있다(Morgan & Gibson, 1991).

두뇌발달에서 중요한 영양섭취와 단백질의 공급은 매우 치명적이다. 첫 3년간의 영양부족은 따라잡는 기간에 어느 정도 메꿀 수 있는 것으로 밝혀졌다. 이는 뇌 발달에 가소성(plasticity)이 있기 때문이다. 가소성이란 특정 뇌 영역이 손상하였을 경우 다른 영역에서 대신 수행하거나 회로 연결을 재구성하는 것과 같이 발달에서 회복이 가능하고 변화할 수 있는 가능성을 말한다. 그러나

6세까지도 영양공급이 부족하면 매우 심각한 발달지체를 보여준다는 것으로 밝혀졌다. 성장지체를 보인 아동에게 영양을 공급하게 되면 일반적인 건강상태는 호전되나 두뇌 크기는 여전히 작고 지능지수는 낮은 상태에서 벗어나지 못하는 것으로 연구에서 보여 주었다. 발달과정에서 영아기와 같은 민감기에는 가소성이 가능하므로 정상적인 발달에 문제가 있으면 적절한 조치를 할 필요가 있다.

영아의 두뇌는 성인들보다 활동이 잘 일어나고 유연성이 있어 일부 학자들은 결정적 시기 또는 민감기라는 용어 대신 두뇌는 기회의 문(windows opportunity)이라는 용어를 선호한다(Bredekamp, 2011).

| 3 |
신생아의 능력

신생아에게 애프가(Apgar) 테스트가 실시된다. 이것은 출생 후 1분 후와 5분 후에 실시되는데, 이 테스트의 점수는 4세 때 지적·운동능력과 상관이 있는 것으로 나타났다.

1). 반사운동

신생아는 외부 자극에 여러 가지 반사행동을 보인다. 이 반사행동들은 무기력한 신생아로 하여금 이 세상을 생존해 나갈 수 있게 하는 기제로 볼 수 있다. 즉, 양육자로 하여금 배고플 때 먹을 것을 제공하도록 하거나, 위험으로부터 보호하도록 하는 역할을 한다.

너무 밝은 빛이 비치면 눈을 감으며, 고통을 주는 물체로부터 도피하기 위해 사지를 트는 것의 반사행동도 신생아의 생존을 위한 반응으로 해석하고 있다. 이러한 행동을 보호 반사라 하며 모로(Moro) 반사, 파악 반사, 바브킨(Babkin) 반사 등이 여기에 속한다.

표 4-3 애프가 테스트

내용 \\ 점수	0	1	2
심장 뛰는 정도	매우 약함	100 이하	100 이상
숨쉬기	매우 약한 울음	약한 울음	강한 울음
근육	늘어짐	조금 늘어짐	단단
반사운동	무반응	어느 정도의 반응	잘 반응
피부빛	창백하며 푸른빛	창백하나 붉음	붉은빛

주) 총 10점으로 7점 이상은 양호한 편이며, 3점 이하는 즉각적인 조치가 요구된다.

대부분의 반사운동은 수 주 또는 몇 달 이내에 없어지는데, 이것은 아동의 신경조직이 발달되기 때문이다. 특히 대뇌피질의 발달은 반사운동을 목적 있는 행동유형으로 나타나게 한다.

(1) 근원 반사

근원 반사(rooting reflex)는 입 주위에 자극을 주면 그 자극물을 향해 고개와 입을 돌리는 반사를 말한다. 처음에는 입에서 먼 뺨에 자극물을 갖다 대어도 이 반사행동이 나타나나 점차 자라면서 입에만 반응을 한다. 먹이를 위해 필수적인 반사행동으로 탐지 반사(searching reflex)라고도 한다.

(2) 빨기 반사

신생아는 입에 닿는 것은 무엇이나 빨려고 하는데, 이것을 빨기 반사(sucking reflex)라 한다. 생후 얼마 동안에는 이 빨기 반사로 젖을 찾아 먹는다.

(3) 파악 반사

갓난아기에게 아무 것이나 쥐어주면 그것을 빼내기 힘들 정도로 꼭 쥐는 현상을 파악 반사(grasping reflex)라 한다. 파악 반사의 의미는 정확하지 않다. 진화론으로 해석하는 학자도 있는데, 원숭이의 파악 운동을 그 예로 든다.

그림 4-3 파악 반사

그림 4-4 모로 반사

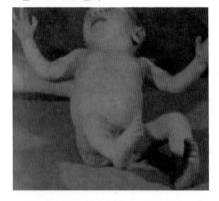

그림 4-5 걷기 반사

신생아의 겨드랑이를 잡고 살짝 들어올리면 걷는 것처럼 발을 번갈아서 땅에 놓는다.

(4) 모로 반사

모로(Moro)가 발견한 반사로 두 경우가 있다. 그 하나는 신생아의 목과 머리를 안고 있다가 갑자기 놓으면 팔을 활 모양으로 휘는 반사이고, 또 다른 하나는 신생아를 똑바로 눕히고 누운 근처를 세게 두드리면 팔을 쭉 벌리면서 손으로는 무엇을 잡으려는 행동을 보이는데, 이것이 모로 반사이다. 이 반사행동은 생후 1주 정도면 보이기 시작했다가 6개월이 지나면 사라지는데, 성인이 보이는 놀람 반사(startle reflex)로 대치되는 것이다.

(5) 바빈스키 반사

바빈스키(Babinski)가 발견한 것으로 신생아의 발바닥을 간지르면 발가락을 폈다가 다시 오므리는 반사이다. 보통 생후 6개월 이후에 서서히 없어진다.

(6) 바브킨 반사

누워 있는 신생아의 손바닥을 누르면 팔을 들어올리고 눈을 감으면서 입을 여는 반사를 말한다. 이때 고개를 똑바로 한다.

(7) 걷기 반사

생후 1~2주 된 신생아는 걷는 것과 유사한 행동을 보인다. 즉, 신생아의 겨드랑이를 두 손으로 살며시 잡고 바닥에 닿게 하면 걸어가듯이 무릎을 구부리면서 두 발을 번갈아 움직인다(그림 4-5). 이 반사운동은 생후 2~3개월 정도가 되면 없어

표 4-4 신생아의 반사운동

반사	자극	반응	사라지는 시기	기능
근원 반사	뺨에 물체로써 부드럽게 자극	물체를 향해 고개를 돌리며 빨고자 한다.	3~4개월	젖꼭지를 찾게 한다.
빨기 반사	손가락으로 젖꼭지를 입에 넣어준다.	규칙적으로 빤다.	사라지지 않는다.	수유를 하게 한다.
파악 반사	젓가락이나 손가락을 손바닥에 둔다.	쥔다.	3~4개월에 약해지고 1년 뒤에 사라진다.	잡을 수 있는 능력을 준비한다.
모로 반사	안고 있던 머리와 목을 놓음. 누운 아기 근처를 세게 두드린다.	몸을 활모양으로 휜다.	6개월	어머니에게 매달리게 하는 기능이리라 추측하고 있다.
바빈스키 반사	발바닥을 살살 간질인다.	발가락을 폈다가 오므린다.	6~12개월	기능이 불명확
바브킨 반사	손바닥을 누른다.	눈을 감고 입을 연다.	3~4개월	기능이 불명확
걷기 반사	아이를 세워 발을 땅바닥에 닿게 한다.	걸어 다니듯이 걷는다.	2~3개월	걷는 능력을 준비한다.
수영 반사	얼굴을 수면으로 닿게 하면서 놓는다.	수영하는 모습이다.	4~6개월	물속에 빠졌을 때 생존할 수 있도록 해준다.

진다. 대부분의 아동은 생후 1년 정도가 되면 걷게 되는데, 이것은 걷기 반사가 사라졌다가 걷는 행동으로 대치되는 것으로 본다. 학자에 따라 이것을 반사운동으로 간주하지 않기도 한다. 신생아의 반사운동을 간추리면 〈표 4-4〉와 같다.

2) 감각기능

신생아에게는 수동적인 생리적 기능이 거의 전부를 차지하고 있다 하더라도 그들의 능동적 행동이라고 볼 수 있는 음식의 섭취를 통해, 또는 외부자극에 대한 반응으로 태내환경과 다른 이 세상에 적응을 시작한다. '신생아에게 이 세상은 어떻게 비칠까' 하는 의문은 심리학자들의 계속적인 연구과제였다. 최근의 여러 연구를 통해 밝혀진 그들의 감각기능은 그들이 어떻게 새로운 환경에 적응해 나가는가를 제시해 준다.

(1) 촉각

피부감각은 출생 전에 많이 발달되어 있는 것으로 알려져 있다. 덥거나 추운 것에 대한 반응이나 피부에 닿는 아픈 자극에 대한 반응도 촉각의 범주에 속한다. 학자들은 피부접촉을 통한 자극은 정상적인 발달에 필수적이라 보고 있다. 안아주고 얼러주고 몸을 깨끗이 하는 것은 그들의 성장을 돕는 것이다.

신생아는 태중에 듣던 어머니의 심장 뛰는 소리를 태어나면서 듣지 못하게 된다. 어머니가 안아서 젖을 주게 되면 어머니의 심장소리를 듣게 되므로 안정감을 얻을 수 있다. 이런 의미에서 피부접촉은 더욱 중요하다.

(2) 청각

아동의 청각은 태어나기 전부터 어느 정도 발달되어 있는 것으로 보고하고 있다. 임신 7주경이면 이소골(耳小骨, ossicles)이 생기는데, 이는 태아 때 다 자라서 태어나기 4개월 전에는 벌써 어느 정도 원시적인 기능을 한다. 최근 fMRI를 이용하여 임신 33주경부터 소리를 들을 수 있는 것으로 확증이 되었다(Santrock, 2016).

신생아의 청각능력은 여러 실험을 통해서 관찰되었다. 러시아의 한 학자는 소리자극을 주면서 신생아가 젖을 빠는 행동을 도표로 표시하여 신생아의 청각능력을 측정하였다. 새로운 소리가 들리면 신생아는 젖을 빠는 것을 멈추나 계속 들려 주면 멈추는 정도가 줄어들었다. 그러다가 또 다른 새로운 소리에 다시 반응하는 것으로 보아 들을 수 있을 뿐만 아니라 소리의 고저도 구별하는 것으로 간주된다(Berk, 2017).

소크(Salk)에 의한 연구에서는 인간의 심장소리를 녹음한 테이프에 신생아가 반응하였다. 우는 아기에게 이 소리를 들려 주었더니 울기를 멈추는 것으로 보아 심장소리는 신생아의 정서적 불안을 감소시키는 역할을 한다고 결론지었다. 신생아가 듣는 소리는 같은 소리를 성인이 듣는 것보다 크게 들린다고 밝혀졌다(Santrock, 2004).

(3) 시각

신생아의 시각적인 능력은 비교적 덜 발달된 상태에서 태어난다. 그들은 한 물체에 시선을 고정시키거나 초점을 맞추지 못할 뿐만 아니라 눈물을 잘 흘리지도 못한다. 물체에 시선을 고정시키는 것은 생후 첫 1~2주 이내에 발달된다. 한 연구에서 생후 2시간 된 아기가 움직이는 빨간 공을 따라 눈을 움직였다고 보고하고 있다.

신생아가 볼 수 있는 범위는 한정되어 있어 눈으로부터 20~25cm 떨어져 있는 것을 볼 수 있다. 이것은 사람이 그들을 안고 있을 때 안고 있는 사람의 얼굴을 볼 수 있는 거리이다. 12~21주 된 신생아는 어른의 얼굴 표정을 감지하고 모방할 수 있다. 〈그림 4-6〉은 2~3주 된 아이가 어른의 얼굴 표정을 흉내 내는 사진이다.

그림 4-6 2~3주 된 영아의 성인 행동 모방

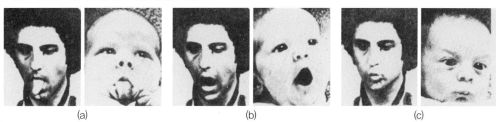

(a)   (b)   (c)

자료 : Silverman(1982), p. 308.

(4) 미각, 후각, 통각

미각은 나이가 들면서 어느 정도 발달된다고 볼 수 있으나 출생 시에도 거의 완전하게 발달되어 있다. 미각은 신생아뿐만 아니라 태내에서도 어느 정도의 기능을 한다. 단것을 주면 삼키나, 짜거나 신것 혹은 쓴것을 주면 삼키지 않는다(그림 4-7).

후각에 대한 연구는 자극적인 냄새를 맡게 한 후 신생아의 얼굴과 신체의 움직임과 숨쉬는 것을 관찰하여 연구하였다. 생후 며칠 이내의 신생아는 강한 화학물질 냄새에 반응하였고, 같은 냄새를 계속 맡게 되면 그 반응이 줄어들다가 다른 냄새를 맡게 하면 또 반응을 보였다. 그러나 인간은 다른 동물에 비해 후

그림 4-7 출생 후 2시간 된 신생아의 미각반응

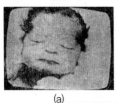  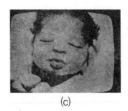 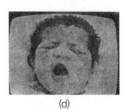

(a)   (b)   (c)   (d)

(a)~(c) 달콤한 액체에 대한 반응모습(처음에는 코를 찡그리고 눈썹을 찡그리고 뺨을 실룩거리는 등의 반응을 보이다가 차차 단맛에 긍정적인 반응을 보인다. (d) 쓴 액체에는 입을 크게 벌리거나 이마를 찡그림으로써 부정적인 반응을 보인다.

자료 : Santrock(2004), p. 175.

각의 기능이 덜 발달된 편이다.

　신생아가 고통에 대해 어떻게 느끼는 가에 대한 연구는 경미한 전기자극을 주고 몸의 움츠리는 정도를 보고 관찰하였다. 그 결과 생후 며칠 이내에 고통에 대한 감각이 급격히 발달되는 것으로 나타났다.

　통각에 대한 남녀 성차도 나타났는데, 여아가 남아보다 민감한 반응을 보였다. 이것은 출생 당시 여아가 훨씬 성숙되어서 태어난 결과로 볼 수 있다. 최근에는 남아에게 포경수술을 해주는 경향이 있다. 이 수술 시 아동이 심하게 우는 것으로 보아 고통의 감각을 지니는 것으로 간주된다.

3) 생리적 기능

신생아 호흡은 1분당 35~45회 정도로 어른의 두 배가 된다. 호흡은 불규칙적이면서 빠르며 복식호흡을 많이 한다. 재채기, 딸꾹질, 하품 등은 일종의 반사활동으로 신생아의 생존에 중요하다.

　맥박은 1분에 140회 정도로 호흡과 마찬가지로 어른보다 빨리 뛴다. 신생아의 체온도 어른보다 높은 37~37.5C°이다. 이들은 체온을 조절할 수 있는 땀샘의 발달이 미흡하여 외계온도에 영향을 받기 쉽다. 뿐만 아니라 신생아는 체중에 대한 신체의 표면적이 어른에 비해 커서 피부에서 열이 많이 발산되므로 실내온도에 민감하게 반응한다.

그림 4-8 연령에 따른 수면의 유형

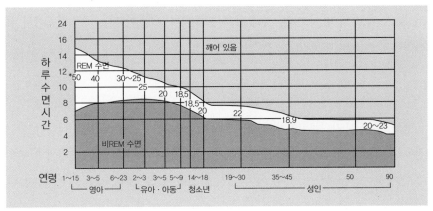

신생아는 수면의 50%가 REM 수면이다. 2~3세 유아는 수면의 25%만이 REM 수면이지만 비REM 수면은 신생아와 비슷하다.
자료 : Mussen, Conger & Kagan(1990), p. 94.

(1) 수면

신생아는 하루의 대부분인 16~20시간을 잔다. 신생아는 3~4시간을 자고 나서 조금 깨어 있다가 다시 자는 것의 반복이다. 자랄수록 수면시간이 짧아지며, 밤에는 오래 자게 된다.

수면의 양이 어른과 다를 뿐만 아니라 수면의 질도 다르다는 것이 밝혀졌다. 인간의 수면은 크게 두 종류로 구분된다. 수면은 눈동자가 빨리 움직이느냐 움직이지 않느냐에 따라 REM(Rapid Eye Movement) 수면과 비REM 수면으로 나누어지는데, 신생아에게는 REM 수면이 거의 반이나 된다. 〈그림 4-8〉은 인간의 수면에서 REM 수면의 비율을 표시한 것이다.

우리나라 여아의 약 45%가 수면시간이 불규칙한 것으로 보고되고 있다. 또한, 1세 미만 영아의 약 90%가, 2세에는 약 83%가 부모와 함께 자는 것으로 밝혀졌다(한국아동학회, 2009).

(2) 수유

아기 출산 후 1~2일이 지나면 젖이 나오기 시작한다. 출산 후 48시간 이내에 나오는 젖은 초유라 하여 누르스름하고 약간 끈적끈적한 젖으로 여러 영양분이 많이 들어 있을 뿐만 아니라 대변을 배설하는 데 좋고 전염병에 대한 저항능력을 지니고 있다. 새로 태어난 아기는 먹고, 자고, 자다가 배가 고프면 깨서 울고, 먹고 또 다시 자는 것이 하루 생활이다. 그들의 위는 수직형이어서 한꺼번에 많이 먹지 못하고 2~3시간 간격으로 하루에 7~10회 정도 먹게 된다.

① 모유와 인공영양

출산 후 산모가 특별한 병을 앓거나 직장을 갖고 있어 모유를 먹이기 힘든 경우가 아닌 이상 대체적으로 아기에게 젖을 먹이기 마련이다. 아기에게 모유를 권장하는 이유는 크게 두 가지로 설명할 수 있다. 첫째, 모유는 인공유보다 영양학적으로 아기에게 적합한 것이다. 어머니의 젖은 아기를 위해 있는 것이므로 소화가 잘 될 뿐만 아니라 아기의 성장발육에 필요한 물질을 지니고 있다. 그리고 우유는 모유에 비해 단백질과 칼슘이 많아 소화하기에 힘들고, 지방은 비슷하게 있으나 입자가 커서 소화하기에 벅차다.

아기에게 모유가 바람직하다는 또 하나의 이유로 심리적인 면을 들 수 있다. 어머니의 가슴과 우유병의 촉감의 차이는 심리적 발달 차이로 연결될 수 있다. 아기가 젖을 빨 때에 듣는 어머니의 심장 뛰는 소리는 심리적 안정을 가져다준다고 보고하고 있다. 또한 프로이트가 말한 구순기적 만족이나 에릭슨의 발달이론에 따른 신뢰감의 형성도 수유로서 설명되는 것이 이것의 중요성을 대변해 준다고 하겠다. 이 두 측면 외에도 어머니의 젖을 먹이게 되면 준비하기에 간편하며 경제적일 뿐만 아니라, 자궁의 수축을 촉진시켜 원상태로 회복시키는 기간을 단축시킨다. 또한 아기에게 젖을 먹인 어머니는 먹이지 않은 어머니보다 유방암의 발생빈도가 낮다. 아기도 젖빨기로 인해 턱부분의 발달이 좋으며 질병에 대한 저항력을 어머니로부터 받는다.

신생아 때 젖의 분비가 충분하지 않아도 자꾸 빨리면 분비량이 증가할 수도 있으나 모유가 충분하지 못하면 인공유로 키울 수밖에 없다. 이때 대체적으로 분유를 사용하게 된다. 인공유는 영양학적으로 모유와 다른데, 단백질과 무기질이 2~3배나 되고 입자가 큰 지방으로 되어 있어서 소화가 힘들다. 인공영양을 할 때는 소독을 철저히 해서 세균의 침입을 막고 농도를 알맞게 하여 아기의 소화기관에 부담을 주거나 영양실조가 되지 않도록 해야 한다. 인공유는 온도를 맞추어야 하고 준비하기에 번거로운 단점이 있다.

우리나라 어머니 9,796명을 대상으로 자녀가 어렸을 때 모유 또는 분유를 먹였는지를 조사한 결과 모유를 먹인 어머니가 23.7%, 분유를 주로 먹인 어머니가 37.6%, 같이 먹인 어머니가 38.7%였다(한국아동학회, 2009).

② 수유시간

수유시간을 정해서 먹여야 된다는 사고는 바람직하지 않다는 것으로 보고되고 있다. 아기들은 신체적 개인차가 있으므로 조금씩 자주 젖을 먹는 아기도 있고, 한꺼번에 많이 수유 간격에 집착할 필요는 없다. 아기가 요구할 때 충분한 양을 먹이게 되면 성장함에 따라 어느 정도의 수유 간격이 정해진다.

③ 수유와 심리적 발달

여러 발달심리학자들은 수유와 인간발달의 관계가 깊다는 것을 강조하였다. 프로이트에 의하면 태어나서 약 1세까지의 구순기에는 입을 통한 만족을 충족시켜야만 욕구불만이 생기지 않고 구순기적 성격이 되지 않는다고 한다. 즉, 젖을 먹고 싶을 때 충분히 먹지 못하였거나 수유태도와 방법이 아기에게 만족스럽지 못하였을 때는 커서 손가락을 빨거나 성인이 되어서 과식이나 과욕, 지나친 흡연을 하는 경향이 있다고 한다. 이것을 구순기적 성격이라 하였다. 에릭슨도 역시 어머니의 수유를 아동의 성격발달과 연결하였다. 에릭슨의 발달 8단계에서 첫 번째가 기본 신뢰감의 형성기로서 생후 1년까지로 보았다. 아기가 배고플 때 그의 욕구를 충족시켜 주면 어머니를 신뢰하게 되어 기본적 신뢰감을 발달시킬 수 있으나, 수유를 통한 신체적 욕구를 충족시키지 못하면 기본적 불신감을 획득하게 된다는 것이다. 이 시기에 형성된 어머니에 대한 기본적 신뢰감은 커서 타인에 대한 신뢰감을 갖게 되어 원만한 대인관계를 이끌 수 있는 것이다.

어머니는 젖을 먹이는 동안 아기와 피부접촉을 하게 된다. 피부접촉의 중요성을 증명한 할로우(Harlow)의 원숭이 실험은 충격적이었다. 젖이 나오도록 장치가 된 철사로 만든 어미와, 젖은 없으나 헝겊으로 덮여 있는 어미가 있는 실

그림 4-9 할로우의 실험

철사 대리엄마와 헝겊 대리엄마가 있을 때 공포의 순간 원숭이는 헝겊 대리엄마에 매달린다.

험실에서 공포의 상황에 처했을 때 아기 원숭이는 헝겊어미를 찾았다(그림 4-9). 이 연구는 배고픔과 같은 신체적 욕구의 충족도 중요하지만 촉각을 통한 피부접촉의 중요성을 시사하여 아기에게 젖을 줄 때의 어머니의 태도를 제시한 것이다. 아기에게 젖을 물렸을 때 시선을 마주보며, 쓰다듬고 사랑을 줄 때 아기가 심리적 만족을 얻을 수 있다. 인공유를 줄 때에도 모유를 주는 것과 같은 자세를 취하면서 애정 있는 태도를 지니면 충분한 심리적 만족감을 갖게 된다.

(3) 이유

생후 5~6개월이 되면 어머니의 젖은 아기의 발달에 충분할 정도의 영양을 지니지 못하게 된다. 이유를 시작하는 시기는 아기의 발육과 건강상태, 체질 등을 고려하여 일찍 시작할 수도 있고, 늦게 시작할 수도 있다. 아기가 병에 걸려 신체적으로 허약할 때 또는 식욕이 없는 여름철에는 이유를 시작하지 않는 것이 좋다. 젖니가 나서 아기가 음식을 씹을 수 있을 때 이유를 시작해야 한다는 생각은 잘못된 것이다. 앞니는 음식을 씹는 것에 별 도움이 되지 않으니 이유가 젖니와는 상관이 없는 것으로 여겨도 무방하다.

이유는 서두르지 말고 조금씩 늘려 가면서 반유동식에서부터 시작하여 점차 이유식의 양을 늘려가면서 젖의 빈도를 줄여 가는 것이 바람직하다. 이때 너무 강제적으로 젖을 떼지 않도록 노력해야 한다. 이유식을 주면서 주의 깊게 아기의 변을 관찰하여 소화가 잘 되는 음식인가를 살펴야 한다. 또한 영양가가 좋다고 해서 무리하게 먹도록 해서도 안 된다. 감기나 기타 병으로 인해 아기의 신체가 건강하지 않을 때는 잠시 이유식을 중단해도 된다.

2세 미만의 자녀를 둔 1,224명의 어머니에게 이유 시작 시기를 물은 결과 4개월, 6개월, 5개월 순서를 보였다(한국아동학회, 2009).

(4) 배설과 대소변 가리기

신생아는 검고 끈적끈적한 대변을 보는데, 이것은 태중에서 손가락을 빨 때 마신 양수이다. 생후 3~4개월이 지나면 노란색의 보통 변으로 변한다.

아기가 모유를 먹느냐 인공영양을 섭취하느냐에 따라 변의 색깔도 약간 다르다. 모유영양아의 변은 노란색으로 대체적으로 부드럽고 끈적끈적하며 횟수도 하루 3~4회 정도이다. 인공 영양아의 변은 엷은 노란색으로 좀 단단하며 하루 1~2회의 변을 눈다. 아기의 월령이 증가할수록 소변의 양이 증가하고 횟수는 줄어든다.

① 대소변 가리기

대변과 소변을 통제할 수 있는 근육과 신경의 성숙은 생후 6~7개월이 되어야 이루어진다. 이 이전의 아기의 대소변을 반사적으로 배설하게 된다. 6~7개월이 되어 근육과 신경이 성숙했다 하더라도 뇌에서 조절할 수 있는 것은 아니다. 적어도 1년 반이나 2년 정도가 되어야 아기의 의지로써 통제가 가능하다. 대변은 소변보다 일찍 가리게 되어 13~15개월 정도가 되면 가능하고, 소변은 20개월 정도가 되어야 가린다. 그리고 24~30개월이 되면 혼자서 용기를 사용할 수 있다.

대소변 가리기는 결코 서둘지 말아야 하고 강요해서도 안 된다. 이는 개인의 건강상태와 정서상태에 따라 크게 차이가 나기 때문이다. 대부분 여아들이 남아보다 빨리 대소변을 가린다. 실수하였을 때는 너무 엄격하게 다루지 말 것이며 계속적으로 실수하면 대소변 가리기를 늦추는 것이 바람직하다. 밤에 잠들기 전에 용변을 보도록 하고, 피곤하거나 긴장하였을 때 또는 음료수를 많이 마셨을 때는 쉽게 실수한다는 것을 인정해야 한다. 때로는 동생을 보았을 때도 퇴행현상으로 대소변을 가리던 아이가 가리지 않게 된다.

우리나라 어머니들은 영아의 대소변 훈련에 비교적 관대한 것으로 나타났다. 엄격한 어머니는 16.8%로, 엄격하게 훈련하지 않은 어머니의 비율인 83.1%에 비해 매우 낮았다(한국아동학회, 2009).

② 대소변 가리기와 심리적 발달

대소변 가리기는 인간의 성격에 많은 영향을 미친다고 심리학자들은 보아 왔다. 대소변 가리기 훈련이 시작되는 시기는 프로이트의 발달단계에서 두 번째인 항문기이다. 이 시기의 아동은 대변 배설을 참고 있을 때의 항문 근육의 수축에서 오는 쾌락과 배설물을 배출한 후 근육이완에서 오는 쾌감을 얻게 된다. 그러나 이 쾌감은 때로는 부모로부터 통제를 받는다.

에릭슨의 8단계설에서 두 번째 단계는 자율감의 발달이다. 1세 반~3세까지의 아기는 신체근육의 발달로 대소변을 스스로 가릴 수 있을 만큼 성장한다. 이때 부모는 특정 장소에서 대소변을 보도록 훈련한다. 아기 스스로 대소변을 가릴 때 부모가 칭찬으로 격려하면 자율성이 발달되나, 너무 엄격하게 훈련을 시키고 실수에 관대하지 못하면 자율감 대신 수치감을 지니게 된다. 또한 외부의 통제에 따라야 하는 자신의 존재가 미미하다고 느끼면서 회의감을 갖게 된다.

| 4 |

신체 및 운동발달

1) 발달의 원칙

학자들은 영아기 아기를 관찰하여 운동기능의 발달원칙을 발견해 내었다. 그 결과 신체가 성숙함에 따라 운동기능이 성숙되는데, 여기에는 보편적인 세 가지 원칙이 있는 것으로 밝혀졌다.

먼저 신체발달은 머리에서 시작하여 팔, 다리 등의 발달로 진행되는, 즉 두미방향(cephalocaudal)이다. 성인이 되었을 때 머리 크기는 신생아의 두 배로 자라나나, 어른의 몸체는 신생아의 세 배가 된다. 뿐만 아니라 신생아의 팔이나 손의 크기는 성인이 되면 네 배가 되고, 다리와 발의 크기는 거의 다섯 배가 된다는 것은 신체의 발달이 머리가 먼저 발달하고 나중에 다리가 발달한다는 것을 의미한다(그림 4-10(a)). 운동능력도 이 순서로 발달되는데, 아기는 먼저 머리와 목의 근육을 조절한 후 그 다음 팔과 복부를 움직이고, 가장 나중에 다리를 쓰게 된다. 즉, 머리를 먼저 가누고 난 뒤 앉을 수 있게 되며, 그 다음에 걸을 수 있는 것이다.

두 번째 신체발달의 방향은 몸의 중심에서 말초로 향한다(proximodistal). 몸 중심에 가까운 어깨의 근육을 먼저 조절할 수 있으며, 그 다음은 팔, 손, 손가락의 순서로 나가고 마찬가지로 다리 부분도 몸 가운데에서 시작하여 말초로 발달된다(그림 4-10(b)).

세 번째 신체발달의 특징은 분화(differentiation)와 통합(integration)으로 볼 수 있다. 여기서 분화란 영아의 신체적 능력이 전체적이었다가 점차로 특수능력으로 발전된다는 것이다. 분화된 단순한 능력은 복잡한 능력으로 통합된다. 예를 들어, 어린아이가 컵의 물을 마신다고 가정하면 그 아기는 먼저 앉을 수 있어야 하고, 다음으로 컵이라는 물체에 눈을 고정시킬 수 있어야 한다. 그 후 눈 안에 들어온 컵을 잡고 들어 올려야 마실 수 있다. 즉, 시각적 정보와 인간공학적 정보가 통합되어야 한다. 아기의 머리, 입, 팔, 손 등의 각각을 움직일 수 있는 능력의 습득은 분화라 할 수 있고, 신체의 각 부분을 총체적으로 움직여서 컵의 물을 마실 때는 통합된 능력이라 볼 수 있다(그림 4-11).

그림 4-10 신체발달의 원칙

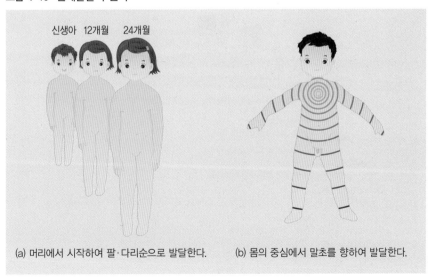

신생아　12개월　24개월

(a) 머리에서 시작하여 팔·다리순으로 발달한다.　(b) 몸의 중심에서 말초를 향하여 발달한다.

그림 4-11 분화와 통합

2) 운동기능발달

영아가 신체를 움직이게 되면 그만큼 행동반경이 넓어지고 그들이 지니고 있는 호기심을 만족시킬 수 있는 기회가 많아진다. 생후 1년에서 얻을 수 있는 운동기능은 기어 다닐 수 있는 것이고, 2년째는 걸을 수 있는 운동기능을 획득한다. 운동기능의 발달은 신체의 성숙도에 따라 개인차가 크다. 표준에 비해 늦을 수도 있고 빠를 수도 있다. 그러나 많은 영아가 보편적으로 월령에 따라 할 수 있는 운동기능이 있는데, 이는 〈표 4-5〉와 같다.

그림 4-12 운동발달

혼자 걷는다.

혼자 선다.

가구 등을 잡고 혼자 걸을 수 있다.

가구 등을 붙잡고 혼자 설 수 있다.

잡아주면 선다.

받쳐주면 앉는다.

다리로 몸을 지탱할 수 있다.

구르기를 한다.

엎드리고 가슴을 들며 팔로 몸을 지탱한다.

엎드리며 고개를 든다.

운동발달

0 1 2 3 4 5 6 7 8 9 10 11 12 13 14 15

월령

자료 : Santrock(2004), p. 187.

표 4-5 운동발달의 표준

월령	운동발달	월령	운동발달
1개월	• 턱을 들 수 있다.	9개월	• 붙잡고 선다.
2개월	• 가슴을 들 수 있다.	10개월	• 잘 기어 다닌다.
3개월	• 물체를 주면 손을 뻗치나 잡지는 못한다.	11개월	• 손을 잡고 이끌어 주면 걷는다.
4개월	• 목을 가눈다. • 받쳐주면 앉는다. • 딸랑이를 흔들고 응시한다.	13개월	• 계단을 기어 오른다.
5개월	• 물체를 잡는다.	14개월	• 혼자서 선다.
6개월	• 어린이용 의자에 앉을 수 있다. • 물체를 잡으려고 손을 뻗친다. • 물체를 주면 이미 잡고 있는 물체를 내버린다. • 이때는 엄지손가락을 사용하지 않는다.	15개월	• 혼자서 걷는다.
7개월	• 혼자 앉는다.	16개월	• 손잡고 계단을 오르내린다. • 공을 던질 수 있다. • 옆으로 또는 뒤로 걷는다.
8개월	• 받쳐주면 선다. • 엄지손가락을 이용해서 작은 물체를 잡는다.	24개월	• 손잡고 계단을 오르내린다. • 공을 던질 수 있다. • 옆으로 또는 뒤로 걷는다.

3) 눈과 손의 협응

영아가 손을 사용할 수 있게 됨에 따라 비로소 외부 세계와의 접촉이 시작된다. 생후 3개월간은 물체를 눈으로 보고 인식하나, 물체를 잡기 시작하면 눈과 손의 협응이 이루어진다. 이것은 신체기관의 분화와 통합이라는 발달과정을 보여 주는 것이고, 신체 각 부위와 감각기관의 발달을 의미한다. 뿐만 아니라 지적 능력의 발전을 뜻하기도 한다. 물건을 잡고, 입으로 가져가고, 때리고, 흔드는 것은 모두 눈과 손의 협응으로 가능한 것이다.

| 5 |

인지발달

인지(cognition)라는 정의에 대해서는 학자마다 다를 수가 있지만 여기서는 인간의 지적 또는 정신적 사고과정을 의미하는 넓은 의미로 사용한다.

인지는 주위 자극에 대한 주의, 지각, 기억, 사고, 문제해결의 단계를 거친다. 주위환경을 이해하기 위해서는 먼저 자극에 대한 주의를 주어야 하고, 그 자극을 수용한 뒤 외부상태나 변화를 파악할 수 있다. 이렇게 주위환경에 대한 정보를 얻기 위해서는 감각활동을 통한 지각경험이 우선시된다.

1) 지각발달

아동의 지각능력이 어떻게 발달하는가에 대해서는 많은 학자들이 관심을 가져 왔다. 연구결과 아동의 주변에서 주어진 여러 자극들이 똑같이 아동에게 주의를 받는 것은 아니라는 것을 알아냈다. 여러 자극 중에서 왜 특정 자극이 아동에게 주의를 받게 되고 의미를 지닐까 하는 의문을 지니게 되었다. 최근 영아 연구에 사용되고 있는 뇌파탐지기는 두뇌활동을 통한 사건 관련 전위(ERP : Event-Related Potentials)를 기록할 수 있는 장치이다. 여기서는 아동의 시각·청각을 중심으로 그 발달을 살펴보겠다.

(1) 시각

앞에서 언급했듯이 신생아가 볼 수 있는 범위는 한정되어 있는데, 아기를 안고 있는 사람의 얼굴을 볼 수 있는 거리 정도의 물체만 볼 수 있다. 인간의 눈은 흑·백의 대조를 이루기 때문에 아동이 오래 응시하는 것으로 여겨진다. 1개월쯤 되는 아기는 사람 얼굴의 전체적인 윤곽만 보고, 2개월 정도가 되어야 얼굴의 안쪽 부분, 즉 눈 부위를 본다는 것이 마우러(Maurer)와 살라패텍(Salapatek, 1976)의 연구에서 밝혀졌다. 1개월과 2개월 된 영아에게 사람의 얼굴을 특수장치로 된 거울을 통해 보여 주었다. 이때 아동의 눈이 움직이는 것을 사진으로 촬영하였는데, 이는 〈그림 4-13〉과 같았다. 그림에서 보는 바와 같이 1개월 된 영아는 턱부분과 머리 부분으로 눈이 움직였으나, 2개월 된 아이는 입, 눈 그리고 머리 부분으로 시선을 준 것을 알 수 있다. 이것으로 나이가 든 아동은 얼굴의 안쪽에 눈길을 주는 데 비해 어린아이는 얼굴 외각에 시선을 주는 것을 알 수 있다. 여러 연구에서 4개월 이전의 영아는 얼굴을 전체적으로 보는 것이 아니라 눈을 중심으로 한 대강의 얼굴을 본다고 밝히고 있다. 5개월 정도가 되면 이목구비를 포함한 얼굴을 인식한다. 아동은 눈앞에 있는 모든 사물을 볼 수 있는 것이 아니라 일정한 거리의 사물을 먼저 보고 점차로 볼 수 있는 범위가 넓어진다.

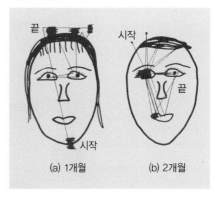

그림 4-13 1, 2개월 된 영아의 인간의 모습에 대한 시각

(a) 1개월   (b) 2개월

그림 4-14 영아의 시각능력

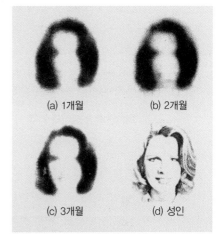

(a) 1개월   (b) 2개월

(c) 3개월   (d) 성인

자료 : Clarke-Stewart & Koch(1983), p. 146.

신생아의 생존에 필수적인 인간의 얼굴을 다른 물체보다 먼저 그리고 오래 응시한다는 것은 흥미로운 일이다. 또한 영아는 2~3개월만 되어도 복잡한 도형을 더 오래 주시하며 형태가 색깔이나 명도보다 아동의 주의력을 끄는 데 중요하다. 〈그림 4-15〉에서 보듯이 사람의 얼굴 모양을 가장 오래 주시하였고, 그 다음 신문 등 인쇄물과 같은 것, 여러 개의 원 모양, 빨간색, 하얀색, 노란색 원형의 순서대로 주시하는 시간이 달랐다.

지래리(Jirari)의 연구에서 사람의 모습 중 인간과 가장 비슷한 모양에서 시선을 주는 것이 밝혀졌다. 〈그림 4-16〉에서 보듯이 얼굴의 이목구비를 바로 둔 그림을 가장 오래 보았고, 이목구비가 없는 얼굴 모양을 가장 짧게 본 것이다.

영아의 특정 형태에 대한 주의집중의 연구 외에 최근에는 공간지각능력에 대한 연구가 이루어지고 있다. 공간지각은 시각적 절벽(visual cliff) 실험방법과 물체 크기의 항등성(size constancy)과 모양 항등성(shape constancy)을 인식하

그림 4-15 아이의 형태 선호도

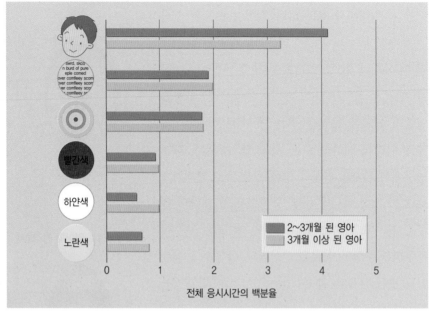

영아에 있어서 형태가 명암보다 중요하다는 것이 실험에서 설명된다.

자료 : Hughes & Noppe(1985), p. 179.

그림 4-16 신생아의 시각

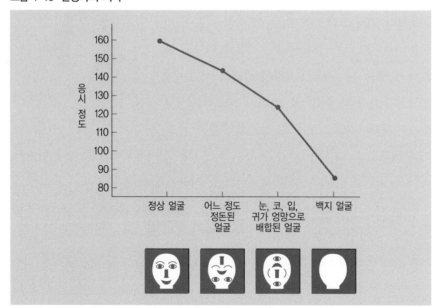

태어난 지 24시간이 된 신생아 36명은 인간 얼굴에 가장 많이 시각을 집중하였고, 그 다음 유사한 인간 얼굴에 시각을 집중하였다.

자료 : Clarke-Stewart & Koch(1983), p. 148.

그림 4-17 시각적 절벽

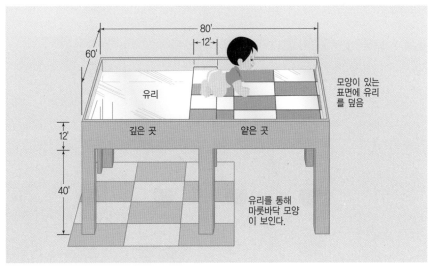

자료 : Dworetzky(1984), p. 153.

고 있느냐의 실험을 통해 측정될 수 있다. 워크(Walk)와 깁슨(Gibson, 1975)이 고안한 시각적 절벽(그림 4-17) 실험기구는 깊이 지각능력을 측정하기 위해 만들어졌다. 이 실험에서 6개월 된 아동은 한쪽으로 깊게 낭떠러지처럼 보인 곳에 가기를 주저하는 것이 관찰되어 그들이 깊이에 대한 지각능력이 있다고 보았다. 이 실험은 아동이 최소한 기어다닐 수 있어야 가능하므로 최근에는 물체의 확대실험을 통해 깊이에 대한 민감한 정도를 연구하였다. 스크린에 물체를 갑자기 확대시켜 투영하였을 때 심장 뛰는 속도가 빨라지고 숨쉬는 것에 변화를 보이는 방어반응을 나타내는 것으로 보아 2~3개월 된 유아도 시각적 지각이 발달되어 있다고 하겠다. 공간지각은 물체가 시야에서 어느만큼 떨어져 있느냐에 관계없이 그 크기를 인식하고 있느냐에 의해서도 연구되었다. 바우어(Bower, 1975)의 입방체 실험(그림 4-18)에서 2~3개월 된 영아는 물체 크기의 항등성을 획득하고 있다고 보고되었다.

모양 항등성은 눈의 망막 속에 비치는 모양과 관계없이 모양은 변하지 않는다고 인식하는 것이다. 〈그림 4-19〉와 같이 문이 닫혔을 때는 장방형으로 보이지만 열려 있을 때는 마름모로 눈의 망막에 비칠 것이다. 문이 열려 있을 때 문의 모양이 변화했다고 보지 않을 때 모양의 항등성을 획득한 것이다. 영아의

그림 4-18 크기 항등성 실험

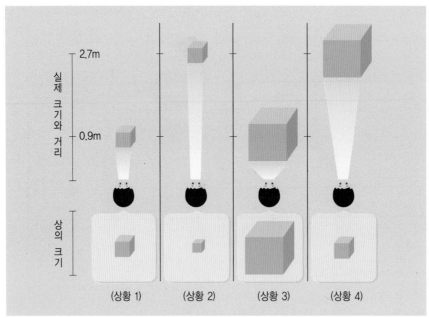

6주 된 유아의 크기 항등성 연구에 네 가지 실험 상황이 사용되었다. 그림은 영아의 망막에 맺힌 다른 거리에 있는 여러 크기의 상자를 보여 준다. 영아는 망막에 투영된 상의 크기보다 실제 크기에 근거하여 물체에 반응한다.

자료 : Zanden(1978), p. 237.

그림 4-19 모양 항등성 실험

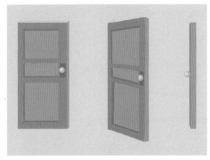

시각에 따라서 망막에 맺히는 상의 형태가 다름에도 불구하고 물체는 같은 형태로 남아 있다고 지각한다.

자료 : Dworetzky(1984), p. 150.

시각능력은 미숙하여 두 눈을 함께 움직여서 사물에 고정시키지 못할 때가 많다. 그래서 사시 현상이 일어난다.

(2) 청각

아동의 청각능력의 발달에 대해서는 시각능력보다 덜 연구되어 있다. 귀의 전체적인 구조는 출생 시부터 잘 발달되어 있으나, 바깥 귀와 외청도(auditory canal)는 청소년기까지 자란다. 출생 시 외청도에는 양수가 차기 때문에 그 기능이 완전하지 않은 것으로 보고되고 있다. 7~20일 정도 된 아기는 낯선 사람의 목소리보다 어머니의 목소리에 민감하게 반응하며, 2개월이 된 아기는 서로 다른 목소리에 달리 반응하고 같은 사람이 내는 다른 음조의 목소리도 구분이 가능한 것으로 알려졌다.

최근 영아의 청각 연구에는 언어지각(speech perception)이 한 영역으로 대두되고 있다. 인간의 소리와 다른 소리와의 구별, 각기 다른 사람의 말소리를 구별할 수 있는가의 연구가 언어지각 연구이다.

2) 인지능력

(1) 대상 영속성

감각운동기 영아가 획득하는 중요한 개념의 하나가 대상 영속성(object permanence)이다. 대상 영속성 개념은 자신과 주변세계에 대한 두 가지의 논리적 사고를 할 수 있어야 획득된다. 첫째, 자아는 주변세계와는 물리적으로 분리된 독립된 존재이며, 둘째, 주변의 물체는 시야에 있지 않다 하더라도 계속적으로 존재한다는 것이 그것이다. 감각운동기가 끝나는 2세 정도의 영아는 분명한 대상 영속성 개념을 지니고 있다. 대상 영속성 개념의 실험은 영아가 좋아할 만한 장난감이나 물체를 가지고 그들의 반응을 보아 연구되었다. 그리하여 피아제는 감각운동기의 6단계에 따라 다음과 같이 대상 영속성의 개념 획득 과정을 밝혔다.

- 1단계 : 대상 영속성 개념이 전혀 없다. 영아의 눈 앞에 불빛을 보이면 그것을 따라가기는 하나 곧 무시한다.
- 2단계 : 대상 영속성 개념이 어렴풋이 나타나는 듯하다. 1단계와 같은 실험에서 불빛이 사라지면 다시 켜지지 않을까 하는 기대에서 조금 기다리는 듯하다.
- 3단계 : 기초적 도식을 협응할 수 있는 능력으로 주변의 물체는 보이지 않아도 존재한다는 개념을 어렴풋이 얻게 된다(제2장 〈그림 2-8〉 참조).
- 4단계 : 시야에서 사라진 사물을 적극적으로 찾으려고 한다. 예를 들어, 커튼 뒤에 장난감을 숨겼을 때 처음에는 그 커튼을 치우려고 하다가 치우지 못하면 그것을 찬다는 등의 새로운 도식으로 대치하는 것을 볼 수 있었다.

- 5단계 : 아동이 보는 앞에서 빠른 속도로 장난감을 이리저리 옮겨 놓아도 그것을 찾을 수 있다.
- 6단계 : 장난감을 이리저리 옮기는 과정을 전부 보지 않더라도 찾을 수 있다. 이것은 아동이 사라진 물건을 마음속에서 여기에서 저기로 갔을 것이라고 상상할 수 있기 때문에 가능하다. 이와 같은 능력은 그들의 지적 발달이 태어나서 많은 발전을 했다는 것을 의미한다.

(2) 동작표상의 발달

피아제의 영향을 크게 받은 브루너의 이론은 발달이 단계를 거치면서 이루어진다는 것과 사고는 질적인 변화가 되면서 발달한다는 점에서 피아제의 개념과 유사하다. 그러나 부르너는 지적 기능에서 환경의 중요성을 강조한 것이 피아제와 다르다. 즉, 피아제가 인지발달에서 유기체의 성숙과 환경의 상호작용을 강조한 반면 브루너는 외부의 자극, 즉 교육 등의 중요성을 인정하였다. 그는 교육이 중요할 뿐 아니라 언어 또한 인지발달에 중요한 요인으로 보았다. 브루너는 인지발달을 개인이 외부 세계의 정보를 자신이 내부에 어떻게 표상시키느냐에 따라 동작표상(enactive represent-ation), 심상표상(iconic representation) 그리고 상징표상(symbolic representation)으로 나누었다. 동작표상은 아동이 사물을 인식할 때 사물의 속성에 의해서 인식하는 것이 아니라 사물이란 '무엇을 할 수 있는가' 하는 기능에 의해서 인식하는 것을 뜻한다. 예를 들어, 공은 갖고 노는 것이고, 자전거는 타는 것, 그리고 넥타이는 매는 것이라고 인지한다는 것이다. 이러한 동작적 행위를 통한 경험이 지식의 기초가 된다. 동작표상은 피아제의 감각운동기에 해당하는 사고특성이다.

유아기에는 이미지를 통한 심상표상을 하고, 초등학교 아동은 상징으로 사물을 표상하여 추상적이고 논리적인 사고 기능이 가능한 상징표상이 발달된다.

(3) 학습

인지란 주변 세계에 대한 지식의 습득, 저장, 사용을 포함하고 있다. 영아는 자신의 신체기능을 습득하고 언어를 배우며, 다른 사람과의 상호관계를 맺고,

외부 자극에 반응하는 법을 터득해 나간다. 이러한 능력은 학습을 통해서 얻어진다. 외부환경과 상호작용을 반복하면서 연습을 통해 기존의 능력이나 사고에 변화를 가져온다. 아동이 태어날 때 갖고 나온 잠재능력, 즉 반사운동, 지각능력 등은 학습의 기초가 된다.

이 외에도 기억의 능력이나 모방의 능력은 학습에 매우 중요하다. 영아에게 사람이 다가가면 즐거워하는데, 이것은 안아줄 것이라는 것을 기억하기 때문이다.

다른 사람의 행동이나 언어를 모방할 수 있는 능력은 세상을 적응해 나가는 기제가 된다. 영아의 많은 학습은 고전적 조건화, 조작적 조건화 또는 사회학습에 의해 이루어진다. 생후 5~7일이 된 영아에게 공기바람을 불어주면 눈을 깜박거리는 것은 자연스러운 반사이다. 이때 공기바람과 함께 소리를 들려 주면 이 소리는 조건화된 자극이 된다. 나중에는 소리만 들려 주어도 눈을 깜박거리는 조건화가 되는 것이 밝혀졌다.

조작적 행위는 우연히 일어났던 일에 대한 결과에 의해 비롯된다. 신생아에게서도 조작적 조건화가 이루어지는 것이 밝혀졌다. 음악 소리로 젖 빠는 행동을 강화시켰더니 음악을 들려주었을 때는 우유가 없는 빈 젖병을 계속 빨고 있다가 음악을 꺼버렸을 때는 빠는 것을 멈추었다(Kaluger & Kaluger, 1984). 3~4개월 된 영아는 우연히 자기가 누워 있는 침대의 한 구석을 발로 찰 수 있다. 이때 침대에 매달아 둔 모빌이 움직이는 것을 보고 재미있어 할 것이다. 자기가 침대를 발로 차면 모빌이 움직인다는 것을 알게 되면 나중에는 의도적으로 침대를 차게 된다. 즉, 조작적 조건화를 통해 학습이 이루어진 것이다.

영아기 때는 어머니가 계속적으로 반복해서 젖을 먹여 주고, 목욕시켜 주고 기저귀를 갈아 준다. 이러한 행위는 영아에게는 외부의 자극이다. 계속되는 자극은 영아에게 주의를 끌지 못하고 습관화가 이루어진다. 습관화는 학습의 한 형태이며, 습관화는 기억이라는 기제에 의한 환경에 대한 적응의 반응으로 볼 수 있다. 사건뿐만 아니라 소리, 모양 등도 습관화가 된다.

(4) 인지발달

1~2세 영아의 수개념으로 수표현 능력을 손가락으로 1과 2를 셀 수 있는지, 손가락으로 1에서 3까지 셀 수 있는지, 실제 대응능력이 있는지 조사한 결과 수표현 능력이 있는 1~2세 영아는 66.5%였고, 아직 수표현 능력이 없는 영아는 33.5%였다.

남녀 차이를 보면, 여아가 남아보다 수표현 능력이 높은 것으로 나타났으며, 수표현 능력은 1~2세 사이에 급격히 발달되는 것을 보여 주었다.

1~2세 영아의 수개념 중 나이를 표현하는 능력에 대한 결과 1~2세 영아의 31.0%는 아직 자신의 나이를 표현할 줄 모르는 반면, 20.5%는 정확하게 표현하는 것으로 나타났다. 나머지는 자신의 나이를 표현하려는 시도는 하지만 불완전하게 표현하는 것으로 나타났다(그림 4-20). 자신의 나이를 표현하는 데 있어서도 1~2세 사이에 급격히 발달하는 것으로 나타났다(한국아동학회, 2009).

그림 4-20 1~2세 영아의 인지발달(나이 표현)

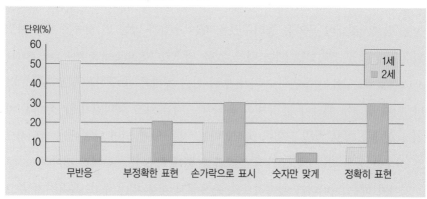

3) 감각운동의 지능과 부모의 역할

부모나 양육자가 아기의 지능발달을 돕기 위해서는 아기의 발달단계를 먼저 이해해야 한다. 앞에서 영아기의 감각운동 지능발달을 단계별로 언급하였으므로 여기에서는 그들의 지능발달을 위한 부모의 역할에 대해 언급하고자 한다. 부모나 양육자는 아기의 관심과 호기심을 충족시켜 줄 수 있어야 한다. 그들이 나타내는 흥미를 몸짓이나 언어로 격려함으로써 그들의 행동에서 즐거움을 얻도록 한다. 사물과 사선 그리고 사람에게 보이는 그들의 흥미에 부모는 반응하고 상호작용하는 기회를 자주 갖는다. 자녀의 발달단계별로 할 수 있는 부모의 역할을 보면 〈표 4-6〉과 같다.

표 4-6 발단계에 따른 영아의 행동과 부모 역할

발달단계	영아의 행동	부모의 역할
반사활동기(0~1개월)	• 생득적 반사활동	• 자녀의 감각에 반응하고 자극(미각·청각·시각·후각·피부접촉의 촉진)
1차 순환반응기(1~4개월)	• 우연히 일어났던 활동을 반복 • 물체를 조작	• 딸랑이, 모빌 등을 제공 • 여러 가지 모양·질감·색깔의 장난감 제공
2차 반응의 협응기(8~12개월)	• 물체의 영속성 개념 • 모방의 시작	• 영아가 보는 앞에서 장난감 숨기기 • 인형, 공, 여러 크기의 상자 제공 • 모방을 격려
3차 순환반응기(12~18개월)	• 물체의 실험 시도 • 물체를 따라 눈길을 줌	• 물놀이, 모래놀이 장려 • 조작할 수 있는 놀잇감 제공(열고, 닫고, 뒤집는 등)
사고의 시작(18~24개월)	• 지연된 모방행동 • 시행착오	• 물체의 속성을 이해하는 활동을 같이 함(예 : 공을 마루에 던져 보고, 요에 던져 보게 하는 등) • 의사놀이, 군인놀이, 소꿉놀이용 제공

(1) 반사활동기

생후 1개월이 되는 신생아는 끊임없이 자고, 먹고, 배설하는 단순한 생명체로만 볼 수 있으나 실제는 그렇지 않다. 이들은 인간의 얼굴 모습을 좋아하고 인간의 목소리에 반응하므로 전혀 무기력한 존재는 아니다. 신생아의 모든 감각은 그 기능을 다하고 있으므로 부모는 주의해서 그들의 욕구를 충족시켜 주어야 한다.

그들은 다른 소리보다 인간의 목소리를 듣기 좋아하므로 이해하지 못하더라도 대화하듯이 말을 하면 좋다. 그러므로 자장가를 들려준다는 것은 그들에게 청각의 자극이 된다.

(2) 1차 순환반응기

이 시기는 우연히 일어났던 어떤 행위를 의도적으로 반복하게 된다. 그러므로 손에 딸랑이 등의 장난감을 쥐어 주어 흔들게 하면 흥미를 느낀다. 만약 아기 침대가 있다면 침대에 움직이는 장난감을 부착하여 아기가 침대를 발로 차면 장난감이 움직이는 것을 보게 한다.

아직 이 시기의 아기는 물체의 영속성 개념을 지니지 못하였으므로 사람이 자기의 눈에서 보이지 않으면 존재하지 않는다고 여긴다. 그러므로 깨어 있는 동안에는 사람이 옆에서 놀아 주는 것이 좋다.

(3) 2차 순환반응기

이 시기에는 장난감을 갖고 다양한 방법으로 놀 뿐 아니라 탐색도 한다. 그러므로 모양과 감촉이 다른 여러 종류의 장난감을 주어서 흔들고 던지는 등의 하고 싶은 것을 해보도록 한다.

(4) 2차 반응의 협응기

아동이 기어다닐 수 있게 되므로 움직이는 놀이가 좋다. 특히 공은 이 시기의 아동에게 좋은 장난감으로 공을 던져서 가져 오게 하면 즐거운 놀이가 된다. 이 시기가 시작될 무렵에는 물체의 영속성 개념을 얻게 되므로 보는 앞에서 장난감을 숨기고 나서 찾도록 하는 놀이를 한다. 또한 모방을 시작하므로 성인이 손으로 "빠이빠이" 하면서 흔들면 따라하는 것을 즐거워한다.

(5) 3차 순환반응기

이 시기의 아동은 걸어다니면서 손에 닿는 것은 무엇이든지 만지고자 한다. 신발장, 찬장, 책장 등의 문을 열고 그 속에 들어 있는 물체를 발견하고 즐거워한다. 아동은 시행착오를 통해 사물을 관찰하므로 부모는 아동들의 호기심을 충족시킬 수 있고, 그들이 마음대로 조작할 수 있도록 만들어져 있는 장난감을 사주면 좋다. 모래놀이, 물놀이는 이 시기 아동들이 즐기는 놀이다.

(6) 사고의 시작

머릿속의 사고를 통해 문제해결을 하는 시기이다. 즉, 장난감을 두었던 곳을 기억해서 필요할 때 찾아낼 수도 있고, 손에 닿지 않는 곳에 있는 물건은 의자를 이용하여 꺼낼 만큼 사고가 발달되었다. 부모의 일상생활이 그들의 사고과정을 도와준다. 언어는 사고의 발달을 촉진시켜 주므로 빈번한 대화로써 그들을 자극해 준다. 또한 모방행동을 하므로 소꿉놀이, 의사놀이, 군인놀이 등을 하는 장난감이 좋다.

4) 영아검사

영아의 지적 능력을 측정할 수 있는 검사가 있다. 가장 대표적인 것이 베일리(Bayley)의 정신척도(mental scale)와 운동척도(motor scale)이다. 베일리의 정신척도는 주변환경에 대한 아동의 적응능력을 측정하는 것이다. 물건을 잡고 조작하거나 딸랑이를 흔드는 등의 시각적 자극과 청각적 자극에 대한 주의집중 능력을 본다. 또한 모방을 하거나 지시대로 할 수 있는가의 사회적·인지적 능력도 보고, 대상 영속성 개념과 기억력도 측정한다. 그리고 간단한 물체의 이름을 알고 있는가의 언어적 능력도 문항에 들어 있다. 베일리 운동척도는 아동의 운동능력을 측정하는 것으로, 목을 가눌 수 있는가, 걷고 서는 능력, 계단을 오르내리는 능력 등을 측정한다. 작은 물체를 잡을 수 있는가 또는 공을 던질 수 있는가를 본다.

베일리에 따르면 6개월 된 영아는 다음과 같은 것을 할 수 있다.

- 종이의 한 모서리를 잡아보라는 데로 잡을 수 있다.
- 손바닥의 물건을 보는 앞에서 떨어뜨리면 머리를 숙여 쳐다본다.
- 앞에 놓아 둔 물건을 잡으려고 애쓴다.

12개월 된 영아는 6개월 된 영아보다 한층 더 발전된 모습을 보인다.

- 무엇을 입에 넣으려고 할 때 "안돼"라고 하면 하지 않는 등의 지시 상황을 따를 수 있다.
- "엄마", "빵빵" 등의 말을 따라 할 수 있다.
- 물컵에 숟가락을 넣고 흔들어 소리를 내며 따라 한다.
- 간단한 명령을 이해한다. 예를 들어, "이거 먹어"라고 하면 그대로 이행한다.

영아기의 아동연구에 개척자라고 볼 수 있는 게젤(Gesell)은 성장과정을 측정할 수 있는 행동발달척도(developmental schedule)를 개발하였다. 게젤의 행동발달척도는 동작행위(motor behavior), 언어행위(language behavior), 적응행위(adaptive behavior), 사회적 행위(personal social behavior)로 나누어져 있다. 이 검사는 지능검사는 아니지만 스탠포드−비네(stanford−binet) 지능검사와 상관관계가 높은 것으로 밝혀졌다.

덴버 발달 선별 검사(Denver Developmental Screening Test)도 게젤 검사와 같이 지능검사는 아니다. 이것은 정상적인 발달을 하지 않는 1개월에서 6세까지의 아동을 선별해 내기 위해서 게젤과 비슷한 네 영역으로 나누어져 있다. 같은 연령의 90% 이상이 할 수 있는 영역을 못하는 아동이 있다면 발달지연이라 간주한다.

| 6 |
의사소통

언어의 사용은 인간만이 가능한 것으로 지적 활동의 중요한 매체일 뿐 아니라 언어를 통한 의사소통은 다른 사람과의 관계를 맺는 사회생활의 기본이 된다. 언어는 자신의 생각을 표현하거나 주위환경을 이해하는 데 필수적이므로 아동의 사회성 발달이나 인지발달과 밀접한 관계가 있다고 하겠다.

영아기 초기의 의사소통은 언어를 사용하지 않고 시작하나, 영아기가 끝나는 2세쯤이면 언어능력의 발달이 급격하여 150~200개 정도의 어휘를 갖게 된다.

1) 언어의 발달

세계 모든 영아는 6개월에 옹알이을 하고 1세경에 첫 단어를 말하며 2세 말이 되면 단어들을 조합하고 4~5세가 되면 많은 어휘를 습득하여 의사소통을 원만히 한다.

(1) 비언어적 의사소통

언어를 습득하고 사용하기 전에도 아기는 그들의 울음, 얼굴표정, 몸짓 등으로 어머니와 의사소통을 하고 있다. 신생아가 소리자극을 인식할 수 있다는 것은 언어를 습득할 수 있는 기초가 된다. 태어난 지 하루밖에 안 된 아기가 소리의 자극에 젖꼭지를 빠는 것을 멈춘다는 것은 그들이 장차 인간의 언어를 습득할 수 있는 능력을 지니고 이 세상에 태어났다는 사실을 말해 준다. 어머니가 하는 말의 뜻을 이해하기 훨씬 전에 그들은 어머니 말의 강도와 음조로써 얼르는 말인지 화가 나서 하는 말인지를 구별할 수 있다. 즉, 화가 나서 하는 말에는 하던 행동을 멈추고, 얼르는 말에는 새로운 행동을 보여 줌으로써 어머니를 즐겁게 한다.

아기가 처음 내는 소리는 울음이다. 울음은 가장 강력한 의사전달 방법이다. 왜 우는지 구분이 되지 않는 울음에서 울음의 이유를 알 수 있는 것으로 바뀐다. 즉, 배가 고파 우는 소리는 몸이 아파서 우는 것과 다르고, 기저귀가 젖어 불편해서 우는 것과도 그 울음소리의 강도나 음조가 다르다. 생후 1주가 된 아기가 내는 울음에서 배고파서 우는 울음, 고통의 울음, 분노의 울음의 세 종류가 있는 것으로 나타났다.

2개월 정도가 되면 젖을 먹고 난 뒤나, 장난감을 쳐다볼 때와 같이 즐거운 경우 소리를 낸다. 이것은 목을 울려 낮게 내는 소리로서 쿠잉(cooing)이라고 한다. 3개월이 되면 아기들의 울음과 쿠잉은 빈번한 의사소통의 방법이 된다. 아기들의 소리에 어른의 반응이 없으면 점차 의사소통의 기능을 잃게 되어 그 빈도가 줄어든다. 고아원과 같은 곳에 있는 아기가 잘 울지 않는 것은 이와 같은 이유에서이다.

4~5개월이 되면 옹알이(babbling)를 시작한다. '바바바바'와 같이 자음과 모음을 합쳐서 내는 옹알이는 일종의 신체의 성숙으로 인해 나타나는 현상이다. 목, 혀, 입술을 움직여서 내는 옹알이는 근육활동의 결과이다. 그러므로 청각장애로 듣지 못하는 벙어리 아기도 옹알이를 한다. 벙어리인 아기가 옹알이를 하다가도 그들이 내는 소리에 피드백(feedback)을 받지 못하면 얼마 지나지 않아 옹알이를 하지 않게 된다. 반면 옹알이를 할 때 어머니나 주위 사람들로부터 격려를 받으면서 자라난 정상적인 아기는 점차 그 소리가 다양해진다.

아동이 성숙해짐에 따라 그들이 내는 소리는 다양해져서 어느 나라 말이든지 할 수 있는 잠재능력이 있으나, 주위로부터 모국어만 격려받게 되므로 결국은 점차 모국어에 없는 소리는 내지 않고 모국어만 할 수 있게 된다. 이렇게 인간의 소리를 거의 모두 낼 수 있게 발전하는 것을 음소의 확장(phonetic expansion)이라 하여 생후 6~12개월까지로 본다. 그러다가 그 문화권에만 사용하는 모국어의 음소만 발음하는데 이것이 음소의 축소(phonetic contraction)이다.

(2) 한 단어의 말

생후 11개월이 되면 의미 있는 첫 말을 하다가 돌이 지나면서부터 보편적으로 2~3개 정도의 단어를 말할 수 있다. 한 단어로 된 말은 대체적으로 사물과 사건을 지칭하거나 또는 기분을 표현하거나 요구 등을 나타내는 것으로 자음 하나와 모음 하나가 합쳐진 말의 반복이 대부분이다. 이 말은 경우에 따라 다른 여러 의미를 포함하고 있는 것이다. '찌찌'는 때에 따라서 '젖이 여기 있다'도 의미할 수 있고 '젖이 먹고 싶다'의 표현도 된다. 이렇게 한 단어가 문장을 의미하는 것을 1어문(一語文, holo-phrase)이라 한다.

생후 1년에서 1년 반까지 획득하는 어휘는 그리 많지 않아 15개월이 되면 평균 10개의 낱말을 말하고, 20개월이 되면 50개의 낱말을 표현한다. 그러나 1년 반에서 2년까지 습득하는 어휘의 수는 급격히 증가하여 2세쯤이면 190개 정도의 낱말을 사용하여 말한다.

0~2세 영아를 둔 우리나라 어머니 1,138명을 대상으로 자녀가 사용한 첫

단어가 무엇인지를 조사한 결과 '엄마'가 71.6%로 가장 많았고, 다음은 '아빠'(12.6%), '맘마'(10.7%)의 순으로 보고되었다.

성별 차이가 크지는 않지만 여아가 남아보다 첫 단어로 '엄마'와 '맘마'를 사용한 비율이 높았고, 반대로 남아(14.5%)가 여아(10.5%)보다 '아빠'를 첫 단어로 사용한 비율이 높았다.

뿐만 아니라 여아가 남아보다 첫 단어를 사용하는 시기가 빠른 것으로 나타났다. 예를 들어, 출생한 지 10개월 정도가 되었을 때 여아의 81.0%가 이미 첫 단어를 사용한 데 비해 남아는 71.6%로 9.4%의 차이를 보였다. 또한 남아의 10.8%는 12개월(1년)이 지나도 아직 첫 단어를 사용하지 않은 데 비해 12개월까지 첫 단어를 사용하지 않은 여아는 5.7%에 불과했다(한국아동학회, 2009).

(3) 첫 문장의 시작

생후 20개월 내지 두 돌 즈음의 아동은 두 단어를 결합시켜 자기의 의사를 표현하기 시작한다. 두 단어 시기를 언어학적으로 2어문(二語文, duos)이라 한다. 보편적으로 아동이 50개 정도의 단어를 말할 수 있을 때 두 단어를 결합시킨다고 한다.

이들의 언어는 전치사나 동사의 어미를 빼고 중요한 단어만 나열하므로 전보 같다고 하여 전보식 언어(telegraphic speech)라고 표현한다. 결국 전보식 언어는 그들이 표현하는 것보다 언어의 이해가 훨씬 많다는 것을 알 수 있다.

전보식 언어에는 세 종류가 있다(조명한, 1985). 먼저 행위 중심의 의미 관계로 "엄마 빵", "빵 줘"와 같은 표현이다. 두 번째는 상태를 표현하는 것으로 "사탕 여기", "이모 이뻐" 등이 그 예이다. 마지막으로 소유관계를 나타내는 "엄마 신", "아빠 옷" 등의 표현이 여기에 속한다. 브라운(Brown, 1978)은 아동이 한 문자에 사용하는 평균 단어의 수(MLU : Mean Length of Utterance)로 언어발달 단계를 다섯 단계로 나누었다. 첫 단계는 1단어에서 2단어를 사용하고, 두 번째는 2.5단어, 세 번째는 3.0단어, 네 번째는 3.5단어, 다섯 번째는 4.0단어이다. 첫 단계의 아동은 대체적으로 한 단어로 의사표현을 하나, 두 단어를 사용하는 것도 종종 볼 수 있다. 두 번째 단계에서는 사용하는 평균 단어의 수도

증가할 뿐 아니라 전치사와 복수 그리고 동사의 과거도 사용한다. 언어발달을
월령별로 보면 〈그림 4-21〉과 같다.

그림 4-21 언어발달

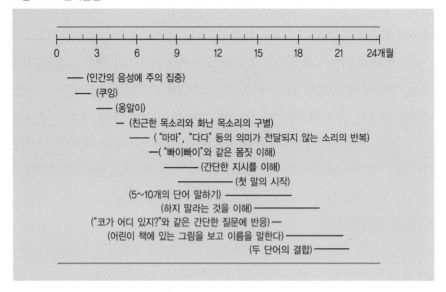

2) 언어발달의 요인

아동이 언어를 이해해 가고 습득해 나가는 데는 여러 가지 요인이 있다. 먼저
생물학적으로 발성기관이나 청각기관이 성숙해야 언어의 사용이 가능하다.

　두 번째 지적 요인으로 아동이 사물과 사건에 대한 이해가 선행되어야 언어
를 배우게 된다. 마지막으로 환경적 요인으로 아동이 살고 있는 가족환경과 문
화환경을 들 수 있는데, 양육을 주로 맡고 있는 어머니의 언어 모델이나 텔레비
전과 같은 언어 자극물은 아동의 언어발달에 영향을 미치는 변수가 된다. 야생
아의 예가 언어발달에서 환경적 요인이 얼마나 중요한가를 증명해 준다. 18세
기 인도의 늑대굴에서 발견된 야생소녀 카말라(Kamala)는 그의 부모가 버렸으
리라 여긴 아이다. 그 아이가 잡혀 왔을 때는 8세 정도 되었는데, 늑대처럼 네
발로 비호 같이 빨리 뛰었고, 밤에는 눈을 반짝이면서 늑대소리를 내었다. 뿐
만 아니라 날고기를 송곳니로 뜯어 먹었고, 고기냄새는 멀리서도 맡았다. 학자

들은 이 소녀에게 말을 가르치고자 하였으나 8년 동안에 거우 50개의 단어밖에 배우지 못하고 죽었다.

20세기에도 야생소녀 카말라와 비슷한 사건이 미국에서 발생했다. 지니(Genie)라는 13세 여아가 1970년 캘리포니아에서 발견되었는데, 그녀는 생후 20개월부터 작은 방에 격리되어 자라왔다. 많은 학자들이 이 소녀에게 관심을 보였는데, 그중 언어학자인 커티스(Curtiss)는 7년 동안 그녀를 대상으로 연구하였다. 언어 훈련을 받은 후 6~7개월이 지나서 두 단어를 합쳐서 말을 하였지만 그 후의 언어발달이 급속히 일어나지 않았다. 정상적인 아동은 두 단어를 합쳐서 말을 시작한 후 폭발적인 언어의 사용이 일어나는데 소녀는 그렇지 않았다. 그녀는 질문하는 말을 배우지 못하고 문법을 이해하지 못하는 것으로 보아 언어발달의 결정적인 시기가 있다는 것이 밝혀진 셈이다.

아동이 언어를 이해해 가고 습득해나가는 데는 여러 가지 요인이 있지만 언어환경에 따라 다른 언어를 구사하게 되는 것은 명백하다. 세상에는 많은 언어가 존재하나, 아동은 누구나 그들의 모국어를 습득한다.

부모의 사회·경제적 수준과 지지와 관여가 아동의 언어발달에 영향을 주는 것으로 보고 있다(Santrock, 2016). 사회·경제적 수준이 높은 부모는 정교한 언어(elaboratedcode)로 자녀와 상호 교류하나, 사회·경제적 수준이 낮은 부모는 제한된 언어(restricted code)로 의사소통하기 때문이다. 정교한 언어는 표현이 분명하고 다양하며 상황이나 주제·인물에 대해 구체적으로 나타난다. 제한적 언어는 모든 개념에서 정확성이 결여되고 문장의 형태도 짧고 단순하며 동기와 목적이 불명확한 특징을 갖고 있다.

우리나라 1~2세 영아의 21.0%가 말을 더듬는 현상을 보이고 있으며 남아가 여아보다 그 비율이 높은 것으로 나타났다(한국아동학회, 2009). 어머니가 자녀의 연령에 따른 언어발달 정도를 명확하게 파악하게 되면 언어발달을 촉진시킬 수 있다. 어머니와 같은 주변 어른의 언어모델이 아동의 언어발달에 영향을 준다는 것은 명백한 사실이다.

사회성 및 정서의 발달

아동은 성장해 가면서 감정을 표현하며 다른 사람과의 관계를 맺어 나간다. 사회성 발달은 타인과의 관계로써 이루어지는데, 대인관계에서는 개인의 감정이 개입되므로 여기서는 정서발달과 사회성 발달을 묶어 설명하고자 한다.

1) 자아의 인식

신생아기를 벗어나면서 아기들은 서서히 주위환경에 눈을 돌리게 된다. 주위를 살핀다는 것은 자신과 그 주변환경의 차이를 어느 정도는 인식한다는 것을 의미한다. 다른 사람의 존재를 깨닫게 되면서 자신의 존재를 인식하게 되고, 자신의 존재 인식은 다른 사람에 대해 알게 한다. 생후 1년쯤 되면 자신과 타인에 대한 기초개념을 획득하게 된다. '내가', '내것' 혹은 '○○○'와 같이 자신의 이름을 말하게 되는 2세 전후이면 자아의 인식은 제법 뚜렷해진다고 보겠다.

심리학자들은 거울을 통한 아동의 반응을 보고 아동의 자아 인식도를 측정하였다. 즉, 아동의 코에 빨간 루즈를 바르고 거울 앞에 세워 그들의 반응을 관찰하는 것이다. 만약 거울 속 자신의 얼굴을 보고 자신의 코를 직접 만진다면 거울에 비친 상이 자신이라는 것을 인식한다는 것을 의미한다. 대부분 2세가 된 유아는 이 인식을 한다. 2세 전후가 되면 다른 아이의 사진보다 자신의 사진을 더욱 유심히 본다(Kail, 2012).

(1) 독립심의 발달

아동은 자신이 주변 환경의 일부라는 것을 인식하게 되면서 또한 분리되어 있다는 것을 감지한다. 말러(Mahler, 1979)는 이러한 인식과정을 분리-개체화(seperation-individuation)라는 용어로 묘사하였다. 자신이 어머니로부터 분리되어 있고 개별적인 특성을 지닌 존재라는 인식은 생후 3년에 걸쳐 발달되는데, 만 3세가 되면 아동은 독립적이며 자율적인 자아를 인식하는 것이다.

(2) 신뢰감의 형성

개인이 사회의 일원으로 성장해 나가기 위해서는 먼저 신뢰감을 가져야 한다. 에릭슨에 의하면 생후 첫해에 얻어질 수 있는 신뢰감은 평생을 통해 자신이나 타인, 기타 여러 가지 일에 대한 신뢰감의 기초가 된다. 아기가 배고플 때 먹여 주고, 기저귀가 젖었을 때 갈아주고, 불안할 때 안아주면 신뢰감은 발달된다. 이러한 신뢰감의 형성은 어머니가 보이지 않더라도 불안해하지 않게 되고 곧 올 것이라는 것을 학습하는 원동력이 된다. 내가 필요로 하면 어머니는 언제든지 온다는 믿음이 있어야 아기는 손가락으로 무엇인가를 만져보고 입에 갖다 넣으면서 자신과 외부 물체의 관계를 파악하게 된다. 장난감을 던져 봄으로써 자신의 능력을 시험해 보고 주변세계의 변화를 관찰할 수 있다. 인간에 대한 신뢰감이 얻어져야만 외부세계를 탐색할 수 있는 기회가 주어지며 외부세계의 인식은 결국 자신의 존재를 파악하는 길인 것이다.

(3) 자율감의 획득

돌이 지나면서 신체적 성숙에 따라 걷게 된다. 걷게 되면서부터 아동은 스스로 주위를 탐색할 수 있게 되고 장난감과 같은 물체를 마음대로 조작할 수 있는 기쁨을 맛볼 수 있게 된다. 지금까지 수동적으로 얻어 왔던 기쁨을 스스로의 의지로서 찾는다는 것은 커다란 발전이다. 자신의 의지에 의한 행동이 주위로부터 격려받게 되면 자율성을 얻게 되는 것이다. 그러나 항상 아동의 뜻대로 할 수 있는 것은 아니다. 바람직한 행동이 아닌 경우에는 어머니나 돌보는 사람으로부터 통제를 받는다. 이런 외부로부터의 행동의 통제는 아동으로 하여금 좌절감과 분노를 야기시킨다. 사회에서 부적합하다고 여겨지는 행동을 통제받게 될 때 아동이 나타내는 반응에는 개인차가 있다. 이것을 기질로 본다. 개인의 기질은 생후 1년이 지나면 뚜렷하게 나타나 '싫어'라는 표현방법이 기질에 따라 다르다. 자신의 의사표현은 자율감이 싹트고 있다는 증거이다.

2) 정서의 분화

출생 시의 정서는 흥분상태였다가 2~3개월 정도가 되면 쾌·불쾌의 두 감정으로 나누어진다. 그 후 5~6개월이 되면 불쾌의 감정은 분노·혐오·공포의 감정으로 나누어지나, 쾌의 감정은 1년이 지날 때까지 하나로서 지속된다. 이렇게 불쾌의 감정이 빨리 분화되는 것은 인간의 생존에 이 정서가 더 필수적이라는 것을 의미한다. 네 가지 기본 정서의 기능은 〈표 4-7〉과 같다.

만 2세가 될 때 쯤이면 11종류의 정서가 나타나는데, 이것은 성인에게서 볼 수 있는 대부분의 정서라 할 수 있다. 다만, 그들 정서의 표현방식이 다르고 작은 일에 예민하게 나타나지 않을 뿐이다.

표 4-7 네 가지 기본 정서의 기능

기본 정서	기능	기능의 묘사
공포	방어	위험의 근원이나 대상으로부터 달아나거나 멀리하는 것으로 위험이나 해로움을 피하기 위한 행동이다.
분노	파괴	중요한 욕구의 만족에 장애가 될 때 보이고, 물고, 때리는 행위 또는 저주나 협박과 같은 다양한 행동이 포함된다.
기쁨	협력	외부로부터 이로운 자극을 수용하는 행위이다. 식사, 몸치장 등의 물리적 행위뿐만 아니라 이성교제, 사회단체 가입의 정신적 행위도 포함된다.
혐오	거부	해로운 것을 방출하는 행동이다. 구토와 같은 생리적 행동과 본질적으로 다른 사람이나 그들의 생각에 대한 모든 거부감과 연관되는 모욕, 적의 등의 감정, 빈정거리는 행위가 있을 수 있다.

(1) 기쁨

생후 얼마 되지 않은 아동은 배냇 미소(endogenous smile)라 하여 전혀 외부세계와 관계없이도 미소를 짓는다. 이 배냇 미소는 절대로 아동이 깨어 있는 상태에서 짓지 않고 약간 졸린 상태에 있을 때 짓는다. 배냇 미소는 깨어 있는 상태가 끝날 즈음에 나타나는 신경생리학적인 것으로 기쁨을 의미하는 것은 아니다. 외부의 시각적 자극, 즉 어머니 모습이나 장난감을 보고 짓는 미소(exogenous smile)는 생후 3개월이 되어서야 나타난다. 이때 짓는 미소는 어머니로 하여금 미소를 짓게 하고, 도구적 조건화를 이룰 뿐만 아니라 의사전달

그림 4-22 기본적·사회적 정서의 출현

	긍정적 정서	부정적 정서	
출생	흥미, 기쁨	역겨움	기본 정서
3~7개월	놀람, 기쁨	슬픔 분노 두려움	
자아인식의 발달			
15~24개월		당황 질투	사회 정서
규칙과 책임감의 인식 발달			
30~60개월	자부감	죄의식 부끄러움	

자료 : Bergin & Bergin(2014).

역할도 한다. 그러므로 사회적 미소(social smile)라고도 한다. 만 4개월 정도 되면 아동은 웃기 시작한다.

미소를 지을 수 있은 후 한참 뒤 웃음의 표현이 나타난다. 미소는 발달장애의 지표가 되기도 하는데 미숙아로 태어난 영아, 자폐증상이 있는 영아는 이 정서적 표현이 매우 늦다(Messinger, 2018).

(2) 공포, 불안

공포의 표정을 구별하는 것은 생후 6개월이 되면 가능하며 약 18개월경에 절정의 수준이 된다(Santrock, 2016). 공포의 감정을 유발하는 자극물은 영아기에는 비교적 적다. 왜냐하면 그들은 대체적으로 부모들로부터 보호를 받고 있어 공포를 야기하는 위험물이 주변에 없기 때문이다. 불, 뜨거운 물, 칼, 높은 곳이 위험하다는 것을 가르쳐 주면 일종의 공포감을 느낀다.

그러나 울 때 "경찰 아저씨 온다" 등의 훈련은 지나친 공포증을 갖게 할 수 있으므로 과장은 삼가는 것이 좋다. 애착관계가 형성된 사람과의 격리와 낯선 사람과의 만남은 불안과 공포의 감정을 유발한다. 불안의 감정은 낯가림과 관련이 있다. 어머니와의 격리 불안은 주된 불안의 원인이다. 불안의 반응으로는 울음을 터뜨리고 안절부절 못하며 숨을 쉬는 것을 일시적으로 참기도 한다. 또는 얼굴을 가리거나 어머니 뒤에 숨기도 한다.

(3) 분노

분노의 감정은 하고 싶은 것을 제재받는 욕구의 좌절 때문에 일어난다. 생후 1~2년 사이가 가장 최고조에 있다가 나이가 들수록 줄어드는데, 신체적 요건에 따라 분노의 감정이 달라진다. 아동은 식사 전과 아플 때 분노의 감정이 크다. 심리적 상황도 영향이 있었는데 대소변 가리기 중에는 자주 분노를 나타낸다. 재미있는 것은 가정에 여러 어른이 있으면 분노가 빈번이 나타났는데, 그것은 어른마다 요구하는 것이 다르기 때문인 것으로 추측된다.

누구나 표출될 수 있는 분노의 감정을 사랑과 수용으로 대응하지 않고 학대한다면 공격성을 갖게 된다.

3) 다른 사람과의 관계

인간은 누구나 사회 속에 그 일원으로 존재하게 된다. 태어나서는 가족의 한 사람으로, 나중에는 사회의 한 구성원으로 성장하기까지 많은 인간관계를 맺게 된다. 다른 사람과의 관계는 사회화의 기본이 되며 한 사회가 가지고 있는 가치관이나 규범은 인간관계를 통해서 얻어진다.

(1) 초기 경험의 중요성

여러 학자들은 인간발달에서 초기의 경험이 나중에까지 많은 영향을 미친다고 보았다. 그 이유를 인간의 발달이 지속적이고 누적적이기 때문으로 보았다. 이러한 주장은 많은 발달심리학자들에 의해 받아들여져서 다른 각도에서 증명되고 있다. 인간을 대상으로는 실험이 어려우므로 동물에서의 연구결과를 인간에게 적용하여 해석하는 방법이 그 예이다. 그 대표적인 것이 로렌츠(Lorenz)가 발표한 거위의 각인 현상(imprinting)이다(제2장 〈그림 2-17〉 참조).

로렌츠는 새끼 거위가 부화되었을 때 어미 거위 대신 키웠더니 새끼 거위가 로렌츠를 어미 거위처럼 졸졸 따라다닌다는 것을 발표하였다. 거위와 같은 조류의 새끼들은 어미를 따라 다니는 습성이 있는데, 특정 시기에 어떤 대상에 노출된다면 그 대상을 어미 대신 따라다니는 것이다. 이 특정 시기를 지나서는 어떤 대상에도 이와 같은 각인 현상을 보이지 않는다. 그러므로 특수한 현상을 습득하는 민감한 시기가 있다고 볼 수 있다. 이와 같이 생후 일정 기간 내에서만 외부의 자극이 작용하는 시기를 결정적 시기(critical period)라 일컫는다. 결정적 시기에 얻어진 행동이 한평생 지속되어 가역성이 없다는 것은 초기 경험의 중요성을 입증하는 것이다.

인간에게도 결정적 시기가 있다고 많은 학자들이 언급하고 있다. 그러나 명확한 시기에 대해서는 의견이 분분하다. 아동이 태어나자마자 갖게 되는 사회적 관계는 어머니이므로 가장 민감한 시기의 어머니와의 관계가 영속적인 영향을 미치리라는 것을 동물의 결정적 시기의 실험에서 추리할 수 있다. 아동이 생후 처음으로 얻게 되는 어머니와의 애착행동은 어머니를 신뢰하게 되고 이 신뢰감은 다른 사람에게도 확산되며 나아가서는 사회에 대한 신뢰감으로 발전한다. 신뢰감 획득의 결정적 시기에 어머니와 애착관계를 갖지 못한다면 결국은 사회 전체를 불신하게 된다. 이 불신감은 교정이 불가능한 불가역성의 성격을 띠고 있을 수 있다. 불가역성 원리가 인간과 같은 고등동물에게도 똑같이 적용된다고 단정할 수는 없으나, 인간발달에서 일정 시기에 발달되어야 할 과업이 있다는 것은 많은 학자들이 동의하고 있다. 생후 1년 이내에 기본적 신뢰감이 형성되어야 함은 이 시기의 발달과업으로 본다. 뿐만 아니라 4세 이전에 인간의 지적 발달의 50%가 이루어지기 때문에 이 시기를 지적 성장의 결정적 시기로 본다.

(2) 애착행동

아동이 태어나서 자신을 돌보는 사람, 특히 어머니와 강한 정서적 유대를 맺게 되는데, 이것으로 인간관계의 기초를 마련한다. 친숙한 사람과의 강력한 정서적 유대를 애착(attachment)이라고 한다. 학자들은 이 애착현상을 형성하는 요소는 무엇이며, 이 애착이 개인의 성격발달과 사회성 발달과는 어떤 관계가 있는가를 밝히고자 하였다(Konner, 2010).

　정신분석학자나 사회학습이론가들은 애착 형성에 수유의 중요성을 강조하였다. 인간이 지니고 있는 1차적 욕망, 즉 배고픔을 충족시키는 과정에서 2차적 욕망인 신체적 접촉을 원하므로 학습이론가들은 2차적 욕망이론(secondary-drive theory)으로 설명하였다.

　애착의 형성이 수유에 의한다는 것은 여러 학자들에 의해 반론이 제기되었다. 유명한 할로우의 원숭이 실험연구는 지금까지의 애착 형성요인에 새로운 입장을 제시하였다. 새끼 원숭이를 먹이가 나오는 철사로 된 어미 원숭이와 먹이가 나오지 않는 헝겊으로 된 어미 원숭이의 두 모형에서 길렀더니, 헝겊으로 된 모형의 어미 원숭이와 애착현상을 나타낸다는 것이다. 헝겊의 어미 원숭이와 더 많이 가까이 하고 공포의 상황에 헝겊의 어미 원숭이에게 달려간다는 것은 새끼 원숭이에 있어서 매달리는 본능이 애착행동을 형성하는 주요 요인이라 보겠다.

　헝겊으로 된 모형 어미와 철사로 된 모형 어미 둘 다 우유병을 부착시켜 새끼 원숭이를 길렀더니 〈그림 4-23〉에서 보는 바와 같이 헝겊으로 된 어미 원

그림 4-23 헝겊·철사어미와 보내는 시간

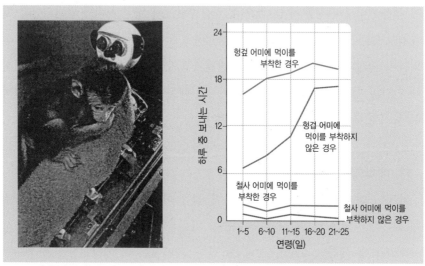

자료 : Santrock(2004), p. 216.

숭이한테 안겨 오랜 시간을 보내는 것을 알 수 있다. 뿐만 아니라 1년 정도 떨어져 있다가도 헝겊 어미에게 달려가는 것이 밝혀졌다. 모형 어미의 질감, 온도, 움직임을 다양하게 했을 때 진짜 어미 원숭이처럼 따뜻하고 보드라우며 조금씩 움직이는 모형을 가장 좋아한다는 것도 아울러 보고되었다. 인간에 있어 애착행동은 원숭이와는 달리 서서히 발달하고 복잡한 양상을 띠고 있다. 애착행동은 친숙한 사람이 가까이 오면 미소를 띠거나 좋아하는 표정을 보이고, 그 사람이 떠나면 우는 것으로 시작한다.

보울비에 따르면 애착이란 선천적으로 갖고 태어난 행동으로 종 특유의 본능적인 것으로 보았다. 애착은 선천적일 뿐만 아니라 학습의 영향도 인정하여 애착의 종류와 양은 개인의 과거 경험과 상황에 따라 다른 것으로 간주되었다. 영아는 생물학적인 부모와도 애착을 형성하지만 생물학적으로 전혀 관계가 없는 사람과도 애착 형성이 가능하기 때문이다.

생후 5개월 정도가 되면 특정 사람들을 알아보기 시작하여, 7~8개월이 되면 낯선 사람을 싫어하게 된다. 그러다가 돌 전후에는 친숙한 사람에게 강력한 애착행위를 나타내나, 점차 그 강도가 줄어들 뿐 아니라 여러 사람에게도 애착행동을 보인다.

에인스워트(Ainsworth)는 애착행위나 외부세계나 탐색의 관계를 두 개념으로 설명하였다. 그 하나가 애착-탐색의 균형(attachment-exploration balance)으로서 아동의 애착 욕구와 환경탐색 욕구의 상호작용을 의미하고, 다른 하나가 안전-기조현상(securebase phenomenon)으로 주변환경의 탐색을 위한 기조로서 애착대상을 일반적으로 어머니를 사용한다는 것이다. 그러나 어머니만이 아동과의 애착행동의 대상일 필요는 없다. 경우에 따라서는 아버지, 형제자매, 조모 등 가족 구성원의 한 명일 수도 있고, 가족 이외의 돌봐주는 사람도 될 수 있다. 이들과 강한 애착을 형성한다면 누구라도 무방하다. 단지 중요한 것은 정신적 유대를 맺을 수 있는 한 사람이 아기의 욕구에 신속히 반응하고 보살펴 주어야 한다는 것이다. 뿐만 아니라 아동은 대부분의 시간을 보내는 사람과 애착관계를 형성하는 것이 아니다. 짧은 시간이라도 적절한 자극과 정성들여 보살펴 주는 것이 보내는 시간의 양보다 애착관계를 형성하는

데 더 결정적이다.

(3) 낯가림과 격리불안

아기가 자라면서 친숙한 사람에게는 애착을 형성하는 것에 비해, 낯선 사람에게는 불안해하며 두려워하여 우는 반응을 보인다. 이러한 낯가림은 애착행동의 발달과 동시에 나타나는데, 돌보는 사람을 낯선 사람과 구별하면서 낯선 사람을 피하게 된다. 낯가림은 애착행동과 마찬가지로 생후 6~8개월 정도가 되면 보이다가 애착행위가 가장 최고조인 돌 전후에는 낯가림이 가장 심하게 나타난다.

낯가림이 낯선 사람에 대한 불안에서 비롯되었다면 친숙한 사람으로부터의 격리 또한 불안의 근원이 된다. 낯선 사람이 나타나면 친숙한 사람과 격리되리라는 가능성 때문에 불안한 감정이 생길 수 있으므로, 낯가림과 격리불안을 명백히 구별할 수는 없다. 그러나 아동에 따라서는 낯가림과 격리불안이 동시에 나타나지 않을 수도 있다.

격리불안의 연구는 영아의 집과 실험실에서 종단적 연구를 실시하였다. 실험은 약 20분에 걸쳐 다음과 같이 진행되었다. 어머니와 약 1세 된 자녀를 데리고 실험실로 들어가 주위에 장난감이 많은 의자에 자녀를 앉히고 어머니는 옆 의자에 앉는다. 잠시 후 낯선 사람이 들어와서 어린 아동과 놀게 하고 어머니가 실험실을 나간다. 조금 있다 어머니는 다시 돌아오고 자녀와 놀아 준다. 어머니가 자녀와 놀 때 낯선 사람이 나간다. 다시 어머니가 나가고 아동은 약 3분 동안 혼자가 된다. 3분이 지나면 낯선 사람이 돌아오고 잠시 후에 어머니도 돌아온다.

에인스워트는 위의 실험에서 아동의 반응을 관찰하여 세 가지 유형으로 나누었다. 가장 빈번한 유형이 안정된 애착(secure attachment)으로 어머니가 돌아오면 기뻐하면서 어머니에게 접근하여 옆에 머무른다.

두 번째 유형은 불안과 저항의 애착(anxious resistant attachment)으로 어머니가 돌아오면 안기기를 바라면서 운다. 그러나 이들은 동시에 어머니의 품에서 벗어나기를 원하는 반대의 감정이 공존한다. 세 번째 유형은 불안과 회피의 애착(anxious avoidant attachment)으로 어머니가 돌아올 때 접근하고자 하지 않고 피하려고 하는 경우이다. 에인스워트의 전통적 연구에서 안정애착이 66%, 회피애착이 22% 그리고 저항애착이 12%이다(곽금주 외, 2009). 〈그림 4-24〉에서 보는 바와 같이 모든 문화에서 안정애착이 우세하나 불안정 애착 비율은 문화에 따라 다르다(Santrock, 2004). 두 번째, 세 번째 유형의 아동의 어머니는 자녀의 울음에 대해 어머니의 기분에 따라 반응하거나 자녀의 요구를 무시하는 경향이 있는 것으로 밝혀졌다. 자녀의 요구에 즉각 반응하는 어머니가 첫 번째 유형의 애착을 보이며, 이 자녀는 커서 신체적 접촉도 덜 원하는 성숙된 아이가 되었다(Clarke-Stewart & Hevey, 1981).

생후 1년이 지나면서 어머니 이외의 여러 사람과도 자주 접촉을 하게 되면 친숙하지 않은 사람에 대한 두려움도 없어지고, 애착관계가 형성된 사람과의 일시적 격리도 고통 없이 받아들이게 된다. 그렇지만 너무 빈번한 낯선 사람과의 접촉은 불안과 격리의 경험을 많이 갖게 한다. 너무 많은 불안의 경험은 나중에 커서 사회적 행동에 영향을 미칠 수 있다는 것을 육아 담당자는 고려해야 한다.

애착관계를 형성할 수 있도록 보살펴 주는 사람이 없는 것도 성격 형성에 바

그림 4-24 나라별 애착 비율

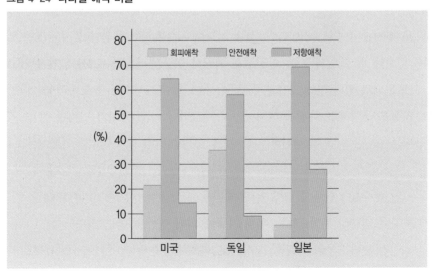

자료 : Santrok(2004), p. 219.

람직하지 못하지만, 돌보는 사람과 적당한 격리경험을 해보지 않는 것도 독립된 인격체로 성숙하는 데 문제시되고 있다. 아동이 지나치게 의존적인 성격을 갖지 않으려면 부모와 떨어지는 경험도 종종 해야 한다.

이와 같이 아동 초기에서의 인간관계, 즉 어머니와의 관계는 아동으로 하여금 외부세계를 인식하는 데 결정적인 영향을 미치며, 장차 사회를 보는 태도와 방식의 기초가 된다.

4) 아동의 기질과 부모-자녀의 상호관계

아동은 생후 초기부터 정서적 표현에 일관되게 나타나는 성향에 뚜렷한 개인차를 보이는데, 이것을 기질(temperament)이라 한다. 즉 정서에 대한 반응, 주의, 운동 반응성과 반응을 조절하는 자기 조절의 전략을 말한다(Rothbart & Gartstein, 2008). 기질이 유전적인가 혹은 환경으로 인한 것인가에 대한 연구가 활발하며, 최근에는 심리·생물학적 접근으로 두뇌 활동의 어느 부분 때문에 기질의 주요 결과인 접근(approach)과 위축(withdrawal)으로 나타나는가를 밝히고자 노력하고 있다. 신경과학의 발달은 사람마다 뇌에 작용하는 화학물질의 농도가 다르고, 신경 화학물질과 신경 생리학적인 차이가 행동의 차이를 만든다는 자료를 제시해 준다(이민희·정태연, 2004). 그러므로 기질이 인성으로 발전할 수 있는 것이다. 기질은 지능보다는 유전적인 원인이 적은 것을 알수 있으나 한 개인의 기질 안정성은 최근의 연구에서 0.7~0.8까지 높은 것으로 보고되고 있다(Berk, 2012).

기질을 구성하는 차원에 대해서는 학자들마다 다소 차이가 있지만 이 중 공통되는 요인은 다음에 제시한 다섯 가지 요인이다.

- 활동 수준 : 활동의 속도 및 활력
- 자극 민감성/부적 정서 : 부적 자극에 의해 영향을 받는 정도
- 진정 능력 : 동요 후 편안한 상태로 회복하는 능력
- 공포 : 낯설고 강한 자극에 대한 반응

● 사회성 : 사회 자극에 대한 수용 여부

위와 같은 요인들에 대해 아이들은 각기 다른 반응을 보이며 다양한 기질을 나타내게 되는데 그 정도에 따라 순한 기질, 까다로운 기질, 느린 기질로 나뉜다. 아동의 약 40%가 순한 아동, 10%가 까다로운 아동, 15%가 느린 아동으로 분류되었으며 35%의 아동은 어디에도 속하지 않은 혼합형 기질을 보인다 (Santrock, 2016). 또 다른 기질의 분류에는 수줍어하는 아동과 외향적인 아동으로 분류하기도 한다. 기질에 따라 부모의 양육 행동이 달라지는 것으로 나타났다. 순한 기질의 아동은 어머니의 긍정적인 정서를 받는 것이다(한지현·이영환, 2005). 칭찬과 같은 언어적 격려, 그리고 안아주는 행동과 같은 신체적 격려를 어머니들은 하게 된다. 대체적으로 순한 기질의 자녀를 둔 부모는 자녀를 돌보는 데 비교적 적은 노력과 시간을 들인다. 낯선 사람과 장소에 쉽게 적응하고 항상 먹던 음식이 아니고 달라져도 그 반응이 격렬하지 않으면 돌보기가 훨씬 쉬운 것이기 때문이다. 그러나 "우는 아이 젖 준다"는 말이 있듯이 순한 기질의 아이는 요구를 하지 않아 그들의 욕구가 부모로부터 무시되는 경향이 있다.

까다로운 기질의 아동은 부모로 하여금 자녀를 양육하기에 힘들게 만든다. 이들은 부모의 말을 듣지 않고 떼를 쓰거나 큰 소리로 자주 울기도 하는 부정적 정서표현이 많다. 또한 수면에 까다롭고 식사 시에도 까다로워 새로운 음식에 대해 거부하는 등 부모를 고통스럽게 만들어 무능감을 갖게 한다.

까다로운 기질의 자녀를 둔 부모들은 양육과정에서 어려움을 겪는 것은 당연하지만 부모가 자녀를 부정적인 태도로 접하지 않고 긍정적으로 보게 될 때 그들의 관계는 달라진다. 이것은 '조화의 적합성(goodness of fit)'으로 설명된다. 까다로운 기질의 아이가 불안과 같은 정서적 표현을 하게 될 때 부모로부터 반응과 보호의 양육행동을 끌어내므로 그 관계는 긍정적일 수 있다는 것이다. 같은 논리로 감정 표현이 미약하고 쉽게 적응하는 아동을 소극적이고 나약하다고 여기면 순한 기질의 아동과 부모 관계는 부정적으로 된다. 그러므로 자녀의 기질에 의해서만 부모-자녀 상호작용이 결정되는 것이 아니라 부모의 가치 기제에 따라 달라지며, 아동의 실제(real) 기질과 부모가 생각하는 이상

표 4-8 기질, 성격, 지능의 상관관계

집단	유아기의 기질	아동기와 성인기의 성격	지능
함께 자란 일란성 쌍생아	0.36	0.52	0.86
함께 자란 이란성 쌍생아	0.18	0.25	0.60
함께 자란 형제자매	0.18	0.20	0.47
입양아와 다른 형제	0.03	0.05	0.34

(ideal) 기질의 근접성에 의해 결정된다(Sanson & Rothbart, 1995). 아동의 성에 따라 부모가 다르게 반응하고 문화에 따라 부모가 생각하는 이상 기질이 다를 수 있다.

적응(adjustment)은 사회적 관계에서 주어진 기대에 어느만큼 부응하여 행동하는가를 의미한다. 적응에 관한 개인차가 아동의 기질로 많이 설명되고 있다. 즉, 기질과 적응은 직접적이고 직선관계가 있다고 밝혔다(Rothbart & Bates, 1998).

5) 부모 역할

자녀의 사회화를 담당하는 가족의 기능이란 엄밀히 말해서 부모의 역할이다. 부모는 자녀를 출산하고 그 사회의 시민으로 양육시키는 책임을 지고 있다. 그러나 이렇듯 중요한 부모의 역할에 대해서는 거의 최근까지 연구된 바가 없다. 부모의 역할이란 학문적으로 연구될 수도 없고, 누구도 이 역할에 대해서 가르칠 수도 없는 것으로 오랫동안 여겨 왔다. 부모가 되는 것은 자연스러운 것이기 때문에 가르치거나 배워야 할 필요가 없다고 믿었던 것이다. 지금까지의 부모 역할은 사회학자들에 의해 성역할과 관련시켜 어머니-아내 역할, 아버지-남편 역할로 묘사되어 왔다.

(1) 부모 역할의 특성

부모에게 부여된 자녀양육의 역할이란 매우 중요하고 잘 수행되어야 하는 과업이다. 자녀에게 성인으로서 그 사회에 알맞은 행동 규범, 가치관, 태도 등을 지닐 수 있도록 가르치는 사람이 부모이다. 부모의 역할은 명확하게 정의되어 있지 않을 뿐 아니라 책임 범주도 과거와 달리 복잡하며 추상적이다(권기남 & 김유미, 2019).

성인이 되어서 해야 할 여러 역할 중에서 부모의 역할은 가장 중요한 것의 하나라고 보며, 그 역할은 여러 면에서 다른 성인의 역할과 다르다. 첫째, 지금까지 부모가 된다는 것은 개인의 선택에 의해서보다 문화적 압력을 받아 결정지어졌다. 특히 여자에게 있어서 어머니가 된다는 것은 절대적이고 필연적으로 여겨 왔다. 둘째, 부모의 역할은 되돌릴 수 없는 것으로, 일단 부모가 되었을 경우 극단적인 경우를 제외하고는 부모로서 계속 존재해야 한다. 셋째, 부모가 되는 준비는 다른 성인 역할의 준비에 비해 부족하다. 부모는 서서히 단계를 따라 되는 것이 아니라 대체적으로 임신기라는 짧은 준비기간만 지나면 갑자기 맡게 된다. 우리나라의 부부는 결혼 후 평균 14.4개월이 지나면 부모가 된다(조복희·현온강, 1994). 결혼이라는 커다란 전환 후 적응할 여유도 없이 또 다시 부모라는 전환을 맞는 것이 우리나라 현실이다. 넷째, 부모의 역할은 아동이 성장함에 따라 같이 달라져야 하는 발달적 역할을 기대한다. 2세 자녀에게 하는 부모 역할과 청소년기의 부모 역할은 전혀 같을 수가 없는 것이 단적인 예이다. 부모가 자녀의 사회화를 담당한다고 하나 벨스키(Belsky)의 모형에서 보듯이 자녀 또한 부모 역할에 영향을 미치는 양방관계(bidrectional relationship)이다. 부모와 자녀는 양방향적이라 부모가 자녀를 사회화시키듯이 자녀도 부모를 사회화시키는 상호적 사회화로 간주한다(Santrock, 2016).

그림 4-25 벨스키의 부모됨의 결정 요인

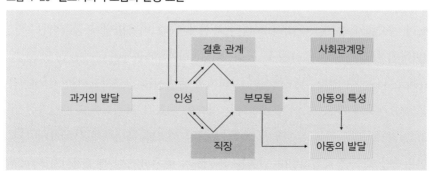

자녀 양육은 부모에게 새로운 구속을 가져다 준다. 전통적 가치관을 반영하는 속담이 오늘날에도 대중의 삶 속에서 살아 숨쉬고 있는 것이 그 예다. '무자식이 상팔자', '가지 많은 나무가 바람 잘 날이 없다', '자식이 애물단지'와 같은 속담은 부모됨의 어려움을 나타내고 있고 공감하는 삶의 지혜를 상징적으로 압축한 것이다(조복희·이진숙, 1998). 육아의 어려움은 기쁨과 함께하는 양면성을 지니고 있다(오욱환, 2017).

(2) 부모의 양육태도

자녀양육에 대한 부모의 태도는 부모-자녀 관계 연구에서 가장 오래된 연구 주제로 최근에는 부모 사회 인지(parental social cognition)라는 보다 포괄적이면서도 새로운 방법으로 접근하면서 연구가 활발히 진행되고 있다. 부모 사회 인지는 양육태도, 양육실제, 양육신념으로 나누어 볼 수 있다. 양육신념 또는 양육태도는 양육행동을 결정하는 기능이 있다. 왜냐하면 자신의 능력에 대한 믿음인 부모의 신념은 자녀의 발달에 결정적인 영향을 미치는 잠재적인 요인으로 작용하기 때문이다.

부모 각자가 지닌 자녀의 양육태도, 실제, 신념 등은 여러 가지 요인에 따라 달라질 수 있다. 부모 자신이 성장해 오면서 가졌던 과거의 경험, 그가 속해 있는 사회의 문화적 배경이나 그 가정이 속해 있는 사회계층에 의해서도 달라진다고 할 수 있다. 양육신념 또는 양육효능감에 대한 연구가 활발히 진행되고 있다.

아동이 각 사회에 알맞은 성인으로 자라는 것은 문화마다 다르다. 부모는 아동을 어떻게 양육하여야 하느냐, 어떤 성격이 바람직한가, 어떤 가치관이나 태도가 중요한가 등에는 문화마다 많은 차이가 있다. 아동발달의 궁극적인 목표를 독립성(independence)을 둔 문화와 상호의존성(interdependence)을 둔 두 문화로 나눌 수 있다. 서구에서는 자녀에게 독립성을 강조하고 개인적 성취감을 중요시하며 부모-자녀 관계에서는 성숙의 지표를 독립적이고 개별화에 두고 있다. 반면에 한국 부모들은 가족 중심적 사고를 자녀에게 부여하며 상호의존적인 태도에 긍정적이며 권위를 존중하기 때문에 양육태도에서도 차이를

그림 4-26 바움린드의 양육태도

	수용적 · 반응적 · 아동중심	거부적 · 무반응 · 부모중심
적절한 통제 · 적절한 요구	권위 있는 양육 형태	권위적 양육 형태
통제가 없고 요구도 없음	허용적 양육태도	무관심의 형태

자료 : 조복희(2014). p. 332.

보인다. 서구 사회에서는 권위적 양육태도를 부정적으로 인식하나 동양 사회에서는 자녀의 자아 조절을 발달시킬 수 있는 것으로 여기는 데서 양육의 차이가 있다(Bornstein & Ziotnik, 2008).

부모의 양육태도나 실제는 통제, 애정, 참여의 정도에 따라 구분하고 이 구분에 따른 서로 다른 양육 형태와 아동의 인성발달의 관계를 밝히는 연구는 무수히 많다. 바움린드(Baumrind, 1971)는 부모의 양육 형태를 권위적 양육(authoritarian parenting), 허용적 양육(permissive parenting), 권위 있는 양육(authoritative parenting)으로 나누었다. 부모와 자녀의 대화에서 대부분의 부모는 자녀에게 일방적으로 유리하고 부모가 동의할 수밖에 없는 불공정 협상이 되기 쉽다. "부모가 되기 전에는 어느 누구도 어린 자녀를 상대로 하여 터무니 없고 속이 뒤집히는 정교한 협상을 매일 아침·저녁으로 하게 될 줄 알지 못한다."(오욱환, 2017)

① 권위적 양육 형태

권위적인 부모는 자녀에게 무조건 복종을 하도록 원하며 권위적인 제재를 가하는 것이 보편적이다. 복종은 이들 부모-자녀 관계에서 가장 중요한 것으로 부모는 자녀가 복종하도록 여러 방법을 사용한다. 그들은 때로 신체적 벌도 마다하지 않는다. 부모가 정한 규칙이나 규율에 대한 설명은 거의 하지 않고 그 규칙을 절대적으로 지킬 것을 강요한다. 이러한 부모 밑에서 자란 아동은 친구와의 관계에서 주도권을 쥐지 못하고 사회적 관계에서 불안감을 나타내었다.

② 허용적 양육 형태

허용적인 부모는 자녀를 하나의 인격체로서 대해야 된다고 믿고 그들의 자율감을 전적으로 인정한다. 그들은 부모란 권위를 지닌 존재가 아니며 자녀가 모방할 수 있을 만큼의 이상적인 존재도 아니라고 믿는다. 그렇기 때문에 가정에서의 규칙이나 규율은 거의 없고 자녀가 요구하는 것은 거의 수용하는 편이다. 이런 부모의 자녀들은 대체로 미숙하고 사회적 책임감이 낮은 것으로 나타났다.

③ 권위 있는 양육 형태

이 양육 형태는 권위적 태도와 허용적 태도가 잘 조화된 것으로 가장 바람직한 양육 형태로 간주된다. 자녀의 자율성 발달에 관심을 두고 있으나 일정 범위 내에서만 행동의 자율성이 허용된다. 자녀가 지켜야 할 규칙을 정하는 데에 있어서 자녀에게 논리적으로 설명하고 이해하도록 노력한다.

권위가 있으면서 애정을 지닌 부모 밑에서 자란 아동은 사회적 책임감이 강하고 유능하면서 또한 독립적이었다. 바움린드는 온정과 통제의 조화를 이룬 양육을 강조하였다.

5

유아기

유아기(early childhood)는 학령 전 아동기(period of pre-school child)라고도 한다. 만 2세에서부터 학교에 입학하기 전인 만 5세까지의 아동을 말한다. 신체적으로는 영아기보다 발달 속도는 느리지만, 언어와 인지적인 측면에서 급속한 발달이 이루어지는 시기이다. 이 시기의 유아는 가정에서 벗어나 주변에 더 넓은 세계가 있음을 인식한다. 따라서 유아는 자기를 둘러싸고 있는 사회 속에서 겪는 사회화 과정을 통해 유아는 자아 개념을 형성하고, 성역할 개념을 획득하게 된다.

5

유아기

| 1 |
신체 및 운동발달

1) 신체발달

영아기에 비해서는 발달 속도가 느리나 아동기에 비해서는 급속한 성장을 보인
다. 매년 6cm 정도씩 성장하여, 아동기로 접어드는 6세가 되면 출생 시의 2배
가 넘는 109cm 정도의 키에 몸무게는 18kg(출생 시의 5.5배) 정도가 된다.

표 5-1 **유아의 신장과 몸무게**

구분	신장(여아/남아)	몸무게(여아/남아)
24~35개월	85.7~94.4cm/87.1~95.4cm	11.5~13.7kg/12.2~14.2kg
36~47개월	95.4~101.4cm/96.5~102.5cm	14.2~16.1kg/14.7~16.7kg
48~59개월	101.9~107.8cm/103.1~109.1cm	16.3~18.2kg/16.8~18.8kg
60~71개월	108.4~114.2cm/109.6~115.4cm	18.4~20.4kg/19.0~21.1kg
72~83개월(만 6세)	114.7~120.3cm/115.9~121.6cm	20.7~23.1kg/21.3~24.0kg

주) 신체측정방법 : 24개월(2세) 미만-누운 키
　　　　　　　　　 24개월(2세) 이상-선 키
자료 : 질병관리본부 · 국민건강영양조사(2017). 소아 · 청소년 성장도표

유아의 근육은 3~4세경에 급속히 발달하여 5~6세가 되면 근육을 구성하는 근섬유의 굵기가 굵어지고 근력이 강해지며 체중의 약 75%를 차지하게 된다. 근육은 골격과 마찬가지로 신체의 부위나 개인에 따라 차이가 있다. 상체에서 하체로, 대근육에서 소근육으로 발달해 가는 발달의 원리가 근육의 발달에서도 적용되어 머리와 목 부분의 근육이 다리 부분의 근육보다, 대근육이 소근육보다 더 빨리 발달한다. 또한 여아는 남아보다 일찍 발달한다. 여아의 근육은 남아에 비해 지방이 많은 대신 수분이 적으며 근육조직이 작고 가벼우며 짧다.

2) 운동발달

운동은 유아들의 마음을 즐겁게 하여 정서를 순화시키고, 신체활동의 욕구를 충족시켜 준다. 또한 신체 발육을 촉진시킬 뿐만 아니라 건강한 생활에 필요한 기초체력과 운동기능을 향상시켜 주기 때문에 유아발달에서 아주 중요하다.

유아의 신체활동은 친구들과의 움직임을 통해 지적 능력을 향상시킬 뿐만 아니라 타인을 배려하고 존중할 줄 아는 인격 형성에 도움이 된다. 이러한 신체활동, 특히 놀이로 느낄 수 있는 운동 참여는 유아에게 교육적 가치가 있다(신준수 외, 2009).

그림 5-1 유아의 신체 놀이

신체를 활용한 놀이는 스스로의 힘으로 새로운 환경장면에 적응하려는 능력과 단체생활에서 필요로 하는 행동규범 및 협동정신을 길러준다. 따라서 운동은 연령에 따라 약간의 차이는 있으나, 발육을 촉진하고 신체발달 외에도 정서발달, 사회성 발달 등을 돕는다.

유아의 대근육 발달과 소근육 발달은 다음과 같이 정리할 수 있다(Bredekemp, 1984).

(1) 대근육 운동발달
① 3세 유아의 대근육 운동발달
- 발을 보지 않은 채로 걷는다.

- 뒤로 걷는다.
- 일정한 속도로 뛸 수 있으며, 뛰다가 방향을 바꾸거나 멈춰설 수 있다.
- 발을 바꿔가며 계단을 오르며, 이때 손을 써서 균형을 잡는다.
- 낮은 계단이나 물건에서 뛰어내린다. 그러나 물건을 뛰어넘을 때에는 머뭇거린다.
- 팔과 다리의 향상된 협응을 보인다. 그네를 밀거나 세 발 자전거를 타기 위해 다리와 팔을 움직이기 시작하는데, 때때로 행동 방향을 주의해 보는 것을 잊고 다른 물체에 부딪힌다.
- 물체의 높이와 속도를 지각하나 과도하게 대담하거나 두려워하는 등 자신의 능력에 대한 현실적인 감각이 결여되어 있다.
- 한 발로 불안정하게 선다.
- 낮은 평균대에서 어렵사리 균형을 잡으면서 발을 본다.
- 적극적으로 놀며(더 나이든 아동들을 따라잡으려 애씀), 그 다음에는 휴식을 필요로 한다. 갑자기 피로해지며 너무 피곤해지면 예민해진다.

② 4세 유아의 대근육 운동발달
- 발끝으로 걷는다.
- 균일하지 않게 건너뛴다.
- 잘 달린다.
- 5초 이상 한쪽 발로 선다.
- 낮은 평균대를 잘하지만, 2인치 폭의 평균대는 발을 보지 않고 하기가 어렵다.
- 계단을 걸어 내려가며, 발을 바꾼다.
- 오르기 구조물에 발을 내딛을 때 판단을 잘한다.
- 밧줄을 뛰어넘거나 빠른 반응을 요구하는 게임을 한다.
- 정글짐에 오르거나 작은 트램폴린 위에서 뛰기 위해 팔, 다리의 움직임을 협응시키기 시작한다.
- 더 커진 지각판단을 보이며 안전하지 않은 행동의 결과나 자신의 한계를

안다. 그러나 여전히 거리를 건널 때 감독을 요하거나 활동 중에 자기 보호를 필요로 한다.

- 인내심이 증가하고, 오랫동안 높은 에너지를 유지한다(음료나 칼로리의 섭취 증가가 필요하다). 때때로 집단활동 중에 지나치게 흥분하며 자기규제를 못한다.

③ 5세 유아의 대근육 운동발달
- 뒤로 빠르게 걷는다.
- 민첩하고 빠르게 건너뛰거나 달린다.
- 운동기술을 게임에 통합시킬 수 있다.
- 2인치 평균대를 잘 걸을 수 있다.
- 껑충뛰기를 잘한다.
- 계단을 오를 때 한 발에 한 계단씩 올라간다.
- 몇 계단을 뛰어 내려온다.
- 밧줄을 뛰어넘는다. 물체 위로 뛴다.
- 기어 오르기를 잘한다.
- 수영을 하거나 자전거를 탈 때, 손과 발의 움직임을 협응시킨다.
- 고르지 않은 지각판단을 보인다. 때로 지나치게 자신감을 가지나 한계적 상황을 수용하며 규칙을 따른다.

(2) 소근육 운동발달
① 3세 유아의 소근육 운동발달
- 커다란 구슬을 실로 꿴다.
- 액체를 조금 엎지르며 따른다.
- 블록 탑을 쌓는다.
- 조각으로 제시된 전체 물체그림의 퍼즐을 쉽게 맞춘다.
- 지나친 손 협응이 요구되면 쉽게 피로해진다.
- 원과 같은 모양들을 그린다. 집이나 숫자 같은 물체를 그리기 시작한다.

- 물체들을 다른 것과 어느 정도 관련지어 그린다.
- 주먹 대신 손가락으로 크레용이나 마커펜을 쥔다.
- 도움 없이 옷을 벗지만, 옷을 입을 때는 도움을 필요로 한다. 솜씨 좋게 단추를 풀지만, 단추 채우기는 느리다.

② 4세 유아의 소근육 운동발달
- 작은 못과 판을 사용한다.
- 작은 구슬을 꿴다(그리고 어떤 패턴으로 꿸 수 있다).
- 모래나 액체를 작은 용기에 붓는다.
- 수직방향으로 뻗는 복잡한 블록 구조물을 세운다.
- 제한된 공간판단을 보이며 물건을 뒤집어 엎는 경향이 있다.
- 미세 부분들이 있는 놀잇감 조작하기를 즐긴다.
- 가위 사용하기를 좋아한다.
- 한 활동을 숙달하기 위해 수차례 연습한다.
- 단순한 형태들의 조합을 그린다. 적어도 네 부분을 가진 사람을 그릴 수 있고, 어른이 알아볼 수 있는 물체를 그린다.
- 도움 없이 옷을 입고 벗는다. 이를 닦고 머리카락을 빗질한다. 컵을 엎지르지 않는다. 신발이나 옷 끈을 졸라매지만 아직 타이를 매지는 못한다.

③ 5세 유아의 소근육 운동발달
- 망치 머리로 못을 박는다. 가위와 스크류드라이버를 사용한다.
- 컴퓨터 키보드를 사용한다.
- 3차원의 블록구조물을 세운다.
- 10~15조각의 퍼즐을 쉽게 맞춘다.
- 물체를 해체하고 재조립하기와 인형 옷을 입히고 벗기는 것을 좋아한다.
- 형태를 그대로 따라 그릴 수 있다.
- 그리기나 세우기를 할 때 두 가지 이상의 기하학적 형태를 조합한다.
- 사람을 그린다.

- 미숙하게 문자를 베끼지만 대부분 어른이 알아볼 수 있다.
- 그림에 내용이나 장면을 포함시킨다.
- 이름을 쓸 수 있다.
- 외투의 지퍼를 내리고 올린다. 단추 채우고 풀기도 잘한다. 어른의 지도를 받아 신발 끈을 맨다. 옷을 빨리 입는다.

| 2 |
인지 및 언어발달

1) 인지발달

유아기 아동은 피아제의 인지발달 단계 중 두 번째 단계인 전조작기에 속한다. 눈에 보이지 않는 사물이나 행동을 상징(symbol)을 통하여 이해하기 시작한다. 사물에 대한 개념이 발달하고 숫자, 색, 종류 등을 알기 시작하지만, 그 개념이 충분치 못하여 지나치게 자기중심적으로 생각하는 경향이 있다. 자기중심성이란 사건이나 사물을 자신의 입장에서만 고려하는 사고의 형태이다. 그러나 유아는 활발한 활동과 타인과의 상호작용을 통해 점차 자기중심적 사고에서 벗어나 타인의 입장을 고려할 수 있게 된다.

(1) 전개념기의 인지적 특성(2~4세)

전개념기의 가장 큰 특징은 상징을 이해하기 시작한다는 것이다. 예를 들어, 4세 된 여아가 엄마 신발을 신고 엄마처럼 이야기한다면 이 아이의 머릿속에는 어머니에 관한 상징이 있다는 것이다. 이때부터 유아는 상징놀이를 하며, 표상과 상징적 사고가 발달하기 시작한다. 상징놀이를 통해서 현실에서의 경험을 상징화하고, 자신의 고통스럽고 충격적인 경험을 해소할 수 있다.

하지만 이 시기의 유아에게 인지적 한계가 있는데, 첫째는 시간개념이 없다는 것이다. 유아는 단기 기억과 장기 기억을 통해 회상은 할 수는 있지만, 과거의 어느 시점에서 그러한 일이 있었는지에 대해서 전혀 가늠하지 못한다. 따라서 시간개념도 완전하지 못하여 유아기 초기에는 막연하게 시간을 개념화하고, 후기로 갈수록 구체적으로 시간을 개념화할 수 있다. 예를 들어, 유아기 초기에는 '어제 엄마가 과자 사 줄거야', '옛날에 동물원 갔었다'처럼 막연하게 시간을 개념화하기는 하나 과거 시제와 미래 시제의 언어 사용을 구분하지 못한다. 좀 전에 일어난 일도 어제로 표현한다든가, 어제 있었던 일을 옛날로 표현한다. 그러나 후기로 가면 구체적일 뿐만 아니라 객관적으로 시간을 개념화한다.

둘째로, 극단적인 자기중심적 사고를 한다. 자기중심적 사고란 자신의 관점 이외의 다른 관점으로는 사건과 경험을 볼 수 없다는 것이다. 자신이 잠을 자면 해도 잠을 자고, 달이 자신을 따라 움직인다고 하는 방식으로 우주의 중심이 자신이라고 생각한다. 또 유아는 자신의 관점과 타인의 관점이 다르다는 것을 이해하지 못한다. 자기와 마주 선 상대의 왼편이 자신의 오른편임을 깨닫지 못한다. 흔히 유치원에서 교사가 '오른손 드세요' 하면서 교사의 오른손을 들면 유아들은 교사의 오른손과 같은 쪽인 자신들의 왼손을 든다.

세 번째, 이 시기의 유아는 귀납적이거나 연역적이지 않은 변환적 추리(tran-ductive reasoning)를 한다. 변환적 추리란 인과론적 추론을 하는 대신 동시에, 연달아 일어난 사건이 관계가 있다고 단순하게 추론하는 것이다. 예를 들면, '점심을 안 먹었으므로 아직 오후가 아니다'라고 주장하는 것이다. 혹은 일종의 마술적 사고로서 같이 일어나는 일이 원인이라고 생각한다. 예를 들면 번개가 친 후 천둥소리가 들리면, 번개가 천둥을 일으킨다고 생각한다.

(2) 직관적 사고기의 인지적 특성(4~7세)

4세가 넘은 유아는 그 이전의 유아보다 현실에 대한 이해가 점차 증가한다. 그 결과 유아기 자아중심성에서도 점차 벗어나기 시작하는 등 전조작기에서 직관적 사고기로 이행한다. 직관적 사고기의 인지적 특성은 다음과 같다.

직관적 사고기의 가장 큰 특징은 자아중심성에서 벗어나기 시작한다는 것이다. 그 이유는 증가된 사회적 참여(예 : 유치원, 어린이집) 때문이다. 특히 성인들과의 상호관계에서보다는 또래들과의 상호작용에 의해서 자아중심성이 극복된다. 또래와의 상호작용에서 유아는 자신이 생각하는 것이 자신의 친구가 생각하는 것과 꼭 같지는 않다는 것을 발견한다. 유아는 다른 견해(the other points of view)를 인식하기 시작한다.

자아중심성에서는 점차 벗어나기 시작하나 유아는 아직도 객관적이거나 과학적인 사고를 할 수 없다. 유아는 때때로 '엄마, 달이 나를 따라와', '해 엄마는 어디 있어?'라고 묻곤 한다. 해나 달도 자신과 마찬가지로 의지를 가지고 움직일 수 있거나 '엄마'가 있다고 생각하는 것이다. 이러한 유아의 인지적 특성을 물활론적 사고라고 한다.

물활론적 사고도 단계별로 다르게 나타나는데 초기 단계의 유아는 모든 사물이 살아 있다고 믿는다. 즉 돌, 자전거, 자동차, 전등까지도 모두 살아 있다고 믿는다. 그 다음 단계의 유아는 움직이는 것은 살아 있다고 생각한다. 자동차나 구름은 움직이니까 살아 있지만, 꽃이나 나무는 움직이지 못하니까 살아 있다고 믿지 않는다. 그 다음 단계의 유아는 자동차나 자전거는 스스로 움직이지 못하니까 살아 있지 않지만, 해나 달은 스스로 움직이니까 살아 있다고 믿는다. 마지막 단계인 유아기 말기에 가서야 유아는 비로소 식물과 동물만이 살아 있다는 것을 알게 된다.

직관적 사고기의 가장 큰 특성은 눈에 똑똑히 보이는 한 가지의 사실에만 기초하여 사물을 분류하는 직관적 사고이다. 예를 들어, 여러 가지 구슬들 중에서 노란 것들만을 가려낼 수는 있지만, 노랗고 금속으로 된 구슬을 가려낼 수는 없다. 폭과 높이가 다른 두 컵이 같은 용량임을 눈 앞에서 확인시켜 주어도 유아는 이 두 컵이 같은 용량임을 알 수 없다. 왜냐하면, 너비나 깊이 중 한 측면에 대해서만 인식하기 때문이다.

또한, 이 시기의 유아는 사물을 단계별로 배열할 수 있다. 그러나 구체적으로 지각되지 않는 사물을 추리해서 배열할 수는 없다. 예를 들면, 연필을 길이가 긴 순서로 배열할 수는 있지만, A가 B보다 길고, B가 C보다 길다면 A는 C보다 길다라고 추리할 수는 없다.

이상과 같이 유아들은 자기중심적이며, 흔히는 잘못된 개념, 현실에 위배되는 개념들을 가지고 있다. 따라서 유아들이 전조작기의 인지적 특성에서 벗어나도록 하는 데 결정적 역할을 하는 것은 다양한 언어활동과 신체적 활동을 통한 경험이다.

2) 언어발달

(1) 언어획득이론
① 학습 이론적 접근

학습 이론적 접근에서 볼 때, 유아들은 성인의 언어를 모방하면서 학습한다. 이러한 유아의 언어발달을 학습이론으로 체계화한 이론가는 스키너(Skinner)이다. 1957년에 출간한 《언어 행동(verbal behavior)》이란 저서에서 '언어도 다른 행동과 마찬가지로 성인의 언어에 가까워질 때까지 행동 조성의 과정을 거쳐 발달해 간다'고 주장했다.

학습이론에 의하면 유아들은 주변의 어른들이 사용하고 있는 낱말, 구, 문장들을 모방하여 사용하기 시작한다. 또한 부모들은 강화에 의해 아동의 언어가 바람직하게 형성되도록 조형시켜 나간다. 학습이론에서 유아의 언어발달이 시사하는 바는 성인이 유아에게 좋은 언어 모델이 되어야 한다는 것이며, 유아의 언어를 적절히 강화해 주어야 한다는 것이다.

한 예로 유아가 하는 유아어가 귀엽고 재미있어서 성인이 유아의 말을 따라서 하는 경우가 있는데, 이런 경우 유아는 언어를 잘 발달시킬 수 없다.

② 생득 이론적 접근

생득 이론적 접근은 인간의 언어발달이 후천적인 학습이 아니라 선천적인 언어 획득기제(LAD : Language Acquisition Device)에 의해 이루어진다고 보는 것이다. 이 이론의 대표적인 학자는 촘스키(Noam Chomsky)이다.

인간의 언어 구조가 단편적인 학습에 의해 획득되기에는 지나치게 복잡함에도 불구하고, 유아가 한정된 언어적 경험을 바탕으로 복잡한 문장구조를 재빨리 터득하고 이를 구사할 수 있는 것은 선천적인 언어 획득기제 때문이다. 언어 획득 장치란 뇌의 특정 구조나 부위를 뜻하는 것이 아니라 외부로부터 들어오는 언어자극을 분석하는 일단의 지각적 및 인지적 능력을 말한다.

이러한 생득 이론적 관점을 지지하는 학자들은 모든 문화권의 아동들이 공통적으로 생의 일정기간 내에 빠른 속도로 언어를 획득해간다는 사실과 언어적 보편성을 들어 생득적 언어 획득 기제가 존재한다고 주장한다. 언어적 보편성이란 모든 언어에 공통적인 어순과 문법적 특성들이 있다는 것이다.

그러나 유아들이 사용하는 언어가 때로는 문법적으로 매우 부적절하며, 이 부적절한 표현들은 많은 경우 모방된 것이고, 사춘기 이후에도 여러 형태의 언어발달이 서서히 이루어진다는 사실들이 생득이론의 문제점으로 지적되고 있다.

③ 인지발달론적 접근

인지발달론적 접근(cognitive developmental theory)에서는 언어를 사고의 발달과 밀접하게 관련된 과정으로 생각한다. 피아제(Piaget)와 비고츠키(Vygotsky)가 이 입장의 대표적인 학자들이다. 피아제는 유아의 언어발달은 일반적으로 인지능력의 발달에 기초한다고 보았다. 이러한 그의 주장은 두 가지 측면에서 설득력이 있어 보인다.

먼저 언어가 기호적 기능(semiotic function)의 한 형태라는 점이다. 둘째, 초기 아동의 언어 속에는 자신이 새로이 획득한 인지적 지식들이 내포되어 있다는 점이다. 예를 들면, 유아가 대상영속성의 개념을 명확하게 확립할 시기에 이들의 일상 속에서 '갔어', '없어' 등의 낱말이 나타난다.

비고츠키는 언어가 사고와 인지발달을 촉진하는 매개적 기능(mediated function)을 한다고 보았다. 비고츠키에 의하면 유아는 자기보다 유능한 성인이나 또래가 함께 참여하는 참여활동을 통해 인지적으로 발달해 간다. 따라서, 인지발달은 성인의 도움이 주도적인 역할을 하는 타인 안내적인 단계로부터, 성인이 도와준 내용을 아동이 내면화하여 보다 높은 수준의 정신과정에 도달하는 것을 말한다. 언어는 바로 이러한 지식의 내면화 과정에 필수적인 도구이다. 이때, 인지발달을 촉진하기 위한 매개적 수단으로서 언어가 발달하게 된다.

피아제와 비고츠키의 인지발달론적 관점 외에도 의미론적 관점이 있다. 의미론적 관점에서는 유아가 기존의 인지구조나 지식기반 내의 지식들이 특정 낱말이 사용되는 맥락적 단서와 결합하여 의미를 추론함으로써 특정 낱말의 의미를 획득한다고 보았다. 이러한 과정을 신속표상대응(fast mapping)이라 부른다. 예를 들어, 한 유아가 '호랑이'라는 말을 처음 들었다고 가정하자. 호랑이라는 낱말을 이전에 한 번도 들은 적이 없는 아동은 언어 구조에 관한 기존의 지식과 이 낱말이 사용된 맥락적 단서를 통해 우선 호랑이는 뭔가 무서운 것이라는 사실을 추론한다. 만일 아동이 사자와 같은 맹수들을 본 경험이 있고 그 기억이 아동의 지식기반 속에 저장되어 있다면 새로운 낱말의 의미 획득은 훨씬 수월할 것이다. 이처럼 유아는 기존의 인지발달적 경험과 지식들을 활용하여 이를 새로운 언어적 경험에 통합함으로써 언어능력을 발달시킨다.

④ 사회적 상호작용론적 관점

사회적 상호작용론적 관점은 생득론과 인지발달론적 관점, 학습론적 전통을 모두 채택한다. 이 관점에서는 유아가 주변으로부터 받아들이는 언어적 정보들을 통합하여 스스로 의미를 추출하고 언어를 구성해간다고 본다. 뿐만 아니라 학습론적 관점에 의해서 유아의 언어적 환경의 중요성을 부인하지 않는다. 브루너는 유아의 언어발달에 기여하는 부모의 역할을 언어획득지지체계(language acquisition support system)라고 하였다.

유아의 언어발달에 있어서 어머니의 언어획득지지체계로서의 역할의 예는 옹알이에 대한 부모의 반응과 어머니 말투(motherese, 어머니가 아기의 언어발달 수준에 맞게 문장의 길이나 구조를 단순화하고 억양과 음조를 조정하는 말씨)이다.

(2) 유아의 언어발달

영아는 발성단계와 초기 언어단계에 있다. 이에 비해 유아의 언어발달 수준은 후기 언어발달기로 본다. 한 단어기, 두 단어기를 거쳐 유아는 3개 이상의 낱말을 연결하여 보다 길고 복잡한 문장을 만들어 사용할 수 있게 된다. 그러면서 구문론적으로, 의미론적으로 발달해 간다.

먼저 구문론적인 면에서 유아의 문법적 지식은 체계적인 순서를 따라 발달해 간다. 이 과정에서 과잉 규칙화 현상이 나타난다. 예를 들면 조사인 '가'를 '밥이가', '선생님이가'처럼 모든 조사 뒤에 붙이는 것이다. 또 다른 예로, 존댓말을 배우면서 모든 말 뒤에 '요'를 붙이기도 한다.

유아는 또한 적합한 낱말을 선택하고, 이들 낱말을 적절하게 결합하는 의미론적 발달을 이루어간다. 유아의 의미전달 능력은 어휘의미(lexical semantic)의 이해 및 구사능력과 명제적 의미(propositional semantic)의 발달이 전제되어야 한다. 어휘의미의 이해 및 구사능력은 개개 낱말의 다양하고 정확한 의미를 이해하고 이를 적절히 활용할 수 있는 능력이고, 명제적 의미의 발달은 정확한 어휘의 선택과 어순배열능력, 문법적으로 정확한 기능어와 굴절어의 사용능력을 바탕으로 의미를 전달하는 능력이다.

각 연령별로 유아의 언어발달을 살펴보면 다음과 같다(Bredekemp 1984).

① 3세 유아의 언어발달

- 2,000~4,000단어 정도로 어휘의 꾸준한 증가를 보인다.
- 의미를 과잉일반화하고 요구에 맞는 단어를 만들어내는 경향이 있다.
- 요구를 표현하기 위해 최소 3~4단어로 된 단순한 문장을 사용한다.
- 교대로 대화하는 데 어려움을 가질 수 있다.
- 주제를 재빨리 바꾼다.
- 단어를 발음하기 어렵다. 종종 단어를 혼동해서 쓰는 실수를 한다.
- 간단한 손유희와 시를 좋아하고 반복이 많은 노래로 단어를 배운다.
- 말과 비언어의사소통 양식을 청자에게 문화적으로 수용되는 방식으로 조정하지만, 아직은 내용을 상기시켜줄 필요가 있다.
- 수많은 '누가, 무엇을, 어디에서, 왜' 질문을 하지만 어떤 질문(특히 '왜, 어떻게, 언제')에 답할 때 혼동을 보인다.
- 사고를 조직하는 데 언어를 사용하며, 문장조합을 통해 두 개의 아이디어를 연결짓는다. '그러나, 왜냐하면, 언제'와 같은 단어들을 남용한다. '~하기 전에, ~하기까지는, ~한 후에' 같은 시제어들을 적절히 사용하는 경우가 거의 없다.

- 간단한 이야기를 말하지만 생각을 사건의 순서대로 놓으려면 순서를 고쳐야만 한다. 종종 이야기의 요점을 잊어버리며 자기가 좋아하는 부분에만 초점을 맞추는 경향이 크다.

② 4세 유아의 언어발달
- 4,000~6,000단어로 어휘가 확대된다.
- 추상적 사용에 더 많은 주의를 나타낸다.
- 보통 5~6단어로 된 문장을 말한다.
- 단순한 노래를 부르기 좋아한다.
- 많은 시와 손유희를 안다.
- 집단 앞에서는 약간 말을 조심하며 이야기하려 한다.
- 다른 사람에게 가족과 경험에 대해 이야기하기를 좋아한다.
- 많은 것들을 주장하기 위해 구두 명령을 사용한다. 다른 사람을 성가시게 하기 시작한다.
- 얼굴표정을 통해 정서를 표현하며 신체적 단서로써 다른 이들을 읽는다. 나이든 아동이나 어른들의 행동(손동작 같은)을 그대로 따라한다.
- 상기시켜주면 일정 시간 동안 성량(목소리 크기)을 억제한다.
- 사회적 단서로 맥락을 읽기 시작한다.
- 관계절과 부가의문문 같은 더욱 발달된 문장구조를 사용하고 새로운 구조를 실험해서 듣는 사람들에게 이해를 어렵게 하기도 한다.
- 자신의 어휘가 허용하는 것 이상으로 의사소통하려고 애쓴다. 의미를 만들기 위해서 단어들을 빌리고 확장시킨다.
- 자신의 경험과 관계되는 경우 새로운 어휘를 빨리 배운다.
- 이야기에서 4~5단계의 지시나 순서를 다시 말할 수 있다.

③ 5세 유아의 언어발달
- 5,000~8,000단어의 어휘를 사용하고, 종종 단어놀이를 한다.
- 더 완전하고 더욱 복잡한 문장(예 : "그 애의 차례가 끝났고 그래서 이젠 내

차례야")을 사용한다.

- 대화 시 교대로 말하며, 다른 사람들을 방해하는 빈도가 줄어든다. 정보가 새롭고 흥미로우면 다른 화자의 말을 듣는다. 말을 할 때 자아중심성의 흔적을 보인다.
- 경험을 언어적으로 나누어 갖는다.
- 노랫말을 많이 안다.
- 다른 사람들의 역할에 관해 몸짓을 섞어가며 이야기한다든지, 새로운 사람들 앞에서 과시하기를 좋아하거나 또는 갑자기 매우 수줍어진다.
- 단순한 시구를 외우며, 텔레비전 쇼와 상업광고를 포함해 다른 사람들이 말한 완전한 문장과 표현을 따라 한다.
- 음의 고저와 억양이 완벽한 통상적인 의사소통 양식을 사용하는 데 능숙하다.
- 또래를 괴롭힐 때 특정한 얼굴 표정을 짓는 것과 같은 비언어적 몸짓을 사용한다.
- 연습을 해서 이야기를 말하거나 다시 이야기할 수 있다. 이야기, 시, 노래를 반복하기를 좋아한다. 몸짓을 섞은 놀이나 이야기하기를 즐긴다.
- 생각을 표현할 때 발화의 유창성이 더욱더 커진다.

(3) 유아기 언어의 특징

유아기의 언어는 자기중심인 특성을 지닌다. 후기에 가서는 사회화된 언어도 나타난다. 자기중심적인 유아 언어의 특성은 피아제의 초기 저서인 《아동의 언어와 사고(1923)》에 기술되어 있으며, 이 시기의 자기중심적 사고를 반영한다.

먼저 유아의 자기중심적인 언어로 반복을 들 수 있다. 유아가 익힌 단어나 음절을 반복하는 것이다. 두 번째는 독백이다. 혼자서 말을 하면서 노는 것인데 누가 듣든지 말든지 관계없다. 세 번째는 집단적 독백이다. 여러 명이 같이 놀다가 상대 유아의 이야기에서 자극을 받아 반응하는 것이다. 자기중심적 언어의 세 유형 중에서 가장 사회화된 형태이다. 그러나 서로 언어를 통해 이해하거나 대화하는 것은 아니고 서로 자극을 주고받으며 독백하는 것이다. 예를 들면, 한 유아가 '어제 장화 신고 왔다'고 하면, 다른 유아가 '엄마가 장화를 시장에서 샀어'라고 하는 것이다.

그러나 점점 시기가 지나면 자기중심적인 언어가 감소하고 사회화된 언어가 나타난다. 사회화된 언어란 상대방의 관점을 고려하고, 정보를 서로 교환하고, 의사소통을 하는 것이다.

|3|
정서 및 사회성 발달

1) 정서발달

감정과 정서는 다르다. 감정은 쾌, 불쾌 차원의 미분화된 흥분상태를 말한다. 반면 정서는 상황에 따라 자신의 감정을 적절하게 표현할 줄 알며, 놀이와 활동에 적극적으로 참여함으로써 성취감을 느끼고, 더 나아가서는 자신의 생각이나 타인의 생각과 표현을 존중하는 태도까지를 말한다.

기본적인 정서는 영아기에 거의 전부 나타나지만 정서가 분화·발달하는 시기는 유아기이다. 이처럼 이른 시기에 정서의 발달이 일어나므로 영유아기의 정서는 영유아 발달 및 교육에서 중요하게 다루어져야 한다. 각 연령별 정서발달(Bredekemp, 1984) 내용을 살펴보자.

① 3세 유아의 정서발달
- 부분적으로는 또래와의 이전 경험에 의존하면서, 다른 유아들과 더 친하게 되기 전에는 옆에서 바라볼 수도 있고 병행놀이에 관여할 수도 있다. 연합놀이를 할 수도 있다(또래 옆에서 놀면서, 잡담하고, 장난감을 사용하지만 행동에 대한 별개의 개별적 의향을 가짐).
- 교대로 하기와 물건 공유하기에 어려움을 지니며, 또래들 가운데서 문제를 원만히 해결하는 능력이 부족하다. 보통 갈등이 일어날 경우 사회적 상황

해결을 위해 도움을 필요로 한다.

- 놀잇감, 공간, 감독의 측면에서 우호적인 조건이라면 다른 사람들과 잘 놀며 긍정적으로 대응한다(이러한 요소들이 부족하면 친사회적 행동을 할 가능성이 더 적음).

- 걸음마기 영아들보다 더 협동적으로 행동하며 어른들을 기쁘게 하고 싶어 한다(어떤 사회적 상황의 결과가 불만스러우면 손가락 빨기, 밀기, 때리기, 울기 등의 걸음마기 영아의 행동으로 전환될 수 있음).

- 간단한 요구에 따른다.

- 때로는 더 나이든 아동처럼 대우받기를 좋아하나, 여전히 위험할 수도 있는 물건을 입에 넣기도 하고 주의깊게 감독받지 않을 경우 배회하기도 한다.

- 공포와 애정 같은 강렬한 감정을 표현한다.

- 즐겁고도 어리석은 듯한 유머감각을 보인다.

② 4세 유아의 정서발달

- 여전히 연합놀이를 하지만, 진정한 주고받기를 하는 협동적 놀이가 시작된다.

- 공유하기에 어려움을 보이지만, 교대로 하기를 이해하기 시작하며 소집단으로 간단한 게임을 한다.

- 때때로 일이 자기 방식대로 되어 가지 않으면 쉽게 화를 낸다. 모든 갈등을 해결하기에는 언어기술이 부족하지만 부정적 상호작용을 해결하고자 한다.

- 대부분은 다른 사람들과 노는 것을 더 좋아한다.

- 자발적으로 물건을 남들에게 제공하기 시작한다. 친구를 기쁘게 해주고 싶어한다. 다른 사람들의 새 옷이나 신발을 칭찬한다. 친구를 갖거나 친구가 되는 일에 기뻐한다.

- 때때로 화를 폭발시키지만, 부정적인 행동이 부정적인 제재를 가져온다는 것을 배우는 중이다. 공격적 행위를 재빨리 정당화한다(예 : "그 애가 먼저 날 때렸어요").

- 어떤 자기통제 행동이 기대되는지를 점점 더 잘 알게 되지만 어떤 과제를

끝까지 해내는 데 어려움을 보이거나 혹은 상기시켜주지 않으면 요청받은 바를 잊어버려서 쉽게 곁길로 빠진다.

- 스스로 옷 입기를 좋아한다.
- 자기 몫의 주스나 가벼운 식사를 가져온다.
- 지속적인 감독 없이도 일을 마무리하지만, 약속된 결과와 무관하게 오래 기다리지 못한다.
- 공포와 화(이제 더 이상은 temper tantrums가 아니라) 같은 강렬한 감정을 통제하는 능력이 더욱 커졌음을 보인다. 그러나 때때로 자기의 감정을 표현하거나 통제하려면 성인의 도움을 필요로 한다.

③ 5세 유아의 정서발달

- 다른 아동들과 극놀이를 즐긴다.
- 잘 협동한다. 어떤 또래 아동을 배제시키기로 선택할 수도 있는 소집단을 구성한다.
- 다른 이들을 거부하는 것의 힘을 이해한다. 우정을 끝낸다거나 다른 아이를 선택하겠다고 언어적으로 협박한다.
- 남들에게 우두머리 행세하려는 경향이 있어서 때때로 지도자는 너무 많으나 추종자는 부족한 상황이 되기도 한다.
- 다른 사람들과 있는 것을 즐기며 따뜻하고 공감적인 태도로 행동할 수 있다. 농담을 하며 관심을 사기 위해 괴롭힌다.
- 신체적 공격성을 덜 나타내 보인다. 더욱 빈번히 모욕하거나 때리겠다는 위협을 한다.
- 요구사항을 따를 수 있다. 절차나 규칙을 따르지 않은 것을 인정하기보다는 거짓말을 한다. 쉽게 낙담하거나 고무된다.
- 도움을 아주 조금만 받고서 옷을 입고 먹는다.
- 집단의 규범을 쉽게 따를 수 없으면 쉽게 어릴 때 행동으로 돌아선다.

이러한 유아기의 정서는 일시적이고 폭발적이다. 그러면서도 아주 격렬하다.

그러나 기억력이 발달하면서 특정 정서 상태가 오랫동안 지속된다. 또한, 격렬하게 감정을 표현하던 것도 점차 언어적이고 온건하게 정서를 표현할 수 있게 된다. 부모나 교사는 유아가 사회적으로 받아들여지는 방식으로 정서를 표현하고, 자신의 정서를 잘 다룰 수 있도록 도와야 한다.

2) 사회성 발달

유아는 사회성 발달을 통하여 타인과 더불어 사는 방법을 터득하고, 자기의 생각과 행동을 조절하며, 스스로 절제하고 자신을 책임지는 민주 시민의 기본 자질을 익힐 수 있다. 유아의 사회성 발달은 부모, 또래를 포함하는 사회화 인지와 직접적인 상호작용을 하면서 이루어지기도 하고, 유아를 둘러싼 사회적 환경 안에서 관찰학습을 하면서 촉진되기도 한다. 또한 유아는 놀이를 통하여 스스로 획득한 사회적 태도나 가치를 내면화하는데, 이러한 과정을 거쳐서 유아는 긍정적인 자아 개념을 얻게 된다.

(1) 자아의 발달

반두라(Albert Bandura, 1986)는 자아 개념을 '직접적인 경험과 의미 있는 타인으로부터 받아들여진 평가를 통해 형성된 자신에 대한 복합적 관점'으로 정의하였다. 자아 개념의 발달은 자신이 독특하고 타인과 구별되는 분리된 실체라고 인식하는 데서 시작된다(공인숙 외, 2000).

자아 개념 발달의 시초는 영아가 신체적인 자기를 인식하면서 시작된다. 신체적인 자아상이 없는 영아는 거울에 비친 자기 얼굴을 만져보려고 한다. 18개월이 지나면 거울에 비친 얼굴이 자기임을 알게 된다.

두 번째 자아 개념 발달 단계는 피상적 특성에 따라 자기를 지각하게 되는 단계이다. 8~9세 이하의 유아는 외모나 소유물, 가족과 친구 등 물질적이고 피상적인 특성을 통하여 자기를 개념화한다. 8살이 넘은 아동은 피상적 특성보다는 눈에 보이지 않는 심리적 특성에 따라 자신을 개념화한다.

유아기에는 긍정적인 자아 개념을 형성하는 것이 필요하다. 특히 유아는 자아 평가 기술과 기준이 확립되어 있지 않으므로 부모나 교사와 같은 의미 있는 타인의 평가에 의존한다. 자신에게 의미 있는 타인(부모, 또래 등)으로부터 '밉다', '나쁘다' 는 등의 이야기를 들으면 유아는 스스로를 밉거나, 나쁘다고 생각하게 되고, 반대로 타인이 자신을 긍정적으로 생각해주면 자신도 스스로를 긍정적으로 생각하는 경향이 있다.

자신에 대하여 긍정적인 생각을 하는 유아는 자신을 믿고 존중하며, 사랑하기 때문에 다른 사람과 원만한 관계를 유지할 수 있다. 반대로 부정적인 자아 개념을 가진 유아는 자기중심성이 강하고, 독선적인 경향이 뚜렷하기 때문에 부정적인 감정과 욕구를 조절하기 위해서는 성인의 도움이 필요하다. 다시 말하면 유아가 스스로에 대해 유능감을 가지고 상황에 능동적으로 대처하도록 이끌어주는 부모와 교사의 역할이 중요하다(이시자, 2012).

(2) 성 정체감 발달

개인의 자아 개념의 중요한 한 부분은 성 정체감이다. 성 정체감이란 자신을 여성 혹은 남성으로 지각하는 것이다. 2~3세에는 자신이 여자인지 혹은 남자인지 안다. 이러한 구분은 성기관에 의한 구분이라기 보다는 옷이나 머리 길이와 같은 피상적인 특징에 의해 이루어진다[성의 동일시(gender identity) 단계]. 그래서 현재는 여성이지만 좀 지나면 남성으로 바뀔 수도 있다고 생각한다.

그러나 4세경에는 자신이 여성인지 남성인지 알게 될 뿐만 아니라, 이 성별이 평생토록 변하지 않고 유지됨을 안다[성의 안정성(gender stability) 단계]. 유치원과 초등학교 1, 2학년 아동은 자기가 다른 옷을 입거나 머리를 길러서 변화를 주어도 역시 같은 성이라는 것을 인식한다. 예컨대 여아들이 머리를 짧게 깎거나 남아 옷을 입는다고 해도 남아로 되지는 않는다는 것을 아는 것이다 [성 항상성(gender constancy)의 단계].

성 정체감이 발달하는 과정은 정신분석이론, 인지발달이론, 사회학습이론에 의해서 각기 설명된다.

① 정신분석이론

정신분석이론은 다른 말로 동일시이론(identification theory)이라고도 할 수 있는데 이는 유아가 동성 부모를 동일시하면서 성에 대한 태도나 행동, 개념 등을 습득한다고 보는 것이다. 특히 이 이론에서 중요한 것은 동일시 과정을 통하여 무의식적으로 자아 정체감을 형성한다고 보는 것이다.

이러한 무의식적 동일시는 주로 3~7세경에 오이디푸스 콤플렉스(oedipus complex)나 엘렉트라 콤플렉스(electra complex)를 통하여 이루어진다. 유아가 약 3세 정도 되면 자신에게 성기가 있음을 인식하게 되고 이성 부모에 대해 연정을 느끼게 된다. 남아의 경우 어머니에게 연정을 품게 되며, 그 경쟁자로 아버지를 인식하게 되고 적대감을 품는다. 그러나 아버지는 자신보다 크고 강한 존재이며, 아버지가 자신이 가진 적대감과 질투심을 알고 자신을 해치지 않을까 두려워하게 된다. 유아는 아버지에게 자신의 적대감과 질투심을 들키지 않고자 아버지를 모방하게 된다. 아버지를 모방하게 되는 또 다른 까닭은 아버지와 같아짐으로써 어머니의 사랑을 얻을 수 있지 않을까 하는 소망도 있기 때문이다. 이러한 아버지에 대한 두려움과 불안감으로 아버지를 동일시하게 되면서 아버지가 가진 성에 대한 태도나 성 역할, 사회적 규범, 도덕 등을 배우게 되는데 이것이 바로 정신분석이론에서 주장하는 유아의 성역할 발달과정을 설명하는 핵심 과정이다.

여아의 경우 이성부모인 아버지에게 연정을 품고 어머니에게 질투와 적개심을 갖는 것은 남아와 동일하다. 남아와 달리 여아는 자신에게 남근이 없는 것을 깨닫고, 자신의 남근은 이미 어머니가 가져가 버렸다고 생각하고, 다시 남근을 가지고 싶어하는데 그것이 바로 남근 선망이다. 어머니를 두려워하며 어머니의 성 역할 태도나 행동, 사회적 규범이나 가치, 도덕 등을 동일시하지만 이미 남근을 떼어간 상태에서 동일시하므로 남아처럼 강하게 동성 부모를 동일시하지는 않는다고 프로이트(Freud)는 보았다. 정신분석론자들은 바로 이 때문에 여성이 남성보다 도덕적으로 열등하다고 주장하기도 하였다.

② 인지발달이론

인지발달이론가들은 유아들이 매우 이른 시기에 성전형에 관한 지식을 획득한다는 사실에 주목한다. 이 이론은 주로 스위스의 심리학자 피아제와 아주 최근에 활동하고 있는 심리학자 콜버그(Lawrence Kohlberg)의 연구에 기초하고 있다.

콜버그는 피아제의 이론에 기초하여 유아의 성정체감이 형성되는 과정을 설명하였다. 콜버그에 의하면 유아는 인간이 양성으로 구분되어 있다는 것을 일찍 알게 된다고 한다. 그렇게 하여 자신의 타고난 성을 알게 되며 나머지 사람들도 여성 또는 남성으로 분류하여 범주화한다. 유아의 성정체감이 자리 잡게 됨에 따라, 세상에서 경험하는 행위나 대상을 각기 분류된 성에 범주화한다. 그의 관점에 의하면, 자라나는 유아들에게 성은 형성되어 가는 구성체이며, 유아는 자신의 성과 연관된 특성이나 태도에 가치를 부여하게 된다고 한다. 또한 유아는 성이란 불변의 범주라고 받아들이게 된다(김동일, 1991).

이러한 과정은 유아가 성 영속성(sex permanence) 개념을 성취할 때 더 확고해진다. 일단 유아가 남성, 여성의 개념을 획득하게 되고 영속성 개념이 형성되면 그들은 그러한 성 개념에 따라 세상의 여러 대상들을 해석하려고 한다.

③ 사회학습이론

사회학습이론은 학습이론의 한 주류로서 유아의 학습이 직접적인 보상과 처벌에 의해서 일어나는 것이 아니라 관찰을 통해서 간접적인 경험을 함으로써 이루어진다고 보는 것이다. 사회학습이론이 동일시 이론과 다른 것은 먼저 의식적인 학습이라는 것이고, 둘째는 부모만이 유일한 역할 모델은 아니라는 것이다. 따라서 유아 주변에 존재하는 여러 역할 모델을 통하여 성역할과 태도 가치 등을 학습한다는 것이다.

사회학습이론을 보다 자세히 살펴보면, 사회학습이론가들은 성전형(sex-typing) 행동은 다른 형태의 행동을 형성하는 것과 같은 과정에 의하여 직접적인 경험과 관찰(모델링)에 의하여 학습된다고 한다. 즉 유아기부터 다른 행동들이 강화되고 처벌받음으로써, 또는 다른 유아들을 관찰함으로써 남성, 여성에 대한 역할 기대를 학습한다고 한다. 유아들은 대중매체, 또래, 교사 등으로부터 그들의 사회적 기대를 학습할 많은 기회를 얻게 된다. 가정이나 유치원 상황을 주의 깊게 관찰해보면 부모나 교사, 친구들은 유아들의 성에 적합한 행동에 대하여 유아들을 강화한다. 반면 부적합한 행동을 하면 처벌한다.

(3) 표현 행동의 발달
① 유아의 놀이 행동

유아에게 놀이는 일이다. 놀지 않는 유아는 건강하지 않다. 유아는 신체적, 정서적, 사회적, 인지적 발달을 이루어간다. 프로이트는 놀이는 유아로 하여금 내적 갈등이나 불안을 해소하는 메커니즘이라고 보았다. 피아제는 놀이가 인지발달의 기초로서 현실 세계를 유아 자신의 인지구조 속에 동화시키는 역할을 한다고 보았다. 비고츠키는 놀이야말로 인지발달에 가장 훌륭한 매체라고 하였다. 홀은 놀이가 인간의 종족발생 과정을 되풀이하는 것이라고 보았다.

특히 놀이를 통해서 운동기술이나 인지 능력을 발달시킬 수도 있지만 유아의 사회성 발달의 측면에서 놀이는 유아에게 에너지를 방출하고 자신의 감정을 표현하는 방법이다. 언어표현이 유창하지 않은 유아가 놀이를 통해 자신의 갈등이나 내적 심리상태를 표현하여 정화(淨化)하는 방법이기 때문이다.

보통 놀이는 인지발달에 따른 분류와 정신분석학적인 분류가 있으나 여기에서는 파튼(Parten)의 사회적 상호작용에 따라 놀이를 분류하여 설명하고자 한다. 파튼은 사회적 상호작용에 따라 몰입되지 않은 행동, 방관자적 행동, 혼자놀이, 병행놀이, 연합놀이, 협동놀이로 나누었다. 몰입되지 않은 행동이란 겉보기엔 유아가 놀고 있는 것처럼 보이지 않지만, 매 순간 주변에서 무슨 일이 일어나고 있는지 관찰하고 있으며, 혼자서 신체를 가지고 놀기도 한다. 두 번째 단계인 방관자적 행동이란 놀이에 끼어들어 함께 놀지는 않지만 다른 유아가 놀고 있는 것을 관찰하면서 보낸다. 몰입되지 않은 행동과 유사하지만 다른 유아들의 놀이를 관찰한다는 점에서 다르다. 세 번째는 혼자놀이 혹은 단독놀이이다. 다른 유아와 함께 있지만 따로 놀고 있다. 2~3세 유아에게 자주 나타난다. 네 번째 병행놀이는 같은 공간에서 같은 장난감을 가지고 놀지만 서로 상호작용은 없다. 하지만 옆에서 놀던 다른 유아가 놀이를 그만두면 자기도 그만둔다. 다섯 번째로는 둘 이상의 유아가 각기 따로 놀긴 하지만, 장난감을 교환하거나 이야기를 나누는 연합놀이를 한다. 마지막으로는 유아들이 상호작용하여 공통의 목표를 위해 함께 놀이활동을 하는 협동놀이를 하게 된다. 특히 유아의 사회극 놀이(social dramatic play)는 사회성 발달에 중요한 역할을 하는 협동놀이의 한 형태이다. 사회극 놀이에서 유아는 자신이 맡은 가상적 역할을 수행하는 과정을 통해서 또래와 조화를 이루며 사회기술을 발달시키고, 자신의 욕구나 감정을 또래에게 적절히 표출하거나 억제하는 방법을 터득하게 되며, 또래간의 갈등을 극복하는 기술도 획득해간다.

이처럼 유아는 놀이를 통해 자신의 내적 감정과 갈등을 표현하고, 또래와 함께 놀면서 또래 수용능력을 발달시키고 다른 사람의 입장을 배려하는 능력을 기를 수 있다.

② 그리기

그리기를 통하여 유아로 하여금 표현의 즐거움을 맛보게 하며 개성과 창의력을 신장시킬 수 있다. 그리기는 놀이와 마찬가지로 유아는 말하고 쓰는 능력이 그다지 발달되지 않은 상태에서 자신을 표현할 수 있는 방법이다.

유아가 발달하면서 그림도 변화해 간다. 그 순서와 단계는 개인의 성장 속도, 환경, 소질, 의욕, 개성 등의 차이가 있으므로 일률적으로 규정하기는 어려우나 유아의 그리기 발달은 다음과 같다.

먼저 2~4세 정도 되면 아무런 목적 없이 그리는데 이 단계를 난화기라고 한다. 처음에는 맹목적 난화(무질서한 근육운동으로 아무 곳에나 방향 감각 없이 끼적거려 놓는 낙서 형태)에서 차츰 수평, 수직, 혼합형, 원형의 순으로 순차적으로 발전하여 간다. 말기에는 이미지 표현으로 의미를 부여하려고 한다. 이 시기에 부모나 교사는 유아가 그린 것에 이름을 붙여보고 유아로 하여금 그림을 설명해보도록 한 후, 공감하여 칭찬해 주는 것이 좋다.

난화기를 지나면 전도식기(4~7세)에 도달한다. 무의미한 표현과정에서 의식적인 표현으로 옮아가는 상징적 도식의 기초단계이다. 그리고자 하는 대상에 대해 자신이 가지고 있는 어떤 이미지 또는 감정을 상징적으로 묘사할 수 있다. 전도식기의 그림은 인물이 많고 자기중심적이고 동화적인 내용이 많다.

그림 5-2 난화기 그림

도식기(7~9세)에는 2차원적인 그림을 그리기 시작한다. 중요하지 않는 것은 생략하고 중요한 것은 과장하기 위해 사용하던 표준 도식으로부터 이탈하여 좀 더 객관적이고 일반화된 표현을 한다. 기저선과 태양, 천선이 나타나기 시작하는데 이는 아동이 공간구성에 유의하기 시작했다는 증거이다.

10세 이후에는 여명기(도식적인 표현에서 탈피하여 객관적이고 사실적인 묘사에 접근하려는 시기), 의사실기(12~14세 : 원근을 정확하게 표현하고 자기중심적 관점이 감소하며, 지각의 발달로 인한 논리적인 사고가 증대하여 운동감이 많아지고 3차원적인 표현이 가능한 시기), 사춘기(13~17세 : 진정한 의미의 창조적 그림을 그리기 시작하는 시기)를 거쳐 발달해 간다.

(4) 사회성 발달

사회성은 유아가 타인과의 친밀한 관계를 통해서 심리적 욕구를 충족시키고, 정서적 안정을 얻기 위해 타인과 관계를 맺어나가면서 발달하는 능력이다. 사회성은 처음에는 부모와의 관계에서 형성되기 시작하여, 점차 자라면서 형제자매나 친구, 동료와의 관계를 통해서 발달된다.

① 부모

유아는 부모가 자신을 어떻게 대하고, 자신의 행동에 어떠한 반응을 보이는가에 따라 행동습관이 형성되고 자아통제력이 발달하게 되므로, 부모는 유아의 사회성 발달에 매우 중요하다. 특히 부모의 양육행동은 유아의 사회성 발달에 아주 중요하다.

처벌적이고 권위적인 양육방식에 의해 키워진 유아는 적대감이나 공격적인 행동을 보이기 쉽다. 따라서 유아의 사회성 발달을 돕기 위해서는 유아를 존중하고 충분한 사랑을 베풀어주어야 한다. 구체적인 방법으로는 유아의 이야기를 잘 들어주고, 유아의 잘못된 행동에 대해 벌을 주기보다는 적절한 행동의 제한 기준을 설정하고 논리적인 설명을 해 줌으로써 유아의 사회성 발달을 도울 수 있다.

② 또래

또래는 유아에게 중요한 역할모델로서의 기능을 갖는다. 놀이, 운동, 학습 등에서 유아는 또래의 행동을 관찰하고 모방하며 이를 내면화한다. 이러한 또래의 역할모델기능은 2세경이 이미 놀이장면에서 나타나게 된다. 또한 또래는 유아에게 강화인자가 되기도 한다. 유아기에는 부모뿐 아니라 또래가 자신의 행동에 대해 보여주는 칭찬과 비난에 민감한 반응을 나타내며, 이에 따라 자신의 행동을 바꾸어 가게 된다.

또래는 유아에게 준거집단이 된다. 또래를 통해서 스스로를 평가할 수 있는 기준을 제공받고 사회적 비교를 한다. 유아는 자신이 속한 또래집단에 비추어 자신의 성격, 가치, 능력들을 비교·평가하며, 그 결과 자아상과 자아존중감을 형성하는 중요한 근거가 된다.

마지막으로 또래는 유아에게 사회적 지지(Social support)의 기능을 한다. 유아에게 가장 큰 사회적 지지를 주는 것은 물론 부모이지만, 또래는 부모 못지않게 중요한 사회적 지지자이다. 아동이 나이가 들수록 사회적 지지자로서 또래의 중요성 또한 높아진다. '엄마 팔아 친구 사귄다'는 속담처럼 유아기를 거쳐 아동기에 이르면 부모의 영향력보다 친구의 영향력이 점점 커진다.

③ 친사회적 행동

유아의 사회성 발달 중에서 가장 중요한 행동방식은 친사회적 행동이라고 볼 수 있다. 친사회적 행동이란 타인을 돕거나 도우려는 어떤 행위를 포함하는 폭넓은 개념이다. 구체적으로는 돕기, 나누기, 협동하기, 위로하기, 이타 행동, 도덕적 행동 등이 있다. 친사회적 행동은 타인들에 대한 감정이입적 관심에 의해 자극된다. 친사회적 행동이 연령의 증가와 더불어 점점 증가하는 것은 유아가 성장하면서 협조의 가치와 필요성 및 방법을 이해하는 인지적 능력이 발달하기 때문인 것으로 보인다. 유아의 친사회적 행동과 관련된 요인은 부모의 온정적이고 민주적인 양육태도, 행위의 옳고 그름을 판단하는 자기 도식, 이타적 행동에 대한 강화와 모델링 등이다. 유아의 친사회적 행동발달에 가장 중요한 영향을 미치는 사회화 인자는 부모이다.

④ 공격성

유아의 사회성 발달에서 반드시 다루어져야 할 것은 공격성이다. 공격성은 반사회적 행동으로 비협력적, 반항적, 공격적, 적대적 행동 등을 들 수 있다. 유아기에는 도구적 공격성(instrumental aggression)과 적대적 공격성(hostile aggression)이 함께 나타난다. 여기에서 도구적 공격성이란 어떤 목적을 달성하기 위한 공격적인 행동을 의미한다. 예를 들어, 자신이 가지고 놀고 싶어서 친구의 놀잇감을 빼앗는 행동 등이 여기에 속한다. 반면, 적대적 공격성이란 상대에게 고통을 주려는 의도적인 공격성을 의미한다. 유아기에는 도구적·적대적 공격성이 함께 나타나며 분명히 누구를 목표로 위협 행동이나 공격 행위를 한다.

공격성이란 폭력을 야기시키고 그로 인하여 유아 자신이나 타인이 상해를 당할 수 있기 때문에 이에 대한 특별한 지도가 필요하다. 예를 들어, 신체적으로 공격을 하기보다는 어떠한 문제 상황에 있어서 언어로 표현하는 기회를 적극 시도해 보는 것이다. 유아들 사이에 싸움이 일어났을 경우에 무조건 말리는 것이 아니라 각각 왜 화가 났는지를 언어로 표현해 보게 하여 자신의 감정을 표현할 수 있는 기회를 주는 것이 좋다. 이를 통하여 상대방의 감정도 이해할 수 있는 계기가 마련될 수 있다. 이러한 감정 표현의 기회를 반복하는 가운데 공격성을 점차 감소시키며 자신의 부정적 감정을 폭력이 아닌 다른 방법으로 표현할 수 있게 된다.

유아기 발달 문제

1) 언어장애

언어가 급격히 발전하는 2~4세경의 아이들에게도 언어장애(speech and language disorder)가 나타날 수 있다. 언어장애는 언어를 적절하게 사용하지 못하는 것으로, 어린이 지능과 정서발달에 많은 영향을 주므로 조기에 발견 치료해야 한다. 대부분 2~7세경에 나타나는 이러한 현상은 부모의 노력으로 자연스럽게 없어질 수 있다. 노력해도 한 달 이상 지속된다면 고착될 수 있으니 보다 적극적인 개입이 필요하다.

언어장애가 나타나면 우선 생물학적 원인을 찾아보아야 한다. 종합병원의 이비인후과에 가서 말을 더듬게 되는 생물학적 원인이 있는지 알아보고, 언어장애와 관련한 생물학적 원인이 있다면 그에 따른 치료를 받아야 한다.

만약 생물학적 원인을 찾을 수 없다면 아동 상담기관에 가서 발달 전반에 대한 평가를 받아야 한다. 언어장애가 나타날 경우 다른 발달 영역에서도 지연이 일어날 가능성이 있다. 이런 경우, 언어만을 학습시킨다고 해결될 수 있는 것이 아니며 우선 발달 전반에 대한 평가가 선행되어야 한다. 발달 전반에 대한 평가 결과에 따라 발달놀이치료 혹은 상호작용적 놀이치료 및 필요한 다른 치료적 개입들을 해주어야 한다. 언어장애가 오래 지속된 채 치료가 늦어지면 늦어질수록 치료하는 데에도 시간이 오래 소요되므로 빨리 전문가의 진단을 받는 것이 필요하다.

가정에서는 유아에게 언어장애로 인해 스트레스를 주지 않도록, 말을 더듬을 때 야단을 치거나 억지로 고쳐주려 하지 않아야 한다. 정서적인 측면 외에도 유아의 말을 끝까지 경청한 다음 유아가 하고자 한 말을 또박또박 반복해 준다든가, 책을 읽어준다든가, 다양한 경험을 하도록 한 다음 말로 표현할 기회를 준다든가 하여 유아의 언어를 교정해 주어야 한다. 무엇보다 부모가 좋은 언어 모델이어야 한다.

2) 습관장애

아이들은 성장하면서 반복적인 행동을 하는 경우가 자주 있는데, 흔히 볼 수 있는 것으로는 손가락 빨기, 손톱 물어뜯기, 머리 잡아당기기, 이빨 갈기, 자기 몸 물어뜯거나 때리기, 틱(tic)증, 신체 일부분 자주 만지기, 심한 경우에는 벽에 머리 부딪히기, 몸 흔들기 등이 다양하게 나타난다.

이러한 반복적인 행동을 유아기의 습관성 행동이라고 하는데, 만약 이러한 행동이 사회적·감정적·신체적 지장을 줄 정도로 심한 경우에는 습관성 장애라고 볼 수 있다.

이러한 반복적 행동은 태내에서부터 나타난다. 모체 안에 있을 때부터 손가락을 빨며, 신생아기를 거쳐 좀 더 자라서도 손가락이나 입술, 발가락을 빤다. 정상 아동의 90%가 타인을 무는 행동을 보이며, 정상 아동의 0~10% 정도는 몸이나 머리를 흔들거나, 머리를 벽에 부딪치는 행동을 보인다. 이빨을 갈거나 탁탁 거리는 행동도 많게는 50%까지 나타난다.

이러한 습관적인 행동이 일어나는 원인에 대해서는 아직까지 확실하게 알려진 바 없으며 단지 심리적·신경학적·학습적으로 여러 가지 인자가 복합적으로 작용할 것이라고 예측할 뿐이다.

습관적인 행동은 성장발달 과정에서 일시적으로 나타나는 행동들이고, 성장하면서 자연히 없어지는 것을 알고, 조급해 하지 않는 것이 필요하다. 만약 부모가 조급해 하고 지나친 관심을 보이면, 유아는 부모의 관심을 끌거나 2차적인 목적 달성을 위해 습관적인 행동을 더 자주 하게 되어 증상을 더 악화시킬 수 있기 때문이다. 따라서 습관적 행동이 나타났을 경우 혼내거나 체벌을 하기보다는 관심을 보이지 말고 무시하면서, 유아의 관심을 다른 곳으로 유도하는 것이 좋다.

예를 들면 장난감을 주거나, 같이 놀아주거나, 안아 주거나, 심부름을 시켜서 자연스럽게 습관적 행동이 멈추도록 하고, 동시에 억압된 분노나 원망 등 정서적인 장애가 있는지 살펴보고, 잠을 잘 때는 책을 읽어주거나 동화를 들려주어 유아가 편안한 마음을 갖게 하는 것이 좋다.

반복적인 행동들이 정상적인 유아의 성장발달에서 나타나는 일시적 과정이기는 하나 감각장애, 자폐증, 정신지체 등과 같은 질병과도 관련이 있으므로 단순 습관적 행동이 아니라 또래에 비해서 현저하게 이상한 증상이 동반된다면 전문적인 진단과 치료가 필요하다.

3) 학대받은 유아

아동학대란 일반적으로 아이에게 의도적으로 상해를 입힌 것을 말하며, 실제로는 신체적이건 정서적이건 간에 의도적으로 해를 입힌 것을 전부 포함한다. 아동학대에는 신체적 학대, 정서적 학대, 성 학대, 방임 등이 있다. 아동의 신체적 학대는 '아동의 신체에 손상을 주는 학대행위'라고 규정하고 있다. 여기서 신체적 손상이란 구타나 폭력에 의한 멍이나 화상·찢김·골절·장기파열·기능의 손상 등을 말하며 또한 충격·관통·열·화학물질이나 약물과 같은 다른 방법에 의해서 발생된 손상을 모두 포함한다(안동현, 2000). 신체적 학대의 결과로 아동은 사회성이 저하되고 위축되어 있으며, 우울·불안하며 내재화된 문제행동과 여러 가지의 모든 문제 행동이 더 많이 나타난다.

정서적(또는 언어적) 학대란 신체에 직접적으로 물리적인 힘을 행사하지는 않지만 계속해서 욕을 하거나, 소리를 지르는 등 정서나 감정에 부정적인 반응을 불러일으키는 언어나 상징을 사용하는 것을 말한다. 이러한 아동의 정서적 학대는 다른 유형의 학대보다 규명하기 어렵지만 일반적이다(Knutson, 1995). 성적 학대라고 하는 것은 '아동에게 성적 수치심을 주는 성희롱, 성폭행 등의 학대 행위'로 규정한다. 즉, 성 학대란 성기나 기타의 신체적 접촉을 포함하여 강간·성적 행위·성기노출·자위행위·성적 유희 등 성인의 성적 충족을 목적으로 아동에게 가해진 신체적 접촉이나 상호작용 모두를 말한다(안동현, 2000).

학대받은 아동은 두통·복통·천식·야뇨증·불면증·류머티스 관절염·말더듬과 같은 언어장애·발달장애, 우울증·정신병·자살 등과 같은 정서적 문제, 학교 부적응·학습부진(장애)·도벽·공격행동·대인관계장애 등과 같은 행동상의 문제를 일으키게 된다. 이러한 행동장애가 심해지면 도벽이나 공격적 행동과 같은 반사회적인 행동을 하게 된다(연진영, 1992)는 것을 생각해 볼 때 아동학대는 사회적인 측면에서 다루어져야 한다.

아동학대 가해자들은 공통적으로 과거 어린 시절에 폭행이나 학대를 당한 경험이 있고, 자녀들에게 필요한 것을 파악하거나 아이의 상태를 감지하는 능력이 떨어진다. 자녀들의 무저항이나 협조적인 행동 또는 만족감을 느끼는 것 같은 반응을 잘못 해석하여 자녀들이 학대에 기꺼이 응한 것으로 본다. 또한 자녀들을 부모들의 욕구 충족물로 생각하고 성인과 같이 취급한다. 특히 부모-자녀 사이의 애착이 형성되지 못했을 때 학대나 폭력이 발생한다. 마지막으로 사회생활이 만족스럽지 못하거나 고립된 경우가 많다.

또한 피해자의 특성으로는 미숙아나 저체중 아동, 까다로운 기질을 가졌거나 발달지연, 정신지체, 기질성 정신병과 같은 장애가 있는 경우 부모들이 돌보기 어려우므로 학대당하기 쉽다. 성장해서는 훔치기, 가출, 공격적 행동과 같은 문제행동을 보일 경우, 체벌을 하다가 학대로 발전할 수도 있다.

아동학대를 발견하면 우선 유아를 치료(폭행으로 인한 손상 부위의 치료, 성병 및 임신에 대한 예방조처, 피해자 및 가족에 대한 정신적 안정을 위한 조처)하고, 필요한 행정적 조치를 취해야 한다.

아동학대를 예방하기 위해서는 아동에게 학대와 훈육의 차이, 좋고 나쁜 신체적 접촉을 구별하는 법, 학대를 피하는 방법('안돼요'라고 말하기, 소리 지르기, 벗어나기)에 대해서 가르쳐야 한다. 또한 부모나 교사를 대상으로 부모교육, 부부관계 증진 프로그램, 성교육, 학교의 상담 프로그램, 가정생활 교육 프로그램 등을 실시하여 아동학대를 예방할 수 있다. 그뿐만 아니라 저체중이나 미숙아, 장애아와 같이 아동학대의 위험성이 높은 집단에 대한 특별한 관리나 도움을 제공할 수 있다. 아동학대에서 유의해야 할 것은 피해자만이 치료의 대상이 아니라 가해자도 치료가 필요함을 이해하여야 한다.

6

학동기

6~12세까지는 초등학교에 다니는 시기로 학동기라 불린다. 프로이트(Freud)는 이 시기에 성격
형성에 중요한 성적 에너지가 억압되고 잠복되기 때문에 잠복기라고 불렀다. 에릭슨(Erikson)은 중요한
발달과업인 근면성이 발달되는 시기로 설명하고 있고 피아제(Piaget)는 비록 구체적 사물에 대한 것에
국한되기는 하지만 아동이 자기중심성에서 벗어나 조작(operation)을 습득하는 시기로 설명하였다.
따라서 아동은 본인의 신체에 집중되던 관심에서 벗어나 지식과 사회규칙 등을 습득하기 위해 근면하게
학교생활을 하는 시기로 파악할 수 있다. 무엇보다도 생활의 중심이 가정에서 학교로 옮아감에 따라
아동은 많은 사회적 관계를 형성하고 사회인의 기초를 닦는다. 타인과의 관계속에서 자아개념, 성역할,
사회적 역할수용, 도덕성 등 사회성의 주요특성을 형성하기 시작한다. 최근 어린 시기부터 인터넷과
스마트폰, 미디어에 대한 노출이 보편화되면서 이러한 환경의 영향을 이해하고 적절한 활용방법을
이해한다.

6

학동기

|1|
신체발달

1) 신체적 외모

학동기의 신체적 성장률은 영아기나 청년기처럼 급속하지 않으나 전체적인 모습이 성인과 유사해진다. 몸통이나 팔·다리가 가늘어지고 가슴은 넓어지며 머리 크기는 키의 1/7~1/8 정도로 성인의 모습과 점점 비슷해지며 영구치도 나기 시작한다. 남녀 관계없이 이 시기의 아동은 키가 1년에 평균 5.1cm씩 자란다. 학동기 동안의 평균 키는 남아가 여아보다 크나 10~12세 사이에는 여아가 남아보다 크다. 이것은 여아가 사춘기의 성숙이 먼저 일어나기 때문이다(표 6-1).

이 시기 동안 아동의 몸무게는 1년에 평균적으로 3.4kg씩 늘어난다. 키와 경제적 지위는 뚜렷한 상관관계가 있음을 많은 연구가 지적한다. 소득이 높은 가정의 자녀가 키가 더 크고 일찍 성숙한다. 이러한 차이는 충분하고 다양한 영양 섭취에 기인하는 것으로 설명할 수 있다.

신체적 성장은 가정의 심한 심리적 스트레스에 의해 방해를 받기도 한다. 처음에는 뇌하수체 결핍이라고 생각되었던 아이들이 성장 호르몬을 주입하지 않

표 6-1 소아·청소년 성장도표

연령	신장(여아/남아)	몸무게(여아/남아)
만 6세	114.7~120.3cm/115.9~121.6cm	20.7~23.1kg/21.3~24.0kg
만 7세	120.8~126.2cm/122.1~127.4cm	23.4~26.3kg/24.2~27.2kg
만 8세	126.47~132.1cm/127.9~133.0cm	26.6~29.9kg/27.5~31.0kg
만 9세	132.6~138.6cm/133.4~138.4cm	30.2~34.0kg/31.3~35.2kg
만 10세	139.1~145.2cm/138.8~144.2cm	34.4~38.7kg/35.5~39.8kg
만 11세	145.8~151.3cm/144.7~150.8cm	39.1~43.4kg/40.2~45.0kg
만 12세	151.7~155.7cm/151.4~158.1cm	43.7~47.4kg/45.4~50.5kg

자료 : 질병관리본부(2017)

고서도 병원에만 입원시키면 성장이 가속화되었다는 연구 결과도 있다. 이 예는 심리적 요인이 신체의 성장에 잠재적으로 영향을 미친다는 사실을 보여준다.

학동기 초기에는 신체적 외양에서 성별에 따른 차이를 별로 보이지 않으나 사춘기가 시작되면서 2차 성적 특성이 나타나 남녀는 차이를 보인다. 초등학생부터 고등학교 2학년에 재학 중인 청소년을 대상으로 여학생의 경우에는 초경, 남학생의 경우에는 몽정을 언제 경험하였는지를 질문하였다. 그 결과 94%의 여학생이 12~15세에 초경을 경험하는 것으로 나타났으며, 남학생의 90%가 13~16세에 몽정을 경험하는 것으로 나타났다. 따라서 2차 성징으로 초경·몽정이 나타나는 시기에서도 여학생이 남학생보다 1~2년 정도 빠르게 나타나는 것을 알 수 있다(한국아동학회, 2009). 신체적 외형을 세 가지 유형으로 나눌 수 있는데, 약간 살이 있는 내배엽(endomorphic)형, 근육이 발달된 중배엽(mesomorphic)형 그리고 마른 외배엽(ectomorphic)형이다. 같은 또래의 친구들이 좋아하는 형은 근육형이고, 그 다음이 마른형, 가장 덜 선호하는 것이 비만형이다.

신체적 특징은 학동기 아동에 있어서 매우 중요하게 작용한다. 왜냐하면 신체의 크기나 골격은 운동이나 친구와의 놀이에 중요하기 때문이다. 신체적 특징과 인성의 관계를 머슨(Mussen, 1979)은 다음과 같이 밝혔다. 상대적으로 작고 빈약한 아동은 소심하고 겁이 많으며 대체로 걱정이 많다. 반대로 크고 튼

튼하며 힘이 센 같은 나이의 아동은 쾌활하고 창조적이며 자기를 표현하는 데 적극적이다. 신체적 특징은 아동 자신의 태도와 관심을 다르게 할 뿐 아니라 다른 사람들의 자신에 대한 기대와 태도의 차이를 유발한다. 예를 들어, 주변 어른이나 친구들은 작고 약한 아동을 대할 때는 조심스럽게 대한다. 이때 이 아동이 어릴 때부터 신체적으로 허약하여 운동을 잘 하지 못할 경우에는 아동에 대한 자신 및 주변 사람의 생각을 강화하게 된다. 결국 이 아동은 운동과 같은 경쟁적인 활동을 회피하게 되고, 운동을 할 기회가 적게 되면 허약한 신체를 가지게 되는 결과를 낳는다. 반면에 크고 튼튼한 아동의 경우 주위의 어른이나 학급 친구들이 운동을 잘하는 것으로 판단하므로 신체적 활동 기회를 많이 갖게 된다. 이러한 행동은 아동의 사회성 발달을 계속 고무시키게 된다. 신체적 특성과 성격은 이렇게 상호작용하면서 영향을 주고받는 것이다.

우리나라 3세부터 고등학생까지 1만 3,816명을 대상으로 조사한 결과 초등고 학년까지는 자신의 외모에 만족하거나 매우 만족하는 비율이 약 85% 이상이었으나 청소년의 경우에는 약 50% 정도만 만족하고 있다고 응답하였다(한국아동학회, 2009).

2) 건강과 영양

이 시기의 아동들이 흔히 걸리는 질병은 감기이다. 아동이 학교에 다니기 시작하면서 전보다 더 많은 곳을 다니게 되어 많은 사람들과 접촉을 하게 됨으로써 전염성 질병에 노출된다. 이 시기에는 아동기 질병, 즉 유행성 이하선염, 수두, 백일해 등에 걸리기 쉽다. 그러나 옛날과는 달리 이러한 질병들은 백신 (vaccine)의 개발로 대부분 예방이 가능하다.

학동기 동안 아동은 활동적이고 호기심이 많으며 대담하기 때문에 사고가 자주 발생한다. 따라서 아동의 모험심과 호기심을 억누르지 않으면서 위험으로 부터 보호해야 한다. 부모는 일상에서 위급한 상황에 처했을 때 행해야 할 규칙을 가르쳐야 할 필요가 있다.

연령에 따라 신체의 사고 부위도 달라진다. 머리 부분의 사고는 연령이 증가함에 따라 줄어드나 발과 손가락의 사고는 반대로 연령에 따라 증가한다. 이것은 아동의 신체가 발달함에 따라 신체의 평형을 유지하여 머리가 다치는 것을 스스로 막을 수 있기 때문이다.

보편적으로 남아가 여아보다 사고를 일으키는 비율이 높다. 특기할 것은 첫아이일수록, 가정이 엄격할수록 사고율이 낮아진다는 것이다. 이것은 이들의 부모가 자녀에게 자유롭게 행동하도록 허용하지 않기 때문인 것으로 분석된다.

학동기에는 부모가 자녀들이 먹는 것에 대해 더 이상 통제를 할 수 없기 때문에 섭식이 하나의 문제로 부상된다. 이 시기에는 아동들이 군것질하는 습관이 붙기 쉬우며, 특히 또래의 영향으로 특정 음식을 선호 또는 기피하는 경향이 나타나게 된다.

학동기의 어린이는 계속 성장하기 때문에 성인보다 단백질을 더 많이 필요로 한다. 고기, 생선, 달걀, 우유 등의 완전단백질 식품은 물론 미네랄, 칼슘, 인, 철, 비타민 등도 이 시기에 충분히 공급되어야 한다. 그러나 이 시기의 아동들은 간식을 주식으로 하는 경향이 늘어나는데, 이는 불충분한 영양 및 충치의 원인이 된다. 하지만 아동기는 왜 음식을 골고루 먹어야 하는지를 이해할 수 있

표 6-2 비만의 원인

원인	내용
유전	신체적 특징은 유전에 의해 많이 결정된다. 키, 뼈 구조 등과 마찬가지로 신진대사율이나 활동량이 유전된다. 입양아 연구에서 비만이 환경적인 요인만큼 유전의 영향도 큰 것으로 나타났다.
활동수준	활동수준이 낮은 사람은 높은 사람보다 에너지를 덜 쓰게 되므로 비만의 가능성이 조금 높다. 활동수준이 유전에 의해 어느 정도 결정된다 하더라도 아동의 놀이에 참여하고자 하는 의지가 약하거나 부모가 활동 수준을 제한하게 되면 비만해질 것이다.
음식에 대한 태도	가정마다 음식에 대한 태도가 다르다. 자녀가 음식을 많이 먹도록 격려하는 가정에서는 식사량이 많을 것이다.
음식 유형	동양식은 탄수화물이 많고 지방이 적으나 서양식은 지방이 많다. 어릴 때 형성된 식습관은 평생 지속되므로 서구식 패스트푸드는 비만의 원인이 될 수 있다는 것을 인식해야 한다.
어릴 때와 성장기의 과잉 섭취	지방세포 수는 태내기, 생후 2년간 그리고 성장기 때 크게 증가한다. 일단 생성된 세포 수는 감소되지 않고 일생 동안 일정하게 유지된다. 지방세포 수가 많은 아동은 식욕이 왕성하여 비만이 될 수밖에 없다.
텔레비전 시청	텔레비전을 시청하는 것은 다른 놀이를 할 때보다 에너지를 덜 소모하고 또한 시청 시 여러 간식을 먹게 되어 비만의 가능성이 커진다.

는 시기이므로 교육을 통해 인공색소와 방부제의 영향, 영양이 풍부한 음식, 영양이 결핍된 음식 등에 대해 알려줌으로써 아이들에게 좋은 식습관을 길러 줄 수 있다.

최근에는 비만 아동이 증가하고 있다. 통계청의 '소아비만도 분포' 조사에 따르면 경도 및 중등도 비만을 포함한 비만 아동은 약 14% 내외이다. 〈표 6-2〉는 비만의 원인을 보여 준다.

| 2 |
지적 발달

1) 지능의 이해

'우리 아이는 지능이 높다', 'IQ가 낮으니 공부를 못한다' 등 우리는 일상생활에서 지능을 언급하는 경우가 많다. 누구나 지능에 대한 관심이 높고 오랫동안 연구해온 개념이지만 지능에 대한 정의와 이론은 여전히 다양하다. 지능의 다양한 정의와 이론을 살펴보자.

(1) 지능의 정의

학자마다 지능의 정의는 조금씩 다르다. 피아제는 지능은 '환경에 대한 적응능력'으로 보았고, 지능검사를 최초로 제작한 비네(Binet)는 지능에는 판단력, 실제적 감각, 주도력 그리고 환경에 대한 적응력이 포함되어야 한다고 보았다. 스탠퍼드-비네(Stanford-Binet) 지능검사를 만든 터먼(Terman)은 '추상적 사고를 할 수 있는 능력'으로 보았다. 가장 포괄적으로 지능을 정의한 웩슬러(Wechsler)은 '합리적으로 사고할 수 있는 능력, 목적을 갖고 행동하는 능력 그리고 환경에 효과적으로 대처하는 능력'으로 간주하였다.

지능을 단일한 능력으로 보기보다는 몇 가지의 상이한 능력으로 보는 요인분석 접근(factor-analytic approach)이 있다. 스피어만(Spearman), 서스턴

(Thurstone) 그리고 길퍼드(Guilford)가 요인분석 접근의 대표적 학자들이다.

요인분석을 처음으로 사용한 스피어만은 지능을 일반요인(general factor)과 특수요인(specific factor)으로 나누었다. 여러 지능검사에서 공통으로 측정하고 있으며 다양한 과제에 작용하는 것이 일반요인이고, 특정한 과제에서만 사용되는 지적 능력이 특수요인이다(Silverman, 1982). 서스턴은 스피어만의 일반요인에는 일곱 가지의 기본적인 정신능력이 있다고 보고 언어이해능력, 귀납적 사고능력, 지각속도능력, 수리능력, 공간능력, 기억력, 언어유창성 등으로 구분하였다.

서스턴의 지능이론에 기초하여 카텔(Cattell)과 혼(Horn)은 유동성(fluid) 지능과 결정성(crystallized) 지능의 두 가지 지능 유형을 제시하였다. 유동성 지능이란 교육이나 경험과 관련이 별로 없는 것으로 귀납추리, 분별력, 도형관계, 기억력, 문제해결 속도 등의 지적 능력이다. 반대로 결정성 지능은 경험을 통해 얻게 되는 일종의 축적된 지혜로서 연역적 사고, 사회적 능력, 언어 이해력 등이 포함된다. 유동성 지능은 영아기 때부터 서서히 발달하다가 10대 후반기에 절정을 이룬 뒤 점차 하강 곡선을 이룬다. 그러나 결정성 지능은 노년기까지 지속적인 발달을 이룬다(그림 6-1). 이 카텔의 지능발달 곡선은 인간의 전생애 발달적 접근에 좋은 자료가 된다.

카텔과 혼의 이론을 이어받아 캐롤(Carroll)은 지능의 3계층 위계모델이론인

그림 6-1 결정성 지능 및 유동성 지능의 발달단계에 따른 변화

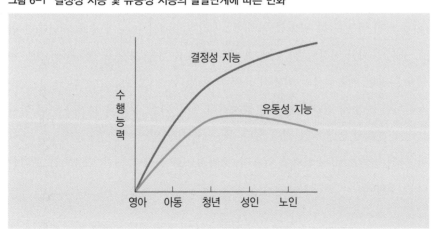

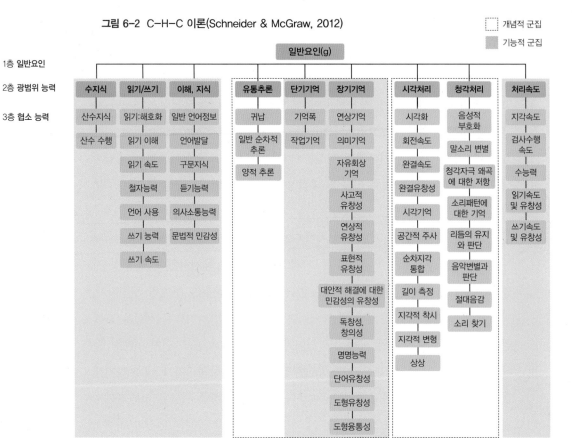

그림 6-2 C-H-C 이론(Schneider & McGraw, 2012)

개념적 군집
기능적 군집

일반요인(g)

1층 일반요인

2층 광범위 능력

3층 협소 능력

수지식	읽기/쓰기	이해, 지식	유동추론	단기기억	장기기억	시각처리	청각처리	처리속도
산수지식	읽기:해호화	일반 언어정보	귀납	기억폭	연상기억	시각화	음성적 부호화	지각속도
산수 수행	읽기 이해	언어발달	일반 순차적 추론	작업기억	의미기억	회전속도	말소리 변별	검사수행 속도
	읽기 속도	구문지식	양적 추론		자유회상 기억	완결속도	청각자극 왜곡에 대한 저항	수리능력
	철자능력	듣기능력			사고적 유창성	완결유창성	소리패턴에 대한 기억	읽기속도 및 유창성
	언어 사용	의사소통능력			연상적 유창성	시각기억	리듬의 유지와 판단	쓰기속도 및 유창성
	쓰기 능력	문법적 민감성			표현적 유창성	공간적 주사	음악변별과 판단	
	쓰기 속도				대안적 해결에 대한 민감성의 유창성	순차지각 통합	절대음감	
					독창성, 창의성	길이 측정	소리 찾기	
					명명능력	지각적 착시		
					단어유창성	지각적 변형		
					도형유창성	상상		
					도형융통성			

C-H-C 이론을 내놓았다. C-H-C 이론은 가장 상위층에 일반요인(g)이 있고 중간층에 광범위(broad) 능력들이 있으며 이 광범위 능력에는 다시 여러 개의 협소요소가 있는 3계층 위계모델이다. 이 이론에 따르면 평균 정도의 일반능력 (g)을 가진 아동도 한 광범위 능력(예 : 시각처리)에서 높은 수준을 지닌다면 협소 구성 능력인 시각변별능력에서 매우 높은 수행을 보일 수 있다. 이 이론은 현재 다양한 지능검사의 이론적 틀이 되고 있다.

이처럼 지능을 정의하는 것이 학자마다 매우 다른 것으로 보이나 여러 학자들의 견해에서 공통적인 것이 있다. 즉, 지능이란 일반적인 사고능력으로 다양한 하위 능력으로 구성되어 있으며, 포괄적으로 환경에 대한 적응력을 포함한다는 것이다.

(2) 지능에 대한 이론적 접근

지능에 대한 접근에는 심리측정적 접근(psychometric approach), 정보처리적 접근(informational processing approach), 그 외에 다양한 지능 개념을 망라하는 다중지능이론(multiple intelligence theory) 및 기타 정서지능이론(emotional intelligence theory) 등이 있다.

① 심리측정적 접근

지능에 대한 심리측정적 접근은 가장 오래되었으며 지적 능력을 수량화하여 표준화된 검사를 개발하는 등 구체적이며 실용적인 측면이 강하다. 표준화된 검사는 다음과 같은 세 가지 면에서 중요한 의미를 지닌다. 첫째, 검사에서 질문들이 명료하며 그 질문에 맞는 답들도 비교적 명확하게 기술되어 있다. 검사에서의 질문들은 학교에서 학업을 수행하는 데 요구되는 논리적 사고와 언어적 능력을 묻는 것들이다. 둘째, 표준화된 검사는 실시하는 방법이나 채점 방법 등이 분명하다. 셋째, 개인이나 단체의 검사 후 비교할 수 있는 집단이 제시되어 있으므로 상대적 지위에 대한 정보를 얻을 수 있다는 점이다(Seifert & dan Hoffnung, 1977).

심리측정적 접근이 개인 간 지적 능력의 차이를 잘 진단한다 하더라도 지능검사에 대한 비판도 제기되어 왔다. 가장 빈번하게 제기되는 문제로는 다음과 같은 것이 있다. 첫째, 지능검사가 학업적 능력에 한정되어 있다는 점이다. 지능검사는 개인이 살아가는 데 필요한 실용적인 능력, 즉 요리하기, 악기 연주하기 등은 제외하고 있다. 둘째, 지능검사는 중류층 아동에게 유리하고 소수집단에는 불리하다는 지적이 있다. 즉, 지능검사의 문항 내용이 중류층 아동에게 더 익숙한 것이라는 점이다. 끝으로 지능지수의 안정성에 대한 논의가 지속되고 있다(Seifert, 1997). 이러한 논쟁점은 뒤에서 다시 자세히 살펴볼 것이다.

② 정보처리적 접근

정보처리 이론가들은 지능에 대한 위와 같은 비판을 고려하여 다양한 지능이론을 내놓았다. 지능구조 이론 모델을 제시한 길퍼드는 지능을 3차원의 요

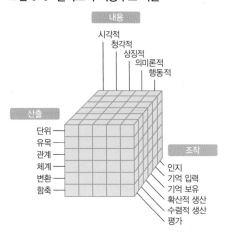

그림 6-3 길퍼드의 지능구조 이론

인으로 분류하였다. 〈그림 6-3〉과 같이 내용(content), 조작(operation), 산출(product)의 세 요인이 있고, 이 세 요인에는 5, 6, 6가지의 유형이 있어 전부 5×6×6의 180개 인자로 분류하였다. 내용은 시각적, 청각적, 상징적, 의미론적, 행동적 등 수행하는 과제의 특성이다. 조작이란 아동이 수행하는 정신 활동으로 인지, 기억 입력, 기억 보유, 확산적 생산, 수렴적 생산, 평가가 있고, 산출에는 단위, 유목, 관계, 체계, 변환, 함축 등의 조작을 통한 수행결과들이 포함된다.

그의 이론에서 많이 알려진 측면은 확산적 생산(divergent production)과 수렴적 생산(convergent production)에 대한 구분으로서 확산적 생산의 개념은 창의성과 관련하여 활발히 연구되고 있다.

스턴버그(Sternberg)는 지적 수행을 올바로 해석하기 위해서는 맥락과 경험 또한 고려해야 한다는 지능의 삼원이론(triarchic theory of intelligence)(그림 6-4)을 주장하였다. 스턴버그는 지능은 구성(componential), 경험

그림 6-4 스턴버그의 지능의 삼원이론

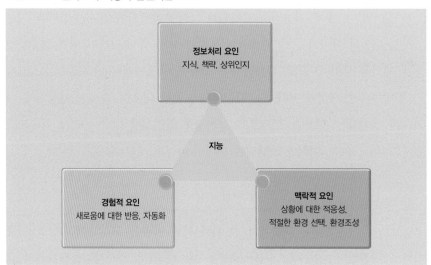

(experiential), 맥락(contextual)의 세 능력으로 이루어져 있다고 보았다. 첫째, 구성적 능력은 외부의 정보를 부호화, 추론, 관계화시킬 수 있을 뿐만 아니라 문제해결이나 인지 과제에서 계획, 평가 등을 할 수 있는 능력을 의미한다. 둘째, 경험적 능력은 새로운 상황에 부딪쳤을 때 과거의 경험을 바탕으로 문제해결을 할 수 있는 능력을 의미한다. 셋째, 맥락적 능력은 현실에의 적응력을 의미하며, 문제해결을 위한 주변 환경을 변화시키는 적극적인 사회적 유능성을 포함하고 있다.

③ 기타 지능이론

다중지능(multiple intelligences)이론을 내놓은 가드너(Gardner)도 스턴버그와 마찬가지로 지능은 서로 다른 여러 가지 능력으로 되어 있다고 보았다. 그러나 가드너는 삼원이론보다 신체기능을 포함하고 인간의 적응에 영향을 주는 전 영역을 강조한 것이 다른 점이다. 그는 다음과 같은 9개의 능력으로 지능이 구성되어 있다고 보았다.

- 언어지능 : 언어를 유창하게 하는 능력, 새로운 어휘습득의 능력, 시 등을 기억하는 능력
- 음악능력 : 악기 연주능력과 음악적 리듬의 이해능력
- 논리적 능력 : 사물과 개념과의 관계 이해
- 공간적 능력 : 시각적 세계를 지각
- 신체운동능력 : 신체동작으로 내면 세계를 표현하는 능력, 운동·신체적 균형감각의 능력
- 개인 내 능력 : 자신의 감정, 사고의 이해와 조절
- 개인 간 능력 : 타인의 감정, 사고, 동기의 이해
- 자연능력 : 자연과 환경에 대한 이해
- 영성능력 : 영적 세계에 대한 이해

기존의 지능이론에서는 이 중 언어능력과 논리적 능력만이 강조되고 있을

뿐 나머지 영역은 무시되어 왔다. 가드너가 지능의 요소를 서로 구분한 이유는 각기 다른 능력은 두뇌에서 관장하는 부위가 다르기 때문일 뿐 아니라 각각의 특정 능력은 서로 공유될 수 없는 능력으로 구성되어 있기 때문이다.

골먼(Goleman)은 1995년 '왜 IQ보다 더 중요한가(Why it can matter more than IQ)'라는 주제의 대중적인 책을 통해 정서지능(EQ)의 개념을 보편화시키며 큰 관심을 받았다. 정서지능이란 자신과 타인의 정서를 인식하는 능력, 다양한 감정을 구분하고 적절히 명명할 수 있는 능력, 그리고 정서적 정보를 사고나 행동의 안내자로 사용하는 능력 등이다. 페인(Payne, 1985), 그린스펀(Greenspan, 1989), 살로비(Salovey)와 메이어(Mayer, 1990) 등이 대표적인 연구자들이다.

여러 연구에서 정서지능이 높은 사람이 정신건강, 직업수행, 지도성이 높다는 것을 보여주었다. 정서지능의 측정도구나 정서지능의 향상방법 등이 개발되고 있으며 특히 정서지능의 신경학적 기제에 대한 연구도 시작되었다(Barbey, Colom, Grafman, 2012). 그러나 오늘날 정서지능을 측정하는 검사들은 기존의 지능검사들을 대체하지는 못하고 있다. 무엇보다도 EQ가 진정 지능인지 이 개념이 지능 개념이나 5대 성격특성 개념을 넘어서 유용성이 있는지에 대한 논쟁이 있다.

(3) 지능검사

지능을 측정하는 검사 중 가장 광범위하게 사용되는 몇 가지의 검사만 소개하고자 한다.

① 비네검사

최초의 지능검사는 프랑스의 심리학자 비네(Alfred Binet)에 의해 지적 장애아와 정상아를 구별할 목적으로 1900년대 초에 고안되었다. 이때의 검사는 단순히 아동의 지적 발달수준을 MA(Mental Age), 즉 정신연령만으로 나타냈다. 1916년 비네의 검사를 개정하여 스탠퍼드-비네 지능검사를 개발한 것은 미국의 터먼(Lewis Terman)이다. 그는 정신연령만으로 아동의 지능을 측정하

그림 6-5 IQ의 정상분포

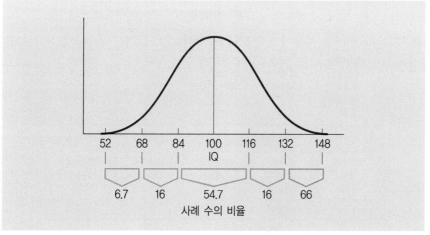

자료 : Santrock(1983), p. 253.

는 것은 곤란하며, 정신연령을 생활연령과 비교해서 표시해야 한다고 주장했다. 즉, 정신연령을 생활연령으로 나누고 100을 곱해서 나온 비율이다. 이것을 IQ(Intelligence Quotient)라 하며, 평균이 100이며 표준편차가 16인 정상분포 곡선을 보인다(그림 6-5). 처음에 비네 지능검사는 추리, 판단, 상상의 능력을 측정하는 문항으로 구성되어 있었으나, 가장 최근에 출판된 5판(SB-5)에서는 추상력, 어휘, 수개념, 기억, 문장 해석력 등을 포함시켰다(Anastasi, 1962; Roid, 2003). 우리나라에서는 스탠퍼드-비네검사가 고려대학교에서 번역·개발되었다.

② 웩슬러검사

스탠포드-비네검사에서 산출하는 비율 IQ에서는 5세 연령의 아동이 6세 아동의 지적 수준을 보이면 지능이 120(6/5×100), 10세 아동이 11세의 아동의 수준을 나타내면 지능이 110(11/10×100) 등으로 지적 능력이 연령과 비례한다고 생각한다. 웩슬러(Wechsler)는 비율 IQ의 문제점을 해결하는 대안으로 편차 IQ를 소개하였다. 편차 IQ는 같은 나이의 아동집단과 비교하여 아동의 상대적 지위를 의미하는 지능을 보고하는 것이다. 웩슬러와 그의 동료들은 아동용(WISC : Wechsler Intelligence Scale for Children-Revised, 1949), 성인용(WAIS : Wechsler Adult Intelligence Scale, 1955), 유아용(WPPSI : Wechsler Preschool

그림 6-6 한국 웩슬러 유아지능검사(K-WPPSI-IV) 지표와 소검사

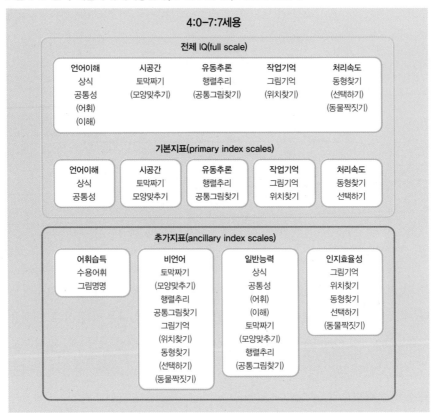

and Primary Scale of Intelligence, 1967) 지능검사를 개발하였고 현재 한국에서도 아동용 5판(K-WISC-V)(곽금주·장승민, 2019), 유아용 4판(K-WPPSI-IV)(박혜원·이경옥·안동현, 2016), 성인용 4판(K-WAIS-IV)(황순택 외, 2008)이 표준화되어 사용되고 있다. 웩슬러 검사는 개인별로 시행되며 검사자는 피검사자의 검사상황에서의 다양한 행동을 동시에 관찰할 수 있는 것이 장점이다. 스탠퍼드-비네 검사와 마찬가지로 평균 IQ는 100이지만 편차는 15이다. 최근 소개되는 웩슬러 검사는 〈그림 6-6〉과 같이 다양한 광범위 능력인 지표들로 구성된다.

③ 기타 지능검사

전통적인 지능검사는 언어이해와 표현을 강조하고 있으며 문화적인 보편성이 부족하다는 비판을 받아 왔다. 즉, 중류층 문화에 익숙한 내용을 강조하여 소수집단은 불리하다는 것이다. 이러한 점을 보완하여 범문화적(culture-fair test) 또는 비언어적 검사들이 개발되었다. 이 것은 어느 문화의 사람에게나 똑같은 난이도를 가진 검사로 본다.

대표적인 것이 레이븐(Raven) 검사로 한국에서도 사용되고 있다. 또한 비언어성 지능검사의 하나인 한국 비언어 지능검사(K-CTONI-II)가 표준화되었다(박혜원, 2014). 이것은 모든 문제가 그림으로 제시되고 정답을 가리키기만 하면 되어 다

그림 6-7 레이븐 검사

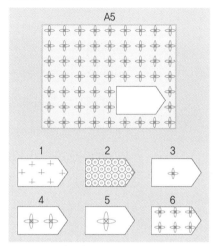

자료 : Santrock(1983), p. 260.

문화가정 아동이나 기타 언어적인 장애가 있는 사람에게 사용하기 편리하다. 6가지 소검사(그림/도형 유추, 그림/도형 범주, 그림/도형 순서)로 이루어져 있고, 5~59세용으로 개발되어 있다. 그 외에도 기존의 지능검사가 이미 획득된 지식을 위주로 평가한다는 비판하에 환경과의 상호작용에서 변화 가능한 학습잠재력(learning potential)을 측정하는 역동적 평가(dynamic assessment)도 있다(Feuerstein·Feuerstein·Falik·Rand, 2002). 이 평가는 레이븐 검사와 같은 내용을 사용하더라도 정·오답을 채점하는 데 그치지 않고 정·오답의 이유를 평가하고, 학습하는 데 소요되는 시간 등을 살펴본다.

(4) 지능과 관련된 논쟁
① 집단차

지능에 있어서 사회·경제적 지위, 인종, 문화차이 등에 따른 집단 간 차이가 있는지 연구되어 왔다. 예로 중국 아이들은 공간능력과 사고할 수 있는 능력은 유태 아동보다 높으나 언어적 능력과 수 개념은 유태 아동보다 낮은 것으로 나타났다(조복희 외, 2014). 그러나 인종이나 사회·경제적 지위에 따른 차이는 많은 관련 요인(각 집단의 가치체계, 교육 수준 등)들과 혼합되어 있고 이러한 혼입 변인을 제거하면 집단차이는 줄어든다. 예로 티자드와 리스(Tizard & Rees,

1974)는 인종 간 차이는 교육 수준을 통제하면 사라진다고 보고하였다.

② 성차

전반적인 지적 능력에 대한 성별의 차이는 별로 크지 않다 하더라도 몇몇 특정 능력에서는 차이를 보였다. 성별에 따른 차이를 밝힌 연구들을 종합한 결과 맥코비와 재클린(Maccoby & Jacklin, 1974)은 여자가 우수한 것은 언어적 능력이고, 남자가 우수한 것은 수학적 능력이며, 그 외에는 큰 차가 없는 것으로 보고하고 있다. 여자들이 언어를 일찍 배우지만 11살 정도까지는 큰 차이가 없다가 그 이후에는 여자가 독해력이나 언어의 유창성 등이 우수한 것으로 나타났다. 수학적인 능력은 12~13세가 되어야 남자가 우월한 것으로 나타나나 그렇게 일관성이 있지는 않다. 정신 능력의 성별 차이는 〈표 6-3〉에 정리되어 있으나, 그 차이가 크지 않아 일관적인 견해를 보이지 않는다.

웩슬러(2013)는 웩슬러 지능검사에서 나타난 성차를 다음과 같이 정리하였다.

- 평균적으로 모든 지표점수에서 여아의 점수가 통계적으로 유의하게 높다.
- 어린 여아의 WPPSI-IV 전체 IQ는 남아에 비해 평균 3.5점까지 높다.
- 7~0세경 남아의 전체 IQ는 여아들과 매우 유사하다.
- 이러한 경향은 청소년기 이후 남성이 여성보다 전체 IQ에서 높은 점수를 보이는 모습으로 역전되기 시작한다.
- WPPSI-IV에서 가장 큰 성차는 처리속도지표에서 관찰되었고(약 5점), 다음으로 인지효율성 지표였다. 두 검사 모두 여아가 높은 점수를 획득하였다.
- 여성에게 유리한 것으로 관찰되는 처리속도는 학동기 아동, 청소년과 성인을 포함한 모든 연령 범위에서 일관성 있게 나타난다.

③ 유전과 환경의 영향

인간의 지능이 유전에 의해 결정되느냐, 환경에 의해 달라질 수 있느냐 하는 것은 오랫동안 발달심리학자들 간에 논쟁이 되어 왔다. 앞에서 언급한 것과 같이 이것은 언제까지나 계속될 논쟁의 하나라고 볼 수 있겠다.

표 6-3 지적 능력과 사회정서 특성에 있어서의 성차

특성	성차
언어능력	학동기 전체에 걸쳐 여아는 남아보다 언어발달, 읽기, 쓰기 성취가 높다. 여아가 남아보다 언어능력 검사, 특히 쓰기에 의존한 검사에서 높은 수행을 보인다.
공간능력	신생아기부터 전 생애에 걸쳐 남아가 여아보다 공간능력이 우수하며, 머릿속에서 회전을 해야 하는 과제에서 특히 더 차이가 난다.
수학적 능력	유아기나 초등 1학년 때, 여아는 수 세기, 계산, 기본 개념의 습득에서 다소 유리하다. 아동기와 초기 청소년기에는 남아가 추상적 사고나 기하학을 포함한 복잡한 문제와 수학시험에서 여아보다 우수하다. 특히 높은 성취 수준을 보이는 아동 중에서 성차가 더 크게 나타난다.
학교성적	초등학생부터 중학교 때까지 여아가 남아보다 수학과 과학을 포함한 성적이 우수하다(여아가 지니는 우수성은 학교에서 직접 가르치지 않는 복잡한 문제를 포함한 고등학교 수학과 과학 수행에까지 이어지지는 않는다. 수학적 능력 참조).
성취동기	성취동기의 성차는 과제 유형에 따라 다르다. 남아는 수학, 과학, 스포츠, 기술에서 성공에 대한 보다 높은 자신감과 기대를 갖는 것으로 인식하고 있는 반면, 여아는 읽기, 쓰기, 문학, 예술 등에서 자신에 대한 보다 높은 기대 수준을 가지며 보다 높은 기준을 설정한다.
정서적 민감성	여아보다 남아가 정서 이해, 공감, 감정이입에 대한 자기보고에서 점수가 높다. 친사회적 행동과 관련하여 여아가 친절, 배려는 높으나 도움 주기는 높지 않다.
공포, 불안	1세 이전부터 여아는 남아보다 두려움이나 겁이 더 많다. 여아는 학교에서의 실패를 두려워하고 이를 피하려고 더 많이 노력한다. 아동-청소년기의 남아는 위험을 감수하려는 경향을 보이며 따라서 상해 비율이 높다.
의도적 통제	여아가 남아보다 의도적 통제는 높은 경향을 보인다. 이는 욕구를 억제하고 정서적 반응을 불러일으키는 자극이나 타당하지 않은 자극으로부터 주의를 전환하는 능력을 포함한다. 이러한 특성으로 인해 여아의 경우, 학업성취도가 높고 문제행동이 낮다.
순종 및 의존	여아는 남아보다 주의 통제로 인해 성인이나 또래의 지시에 순종하는 경향을 보인다. 여아는 남아보다 성인의 도움을 추구하며, 성격검사에서 의존점수가 높다.
활동 수준	남아가 여아보다 더 활동적이다.
우울	청소년기 여아는 남아보다 우울 증상을 더 많이 보고한다.
공격성	남아가 여아보다 신체적으로 공격적이며, 청소년기에 반사회적, 폭력적 범죄에 더 많이 개입하게 된다. 여아가 남아보다 관계적 공격성은 다소 높다.
발달적 문제	남아가 여아보다 말하기, 언어장애, 읽기장애와 더불어 과잉행동, 호전적인 행동 경향, 정서적·사회적 미성숙 등과 같은 행동적인 문제를 포함한 문제를 더 보인다. 남아가 여아보다 유전적 장애, 신체장애, 지적 장애를 가지고 태어나는 비율이 높다.

주 : 1) 위에 열거한 특징의 성별 차이가 있는 것은 확실하나 그 차이는 별로 크지 않다.
    2) 성별 차이는 아동 개인 간 차이에 대해 5% 이내의 설명력을 지닌다.

자료 : Berk(2013)

지능에 미치는 유전적 요인을 밝히기 위한 연구에서는 가족 구성원 간의 지능 상관을 보거나 가계조사를 할 수 있다. 3만 쌍 이상을 대상으로 51종류의

그림 6-8 IQ와 친족관계의 상관

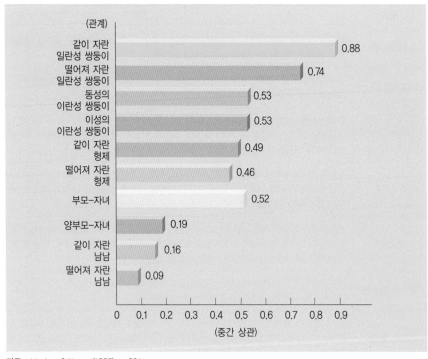

자료 : Hughes & Noppe(1985), p. 291.

그림 6-9 세 쌍의 일란성 쌍둥이

일란성 쌍생아 형제가 일란성 쌍생아 자매와 결혼한 결과 한 쌍의 부부는 일란성 쌍생아 자매를 얻었다. 가운데 소년은 다른 쌍의 부부에서 출생했다.

자료 : Munn(1955), p. 41.

친족관계에 대한 지능지수의 상관계수를 밝힌 연구에서(그림 6-8) 가까운 친족끼리는 상관계수가 높고, 친족의 촌수가 멀어지면 상관계수가 낮아진다는 것이 나타났다. 일란성 쌍생아(그림 6-9)를 같이 키우면 상관계수가 0.88이지만, 서로 친족 관계가 전혀 없는 남남끼리 다른 환경에서 자란 경우는 0.09로서 서로 거의 관련이 없다고 하겠다. 이러한 결과는 지능에는 환경보다 유전의 영향이 큰 것으로 해석할 수 있다. 일란성 쌍생아가 따로 자란 경우, 즉 유전인자가 같으나 환경이 다를 때 서로의 상관이 0.74인 데 비해 같이 자란 이란성 쌍생아는, 즉 환경이 같고 유전인자가 다른 경우

0.49로 나타난 것이 이를 뒷받침한다.

지능에 있어서 유전의 중요성을 강조한 학자 중에서 대표적인 사람이 젠슨(Jensen, 1975)이다. 젠슨은 지능이 유전에 의해 약 80%가 결정되고 20%가 환경에 의한다고 주장하였다. 그의 주장은 다른 학자(Bronfenbrenner, 1972), 특히 행동주의 학자들에 의해 반박되었다. 그 이유의 하나는 지능검사에서 측정할 수 있는 지능이란 인간의 지적 기능의 극히 일부분에 속하므로 타당하지가 않다는 것이다. 이 외에도 방법론적인 문제도 제기하고 있으나 지능에 있어서 유전의 요인은 무시할 수 없는 것이라는 데 의견이 모이는 것 같다. 헨더슨(Henderson, 1982)은 지능의 유전요인을 50%로 보는 것에는 무리가 없다고 발표하였다.

스턴(Stern)은 지능에 있어서의 유전과 환경 간의 상호작용 관계를 정리하였다. 좋은 유전적 요인을 갖고 태어났다 하더라도 불리한 환경을 제공받는 사람은, 좋지 못한 유전인자를 가졌지만 매우 좋은 환경 속에서 자란 사람보다 낮은 지적 성취도를 보여 주었다(LeFrancois, 1989).

④ 안정성

지능이 안정성을 보이는가에 대해서 학자들은 오랜 관심을 보였다. 어렸을 때의 지능으로 성인이 되었을 때의 지능을 예측할 수 있는가? 영아의 지적 능력을 측정하기 위해 개발된 베일리(Bayley) 검사를 6개월 된 아동에게 실시한 후 5세 되었을 때와 비교하였더니 0.09로 낮은 상관계수를 보였다. 이 결과에는 여러 가지 해석이 있을 수 있는데, 그중 하나는 연령별로 측정된 것이 서로 다른 능력일 수가 있다는 것이다. 어린 영아용 검사는 언어 관련 내용을 다룰 수 없어 신체발달을 중심으로 측정하나 유아기 이후 검사는 언어이해를 중심으로 문항이 구성되어 있다. 그러나 10세 정도가 되면 성인의 지능지수와 높은 상관을 나타내어 안정성을 보이고 있으며, 청년기와 성인의 지능지수와의 상관은 0.8 이상으로 청년기의 지능지수는 후의 지적 능력을 예언해 준다고 보겠다.

요약하면 지능의 안정성은 측정 간격(기간)이 짧으면 예언이 제법 정확하나 그 기간이 길어지면 예언도가 낮아진다. 또한 처음 측정 시기가 어릴수록, 즉 어린 아동일수록 컸을 때의 지능과 상관이 크지 않다(Krech, Crutchfield & Livson, 1980).

(5) 지능과 창의성

지적 능력과 함께 성공적인 수행에 미치는 요인은 창의성이다. 21세기에 들어 어느 때보다도 중요시되는 창의성의 의미와 지능의 관계를 살펴보자.

① 창의성

지능과 창의성의 관계는 그리 긴밀하지 않은 것으로 보고 있다. 지능의 구성에 많은 요소가 있듯이 창의성도 서로 다른 요인들로 구성되어 있다. 그렇지만 가장 일반적인 창의적 기준에는 독창성(originality), 신기성(novelty), 적절성(appropriateness)의 세 요인이 포함된다(Lefton, 1979). 창의적이라 하면 지금까지의 전통적인 사고에서 벗어나서 모두 같은 테두리에서 보는 사물을 다른 각도에서 보도록 제시할 수 있어야 한다. 그러나 새롭고 신선하다고 해서 엉뚱하여 적합하지 않으면 그것은 창의적일 수 없다. 〈그림 6-10〉은 창의성을 측정할

그림 6-10 창의성 검사

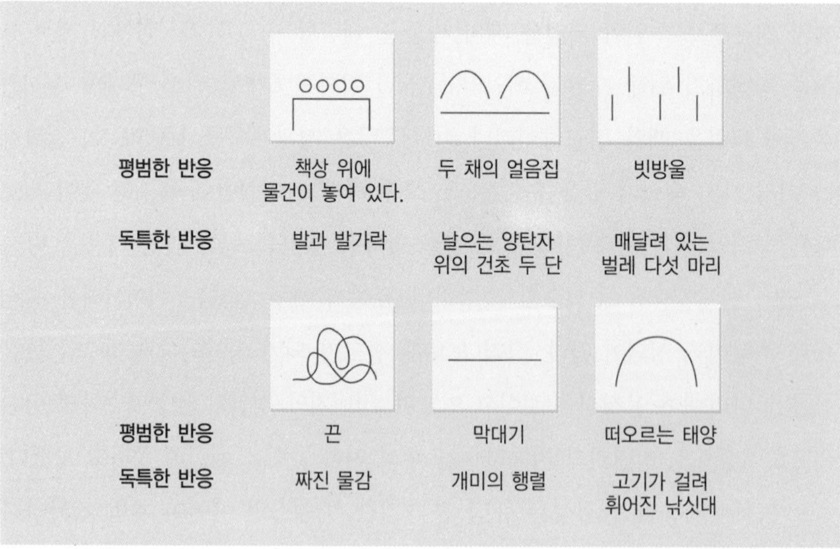

자료 : Gardner(1978), p. 443.

수 있는 그림들이다. 여기에서 많은 창의적인 응답을 볼 수 있겠다.

길퍼드는 지능의 구조를 확산적 생산과 수렴적 생산이라는 용어로써 설명하였다. 그는 대부분의 IQ 검사에서 수렴적 사고를 많이 요구하고 있다고 밝혔다(그림 6-3). 문제해결을 할 때 수렴적 사고를 하는 사람들은 기존의 지식을 통해 정확한 답을 찾으려고 하는 데 비해 확산적 사고를 하는 사람들은 해결을 위한 방법을 찾기 위해 기존의 지식을 활용한다고 보았다.

성별에 따른 창의성은 차이가 없는 것으로 밝혀졌으나 역사적으로 많은 남자들이 창의적인 활동을 하였다. 이것은 사회가 여자들에게 비독립적이고 동조적 성격을 강요하여 창의적인 사고를 제한하였기 때문이다. 학교나 가정에서 지나치게 고정된 관념을 요구하면 지적 호기심이나 탐색활동을 펼 기회를 잃게 된다.

발라흐와 코간(Wallach & Kogan, 1967)은 지능과 창의성의 관계를 다음과 같이 보고하였다.

- 높은 창의성-높은 지능 : 이런 아동은 천재로 불리는데, 이들은 자신감이 있고 어떠한 일에든 몰두하면서 통찰력도 지니고 있다. 그렇지만 이들은 전통적인 학교생활에는 다소 속박감을 느낀다.
- 높은 창의성-낮은 지능 : 이런 아동은 학교생활에 어려움을 느낄 뿐만 아니라 교사들에게는 귀찮은 존재이기도 하다. 이들은 자신이 좋아하는 일에만 매우 몰두할 수 있다.
- 낮은 창의성-높은 지능 : 이런 학생들은 사회가 요구하는 유형의 모범생이기를 원한다. 그러므로 학교생활은 잘 하나 실패할까봐 두려워 행동이 매우 조심스럽다.
- 낮은 창의성-낮은 지능 : 이들은 학교를 매우 싫어하는 유형이다.

② 영재아

지능이 높은 아동, 즉 대부분 IQ 130 이상인 아동을 영재라고 분류한다. 이들은 특출한 능력 때문에 사회생활이 원만하지 못할 것이라는 일반인의 인식을 받고 있다. 터먼의 종단적 연구는 지금까지 천재아의 통념을 깨는 좋은 연구이다.

1921년 터먼은 3~19세의 IQ가 140 이상인 아동 1,528명을 대상으로 종단적 연구를 시작했다. 이후 연구대상을 10년 내외의 간격으로 계속적으로 추적하며 지금까지 이어지고 있는데, 이 연구는 모든 참여자가 사망 시 끝날 것으로 보인다. 중간 연구에서 발표된 결과에서는 영재아들은 석사 이상의 학위를 받은 비율이 평균 집단보다 10~30배 높았고, 대부분 전문직에 종사하여 그들의 능력을 발휘하였다. 뿐만 아니라 결혼생활에도 평범한 집단의 사람보다 월등한 만족감을 갖고 있었다. 이 연구가 시사하고 있는 것은 IQ 검사에서의 지수가 사회생활에서의 성공과 밀접한 관계가 있다는 것이다.

2) 인지발달

여기서는 학동기의 인지발달을 피아제이론의 구체적 조작의 발달, 기억발달, 인지양식의 발달로 나누어 살펴보겠다.

(1) 구체적 조작

인지발달에 관한 파아제 이론에 따르면 대략 7세경부터 11세 때까지가 구체적 조작기이다. 구체적 조작기에는 보존개념, 가역성, 탈중심화 등을 획득한다.

① 가역성

전조작기 단계에서의 아동의 사고는 여러 가지로 제한되어 있다. 이들은 감각기관이 지각하는 것을 능가하여 사고할 수 있다 하더라도 아직은 정신적 표상을 조작할 수는 없다. 즉, 아동에게 크기가 가장 작은 것에서부터 큰 순서대로 막대기를 배열하라고 하면 전조작기 아동은 이 과제를 할 수 없다. 조금 더 나이를 먹어 구제적 조작단계에 거의 다다른 아동은 몇 번 시도해 본 뒤 이 과제를 성공적으로 행한다. 그러나 7세경이면 체계적인 방법을 사용한다. 즉, 가장 작은 것을 먼저 찾아 놓은 다음 그 다음 작은 막대기를 찾기 위해 막대기

표 6-4 구체적 조작기의 주요 특성

개념	주요 논점	실례
보존개념	구체적 조작기의 아동은 물체의 외형이 변했을 때에도 양이 동일하다는 물리적 특성을 인식한다.	민정이는 방바닥에 쏟은 동전을 찾으면서 어제, 책상 위에 쌓아 놓은 동전은 모두 열 개였으므로 동전 열 개를 모두 찾으려고 한다.
탈중심화	구체적 조작기의 아동은 한 가지 특징으로 판단하기보다는 여러 특징들을 통합하며 판단한다.	민정이는 주스 두 잔을 가져온 후 한 잔은 친구에게 건네면서 "주스는 똑같은 양이야. 내 유리잔은 깊고 좁지만 네 잔은 납작하고 넓거든"이라고 한다.
가역성	구체적 조작기의 아동은 주어진 문제에 대해 단계적으로 사고할 수 있으며 시작점으로 돌아갈 수 있다는 것을 안다.	가감이 전환될 수 있다는 것을 이해한다. 다시 말하면 7에 8을 더하면 15가 되나, 15에서 8을 빼면 7이 된다는 것을 이해한다.
위계적 유목화	구체적 조작기의 아동은 물체를 나눌 때 여러 가지 특성에 따라 다양하게 나눌 수 있다.	민정이는 친구에게 자신이 수집한 조약돌을 주면서 "이것들을 크기에 따라, 또는 색깔에 따라 분류할 수 있어"라고 제안하였다.
서열화	구체적 조작기의 아동은 물체를 배열할 때 전체적인 관계를 생각하며 배열한다.	민정이는 크기에 따라 조약돌들을 배열하기로 하였다. 그녀는 제일 먼저 가장 작은 것을 놓고 그 다음에는 그 다음으로 작은 것을 놓아 끝날 때까지 계속하였다.
전이적인 추론	구체적 조작기의 아동은 머릿속에서 A와 B를, B와 C를 비교한 후 A와 C의 관계를 추론할 수 있다.	"영미의 도시락은 내 것보다 큰 것 같아"라고 민정이가 말하였더니 "그러면 그 애 것은 내 도시락보다는 확실히 클거야! 왜냐하면 내 도시락은 네 것보다 작거든"이라고 희정이가 말하였다.
공간추론	구체적 조작기의 아동은 거리보존개념이 있으며, 거리와 시간 그리고 속도 사이의 관계를 이해한다. 그리고 한 장소에서 다른 장소까지 갈 수 있는 방법을 비교적 잘 이야기할 수 있다.	민정이는 같은 시간 동안 영미보다 빨리 달린다면 더 멀리 갈 수 있다는 것을 알고 있다. 그리고 그녀는 그녀의 집에서 영미의 집까지 어떻게 가는지를 확실하게 안내할 수 있다.
수평적 격차	논리적 개념들은 아동 중기 동안 점차적인 순서대로 획득된다.	민정이는 면적과 무게의 보존을 습득하기 전에 수와 액체의 보존을 이해한다.

더미를 살펴본다. 이는 아동이 이미 선택한 이전의 막대기보다는 더 크지만 아직 남아 있는 것들보다는 더 작은 막대기를 찾으려고 사고할 수 있기 때문이며, 사고의 방향을 가역시킬 수 있기 때문에 가능하다(Piaget, 1972).

전조작기 단계에서 또 하나의 제한은 보존성의 원칙을 깨닫지 못하는 점이다. 예를 들어, 높이가 높고 폭이 좁은 컵의 물을 높이가 낮고 폭이 넓은 컵에 옮겼을 때 물의 양은 같지만 물의 높이가 낮아진다. 이때 구체적 조작기의 아동은 물을 담은 용기의 모양은 변했지만 양은 같다는 개념, 즉 보존된다는 것을 깨닫게 되는데, 이것은 가역성의 개념이 획득되었기 때문이다.

② 탈중심화

가역성과 보존성 개념의 획득은 한 상황에서 다른 상황으로 주의를 바꿀 수 있는 능력이 생겨야 가능하다. 막대 문제에서 아동은 A막대가 B막대보다 작으며, 따라서 B막대는 A막대보다 크다고 말할 수 있다. '~보다 작다'에서 '~보다 크다'로의 변경이 가능하며, 이러한 관계는 상보적(reciprocal)임을 깨닫는다. 양의 보존 문제에서는 높이 하나만의 차원에서 높이와 넓이의 관계로 주의를 옮기게 된다. 피아제는 이처럼 주의를 옮기는 능력을 탈중심화(decentration)라 했다.

탈중심화 능력은 실제로는 구체적 조작기 이전에 시작되지만 아동이 자람에 따라 탈중심화는 점점 더 일반적이 되고 복잡한 문제에도 적용할 수 있게 된다. 예를 들어, 어린이는 처음에는 수의 보존성 개념을 획득한다. 열두 개의 구슬을 일직선으로 늘어놓든, 둥근 원을 만들든, 쌓아올리든 간에 구슬은 열두 개로 동일하다는 것을 이해한다. 즉, 아동은 구슬의 배치(configuration)로부터 탈중심화(decentering)할 수 있어서 구슬의 수가 동일함을 안다. 무게의 보존성 개념, 즉 모양이나 색과 같은 외형의 변화에도 불구하고 무게가 동일하다는 지각은 좀 더 복잡한 판단을 요한다. 이 개념의 획득은 구체적 조작단계에 들어선 뒤로부터 2~3년이 지나야 가능하다. 부피의 보존개념은 대상물의 물리적 상태의 변형(예 : 설탕이 물에 용해되는 것과 같은 변형)을 포함하는 문제이기 때문에 가장 늦게 획득된다.

또한 탈중심화는 부분과 전체의 관계를 생각할 수 있게 한다. 예를 들어 구체적 조작기의 아동은 파란 구슬 10개와 빨간 구슬 5개를 더하면, 15개의 구슬이 되며, 전체 구슬은 파란 구슬 또는 빨간 구슬의 수보다 더 많다는 것을 이해한다. 즉, 구슬이라는 유목(class)과 이에 대한 각각의 하위범주(파란 구술 범주과 빨간 구슬 범주)를 동시에 이해할 수 있는 것이다. 반면 전조작기의 아동은 전체 구슬이 파란 구슬보다 더 많다는 사실을 이해하지 못한다. 유목이라는 개념도 확실하게 파악하지 못할 뿐만 아니라 가역성, 이 경우는 더 많다는 개념을 처음에는 파란 구슬에 대해 적용하고 그러한 방법으로 전체 구슬에 대해 적용할 수 있는 능력을 획득하지 못하기 때문이다.

(2) 기억의 종류 및 발달

기억은 인간의 학습에 매우 중요한 요인이다. 기억은 학습의 기초가 되는 정보의 보유와 인출의 과정으로 간주되기 때문이다. 카일과 하겐(Kail & Hagen, 1982)은 기억에는 여러 가지 인지과정, 즉 부호화(encoding), 반복시연(rehearsal), 탐색(search), 인출(retrieval) 등이 포함되어 있다고 보고하였고 플라벨(Flavell, 1977)은 기억에서 응용인지의 역할을 강조하였다.

기억은 다양한 방법으로 구분할 수 있으나 가장 보편적으로 기간에 따라 단기기억과 장기기억으로 구분된다. 단기기억은 어떤 대상이 제시된 후 20~30초 동안 일시적으로 기억하는 것이고, 장기기억은 시간적으로 1분 이상 기억하거나 영원히 잊혀지지 않는 기억일 수 있다. 어떤 정보를 장기기억으로 전환하는 데는 반복시연(rehearsal), 정교화(elaboration) 조직화(organization) 그리고 인출(retrieval)의 과정이 필요하다. 이 과정은 기억을 증진시키기 위한 의도적인 활동인 기억 책략(memory strategy)으로도 불린다(Seamon, 1980).

① 단기기억

감각기관에 의해 수집된 자극은 단기기억 내에서 처리된다(Wessells, 1982). 단기기억은 세 단계로 나누어 볼 수 있다.

첫째, 감각기억(sensory memory)으로 정보가 감각기관 자체에 머물고 있는 단계인데, 인상은 순간적으로 보유된다. 감각기관의 수용범위 내에서 모든 정보를 비선택적으로 입수한다. 즉, 원천적인 형태의 기억이다.

둘째, 정보의 부호화이다. 이것은 다음 단계에서 정보의 이용이 가능하도록 감각기억을 부호화한다. 이 단계는 감각된 인상이 원형 그대로 저장되지 않는다는 정보처리의 기본 과정을 반영하고 있다. 즉, 감각인상은 처음의 행태 대신에 신경조직에 의해 처리 가능한 표상이나 상징으로 부호화된다.

셋째, 의미기억(semantic memory)단계이다. 부호화된 자료에서 의미를 창출하는 단계이다. 과거 경험과 새로 들어온 정보를 비교하여 이 새로운 정보가 무엇을 표상하는가를 발견하게 된다(Thomas, 1985).

그림 6-11 단기기억과 장기기억

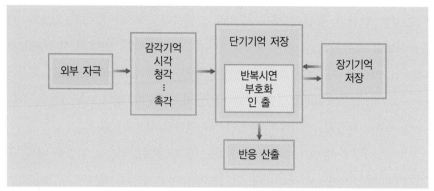

감각은 지각된 감각적 인상을 감각기억으로 보내고, 이 인상으로부터 무엇을 지각하고 단기기억으로 전달할 것인가를 선택한다. 사고과정에서의 반복이나 시연을 통하여 이러한 인상들은 보유되고, 사용되고 나서 망각된다. 인상을 더 오래 기억하기 위해서는 개인은 그것들을 정교화·조직화시키고 분류하여 이미 존재하는 장기기억과 잘 연결시켜야 한다.

② 장기기억

장기기억의 두 가지 기본적 기능은 첫째, 정보처리체계의 전 과정의 작동을 관장하는 것과 둘째, 부호화된 자료를 저장하는 것으로 볼 수 있다. 장기기억은 무제한의 자료를 무제한 보유한다는 것이 단기기억과 다른 점이다. 단기기억과 장기기억의 관계를 〈그림 6-11〉에서 볼 수 있다.

장기기억에 영향을 주는 것은 개인의 과거 경험이다. 새로운 정보는 개인의 정서, 논리, 현재의 지식체계에 따라 달리 부호화되고 저장된다. 경험의 표상은 원래대로 장기기억 내에 저장되지 않을 뿐만 아니라 수정되어 저장된다. 또한 기억은 시간이 흐름에 따라 새로운 경험에 의해 변화될 수 있고, 재부호화되기도 한다. 결국 단기기억과 장기기억의 조합에 의해서 인간의 지식체계는 구성된다고 볼 수 있다. 개개인의 발달에서 가장 뚜렷한 차이 중 하나는 환경적 자극을 해석하고 문제해결을 위해 저장된 저장내용물의 양이다. 아동은 성장하면서 겪는 경험과 신경조직의 성숙에 따라 기억 흔적이 더 많이 축적되고 이미 기억된 정보의 적용도 증가한다.

기억을 단순히 지속시간에 따라 분류한 단기기억과 장기기억 대신에 처리단계에 따라 1차적 기억(primary memory)과 2차적 기억(secondary memory)으로 분류하기도 한다. 또한 장기기억의 종류를 생활경험의 저장인 일화기억(예 : 어제 먹은 점심 간식에 대한 기억), 의미기억(예 : 사과가 무엇인지에 대한 기억), 그리고 순서적 정보가 포함된 스크립트기억(예 : 김치 만드는 방법에 대한 기억) 등으로 나누기도 한다. 그 외에도 기억의 종류를 회상(recall), 재인(recognition) 그리고 재학습(relearning)의 세 가지로 분류하기도 한다(Fernald & Fernald, 1979).

회상이란 기억 중에서 가장 많이 연구된 영역으로 전화번호의 기억, 역사적 사건의 연대에 대해 기억하는 것 등이 여기에 속한다. 재인은 회상보다 쉽게 기억하는 것으로 어제 본 그림을 보기 중에서 찾는 경우이다. 그러므로 재인은 회상보다 기초적인 단계로 회상 속에 재인과정이 포함되는 것이다. 마지막으로 재학습은 부분적으로 잊어버렸거나 아니면 완전히 잊어버렸던 정보를 다시 되살리는 기억을 말한다. 재학습에 대한 연구는 많이 수행되지 않았다.

③ 상위기억

기억에 대한 연구 중 최근에 부상되고 있는 영역이 상위기억(meta memory)이다(Lindsay & Norman, 1977). 상위기억이란 사람들이 자신의 기억과정을 이해하는 여러 가지 지식을 뜻한다(Flavell & Wellman, 1977). 기억을 인지과정과 분리해서 보는 것이 아니라 기억의 기능을 이해한다는 측면에서 접근한다. 기억과제를 명확하게 알아서 그것의 특성과 자신의 기억능력을 평가하여 거기에 맞는 기억책략을 세우는 것이 상위기억이다. 기억능력이 좋은 사람은 자신의 기억한계를 잘 알고 기억책략을 잘 사용하며, 기억활동의 순서를 설계하고 검토하는 사람인 것이다. 상위기억의 변인으로 개인의 특성, 기억과제, 기억책략의 셋이 언급되기도 한다(Flavell, 1977; Wessells, 1982).

상위기억의 발달에 대한 설명은 학자마다 조금씩 차이가 있다. 피아제를 지지하는 학자들은 구체적 조작기나 형식적 조작기에 획득하는 논리적 조작을 할 수 있어야 상위기억을 하게 된다고 보았다. 그러나 정보처리이론가들은 상위기억은 점진적으로 서서히 얻어지는 것으로, 5~6세의 아동은 반복시연과 같은 기억책략은 사용할 수 있다고 보고하였다(Wellman, Ritten & Flavell, 1975). 취학 전 아동은 기억과제에 따라 기억책략이 달라야 한다는 것을 모르고 있으나, 6~8세가 되면 어떻게 하면 효율적으로 기억할 수 있는가에 대한 여러 가지 지식, 즉 상위기억이 발달된다(Flavell & Wellman, 1977). 기억책략에 대해 자세히 살펴보자.

- 반복시연 : 반복시연에는 네 가지가 있다. 첫째, 기억해야 할 정보를 반복하면 반복하지 않은 것보다 기억될 가능성이 높다. 반복은 반복시연의 한 형태이다. 둘째, 정보의 이미지(image)를 창출하여 그것을 머릿속에서 시연해 볼 수 있다. 셋째, 정보를 반복하기 위한 제스처를 도입할 수도 있다. 넷째, 상징적 부호를 만들어 그것을 시연해 보는 것도 반복시연의 방법이다(Lindsay & Nomon, 1977).
- 정교화 : 기억해야 할 정보에 다른 것을 연결시켜 기억 속에 남도록 하는 방법이다. 예를 들어, '버스'와 '새'라는 서로 관계가 없는 두 항목 간에 의미를 부가하기 위해 '새가 그려진 버스'라는 시각적 심상을 의도적으로 만들거나, '새가 버스 안으로 들어왔다'라는 문장을 만들어 기억에 담아 둘 수 있다. 이러한 책략이 정교화이다.

  반복시연이 취학 전 아동이나 초등학교 저학년 아동의 기억을 돕는 데 잘 쓰이는 반면에 정교화는 초등학교 고학년이나 중·고등학교 학생에게 도움이 된다(Santrock, 1983), 정교화가 반복시연보다 훨씬 발달된 책략이다.
- 조직화 : 기억해야 할 정보들 간에 공통점을 찾아 묶어 주거나 혹은 작은 단위로 잘라 기억하기 쉽게 해주는 책략이다. 예컨대 시장에서 사야 할 반찬거리가 열다섯 가지라면 이것을 육류, 채소류, 과일류로 범주를 나누면 쉽게 기억할 수 있다. 여러 연구에서 이런 책략을 쓰면 훨씬 잘 기억한다는 것이 밝혀졌다. 그러나 범주가 너무 많거나 또는 불분명하면 효과가 없고, 한 범주에 너무 많은 항목이 있어도 기억을 잘 할 수 없다. 나이가 들면서 범주를 만드는 책략이 증가한다.

심리학자들은 인간의 기억능력에는 한계가 있는 것을 알아내었다. 이 기억능력은 개인마다 차이가 있으나 7±2 정도가 보편적이다. 즉, 단편적 경험이나 정보가 일곱 개 이상이 되면 단기기억에서 장기기억으로 저장되지 않았다. 장기기억 속에 담기 위해서는 작은 단위로 잘라 주면 쉽게 기억된다. 예를 들어, 지역의 전화번호를 기억하고자 할 때 지역번호-국번호-집 전화번호로 나누어서 기억하면 쉬우나 이것을 자르지 않고 연속적인 번호로 연결하면 기억하기가 어렵다(Mussen et al, 1979; Wessells, 1982).

성인이 기억할 수 있는 정보가 7개 정도인 데 비해 18개월 정도의 아동은 1개, 5세는 4개이다(Thomas, 1985). 그러므로 이러한 능력은 출생 시에 존재하는 것도 아니고, 생의 특정 시기에 자동적으로 완성되는 것 또한 아니다. 그러므로 이는 성장하면서 뇌의 성숙과 경험을 통해서 획득되고 누적된다.

(3) 인지양식

환경을 인식하고 반응하는 것은 개인마다 다른데, 이 개인차를 인지양식 (cognitive style)이라 한다. 지능지수가 비슷하고 사회·경제적 배경이 비슷한 두 아동이 학교 성적에는 많은 차이를 보일 수 있으며, 주어진 과제에 즉각 반응하는 사람도 있고 느리게 반응하는 사람도 있다. 뿐만 아니라 어떤 일에 자신감을 갖고 행동하는 사람과 자신감 없이 일을 진행하는 사람도 있다.

① 사려성과 충동성

케이건(Kagan, 1965)은 IQ와 언어능력이 같은 아동이라 하더라도 문제가 주어졌을 때 다른 양식으로 반응하는 것을 발견했다. 주어진 문제에 즉각적인 반응을 보이면서 많은 실수를 하는 아동이 있는가 하면, 천천히 생각하여 문제를 풀어가면서 실수를 적게 하는 아동이 있다. 전자의 경우 충동적(impulsive)인 아동으로 보며, 후자의 경우 사려적(relective)인 아동으로 본다. 케이건은 이런 아동을 구분하기 위해 MFFT(Matching Familiar Figure Test)를 고안했다. MFFT는 〈그림 6-12〉의 예와 같이 표본과 동일한 것을 여러 개의 유사한 그림에서 찾아내는 과제이다. 충동적인 아동은 보자마자 응답하고 다른 답이 있을 수 있다는 것을 고려하지 않으나, 사려적인 아동은 반응시간이 평균보다 길고 답을 하기 전에 여러 가능성을 타진하여 오류를 범하는 비율이 무척 적다.

충동적인 행동과 사려적인 행동을 일으키는 원인은 아동의 정보처리과정의

그림 6-12 MFFT

여섯 개의 하위 그림 중 제일 위의 그림과 같은 것을 찾도록 한다.

자료 : Hetherington & Parke(1975), p. 366.

차이에서 비롯된다고 보았다. 즉, 사려적인 아동은 체계적이고 효과적인 방법으로 사물의 특성을 주사하고 있는 데 비해, 충동적인 아동은 사물을 주사할 때 체계적이 되지 못하고 대충 검토하는, 즉 시각적 주사행동에 차이가 있는 것으로 밝혀졌다(최경숙, 1985).

아동의 이러한 인지양식의 차이는 5~6세경에 명확히 나타나며, 이 이후에도 이러한 차이는 별로 변하지 않는 것으로 밝혀졌다(Messer, 1976). 학습장애를 일으키는 과잉행동적인 아동이 충동적인 인지양식을 지니고 있으며, 사려적인 아동은 지적 성취에 대한 욕구가 크고 인지과제의 수행수준이 높은 것으로 나타났다. 또 사려적인 아동은 성숙된 발달을 하였으며, 덜 공격적인 성격인 것으로 나타났다.

② 장의존성과 장독립성

인지양식의 또 다른 측면이 장의존성(field dependence)과 장독립성(fiecld independence)이다. 지각적인 장면에서 내적 단서에 의해 판단을 하면 장독립적이라 하고, 외적인 단서에 의거하여 판단을 내리면 장의존적이라 한다. 이것을 측정할 수 있는 검사에는 RFT(Rod and Frame Test)가 있다. 깜깜한 실험실에서 빛을 내는 장방형 속에 피실험자가 막대기 앞에 앉으면 이 장방형과 막대기를 실험자가 움직이면서 검사하는 실험장치이다.

　장의존성의 또 다른 검사는 EFT(Embedded Figures Test)로, 복잡하고 큰 그림 속에서 제시된 도형을 찾아내는 것이다(그림 6-13). 장독립성은 연령의 증가에 따라 증가하는데, 17세가 되면 정점에 이르며 노년기가 되면 장의존성이 증가되어 발달적 변화에 따른 장독립성은 역U자 모양이 된다(최경숙, 1985).

　장의존과 장독립이라는 인지양식의 차이는 어머니와 자녀의 관계에서 비롯될 수 있다는 연구보고가 있다. 모스코위츠(Moskowitz, 1981) 등은 장의존적인 아동은 부모로부터 정서적 위안을 구하는 경향이 있다고 밝혔다. 어머니와 자녀관계에서 어머니가 일방적으로 애정을 표현하며 자녀 양육에 일관성이 적으면 자녀는 행동에 대한 판단 기준을 내면화시킬 수 없다. 이럴 때 장독립성의 발달이 저해되는 것으로 풀이하고 있다.

그림 6-13 EFT

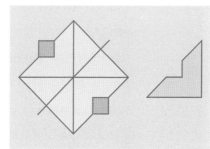

장의존적인 사람은 EFT에서 숨은 도형 찾기에 어려움이 있다.

자료 : Clarke-Stewart & Koch(1983), p. 269.

| 3 |
사회성격발달

아동이 초등학교에 입학하면 그들의 사회적 환경은 급속히 변하고, 가정 밖에서 보내는 시간이 매우 많아진다. 그들의 활동 중심은 학교가 되며, 친구는 아동의 성장발달에 매우 중요해진다. 친구를 통해 사회생활에 필요한 여러 방법을 터득하고 자신이 속한 문화의 가치관과 행동규범을 획득하면서 사회화된다(Munsinger, 1975). 학동기 아동의 사회화에 있어서 가족의 기능은 줄어든다. 여기서는 학동기에 중요한 사회성격발달의 측면들을 살펴보자.

1) 자아개념과 성역할

자신이 남과 다르다는 것을 인식하게 되면서 서서히 발달되는 자아개념(self-concept)은 연령에 따라 간단하고 구체적인 개념에서 복잡한 개념으로 발달된다. 아이들에게 남들과 다른 스스로를 기술해 보라고 할 때 초등학교 때는 신체적인 특징이나 겉으로 나타나는 행동특성을 묘사하다가 중·고등학교에 들어가면 가치관이나 사고 그리고 정서상태 등의 추상적인 차원으로 자신을 기술한다.

맥캔들레스와 에반스(McCandless & Evans, 1973)는 아동의 연령에 따른 자아개념의 특성을 밝혔다. 첫째, 연령이 증가하면서 자신에 대한 기술이 단순한 기술에서 복잡한 기술로 바뀐다. 어렸을 때는 자신을 단순히 '착하다', '나쁘다'로 묘사했지만 커가면서 '이런 것은 나쁜 점이지만 대체적으로 나는 착한 편이다'라고 기술한다. 둘째, 나이가 들면서 자신에 대한 주관적인 견해를 갖게 된다. 어렸을 때는 친구들과 유사한 점으로 자신을 묘사하고자 하지만 사춘기에 접어들면 개성을 가진 주체로서 남들과 다른 측면으로 자신을 파악하게 된다. 셋째, 나이가 들어가면서 점점 안정적인 자아개념을 지니게 된다. 나이가 들고 인지능력이 성숙됨에 따라 외부의 상황에 흔들림 없이 안정된 자아개념을 형성한다. 다른 사람과의 상호작용이나 외부의 정보를 흡수하는 데서도 자신이 누구이고 자신이 어디에 있느냐의 인식하에 이루어진다.

자아개념은 자존감(self-esteem)과 관련해서 연구되기도 한다. 자존감이란 자아를 긍정적인 가치로서 인식하는 개념으로 다른 사람들의 수용과 인정으로부터 형성된다. 학동기에 있어 자존감은 매우 중요하여 학교생활과 친구관계의 성공 여부는 자존감과 관련되어 있다. 같은 지적 능력, 같은 신제적 조건, 같은 가정 배경을 가진 두 아이 중 한 명은 자존감이 높고 다른 한 명은 자존감이 낮다고 할 때 그들의 학교생활에는 커다란 차이가 있다. 자존감이 높은 아동은 친구들과 원만한 관계를 유지하며 친구들이 따르는 지도자가 되며, 독립적이고 창의적인 능력을 발휘할 수 있으나, 자존감이 낮은 아동은 자신을 쓸모없는 인간이라 여겨 솔선해서 행동하지 못하며, 새로운 과제에 불안감을 보인다. 자존감은 부모와의 관계에서도 비롯될 수 있는데, 부모가 자녀의 행위를 인정하고 격려해 준다면 높은 자존감을 갖게 되나 부모가 자녀의 잘못한 면만 들추어낸다면 부정적인 자아개념, 즉 낮은 자존감을 획득하게 된다.

자아개념과 함께 학동기에 중요한 사회성 발달영역의 하나는 성역할이다. 아동은 초등학교에 들어가면 사회문화가 요구하는 것이 성별에 따라 다르다는 것을 깨닫기 시작한다. 즉, 그들은 남녀에 따라 다른 형태의 옷을 입어야 하고 놀이 유형이 다르다는 것을 인식할 뿐만 아니라 커서 성별에 따라 다른 직업을 가질 수 있다는 것도 파악하게 된다. 5~6세의 아동은 성역할의 고정관념이 매우 심해서 '남자만 의사가 되고 여자는 간호사밖에 될 수 없다', '남자는 부엌일을 해서는 안 된다', '자녀 양육은 여자의 일이다' 등의 남녀 역할을 명확히 구분한다. 그러나 이런 인식에 있어 성별에 따라 차이를 보이는데, 일반적으로 남아는 남성적 특성을 훨씬 더 많이 인식하는 데 비해 여아는 남성적 특성과 여성적 특성을 비슷하게 인식한다(이종란, 1980; 이재연, 1982).

7~8세가 되면 이 고정관념이 점차 회희박해진다. 유리안(Ullian, 1976)은 그의 연구에서 어린 아동은 성 동일화(gender identity)를 확고히 하기 위해 뚜렷한 성 고정관념을 갖는다고 보았다. 그러나 6, 7세가 되어 여자가 남자처럼 논다고 해도 남자가 되지 않는다는 것을 깨닫게 되면, 즉 성 항상성(gender constancy)을 획득하면 이 고정관념이 희박해진다(표 6-5).

성역할 행동을 결정하는 데는 생물학적 특성이 중요한 요인이라고 보아 호르몬의 분비에 따른 행동의 성별 차이를 분석한 연구도 있다. 그 결과 호르몬은 남성과 여성의 서로 다른 행동 특성을 유발시킬 수 있다는 것이 밝혀져 생물학적인 성이 역할 행동을 결정하는 데에 영향이 있다는 것으로 결론지었다(Ehrhardt & Barker, 1974).

성역할에는 생물학적 요인도 인정하지만 사회화의 과정도 역시 중요하다. 부모의 양육태도는 분명히 성역할의 개념을 형성하는 데 중요한 역할을 한다. 또한 대중매체, 특히 텔레비전과 학교 교육은 성역할 발달에 지대한 영향을 준다. 텔레비전에서는 남자들은 적극적이고 유능하며 전문직종에 종사하고, 여자들은 가정일에 매달리며 감성적이고, 소극적이며 수동적인 역할로 일관되어 오고

표 6-5 성역할 발달

연령	성고정관념과 성역할 발달	성역할 정체감
1½~5세	• 자신의 성에 적합한 놀이 행동이 나타나고 꽤 지속적이다. • 활동, 취미 행위에 대한 성 고정관념이 발달한다. • 동성 친구에 대한 선호가 나타나며, 점차 뚜렷해진다.	• 성 일관성은 미취학 시기에 걸쳐 성 명명화, 성 안정성, 성 항상성의 세 단계로 발달한다. • 5세 정도에서는 자기 평가가 자신의 성과 관련되어 형성된다.
6~11세	• 인성 특성과 성취의 영역에서 성 고정관념의 인식이 강화된다. • 성 고정관념은 약간 융통적이다. • 여아들은 남성 특성의 활동을 시도하며, 남아들은 남성적인 활동이 증가한다.	• 남아들의 남성적인 성역할 정체감이 강화되며, 여아들의 성역할 정체감은 좀 더 양성적이 되어간다.
12~20세	• 전통적인 성역할 동조성이 초기 청소년기에 증가하나 점차 감소한다. • 동성 친구에 대한 선호는 사춘기 이후 점차 줄어든다.	• 남아 및 여아에 대한 성역할 정체감은 초기 청소년기에 전통적이나, 여아들의 전통적 성역할 정체감은 점차 감소된다.

있다. 이런 프로그램을 시청하는 아동이 남녀 역할의 고정관념이 강화되는 것은 분명한 사실이다.

가장 강력한 사회화의 기관인 학교 또한 성역할 고정관념을 키워주고 있다(Howe, 1979). 초등학교 때의 자리 배치, 중·고등학교의 남녀 분리된 학급편성 내지 남녀 구분의 학교 등은 성역할 구분을 명확하게 해준다. 최근의 양성성(androgyny) 개념은 전통적 성역할 개념, 즉 남성성과 여성성은 양극에 존재한다는 개념에서 탈피하고 있다. 진통적 남성적 특성과 전통적 여성적 특성을 모두 가진 개인, 즉 양성적인 특성을 지닌 사람은 사회적으로 자신감이 있고 자존감이 높으며 성취도가 높은 것으로 밝혀졌다(Babladelis, 1982). 생물학적인 성에 관계없이 양성적인 사람은 매우 창조적이며 여러 상황에 자신감을 갖고 대처하는 것으로 보고하고 있다(Bem, 1975). 그러나 최근의 연구(Baumrind, 1982)에서 양성적 부모는 자녀 양육에서의 자신감이 부족하다고 지적하고 있어 양성적 개념은 논쟁의 여지를 갖고 있다.

2) 도덕성과 친사회성

(1) 도덕성의 이해

도덕성이란 개인이 다른 사람과의 관계에서 지켜야 할 사회집단의 규칙이나 규약의 인식을 뜻하는 것으로 옳고 그른 것을 구별할 수 있는 능력이다. 도덕성 발달은 아동으로 하여금 그들이 자라왔던 문화가 기대하는 대로 행동하도록 하는 사회화 과정의 일면이다. 자신이 속한 문화의 도덕적 가치에 따라 행동하도록 배울 뿐 아니라 그것을 내재화시켜 자신의 가치로 받아들이는 과정이 곧 도덕성 발달 과정이다. 아동의 도덕성 발달은 세 측면에 초점을 두고 연구되어 왔다.

첫째, 도덕적 사고와 도덕적 행동의 연구이다. 아동의 도덕적 가치관을 측정하고 외현적인 행동을 관찰함으로써 그 아동이 지니고 있는 도덕적 수준을 판단하는 것이다.

둘째, 도덕적 감정을 연구하는 것이다. 도덕적 감정에는 죄의식이 있을 수 있고 공감, 이타성과 같은 죄의식과 반대되는 감정도 있다. 죄의식이란 자기비판, 후회나 불안으로부터 온 자기처벌을 말한다.

셋째, 도덕적 갈등상황에 놓였을 때 판단근거를 연구하는 방법으로 콜버그(Kohlberg)가 시도한 접근법이다(Hoffman, 1979).

① 피아제의 도덕발달이론

피아제는 도덕발달을 사고의 과정에 초점을 맞추어 1932년에 《아동의 도덕판단(The Moral Judgement of the Child)》이라는 책을 출간하였다. 그는 4~12세까지 아동의 구슬놀이를 관찰하고 면접을 통해 도덕적 사고를 도덕적 실제론(moral realism)과 도덕적 자율성(moral autonomy)의 2단계로 나누었다.

피아제는 4세 이전의 아동은 구슬놀이에서 규칙에 대한 관심이 전혀 없음을 관찰했다. 이들은 구슬놀이를 할 때 이긴다는 것에는 관심이 적고 구슬을 여러 가지 방법으로 조작함으로써 얻을 수 있는 근육의 움직임을 즐기고 스스로 탐구하는 데 더 관심을 갖는다. 4~5세 정도가 되면 큰 어린이들이 노는 경기의 규칙을 관찰하고 행동을 모방하기 시작하지만 경기를 어떻게 진행할 것인가에 대한 약속이나 협동적인 동의는 하지 못한다.

아동이 4~7세 정도 되어야 도덕적 실재론 단계의 특성을 보인다. 이 단계는 행위의 옳고 그름이 결과에 의해서 판단되며 행위의 의도와는 무관한 것으로 본다. 예를 들어, 과자를 훔치려다가 옆에 있던 컵 하나를 깨뜨리는 것보다 우연히 문을 열다가 그 옆에 있던 컵 열두 개를 깨뜨린 것이 더 나쁜 것으로 생각한다.

도덕적 실재론의 단계에서는 모든 규칙은 바꿀 수도 없고 절대권위자가 만들었다고 믿는다. 이들은 규칙을 신성하고 불변하는 것이며, 올바른 행동에 대한 지침서로 간주한다. 규칙은 자연적 법칙과 마찬가지로 절대적 원천으로부터 발생된다고 생각한다. 뜨거운 오븐을 만지면 손을 덴다거나 또는 집 안에 장난감을 어지러 놓으면 엄마, 아빠를 화나게 만든다는 것을 이해하는 것처럼 이 나이의 아동은 규칙을 어기는 것은 불가피하게 나쁜 결과를 야기시키게 된다고 생각하는 것이다. 또한 신체적 부상이나 불행한 일은 하느님의 심판이나 우주의 정의에 의해 결정된 것으로 여긴다. 피아제는 새로운 규칙을 놀이에 적용해 가르쳐 주었을 때 이 시기의 아동은 절대로 규칙은 고칠 수 없고 '하느님이 가르쳐 준 방법'대로 해야 된다고 고집한다고 보고하였다.

7~10세 정도에는 일종의 과도기 단계로서 도덕적 실재론과 도덕적 자율성이 같이 나타난다(Santrock, 1983). 그러나 10세가 되면 도덕적 자율성을 보이는데, 앞의 컵의 실험에서 행위자의 의도가 도덕판단의 기준이 된다. 또한 규칙은 바뀔 수가 있고 사회적 협약이라는 것을 인정하게 된다.

피아제는 10세 아동을 관찰한 결과 이 나이 아동의 도덕성 발달은 좀 더 성숙한 국면으로 접어들어 자신과 타인 모두가 욕구와 권리를 가진다는 자각을 하게 됨을 밝혔다. 나이가 들면서 아동은 뜨거운 다리미를 만지면 손을 데는 자연적 규칙과 경기에서의 규칙 간의 차이를 터득하게 된다. 이 단계에서의 아동은 놀이의 규칙을 여러 방법으로 수정하고 놀이에 참여한 모든 사람들에게 규칙의 변화에 대한 동의를 구한다.

12세의 아동들은 경기 참가자 모두가 변화된 규칙을 받아들인다면 이 경기

규칙은 공정하다는 생각을 하게 된다. 이는 고착된 법칙과 권위에 순응하는 데서 한 단계 진보했음을 나타내며, 쌍방적 상호관계를 이해했기 때문으로 볼 수 있다. 도덕적 자율성은 인지의 발달로 자아중심성이 감소되고 탈중심화가 이루어져 가능한 것이다. 타인의 관점을 이해하고 타인도 자신과 마찬가지로 독립적인 사고를 하고 있다는 것을 인식하면서 도덕적으로 성숙하는 것이다.

② 콜버그의 도덕발달이론

아동의 도덕판단이 일정한 단계를 거치면서 발달된다는 피아제의 의견에 동의한 콜버그는 피아제의 도덕발달 두 단계를 여섯 단계로 확장시켰다. 콜버그는 아동에게 도덕적 갈등상황을 겪는 가상적 이야기를 제시한 후 그 판단에 따라 도덕발달 수준을 나누었다. 가상적 이야기의 예는 다음과 같다.

죽음에 임박한 부인을 구할 수 있는 약을 약사가 발견했는데, 그 약을 가진 사람은 재료비의 열 배로 팔겠다고 한다. 부인의 남편은 약값의 절반밖에 구하지 못했으니 약을 싸게 팔거나 약값을 나중에 지불하게 해달라고 부탁했으나 거절당한다. 그래서 남편은 약방을 부수고 약을 훔친다.

콜버그는 이 이야기를 들려준 후 남편의 행위에 대해 옳은지, 그른지, 또 왜 그렇게 생각하는지, 그 남편은 좋은 사람인지 등의 질문을 통해서 아동의 반응을 분석하여 다음과 같이 도덕발달단계를 나누었다(Gardner, 1978; Kohlberg, 1978).

- 전 인습적 도덕수준(preconventional level) : 9세 이전 아동의 도덕수준으로, 이 시기에는 벌을 피하기 위해 행동하거나 상을 받기 위해 행동하며 모든 행위는 자신이 아닌 외부의 권위자에 의해 만들어진 규칙에 따른다.

제1단계: 처벌과 복종 지향 도덕(obedience and punishment orientation)
규율을 어겨 받아야 할 벌을 피하기 위해서 행동하는 단계이다. 자기 중심적인 사고를 하여 심리적인 관심보다는 물리적인 요인에 의해 행동이 결정된다.

제2단계: 개인주의 지향 도덕(individualism and exchange)
각 개인의 관심과 흥미에 따라 도덕적 행위가 결정되며, 다른 사람도 똑같은 욕구가 있다는 것을 인정한다. 도덕적 행위에는 공정한 교환이 포함된다고 여긴다. 그러므로 옳다는 것은 상대적 의미를 지니고 있다.

● 인습적 도덕수준(conventional level) : 청소년기와 성인 대부분이 이 수준에 있다(Clarke-Stewart & Koch, 1983) 이 시기는 사회 규율이나 관습에 맞는 행동을 도덕적 행동이라 간주한다.

제3단계: 상호관계 지향 도덕(good interpersonal relationships)
가까운 사람의 기대에 부합하는 착한 아이로 행동하고자 하는 것이 동기가 된다. 다른 사람과의 관계를 인식하게 되고 다른 사람으로부터 인정을 받고자 노력한다.

제4단계: 사회체계 지향 도덕(maintaining the social order)
사회질서를 위한 법의 존재를 인정하고 법에 따른 행동이 도덕적 행위로 규정된다.

● 후 인습적 도덕수준(postconventional level) : 대부분 20세 이상의 성인들 중에 일부만 이 수준까지 간다고 콜버그는 보고 있다. 이때의 도덕적 행위란 개인의 가치 기준에 의해 결정되는 것이지 사회나 권위자에 의한 것은 아니다.

콜버그에 의하면 연령이 많아질수록 점차 높은 단계의 도덕적 사고를 한다. 7세의 아동은 벌을 받지 않으려고 행동하며, 10세쯤이면 반 정도의 아동은 1~2단계의 도덕수준에 머무른다. 10세 아동의 일부는 사회의 인정을 받기 위해 사회의 규범대로 행동하기도 한다. 13세에 이르면 소수의 아동이 추상적인 사회계약을 인식한다.

〈그림 6-14〉에서 보는 바와 같이 연구대상 아동은 연령이 증가함에 따라 제1, 2단계는 감소하는 반면, 제3단계와 제4단계는 점차 증가한다.

그림 6-14 연령에 따른 콜버그의 도덕발달 단계

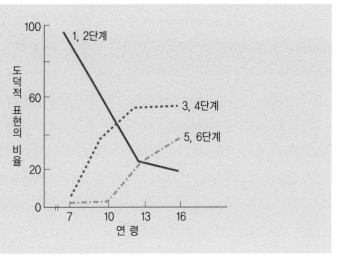

콜버그에 의하면 연령 증가에 따라 아동의 판단은 더 높은 도덕적 추론에 근거하게 된다. 7세가 되면 처벌을 면하고 합리적인 교환가치를 얻는 데 근거하여 도덕적 결정이 내려지나, 10세가 되면 도덕 판단의 거의 반은 사회적 인정을 얻고 사회규율에 복종하기 위해 결정된다. 13세부터는 추론된 사회적 계약 또는 보편적인 윤리적 원리에 따라 도덕적으로 사고한다.

자료 : Clarke-Stewart & Koch(1983), p. 324.

제5단계: 사회계약 지향 도덕(social contract and individual rights)
다수의 공익을 위한 법률은 사회계약으로 인정하기도 하나 이와 함께 개인의 권리, 예를 들어 자유와 같은 개인적 가치도 경우에 따라 중요시된다. 그러므로 민주적인 절차에 따라 법률이 바뀔 수도 있다는 것을 안다.

제6단계: 보편원리 지향 도덕(universal principles)
인간의 권리는 동등하여 인간의 존엄성을 인정하는 정의라는 차원에서 도덕이 판단된다. 도덕적 행위는 양심으로 표현한다. 이 마지막 단계는 예수, 석가모니 등과 같이 소수의 성인만이 도달할 수 있다.

③ 데이몬의 공평성 이론

콜버그의 도덕성 이론이 모든 문화권에 동일하게 통용될 수 없다는 한계성에 따라 투리엘(Turiel)의 영역 구분 모형(domain distinction model)이 대안으로 제시되었다. 타인에게 신체적 해를 입히지 않는 등의 생명의 가치에 대한 도덕성은 어느 시대나 어느 문화에서도 통용되는 도덕적 영역(moral domain)이나, 사회에 따라 매우 다르면서도 행동규범을 한정하는 도덕적 성격을 띠는 관혼상제 등은 사회-인습적 영역(social-conventional domain)으로 구분되었다(송명자, 1994).

사회 구성원의 도덕성 발달이 분배 정의를 어떻게 이해하느냐에 따라 달라질 것이라는 가정하에 데이몬(Damon)은 아동을 대상으로 공평성 추론이론을 정립하였다. 공평성 추론은 콜버그이론의 단점을 보완하였다. 즉, 아동의 능력을 탐색할 수 있고 비서구문화권에서도 적용이 가능하며 사고와 행위 간의 불일치도 해결할 수 있는 것이 데이몬의 이론이다(공인숙, 1996).

데이몬은 4~12세 아동에게 분배 상황을 가설적으로 제시하고 자원이나 보상의 분배방법과 분배 결정의 정당화를 면담을 통해 분석하여 아동의 도덕성 발달 경향을 보고하였다. 그 결과 유아들은 자아중심적이어서 공평성 추론이 가능하지 않으나 5~7세가 되면 객관적인 공평성 기준을 말할 수 있다. 그 기준으로는 모든 사람이 동일 기회, 동등한 권리가 있다는 동등 원칙에서 바람직한 특성을 소유하느냐에 따른 장점 원칙, 불리한 조건을 고려하는 필요 원칙의 발달과정을 보인다. 가장 고차원적인 기준은 장점 원칙과 필요 원칙을 동시에 고려한 형평 원칙이다. 이 공평성 추론 수준을 요약하면 〈표 6-6〉과 같다(공인숙, 1996; 송명자, 1994).

표 6-6 데이몬의 공평성 추론 수준

수준	연령	추론 원칙	내용
0~A	4세 이하	소망 원칙	자신의 욕구와 소망에 따라 판단 예) 나는 많이 가질래
0~B	4~5세	외적 특성 원칙	키나 성별을 기준으로 판단 예) 키가 제일 크니까 많이 가져. 남자들은 많이 가져
1~A	5~7세	동등 원칙	모든 사람에게 동등하게 분배해야 된다고 판단 예) 모두 똑같이 나누어 갖자
1~B	6~9세	장점 원칙	장점이나 기여 정도에 따라 분배해야 한다고 판단 예) 저 애는 많이 일했으니까 많이 주자
2~A	8~10세	필요 원칙	필요한 사람에게 많이 분배해야 한다고 판단 예) 가난한 아이에게 더 주자
2~B	10세 이상	형평 원칙	사람들의 특수상황과 특수요건을 고려하여 분배해야 한다고 판단

그림 6-15 연령에 따른 동조성

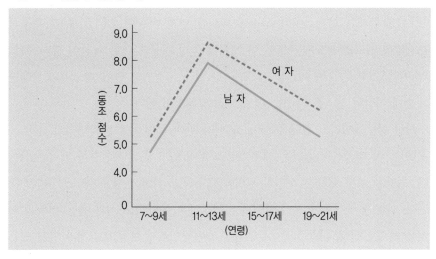

(2) 우정

초등학교 때는 프로이트가 언급한 잠복기로서 대개는 동성의 친한 친구를 몇 명 사귀게 되는데, 이들과의 친밀하고 자속적인 애정적 유대를 우정(friendship)이라 한다. 우정은 상대방에 대해 기본적으로 알고 같이 행동하면서 형성된다. 최초의 관계가 형성되면 서로의 유사점과 상이점을 알고 자신을 노출시키며(self-disclosure), 우호관계(amity)의 과정을 거친다(Gottman, 1983). 윤진(1984)은 우정관계를 서로 자극을 주는 자극의 가치, 욕구해결을 해주고 협조하는 이용가치, 그리고 지원하고 격려해 주는 자아지지의 가치 등 세 가지로 보았다.

친구관계의 형성에도 성별의 차이를 보인다. 남아들은 단체를 이루며 친구를 사귀나, 여아는 1:1의 친구관계를 보인다. 월드롭과 할버슨(Waldrop & Halverson, 1975)은 이와 같은 친구관계의 성별 차이를 세 가지로 요약했다. 첫째, 소년들은 단체행동을 할 수 있는 야외놀이를 좋아하는 반면에 여아들은 실내놀이를 좋아한다. 둘째, 소녀들은 단체놀이의 떠들썩한 분위기를 문화로부터 제재받는다. 셋째, 여아들은 어머니와 딸과 같은 관계처럼 개별적인 관계에 익숙하다.

이원적 우정관계를 단짝 친구라 한다. 초등학교 시기의 단짝 친구는 동성으로 일종의 동성애로 볼 수 있을 정도로 친밀도가 높아 감정적 애착관계가 깊다. 이성에 대한 혐오감이나 부정적 태도는 남자 아동이 11세경, 여자 아동이 13세경에 최고조에 도달하므로 이 시기에 동성 친구에 대한 애착이 깊다. 서로의 비밀을 털어놓으며 어려울 때 도울 수 있는 아동기의 단짝 친구와의 관계는 나중에 이성의 친구를 사귀는 데 필수적인 경험이 된다.

친한 친구들끼리의 집단을 갱(gang)이라 한다. 초등학교 고학년에서 흔히 볼 수 있는 이 비공식적 집단은 매우 구조화되어 있고 응집력이 강한 것이 특색이다. 집단을 이룬 이들은 성인의 권위에 대항하고 위험한 행동까지도 서슴지 않는다. 때로는 구성원이 되기 위해서 바람직하지 못한 입문식과 같은 의식을 치러야 하기도 한다. 아동들은 이 조직에 참여함으로써 보호의 감정과 안정 또는 정체감까지도 얻게 된다.

(3) 우정의 발달

아동의 나이나 성 또는 가까운 이웃에 사는 것 등의 지역적 여건이 친구의 선택에 중요하다. 지역적 여건과 같은 구조적 차원은 친구관계의 질적인 것과는 상관이 없을 것 같지만 우정활동을 형성하기 위해서 편리하다는 크나큰 이점이 있다. 흔히들 인성이 친구를 사귀는 데 중요할지도 모른다고 여기고 있으나 이 점은 명백하지 않다. 또한 친한 친구끼리는 유사한 성격을 지녔다고 생각하는 경향이 있으나 이것도 명확히 밝혀지지는 않았다. 유사성이 서로 독립적으로 측정되었을 때는 가장 친한 친구가 싫어하는 친구보다 실제로는 유사성이 더 적을 수도 있다. 아동이 유사성 때문에 친구를 선택하는지 아니면 친구이기 때문에 유사하다고 생각하는지는 미지수이다. 그러나 친구 간에 유사한 흥미나 태도, 행동 등은 그들의 관계 형성에 외형적 근거가 되는 것은 사실이다. 이 외에도 학업능력이나 사회·경제적 지위도 친구를 사귀는 데 깊은 관련이 있다. 서로 비슷한 능력이나 배경이 쉽고 가깝게 해주는 요인이라 하겠다.

남녀의 성별에 따른 친구의 교제는 그 기본적 욕구가 다르다고 보고 있다. 청소년의 연구에서는(Hughes & Noppe, 1985) 남자들은 도구적 욕구(instru-mental needs)에 의해 친구를 사귀고, 여자들은 표현적 욕구(expressive ne-

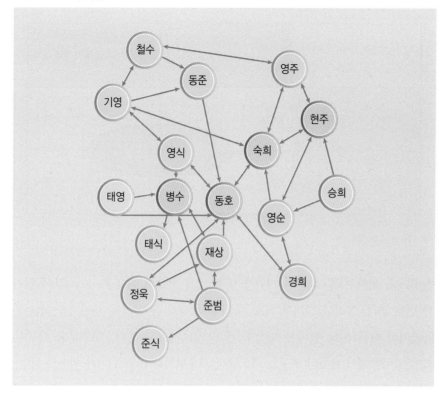

그림 6-16 교우측정도

eds)에 의해 친구를 사귀는 것으로 밝혔다. 초등학교 시절에도 확실히 여아들은 남아들보다 친구들 사이에 정서적 교류나 감정적 관계를 유지한다.

친구관계는 소시오메트리(sociometry)라는 방법으로 조사된다. 반에서 누구를 좋아하느냐, 싫어하느냐, 생일에 누구를 초대하고 싶으냐 등의 질문을 통해 그들의 관계를 그림으로 나타낸다. 이 그림이 교우측정도(sociogram)로 표시된다. 〈그림 6-16〉에서 인기 있는 아동은 병수, 동호, 숙희, 현주이며, 인기 없는 아동은 승희, 태영이다.

초등학교에서 가장 인기 있는 아동은 대체적으로 친절하며 사교적이고 학업 성적도 좋고 체육도 잘하며 또한 외모가 좋은 아이이다. 물론 어떤 아동도 이 조건을 모두 갖추지는 않지만 위와 같은 조건은 인기와 관련이 높다(Papalia & Olds, 1978).

인기가 없는 아동은 대개 도전적인 성격에 공부도 못하고 외모도 좋지 않은

그림 6-17 또래에서의 인기

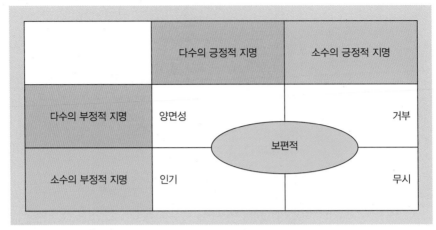

	다수의 긍정적 지명	소수의 긍정적 지명
다수의 부정적 지명	양면성	거부
소수의 부정적 지명	인기	무시

보편적

자료 : Bergin & Bergin(2014)

아이이다. 또한 사회·경제적 지위가 너무 낮은 가정의 아동은 친구 간에 인기가 별로 없다. 그러나 신체적 외모, 학업성적, 성격 등 인기와 관련 있는 변인은 극단적이 아닌 이상 별다른 영향을 주지 않는다고도 본다. 대부분의 아동은 〈그림 6-17〉에서 보듯이 친구들 사이에서 거부되기도 하고 인기가 있기도 한다.

최근에는 친구 간의 인기와 우정을 구별하고자 한다(McGuire & Weisz, 1982). 인기라는 것은 집단에 의해 어느만큼 환영받느냐에 달려 있는데, 우정이란 1:1의 관계에서 좋아하는 정도를 나타낸다. 사교성, 남을 칭찬하는 태도, 가정의 사회적 지위 등은 인기에 영향을 주나 우정의 형성에는 관계가 없다. 반면 이타적 기질이나 다른 사람의 감정을 이해하고 민감한 것은 우정을 나누는데는 중요하나, 인기에는 별 관계가 없다. 그러므로 진실한 친구는 없어도 친구 간에 무척 인기가 있을 수 있고, 친구 간에는 인기가 없어도 매우 가까운 친구가 될 수 있다.

3) 학교

아동이 초등학교에 입학하게 되면서부터 많은 시간을 보내는 곳이 학교이다. 학교생활을 통해 지식을 습득하고 사회인으로서 기초를 닦는다. 초등학교 시기는 근면성이 발달되어야 하는 시기이다.

(1) 한국인의 교육관

한국인의 교육에 대한 인식은 다음과 같이 네 가지 유형으로 구분될 수 있다(이종재 외, 1981). 첫째, 유교적 교육관으로 도덕성과 선비 정신의 함양이며, 둘째, 교육을 사회적 지위를 분배하는 데 있어 합리적이고 정당한 수단이라는 관점이다. 셋째, 교육을 사회적 지위 상승의 수단으로 보며 교육을 통해 사회계층 이동을 꾀하고자 하는 지위추구에 목표를 두는 것이다. 마지막으로 자아실현의 방법으로 교육을 보는 인간적인 교육관이다. 현 사회의 대부분의 구성원들이 지니고 있는 잘못된 신분상승의 교육관으로 인해 학교가 입시 위주의 교육으로 일관되고 있다고 볼 수 있다.

(2) 학교의 기능

학교의 기능은 사회생활에 필요한 기초적 기술을 가르쳐 주고 그 사회의 가치관을 전달해 주는 것이다. 뿐만 아니라 학교는 아동이 거리나 노동시장으로 나가는 것을 막는 보호의 기능도 수행한다. 그러나 학교의 여러 기능 중 가장 중요한 것은 사회화 대행자로서의 기능이다. 전통적인 사회에서는 가정이 사회화의 기능을 전달하였으나 현대에 와서는 가정의 사회화 기능은 약화되고 대신 학교가 그 기능의 많은 부분을 담당하게 되었다. 아동은 특정 문화라 볼 수 있는 가정에서 부모의 가치를 배운다. 반면에 학교는 아동이 알고 있는 가치와 상반된 가치를 제공한다. 아동은 더 큰 사회에 의해 승인된 규범과 행동을 배워야 하며, 이러한 일을 잘 수행해 주는 곳이 학교이다.

또한 아동은 학교에 다니면서 강력한 성인 모델인 교사와 경쟁자로서의 모델인 친구와 접촉하게 된다. 학교는 아동에게 단체생활 규칙을 익히게 하고 성취의 기쁨도 맛보게 하며 호기심도 충족시키고 협동심도 가르친다. 반면 아동의 자신감을 뒤흔들고 자신에 대한 열등의식을 심어 줄 수도 있다. 지나친 학교생활의 경쟁으로 인해 실패감, 소외감, 공격적인 성격도 형성될 수 있다. 최근 한국 사회에서는 학교가 가장 강조하고 있는 것이 학업성취인 것으로 인식되고 있다. 지식 위주의 교육은 아동의 개성을 발휘하지 못하게 하고 창의성 개발의 기회를 주지 못한다. 그리하여 많은 아동은 학습에 흥미를 잃고 있다. 가정의 사회계층은 학업성취와 밀접한 관계가 있다. 낮은 계층의 아동은 초등학교 입학 이전부터 불리한 환경 속에서 성장해 왔다. 불충분한 영양, 지적 자극의 부재 등으로 학교생활의 시작부터 불리할 수 있으므로 낮은 계층의 자녀와 낮은 학업 성취도 간의 악순환이 나타난다.

(3) 교사와 교육방법

학교생활의 성공 또는 실패에 영향을 미치는 요인은 많다. 일반적으로 교육방법(teaching methods)과 교사의 인성이 가장 중요한 요인으로 보고된다. 각 반은 그 나라 또는 각 학교의 교육철학과는 관계없이 독특한 분위기에서 공부한다. 각 반의 교육 분위기는 두말 할 것도 없이 담임선생님에 의해 결정된다. 초등학교에서의 담임선생님은 일생을 통해 가장 많은 영향력을 미치는 사람이며 아동의 모델이기도 하다. 학생들에 있어 담임선생님은 모방의 대상이 된다. 그러나 부모나 친구의 행동에서 선택적으로 모방하듯이 선생님의 행동에서도 전부 모방하는 것이 아니라 강화받는 행동을 모방한다.

학교에서 담임선생님은 학습의 촉진자로 간주된다. 즉, 교사는 교과 또는 단편적 지식만을 가르치는 것보다는 학생 자신들의 관심에 따라서 스스로 배울 수 있도록 자료와 방법을 제공해 주어야 한다.

아동은 천성적으로 호기심을 갖고 있는데, 그 호기심을 탐구하는 과정에서 선생님의 정보와 도움이 필요하다. 아동이 여러 가지 호기심으로 가득 차 있고 탐구욕구가 크다 하더라도 주위로부터 반응을 얻지 못하면 알고자 하는 노력을 포기한다. 즉, 묻는 것을 그만두고 나아가 배우는 것을 포기하게 된다. 따라서 교사의 과업은 아동 스스로의 개별적인 학습 유형을 방해하지 않으면서 필요할 때 도와주는 것이다.

아동의 욕구에 따라 교육방법을 달리 한다는 것은 매우 어려운 일이다. 자유로운 학습분위기는 무질서를 가져 올 수 있으며, 너무 통제된 분위기에서는 아동의 능동적 수업 참여를 기대할 수 없다. 아동에게 아무런 지시도 주지 않고 단지 원하는 대로 하라고 하면 아동은 혼란에 빠지게 되며, 권위주의적이고 전통적인 학습 분위기에서는 아동의 새로운 흥미를 충족시킬 수 없다. 전통적인 조직적 학급과 개방적 학급은 서로 양극에 위치하는 것이 아니라 그 정도에 따라 민주적이며 개방적인 학급이 있고 민주적이면서 조직적인 학급이 있다.

4) 인터넷, 스마트폰

우리나라는 초고속 인터넷망의 보급률이 세계 1위를 점하고 있을 만큼 아동에 대한 인터넷의 영향이 매우 크다. 인터넷이란 세계적 네트워크를 통해 메일 검색, 정보 검색, 동영상 감상뿐 아니라 스마트폰과 SNS(Social Networking Service)의 확산으로 학습, 소통, 쇼핑의 도구로 사용되며, 새로운 문화를 창출하는 매체로서의 역할을 담당하고 있다(이영환 외, 2013). 무선 인터넷 기능과 컴퓨터 기능이 보강된 고급형 휴대전화는 스마트폰으로 불린다. 한국정보화진흥원(2019)의 스마트폰 이용실태 조사 결과 3세 이상, 20세 미만 아동의 96.9%가 스마트폰을 보유하는 것으로 나타났다. 인터넷을 활용하면 학습도구로 사용될 수 있는데, 특히 인터넷 언어 교육과 수학 교육에 효과가 있다고 기대하고 있다. 인터넷은 문자, 음향으로 정보를 전달할 수 있기 때문에 실세계의 정보를 제공할 뿐 아니라 동영상을 통한 인터넷 게임은 아동들에게 능동적으로 참여하게 하는 놀이기구이자 지적 자극이 되는 매체이다. 이렇듯 인터넷은 생활문화나 오락 또는 놀이문화의 역할을 하는 새로운 문화의 장으로 자리 잡아가고 있다.

인터넷은 대인관계의 형성을 가능하게 하는 매개로, 의사소통의 한 방법으로 정착되고 있다. 친구들끼리 만난 대면 자리에서조차 인터넷으로 대화를 주고받는 풍속도 이젠 종종 볼 수 있는 장면이다. 구어와 문어의 중간적 특성을 지닌 인터넷 매체언어는 생성과 전파가 매우 빠른 새로운 형태의 의사소통 수단으로 자리 잡았다(최나야 외, 2010).

인터넷의 영향을 부정적으로 보는 시각과 긍정적으로 보는 시각이 있다. 인터넷과 스마트폰 등의 디지털 기기를 통한 소통은 인간관계를 피상적으로 맺게 할 수 있다. 인터넷을 통해서는 대화의 상황과 같은 사회 맥락적 단서와 얼굴 표정, 비언어적 단서 등과 같은 사회적 실제감이 부족하므로 사회·정서적 인간관계를 형성하는 데 부적합하다는 견해가 초기에는 지배적이었다. 그러나 최근에는 인간관계 형성은 시간이 많이 소요된다는 단점이 있으므로 인터넷을 통한 인간관계의 긍정론을 지지할 수 있는 연구들이 나오고 있다(서주현 외, 2001). 주변 사람들과 직접 만나는 것보다 인터넷을 통하는 것이 편리하며 즐거울 수 있다는 것이다. 즉 가상적 대인관계를 지향하는 현대인의 특성을 반영하는 것이다(조복희 외, 2014).

(1) 인터넷 이용

우리나라는 인터넷 이용률이 세계에서 가장 높은 국가 중 하나이다. 최근 1개월 내 인터넷 사용 여부 조사에서 전국 남성의 93.9%, 여성 89.6%가 인터넷을 사용하고 있다고 답했다. 연령별로 보자면 3~9세가 91.2%, 10대가 99.9%, 20대가 99.9%, 60대 이상이 89.1%로 10대 및 20대는 모두 인터넷을 사용하고 있는 것으로 나타났다(한국인터넷진흥원, 2019).

연령별로 인터넷 이용 시간과 스마트폰 이용 시간을 살펴보면 다음과 같다. 3~9세의 주 평균 인터넷 이용 시간은 9.3시간, 스마트폰 이용 시간은 5.8시간이며, 10대의 인터넷 이용 시간은 17.6시간, 스마트폰 이용 시간은 11.7시간으로 연령이 높아질수록 인터넷 이용 시간과 스마트폰 이용 시간은 많은 것으로 나타났다(한국정보화진흥원, 2019).

인터넷 사용과 관련하여 한국인은 뉴스 검색(83.3%)과 모바일 메신저(73.0%)를 주로 이용하는 것으로 보고되었다. 3~4세 유아동은 온라인게임(52.4%), 학업/업무용 검색(31.2%) 순으로 활용하고, 10~19세 청소년은 모바일 메신저(75.2%), 학업/업무용 검색(72.6%), 온라인 게임(66.8%) 순으로 활용한다고 한다(한국정보화진흥원, 2014). 스마트폰을 이용하는 목적은 커뮤니케이션을 위해서가 95.7%로 가장 많았고, 다음으로는 자료 및 정보 획득 94.2%, 여가활동 93.9%, 홈페이지 등 운영 58.3%, 교육/학습 46.2% 순으로 나타났다(한국정보화진흥원, 2019).

뉴 미디어가 혁신적으로 개발·보급되어 영유아들도 영상매체를 이용한 시청각 프로그램을 즐겨 본다. 이용하는 연령층도 매우 어려지고 있어 만 1세 이하의 영아도 스마트폰의 프로그램을 즐겨 보는 것을 목격한다. 영아일수록 게임과 오락이 주 목적으로 사용되고 있다. 인터넷에서 재미와 흥미를 자극하는 시각적 자극에 오랫동안 주목한 경우 유아의 정서 반응에 부정적인 영향을 주고 유아의 뇌 발달에도 바람직하지 않은 것을 뇌파 측정을 통한 연구(최혜순·남효순, 2012)에서 밝혀졌다.

(2) 인터넷 중독

최근 인터넷의 급속한 보급 확대는 과도한 몰입, 즉 흔히 인터넷 중독이라 불리는 정신 병리 현상까지 보인다. 일상생활에 지장을 주는 이 인터넷 중독 증상은 금단, 내성, 일상생활 장애 등으로 분류되고 있다. 금단이란 인터넷 사용을 하지 않으면 초조하고 불안할 뿐만 아니라 인터넷에 대한 강박적 사고 및 환상을 가지는 것을 의미하며, 내성이란 더 많이 인터넷을 사용해야 만족을 느끼는 것을 말한다. 금단, 내성, 그리고 일상생활 장애의 세 가지 중독현상이 모두 나타나면 인터넷 고위험으로, 한 가지 증상 경험이 있으면 잠재적 위험으로 본다.

인터넷 중독위험군(고위험 및 잠재위험군)은 전체 6.9%로 보고되는데 3~9세 유아동에서는 5.6%, 10~19세 청소년에서는 12.5%로 보고된다(한국정보화진흥원, 2014). 인터넷 고위험군의 아동은 하루에 인터넷을 3시간 이상 사용하고 우울증이나 주의력결핍 과잉행동장애를 보이고 있었으며, 잠재적 위험 아동은 하루에 2시간 이상 인터넷을 사용하며 인터넷을 사용하지 않으면 심리적으로 불안감을 느끼는 현상을 보였다.

스마트폰을 가지고 있지 않으면 불안과 초조해지는 금단현상을 보이는 것이 스마트폰 과의존이다. 한국정보화진흥원(2019)의 2019년 스마트폰 과의존 실태를 조사한 결과 스마트폰 과의존율은 20.0%로 나타났다. 스마트폰 과의존위험율은 3~9세 유아동의 경우 조사가 시작된 2015년에 12.4%에서 2019년 22.9%로 급증하였다. 반면 1~9세 청소년의 경우 같은 기간에 31.6%에서 30.2%로 유사하게 나타났다(한국정보화진흥원, 2019). 언제, 어디서든 네트워크에 접속할 수 있는 스마트폰은 앞으로 그 중독이 심화될 것으로 보여 새로운 마약의 탄생이라 여기기도 한다.

인터넷 중독 부작용으로 인한 역기능도 보고되고 있다. 과도하게 인터넷에 노출되면 기억력과 사고력을 담당하는 전두엽의 기능이 저하되기 때문에 인지 기능이 떨어진다. 단기적으로는 기억력이 저하되지만 장기적으로 지속되면 주의집중력이 떨어진다. 게다가 인터넷에 중독되면 수면 시간이 부족하게 되어 다양한 학습경험의 기회가 줄어들어 학업성취도가 낮아진다. 실제로 하루 인터넷 사용 시간이 2시간 이상일 경우 낮은 학업성적을 보이고 있었다(조성연, 2010). 또한 인터넷에 빠진 아동은 친구관계의 기회가 줄고, 야외활동 등을 하지 않아 사회성 발달의 기회가 줄어든다. 인터넷에 중독된 아동의 대표적인 증상은 충동 조절을 어려워하고, 대인관계에 어려움을 보였다. 인터넷 게임에 심하게 빠진 아동은 현실과 가상공간 세계를 구분하지 못해 음란·자살·청부살인·폭탄 제조 사이트 접촉 및 온라인 게임 아이템 확보를 위한 폭력 등으로 이어질 수 있다.

현실 세계인 가정에서 좌절 등의 상처를 받은 아동들이 소외감과 외로움을 느끼면 인터넷 공간으로 빠져들며, 인터넷 중독이 되기 쉽다. 이들은 자칫 공격성과 같은 부적응 행동을 보이게 되고 그 스트레스를 해소하기 위해 스스로 인터넷에 다시 빠져드는 악순환으로 이어진다. 인터넷 세상은 억압된 감정을 표출할 수 있고 자신의 생각을 자유롭게 표현할 수 있는 공간일 뿐만 아니라 편안한 안식처이기 때문에 한 번 빠지면 더욱 깊게 빠지는 경향이 있다(조복희 외, 2014).

(3) 인터넷 이용 지도

현대 사회에서 인터넷은 엄연한 하나의 놀이 문화로 자리 잡고 있어 인터넷을 통해 친구도 사귀고, 자신의 의견을 표현하기도 한다. 따라서 무조건 제재를 가하기보다는 인터넷을 지나치게 많이 사용했을 때 나타날 수 있는 문제점이 있을 수 있다는 것을 인식하도록 해야 한다(조복희 외, 2014). 자녀들은 부모의 간섭에 반발할 수 있기 때문에 인터넷을 통제할수록 음성적으로 사용하거나 인터넷 중독에 빠질 수도 있다. 무엇보다도 자녀와 대화가 되는 부모는 자녀가 인터넷에 몰두하는 것을 막을 수 있다(이영환 외, 2013). 따라서 가정에서 부모가 자녀의 건전한 인터넷 이용을 유도하는 환경을 조성해야 한다. 부모의 스마트폰 사용이 가족 간의 친밀도 및 함께하는 시간과 부적 상관이 있는 것으로 보고된다(현은자 외, 2013).

7

청소년기

청소년기는 신체적·인지적으로 급속한 변화가 일어나는 10대를 의미하며, 20세기에 들어서면서
비로소 독특한 발달단계로 구분되기 시작하였다. 스탠리 홀(Stanley Hall, 1904)은 이러한 변화로
인해 청소년기를 질풍노도(storm and stress)의 시기로 보았다. 그러나 최근의 학자들은 청소년기를
더 이상 부정적 시기로 간주하지는 않는데, 이는 그들이 이전까지의 발달에 기초하여 긍정적 혹은
부정적 모습을 보일 수 있기 때문이다. 청소년은 자신의 외모에 큰 관심을 가지며, 새로운 인지적
기술이 발달되면서 청소년기 특유의 자아중심성을 갖게 된다. 사회환경적 측면에서도 현저한 변화가
일어나, 청소년은 새로운 학교환경을 포함하여 보다 확대된 영역에서 활동하게 되며, 이러한 과정에서
사회·정서적으로 성숙하게 된다.

7

청소년기

| 1 |

신체발달

신장 및 체중의 급속한 증가는 청소년기의 현저한 특징 가운데 하나이다. 이러한 변화가 일어나는 사춘기는 청소년기의 시작을 알리는 기간으로, 민첩한 운동능력의 발달을 가능하게 한다. 신체적 성숙을 동반하는 성의 문제는 청소년 문제와 관련하여 중요한 사회적 쟁점이 되기도 한다.

1) 성장 급등

학령기에는 성장률이 점차 감소하나, 청소년기에 들어가면서 신장 및 체중의 증가와 함께 3, 4년간에 걸쳐 성장 급등(growth spurt)이 일어난다. 학령기의 신장 증가는 주로 사지가 길어짐에 따라 일어나지만, 청소년기에는 주로 몸통이 길어진다(Tanner, 1990). 청소년기 신장의 증가에서는 성차가 발견되어, 여아는 11세경, 남아는 13세경에 신장이 증가하기 시작하며, 여아와 남아는 각각 12세경과 14세경에 최고의 증가율을 보인다(Tanner, 1991, 〈그림 7-1〉). 이러한 성차는 여아가 좀 더 성숙한 골격구조와 신경구조를 가지고 태어나기 때문인 것으로 추정된다. 신장의 경우와 달리, 체중의 증가는 골격의 성장 외에도

그림 7-1 청소년기의 성장 급등

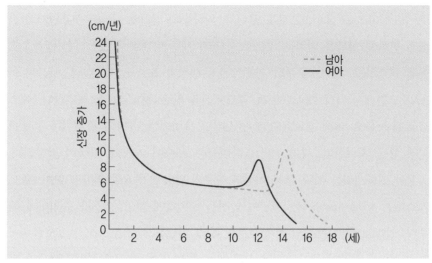

자료 : Tanner, Whitehouse & Takaishi(1965), p. 466.

근육, 지방 그 외 여러 가지 신체기관의 크기 증가를 반영한다. 청소년기 이전까지 남아와 여아는 외관상 커다란 차이가 없으나, 성장 급등과 더불어 골격과 근육이 발달하면서 외모에서의 성차가 발견된다. 남아는 어깨가 넓어지고 근육이 발달하면서 남성다운 체형으로, 여아는 골반이 넓어지고 피하지방이 축적되면서 여성다운 체형으로 변화한다(Tanner, 1990).

2) 사춘기

청소년기의 성장 급등은 호르몬의 변화와 더불어 일어나는데, 이러한 변화는 결국 생식 능력의 발달을 낳는다. 사춘기는 청소년 초기에 호르몬의 변화로 인해 신체적·성적 성숙이 급격히 이루어지는 기간을 말하며, 구조적 성장, 신체비율의 변화, 성적 구조의 성숙 등과 같은 현상을 일컫는다. 사춘기에 남아와 여아는 각각 테스토스테론(testosterone)과 에스트로겐(estrogen)의 생산이 급증한다. 호르몬의 변화는 각 특수한 호르몬을 만들어 내는 내분비선의 변화에서 초래되며, 청소년기에 주요 역할을 하는 내분비선은 뇌하수체, 성선, 부신 등이다. 뇌하수체는 시상하부(hypothalamus)에 의해 감독되는 내분비선으로서 신체 변화를 주관할 뿐만 아니라 다른 내분비선의 기능에도 영향을 미치므로 주도선(master gland)으로도 불린다. 뇌하수체 전엽의 기능은 청소년기의 신체적 변화에 영향을 미치는 것으로, 신장과 체중의 변화를 조절하는 성장호르몬을 분비하고, 성선으로부터 성호르몬의 생성과 유출을 자극한다. 성선은 난소와 고환에서 각각 에스트로겐, 안드로겐과 같은 성호르몬을 분비한다. 에스트로겐은 주요 여성 호르몬으로 난소에서 분비되며, 유방의 발달이나 음모의 성장 등을 자극한다. 특히, 에스트라디올은 가슴이 커지고, 자궁이 발달하며, 골격을 변화시키는 것과 같이 여성의 사춘기 발달에 중요한 역할을 한다. 프로게스테론(progesterone)은 자궁이 임신을 준비하게 하고, 임신을 유지하게 해준다. 안드로겐은 주요 남성 호르몬으로 그 가운데 테스토스테론이 고환에서 분비되는데, 신장의 증가, 제2차 성징발달, 정자 생산, 청소년기의 성욕 증가 등의 신체 변화와 관련되어, 남아의 사춘기 발달에 중요한 역할을 한다. 청소년기 이전에는 남녀 모두 거의 비슷한 양의 남성 호르몬과 여성 호르몬을 분비하나, 사춘기가 되면, 남성은 보다 많은 양의 안드로겐을, 여성은 보다 많은 양의 에스트로겐과 프로게스테론을 분비한다. 부신은 여성에게는 안드로겐을, 남성에게는 에스트로겐을 분비하게 하는 주요 원인이 된다.

1차 성징과 2차 성징은 사춘기의 대표적 특징에 속한다. 1차 성징은 출생 시의 생식기에 의한 신체 형태상의 성차 특징으로서, 생식과 직접적으로 관련되는 구조의 발달을 의미한다. 2차 성징은 청소년기에 들어서면서, 성호르몬의 분비에 의해 나타나는 신체상의 형태적·기능적 성차 특징을 뜻한다. 남아의 경우, 고환과 음낭, 음경이 커지고, 체모와 턱수염이 발생하며, 변성, 정자의 생산 증가, 몽정이 나타난다. 여아의 경우, 유방이 발달하고, 자궁과 질이 커지며, 체모가 발생하고, 골반이 확대되며, 초경이 시작된다. 여아의 초경과 남아의 사정은 성적 성숙의 첫 신호이다. 월경은 여아에게 생식이 가능하다는 것을 보여주는 첫 번째 증거로서 보통 11~12세경에 시작되며, 생식능력은 1~2년이 지난 후에야 성숙된다. 여아의 골반 크기는 첫 월경 후 6년 정도 후에야 성인의 수준에 도달한다(Lancaster, 1986). 따라서 완전한 생식기능이 발달되기 전에 임신이 되면 유산하거나 저체중아를 출산하는 등의 문제를 야기할 수 있다. 최근

그림 7-2 출생연도별 초경 연령

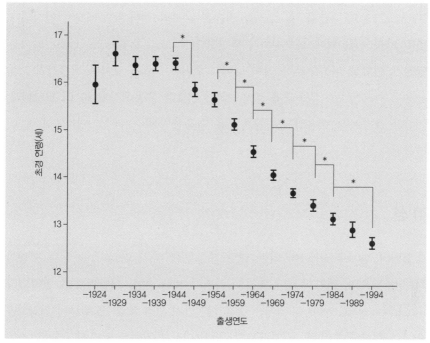

*각 집단 간 통계적으로 유의한 차이가 발견됨.
자료 : Ahn et al.(2013), p.15.

월경을 시작하는 연령이 점점 낮아지는 경향이 있는데(Ahn, Lim, Song, Seo, Lee, Kim, & Lim, 2013, 〈그림 7-2〉), 이는 영양과 의료기술의 발달을 포함하여 생활수준과 관련되는 여러 요인들에 의한 것으로 보인다. 여아가 월경을 하듯이 남아는 사정을 경험하게 되는데, 사정은 보통 수음이나 몽정의 결과로 발생한다. 월경의 경우와 마찬가지로, 초기의 사정은 완전한 생식능력을 갖지 못한다(Muller et al., 1989).

3) 운동발달

청소년기에는 운동능력도 급속히 발달된다(그림 7-3). 몸통과 근육이 길어지는 동안에는 운동능

그림 7-3 청소년기에는 운동능력도 급속히 발달된다.

력이 다소 서툰 경향이 있으나, 6개월 정도가 지나면 이러한 경향은 사라진다 (Tanner, 1990). 대근육 및 소근육 기술은 남아와 여아 모두에게서 향상되나, 몇몇 기술수행능력에서는 성차가 발견된다(Thomas & French, 1985). 남아는 달리기, 민첩성, 뛰어오르기, 악력 등에서 현저한 능력을 보이며, 균형잡기나 대근육을 이용한 눈-운동근육 협응능력이 필요한 운동에서도 좀 더 발달된다. 여아는 소근육을 이용한 눈-운동근육 협응능력이나 유연성 영역에서 좀 더 발달된다.

4) 성

청소년의 성(sexuality)에 대한 태도는 문화에 따라 다르다. 동양과 서양의 차이가 있으며, 서양의 경우조차도 과거에 비해 훨씬 개방적으로 변하였다 (Robinson et al., 1991). 과거에는 결혼 이전까지 성적 욕망 및 행동이 억압되었으나, 사회적 규준이 좀 더 자유로워지면서 이러한 기준은 달라졌다. 여성에 비해 남성의 성적 활동에 대해서는 좀 더 수용적이었던 이중적 기준 역시 완전히 사라지지는 않았으나, 과거에 비하면 많이 완화되었다. 혼전순결에 대한 견해도 많이 완화되어, 서로가 사랑한다면 가능하다는 견해도 많이 증가하였다 (Dusek, 1991). 그러나 우리나라 청소년의 혼전순결에 대한 인식은 서양의 경우에 비해 상대적으로 보수적인 편이다. 2,368명의 중·고등학생들을 대상으로 청소년의 성의식 및 그 실태를 살펴본 연구(백혜정·김은정, 2008)에 따르면, 인문계와 전문계 간의 계열차와 성차가 발견되기는 하나 과반수의 청소년이 혼전순결을 지켜야 한다고 응답하였다. 특히, 여성의 혼전순결에 대해서는 남자의 혼전순결보다 높은 비율인 70~85%가 지켜야 한다고 응답하였다. 이러한 의식은 실제 성관계 경험과도 관련되어, 연구대상 청소년들 가운데 4%만이 경험이 있는 것으로 조사되었다. 청소년의 성적 태도에는 성차가 발견되었는데, 남학생은 여학생에 비해 상대적으로 개방적이고, 여학생은 보수적인 태도를 보이는 경향이 있었다. 남학생은 여학생에 비해 부정확한 성지식과 불평등적 성역할을 가지고 있었다(김혜원, 2003 ; 윤명숙·이재경, 2008). 청소년의 개방주의적 성태도에 가장 커다란 영향을 미치는 요인으로 남학생은 자존감이, 여학생은 이성 친구에 대한 친밀감이 포함되었다(이창식·김윤정, 2003).

한편, 성적 행동에는 이성교제, 자위행위, 임신, 성매매, 음란물 경험 등이 포함되는데, 남학생은 여학생보다 이를 더 많이 경험하였다(김혜원, 2003 ; 윤명숙·이재경, 2008). 성별로 구분해 보면, 남학생의 성적 행동으로는 자위행동, 성관계, 매춘, 음란물 접촉 등이, 여학생의 성적 행동으로는 임신 경험이 포함되었다. 특히 남학생은 성에 대해 개방적일수록 성적 행동을 많이 보였으며, 남학생과 여학생 모두 성에 대해 남녀 평등적인 태도를 가질수록 성적 행동을 많이 나타내었다(김혜원, 2003).

청소년의 성적 행동은 사춘기의 생물학적 변화를 비롯하여 사회·경제적 지위, 종교, 인종 등 다양한 사회인구학적 특성에 의해 영향을 받는다. 또한 가출 경험, 자아정체감, 성역할 정체감 등과 같은 개인적 요인과 가족 및 또래 특성과 같은 사회적 요인은 청소년의 임신 경험에 영향을 미치는 중요한 요인들에 속한다(이종화, 2005). 가족 관련 변인으로는 사회·경제적 수준, 부모의 학력, 가족구조, 가족과의 동거가, 또래 관련 변인으로는 친구의 성 경험 및 임신 경험이 성적 행동과 관련된 중요한 변인이었다. 이러한 변인들 가운데 임신 경험에 대해서는 가출 경험, 성역할 정체감, 친구의 임신 경험순으로 영향을 미쳤다. 한편, 청소년의 성적 행동으로 초래될 수 있는 가장 우려되는 상황은 10대 임신이다. 어떤 어른들은 청소년과 성적 문제를 토론함으로써 청소년으로 하여금 성적 활동을 더 많이 하게 자극할 수 있다고 우려하여 성에 대해 대화하지 않으려고 한다. 그러나 이러한 우려에 대한 증거를 발견하기는 어려우며, 오히려 10대 임신율이 가장 낮은 국가들은 부모와 전문가들이 상당히 어린 나이부터 성 문제에 대해 아동들과 개방적으로 이야기하는 것으로 알려져 있다(Harris, 1996).

인지발달

인지란 블랙박스 속의 관찰할 수 없는 모든 사건들과 같다. 즉, 우리가 관찰할 수 있는 다양한 사건과 같은 자극이 주어지면, 블랙박스를 통해 반응을 하게 된다. 여기서 블랙박스는 마음속에서 일어나는 보이지 않는 사건을 의미한다 (Santrock, 1981). 청소년기는 인지적으로 질적 변화를 경험하는 시기로서, 이러한 발달은 이 시기의 중요한 쟁점인 학습능력을 포함하여 도덕성 및 가치발달과 밀접하게 관련된다.

1) 피아제의 형식적 조작기 추론

청소년기의 인지적 변화를 통해 아동은 '실제'의 세계에서 '가상'의 세계로 나아가게 된다. 즉, 형식적 조작기의 추론이 가능해지면서 청소년은 구체적인 표상에 의존하기보다는 추상적인 사고를 할 수 있게 된다.

(1) 가설적 · 과학적 · 연역적 추론

추상적 개념을 고려할 수 있게 되면서 청소년은 가설을 만들어 내고 검증할 수 있게 된다. 즉, 가설적 추론을 사용함으로써, 그들은 잘 알지 못하는 것들에 대해서도 이리저리 생각해 낼 수 있게 되며, 과학적 추론을 통해 다양한 가설들을 평가할 수 있게 된다. 예를 들면, 어린 아동들은 어떤 일이 발생한 이유를 한두 가지 생각해 보고 시험해 보다가 포기하지만, 형식적 조작기의 청소년은 과학적인 추론을 통해 다양한 가설을 철저히 검증해 보고 최종 결과를 얻기 위해 훨씬 더 체계적으로 접근한다. 청소년은 일련의 전제에 근거하여 논리적 결론을 이끌어 내는 연역적 추론능력을 갖게 되는 것이다(Johnson-Laird, 1999). 예를 들어, '성적이 90점 이상인 학생들은 모두 우수반에 배치된다'는 전제가 있을 때, '영미는 성적이 90점 이상이므로, 우수반에 속할 것이다.'와 '영미가 우수반에 속하지 않는다면, 영미는 성적이 90점 이상이 아니어야 한다.'라는 식의 연역적 추론이 가능하다. 이 외에도 청소년기가 되면 추상적 사고가 가능해진다. 구체적 조작기에 속하는 학령기 아동은 눈에 보이는 구체적 사실에 대해서만 사고가 가능하지만, 형식적 조작기의 청소년은 추상적인 개념도 이해할 수 있게 된다(예 : A＞B고 B＞C면, A＞C).

청소년은 또한 체계적·조합적 사고가 가능하여 문제해결을 위해 사전에 계획을 세우고, 해결책을 체계적으로 시험하기도 한다.

그렇다면, 발달적 측면에서 청소년의 연역적 추론을 비롯한 다양한 추론능력의 발달을 돕는 방법은 무엇일까? 첫째, 명백하고, 정확하며, 완전한 정보를 제공한다. 둘째, 청소년이 다양한 입장과 가설을 충분히 탐색할 수 있도록 돕는다. 셋째, 청소년으로 하여금 다양한 환경적 자극을 경험하도록 한다. 마지막으로, 이러한 과정에서 논쟁 상황이 발생할 때, 청소년의 생각을 지시·간섭하지 않고 인내심을 발휘하여 그들로 하여금 자신의 의견을 충분히 표현할 수 있도록 한다.

(2) 청소년기의 자아중심성

추론능력의 향상과 더불어 청소년이 자신을 바라보는 시각 또한 달라진다. 그 대표적인 예로, '논리와 이상주의'를 들 수 있다. 구체적으로 청소년은 '나는 보행자로서 횡단보도에서 우선권이 있다. 자동차가 멈추는 것이 논리적이다.'라는 논리를 가질 수 있다. 그러나 논리와 실제 세계는 서로 다른 것으로, 실제 세상은 옳고 그른 것 외에도 다른 적절한 방법을 알려주기도 한다. 문제는, 청소년은 어떤 것이 '옳을지라도' 내적으로 타당한 논리가 실제로도 논리적이 되려면 우선 현실을 고려해야 한다는 점을 이해하지 못한다는 점이다. 예를 들면, 그들은 운전자가 보행자를 미처 발견하지 못하거나 보행자를 칠 수도 있다는 것을 고려하지 못한다. 청소년은 또한 이상주의적 사고를 가지고 있어, 논리적으로 명백한 사안에 대해 서로 단결하여 피켓을 들고 시위를 하면서 세계를 구하고자 시도하기도 한다. 이처럼 청소년기에 발견되는 이타적 감정 및 행동의 증가는 그러한 자아중심적·이상주의적 관점에 의해 영향을 받기도 한다(Chou, 1998).

개인적 우화(personal myth) 혹은 불멸의 우화(invincibility fable)는 청소년의 자아중심성을 나타내는 또 다른 대표적 개념으로, 청소년이 자신의 감정과 사고는 너무나 독특한 것이어서 다른 사람들은 이해할 수 없으리라고 생각하는 것이다(Elkind, 1967). 즉, 이들은 자신이 많은 사람들에게 너무도 중요한 인물이라는 믿음 때문에 자신은 매우 특별하다고 생각하는 경향이 있다. 또한, 다른 사람은 다 죽어도 자신은 영원히 죽지 않으리라는 불멸의 신념으로 위험한 행동을 하다가 크게 다치거나 죽음에 이르기도 한다. 예를 들면, 밤거리를 무서운 속도로 질주하는 폭주족의 경우가 이에 해당한다.

청소년은 또한 자신이 주인공이 되어 무대 위에 서 있는 것처럼 행동하고 다른 사람들을 구경꾼으로 생각하기도 하는데, 이것은 상상 속 관중(imaginary audience)이라고 일컬어진다(Elkind, 1967). 이러한 현상은 다른 사람들이 자신을 관심의 초점으로 생각한다는 믿음에 근거한다. 즉, 청소년은 다른 사람을 바라보기보다는 자신이 다른 사람에게 어떻게 보이는지에 더 관심을 가지는 경향이 있다. 상상 속 관중은 지나친 자의식에 기인한다. 이러한 이유로 그들은 어떤 행사에 참석하기 전에 자신의 외모를 준비하느라 오랜 시간을 소비하기도 한다. 개인적 우화, 불멸의 우화, 상상 속 관중은 특히 중학교 시절에 눈에 띄다가 성숙해감에 따라 점점 감소한다(Lapsley et al., 1988). 사회적 상호작용을 통해 모든 사람은 제 나름대로의 관심사가 따로 있다는 것을 이해하게 되면서 이러한 사고는 점차 사라지게 된다.

2) 청소년기의 학습

중학교와 고등학교 환경은 청소년의 인지발달과 일상적인 학습을 위해 가장 중요한 환경이다. 중·고교 시절의 학습은 학업을 비롯하여 또래관계나 과외활동 상황을 통해 이루어진다(그림 7-4). 중·고등학생들에게 학교에서 가장 좋아하는 것이 무엇인지를 질문하였을 때, 그들의 반응은 학년에 따라 차이가 있었다(Brown & Theobald, 1998). 또래관계는 청소년기 전체에 걸쳐 1순위를 차지하였는데, 특히 중학교 3학년과 고등학교 1학년 시기에 가장 높은 비율을 보였다.

그러나 이러한 경향은 점차 바뀌어, 고등학교 졸업에 즈음해서는 학업이 점차 강조되었다. 한편, 청소년기에도 어휘력과 문법능력은 계속 증가된다. 영유아기에는 성차가 있어 여아가 남아보다 더 발달되지만, 청소년기에 이르면 이러한 성차는 사라진다(Hyde & Linn, 1988 ; Marsh, 1989). 무엇보다도, 청소년기의 보다 발달된 정보처리능력과 더불어 이해력은 더욱 향상된다. 또한, 인지능력이 향

그림 7-4 중·고교 시절의 학습은 학업, 또래관계, 과외활동 등을 통해 이루어진다.

상되면서 청소년은 복잡한 수학문제를 이해하고 해결할 수 있게 된다.

(1) 중·고등학교

청소년의 학업성적이 부진할 때 그 원인으로 학교를 탓하기도 하지만, 사실 학교환경 변인은 청소년의 학업성취도를 예측하는 가장 강력한 변인은 아니다. 부모의 교육수준과 사회·경제적 지위를 포함한 가족환경과 또래문화는 교육의 질보다 더 중요한 예측변인이다(Mare, 1995 ; Newmann et al., 1996). 질 높은 학습을 위해서는 교과과정구조와 학교 환경이 매우 중요하다. 따라서 질 높은 학습 프로그램은 질 높은 교과과정, 학생들이 어떤 과업을 숙달해 낼 수 있도록 격려하기, 건전한 학습분위기 등과 같은 요인을 필요로 한다(Bliss et al., 1991 ; Lee et al., 1993).

(2) 학습에 영향을 미치는 요인

어린 시기뿐만 아니라 청소년기에도 부모의 역할은 여전히 중요하다. 청소년의 학업성취도는 부모의 적극적인 관심과 밀접한 관련이 있는데(Stevenson & Baker, 1987), 청소년의 학업에 대한 부모의 관심 정도는 자녀의 연령에 따라 차이가 발견된다. 예를 들어, 미국의 부모들은 청소년기 학교활동에 자녀의 초등학교 시절에 비해 거의 절반 정도의 수준만 참여하는 경향이 있다(Steinberg et al., 1996). 또한 그들은 아들보다는 딸의 교육에 더 많이 참여하는 경향이 있다(Carter & Wojtkiewicz, 2000).

부모의 양육행동 유형에 따른 일반적인 영향력은 학업성취도에 대해서도 유사하여, 민주적 양육은 허용적 양육이나 권위주의적 양육에 비해 청소년 자녀의 학업성취도에 보다 더 긍정적인 영향을 미친다. 청소년의 학업성취도에 가장 부정적인 영향을 미치는 유형은 엄격하면서도 비일관적인 훈육을 사용하는 경우이다(Dornbusch et al., 1987). 엄격하게 통제적인 권위주의적 양육이 청소년의 학업성취도에 미치는 부정적 영향은 여러 문화에서 보편적으로 나타나는데, 이러한 결과는 특히 아동행동에 대해 비교적 엄격한 규준을 세우고 있는 문화에서조차도 동일하게 발견된다(Leung et al., 1998). 상호협조적인 민주적 양육은 학업적인 문제해결과 기타 학교 관련 과제에서 자녀를 적절히 지도함에 따라 청소년의 학업성취도와 지적 수행을 촉진시킨다(Portes et al., 1998).

한편, 부모의 성취압력은 부모의 애정 및 지원과 밀접한 관련이 있었으며(김의철·박영신, 2008, 〈그림 7-5〉), 부모의 성취압력이 높고 애정적일 때 청소년은 높은 학업성취 및 자기조절학습 효능감을 나타내었다. 즉, 부모는 성취압력이 높을수록 자녀에 대한 교육지원 행동을 많이 하였으며, 이는 청소년 자녀의 자기효능감을 향상시키고 궁극적으로 높은 학업성취도를 초래하였다(추상엽·임성문, 2008). 이러한 결과는 자녀 양육행동의 유형에 따라 청소년의 학업적 동기화의 근원이 달라진다는 점에서 설명된다. 즉, 민주적 양육은 청소년의 내재적 동기(intrinsic motivation)와 관련되는 반면, 허용적 혹은 방임적 양육은 무

그림 7-5 부모의 성취압력과 애정, 사회적 지원 및 갈등 간의 상관관계(r)

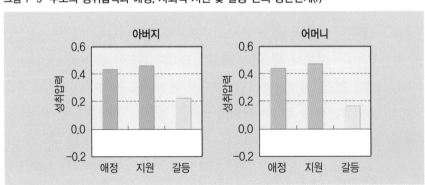

자료 : 김의철·박영신(2008), p. 81.

동기(amotivation), 권위주의적 양육은 외재적 동기(extrinsic motivation) 혹은 무동기와 관련된다(Leung & Kwan, 1998). 마찬가지로, 청소년에게는 외적·수행 중심적 학업보다는 내적·학습 중심적 학업이 긍정적인 영향을 미친다. 좋은 성적을 얻는 것을 중요시할 때, 청소년은 학교에 대해 걱정하고 시험불안을 경험하며 정보 추구 및 높은 수준의 인지 책략을 적절히 사용하지 못하고, 부정행위를 하는 경향이 있었다(Anderman et al., 1998 ; Chapell & Overton, 1998). 또한 부모에 대한 안정적 애착은 학업적으로 성공하고자 하는 동기화와 밀접하게 관련되었다(Learner & Kruger, 1997).

부모의 양육행동 외에도 가정의 사회·경제적 지위와 어머니의 취업 여부를 포함한 사회인구학적 특성과 사회적 지지 등 다양한 요인들은 청소년의 학업성취도에 커다란 영향을 미친다. 3,449명의 중학생을 대상으로 한 한국청소년 패널 1차 자료를 이용한 연구(도종수, 2005)에서, 아버지의 교육수준 및 직업 지위가 높을 때 청소년은 높은 학업성취도를 나타내었으며, 취업모의 자녀는 비취업모의 경우에 비해 학업성취도가 낮았다. 또 다른 예를 들면, 1998~2003년도 한국노동패널의 6차년도 자료를 이용한 김현주·이병훈(2006)에 따르면, 여학생은 어머니의 학력이 높은 집단의 경우 어머니가 미취업상태일 때 학업성적이 낮았다. 또한 부모와 진학에 대한 대화를 많이 할수록 남녀 청소년 모두 높은 학업성적을 보였다. 초등학교 6학년~고등학교 2학년에 이르기까지 네 차례에 걸쳐 수행된 종단 연구(함병미·박영신·김의철, 2005)에서 부모, 교사, 친구의 지원과 같은 인간관계가 긍정적일수록 청소년의 학업성취도는 높았다. 특히 이러한 인간관계와 청소년의 학업성취도 간의 관계는 학업성취 및 자기조절 효능감과 같은 변인에 의해 매개되었다.

3) 도덕성 및 가치발달

청소년기에 추론적 사고가 발달되면서 도덕성은 좀 더 발달되며, 청소년 후기에 들어서면서 청소년은 내면화된 도덕성 단계에 도달하게 된다(Daniels, 1998). 그러나 이러한 추론능력만이 청소년의 도덕적 추론능력의 발달과 관련되는 것은 아니며, 많은 연구들은 부모-청소년 관계의 중요성에 대해 일관적으로 강조하고 있다. 부모가 논리적 설명(reasoning)과 같은 훈육방식을 사용하는 경우 자녀의 도덕적 추론능력은 가장 높은 것으로 발견되었는데, 이러한 부모는 자녀를 훈육하는 과정에서 다른 사람의 시각과 자신이 행한 행동의 결과를 강조하였다(Buck et al., 1981). 또 다른 중요한 요인으로서 온정, 지원, 관심 등의 긍정적 가족 분위기를 들 수 있다(Speicher, 1992). 가족원 간에 온정적·지원적이며 많은 관심을 보일 때 청소년은 높은 수준의 도덕적 추론능력을 보였다. 부모 자신의 도덕적 추론 수준 역시 매우 중요한 역할을 하여, 높은 도덕적 추론능력을 가진 부모의 자녀는 도덕적 추론능력이 높았다. 이러한 부모는 자녀에게 도덕적 추론을 가르치고 모델로서의 역할을 할 뿐만 아니라, 민주적 양육방법을 사용하였다(Powers, 1988).

부모의 양육행동 외에도, 청소년의 높은 교육수준은 개인의 추론능력을 촉진하여, 높은 수준의 도덕적 추론은 부모의 도덕적 추론능력수준보다 청소년의 교육수준과 훨씬 더 밀접하게 관련되었다(Speicher, 1994). 이는 청소년의 도덕적 추론능력을 향상시키기 위해 교육의 역할이 얼마나 중요한지를 강조한다. 그 외 청소년이 속해 있는 문화는 청소년이 채택하는 가치에 영향을 미친다(Schwartz, 1990). 사회·경제적 수준은 청소년의 가치에 영향을 미쳐, 가정의 사회·경제적 수준이 낮을 경우 청소년은 기초적 문제인 재정적 측면에 관심을 두기 쉽다(Kasser et al., 1995). 따라서 이러한 청소년은 높은 수준의 가치에 해당하는 자아실현의 욕구를 발달시키기는 데 어려움을 겪는다.

| 3 |

사회·정서발달

청소년은 보다 확대된 사회적 관계 속에서 다양한 사회·정서적 발달을 경험하게 된다. 부모-자녀관계와 더불어 또래관계가 차지하는 비중이 점차 강조되며, 청소년 스스로 정서를 적절히 조절할 수 있는 능력이 요구된다. 이러한 과정에서, 청소년은 긍정적 혹은 부정적 자아개념을 형성하게 되고 높거나 낮은 자아존중감을 발달시키게 된다. 부적응적 사회·정서발달을 반영하는 청소년 비행은 근본적으로 청소년의 부모-자녀관계 및 또래관계 측면에서 접근할 수 있다.

1) 인성발달

청소년은 자신이 속한 사회의 일원으로서 자신의 정체감을 확립하게 되며, 그렇지 못하면 자신이 누구이고 어떠한 삶을 영위하고자 하는지에 대해 혼란을 겪게 된다. 따라서 자아정체감을 확립하는 것은 청소년기의 주요 발달과업으로서, 청소년의 건강한 인성발달을 위해 중요한 의미를 갖는다(Erikson, 1963).

(1) 정신역동적 영향

프로이트(1920/1965)는 청소년기에 관찰되는 정서적 동요와 의존성 간의 모순성을 탐색하고자 시도한 초창기 학자이다. 프로이트가 제안한 발달단계 가운데 마지막 단계인 성기기(genital period)에 속하는 청소년은 독립을 강력히 원하는 행동을 보이는데, 이는 심리성적으로 유발되는 것이다. 동시에 청소년은 어린 시절 부모에 대해 강한 의존성을 형성하게 되는데, 이러한 의존성은 탈피하기가 쉽지 않다. 프로이트는 청소년에게 성교육을 통해 성적인 충동은 자연스러운 것임을 알게 해줌으로써 심리성적으로 유도된 죄책감이나 불안감을 줄여 줄 수 있다고 주장하였다. 프로이트의 딸인 안나 프로이트(Anna Freud)는 청소년기의 혼란(turmoil)에 대해 프로이트보다 좀 더 광범위하게 탐색하였다(Freud, 1958). 그녀는 청소년이 부모로부터 멀리 떨어져 있으려고 하는 것은 오이디푸스 감정이 강하게 부활하려고 하는 것으로부터 피하고자 하는 일시적 현상일 수도 있다고 하였다.

(2) 에릭슨과 정체성 탐색

에릭슨에 의하면, 청소년기는 정체성 대 역할 혼미(identity versus role confusion)라는 발달과업을 가진다(Erikson, 1968 ; Waterman, 1999)고 하였다.

정체성은 자기 자신의 독특성에 대해 비교적 안정적인 감각을 가지는 것으로, 이와 더불어 청소년은 부모와의 탈동일시를 경험하게 된다. 적절한 정체성 확립을 위해서는 기본적 신뢰감, 자율성, 주도성과 더불어 새로운 과업을 숙달할 수 있는 능력에 대한 내적 자신감이 학령기로부터 계속 존재해야 한다. 또한 새로운 역할들을 실험해 볼 수 있는 충분한 기회가 제공되어야 하며 부모나 다른 어른들로부터 이에 대한 지지를 받아야 한다.

마샤(Marcia, 1980)는 청소년이 자신과 사회 사이에서 평형을 추구하는 과정에서 몇 단계의 정체성 형성단계를 경험한다고 하였다. 먼저 정체성 혼미(identity diffusion)는 삶의 여러 가지 가능성에 의해 압도되어서 자신의 방향을 발견할 수 없는 유형을 의미한다. 이 유형은 자아에 대해 안정되고 통합적인 견해를 갖는 데 실패한 상태이다. 즉, 이러한 유형의 청소년은 아직까지 어떤 위기를 경험하지 않았을 뿐만 아니라 직업이나 이념선택에 대한 의사결정도 하지 않았으며, 이러한 문제에 관심도 없다. 정체성 유실(identity foreclosure) 유형은 여러 가지 역할과 가능성을 탐색하지 못하고 오히려 후퇴하는 유형이다. 이러한 유형은 자신의 신념이나 직업선택 등 중요한 의사결정에 앞서 수많은 대안에 대해 생각해 보지 않고, 부모나 다른 역할 모델의 가치나 기대 등을 그대로 수용하여 그들과 비슷한 선택을 하는 경우이다. 정체성 유예(identity moratorium) 유형은 정체성 혼미와 현재 검토 중인 대안적인 삶의 선택의 중간에 서 있는 경우이다. 이들은 현재 정체감 위기의 상태에 있으면서, 자아정체감 형성을 위해 다양한 역할, 신념, 행동 등을 실험하고 있으나 아직 의사결정을 하지 못한 상태에 처해 있다. 마지막으로, 정체성 성취(identity achievement) 유형은 다양한 대안책을 탐색해서 의식적인 선택을 함으로써, 이념과 목적감을 달성한 경우이다. 이들은 자아정체감 위기를 성공적으로 극복하여 신념, 직업, 정치적 견해 등에 대해 스스로 의사결정을 할 수 있는 상태에 놓여 있다.

마샤의 정체감 유형은 부모에 대한 애착과 대학생의 진로결정수준 간의 관계를 매개하기도 한다(김은진·천성문, 2001). 즉, 정체감 유예수준의 남녀학생 모두 부모에 대한 독립은 정체감 유예수준을 매개로 진로 결정에 영향을 미쳐, 부모로부터 독립적일수록 정체감 유예 정도가 낮아지고 진로 결정에 대한 확신이 높아졌다. 정체감 혼미 및 유실 수준의 남학생의 경우, 아버지에 대한 애착이 높을수록 자신의 진로 결정에 대해 분명히 확신하였다. 또한 청소년의 자아정체감은 부모와의 갈등보다는 부모와의 의사소통에 의해 더 많은 영향을 받아, 부모와 의사소통을 많이 할수록 자아정체감은 높았다(공인숙·이은주·이주리, 2005). 이와 같이 마샤의 정체감 유형에 따른 청소년의 발달결과를 살펴본 몇몇 연구들과 달리, 자아정체감을 주제로 한 국내연구들은 대부분 그 하위요인들을 중심으로 하여 국내 실정에 맞는 척도 개발 및 타당화 작업을 수행하였다(한세영, 2005). 또한 자아정체감은 주로 사회·정서발달과 관련지어 탐색되었으며, 인지발달 관련 연구는 소수에 불과하다. 이와 더불어, 자아정체감을 향상시킬 수 있는 중재 프로그램의 개발 및 효과검증에 관한 연구들이 발표되고 있는 상황이다.

　자아정체감과 유사한 개념으로 알려진 개체화(individuation)는 가족관계 내 연결감과 분리감 사이에서 균형을 이루어가는 과정으로 정의되며(Grotevant & Cooper, 1986), 부모와의 연결과 부모에 대한 분리의 두 가지 축을 중심으로 유형화된다. 부모와의 연결은 청소년과 부모 사이에 지속되는 연결의 관계를 의미한다. 부모에 대한 분리는 부모의 통제와 자아신뢰감으로 구성되는데, 부모의 통제는 청소년의 입장에서 볼 때 부모가 원하는 방식대로 청소년의 행동을 조종하려는 것을 의미하고, 자아신뢰감은 일련의 일을 수행함에 있어 자신감

그림 7-6 청소년의 개체화 유형

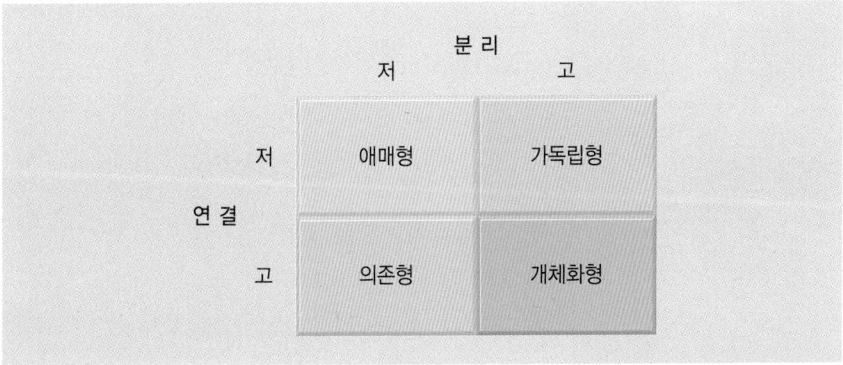

자료 : 황영은(2003), p. 35.

을 갖고 개인의 힘을 발휘할 수 있는 청소년의 능력을 의미한다. 부모와의 연결과 부모에 대한 분리, 각 요인의 상하 점수를 중심으로 하여, 개체화 유형은 개체화형, 가독립형, 의존형 및 애매형으로 구분된다(그림 7-6). 모-자녀 간 갈등은 개체화 유형과 유의한 관련을 나타내어, 모-자녀 간 갈등이 높은 집단과 낮은 집단에는 각각 애매형과 개체화형이 많이 포함되었다(황영은, 2003).

(3) 성과 정체성 형성

청소년이 개별적 정체성을 형성하는 과정은 성에 따라 다소 차이가 있다(Cosse, 1992). 남자 청소년은 자신과 어머니 간에 분명한 선을 그음으로써 자신에 대해 남자로서의 정체성을 형성하고자 한다. 어머니와 동성인 여자 청소년은 자신의 성 정체감을 유지한다. 따라서 그들의 개체화 과정은 남자 청소년의 경우에 비해 덜 분명하며, 정체성 형성은 자신이 다양한 관계 속에서 어떻게 처신할지에 좀 더 초점을 맞추어 이루어진다(Gilligan, 1990).

개인은 남성성과 여성성 각각의 고저에 따라 미분화형(undifferentiated), 전통적 남성형(traditional masculine), 전통적 여성형(traditional feminine), 양성형(androgynous) 등 다양한 수준의 성역할 유형을 지니게 된다(Bem, 1981, 〈그림 7-7〉). 그렇다면, 어떠한 성역할 유형이 가장 적응적인가? 서구문화의 경우, 남성성과 여성성을 모두 가지고 있는 양성형이 가장 적응적이라고 여겼던 적도

그림 7-7 청소년의 성역할유형

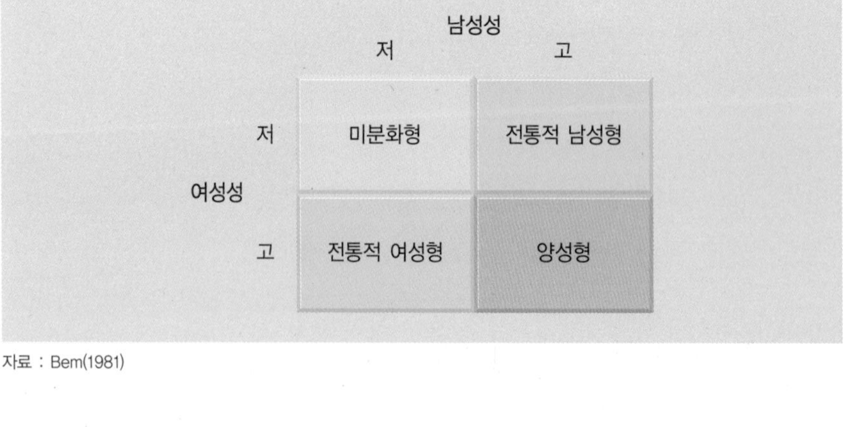

	남성성	
	저	고
여성성 저	미분화형	전통적 남성형
여성성 고	전통적 여성형	양성형

자료 : Bem(1981)

있었으나, 시간이 지나면서 이러한 신념은 지지되지 않고 있다(Taylor & Hall, 1982). 대신 자기주장적이고 자립적인 특성을 띠는 전통적 남성형이 가장 적응적인 것으로 알려진다. 이러한 결과는 사회가 정해 놓은 여성성을 취하는 경우 적응적이 아닐 수 있으므로 여자 청소년을 불리한 상황에 놓이게 한다.

길리건(Gilligan, 1993)은 이러한 불이익을 '목소리(voice)', 즉 '자신의 생각과 의견이 수용된다는 신념'과 관련하여 연구하였다. 즉, 여아는 착하고, 공손하고, 조용한 모습 등과 같이 전통적인 여성성을 취할 때 목소리의 상실을 경험할 수 있다는 것이다. 실제로 남성성을 취하는 여아는 여성성을 취하는 경우보다 우울을 덜 경험하였다는 연구결과가 보고되기도 하였다(Obeidallah et al., 1996). 그러나 목소리의 상실은 여아에게만 한정되는 것이 아니며, 성정체성과 크게 관련되는 것도 아니다(Harter et al., 1997). 남아나 여아 모두 '목소리'는 자기표현이 지지된다고 지각하는 정도와 관련되기 때문이다.

반면에, 몇몇 국내 연구들은 네 가지 성역할 유형 가운데 양성형을 가장 적응적인 것으로 보고하고 있다. 남녀공학 중학교에 재학 중인 청소년을 대상으로 한 최근 국내 연구(이신숙, 2008)에 따르면, 양성형은 67.4%, 남성형은 20.9%, 미분화형은 6.7%, 여성형은 5.0%에 속하였다. 청소년의 성역할 특성은 부모와의 애착 및 자기효능감 모두와 상관이 있었으며, 특히 청소년의 자기효능감과 밀접한 관계가 있었다. 성역할유형이 양성형인 경우, 부모와의 애착 정도가 높은 집단이 낮은 집단보다, 남학생이 여학생보다 자기효능감이 높았다. 무엇보다도, 성역할 특성은 청소년의 자기효능감에 대해 어머니에 대한 애착보다도 상대적으로 더 높은 영향을 미쳐, 청소년의 성역할이 양성적일수록 자기효능감이 높았다. 또 학업우수 여자 청소년들을 대상으로 한 또 다른 흥미로운 연구(유성경·이향심·황매향·홍세희, 2007)에서도 부모애착, 성역할 정체감, 자아존중감 간에는 정적 상관이 발견되었다. 특히 우수 여학생들은 아버지와 신뢰롭고 의사소통이 많은 애착관계를 형성할수록 양성형을 발달시키고 자존감을 높여 자신감 부족, 미래에 대한 불확실성, 경제적 어려움 등과 같은 진로 장벽을 더 낮게 지각하였다.

2) 관계

가정 밖에서 또래와 함께하는 시간이 이전보다 훨씬 증가함에도 불구하고 부
모-자녀관계는 청소년의 건강한 사회·정서발달을 위해 여전히 중요하다(그림
7-8). 안정적인 부모-자녀관계를 기초로 청소년은 원만한 또래관계를 형성하
게 된다.

(1) 부모와의 관계

청소년기에 들어서면서 동요가 증가함에도 불구하고 대부분의 청소년은 자
신의 부모와의 관계를 긍정적으로 보고한다(Hill & Holmbeck, 1986). 특히 사
춘기 이전까지의 부모-자녀관계가 원만하였다면, 이는 그 이후로도 원만하
게 지속되는 경향이 있다. 부모의 영향은 성장하는 청소년에게 여전히 필요하
여, 부모에 대해 높은 애착을 형성한 청소년은 부모와의 관계에서 갈등을 덜
경험하였다. 즉, 부모-자녀 간 갈등을 예측하는 가장 중요한 변인은 어머니에
대한 애착이었으며, 이어 아버지에 대한 애착도 중요한 변인에 속하였다(장휘
숙, 2005). 부모에 대한 안정적 애착은 보다 효율적인 스트레스 관리와 관련되
며(Greenberger & McLaughlin, 1998), 신체상, 직업적 열망, 성에 대한 태도 등
과 같이 여러 측면의 자아상(self-image)과도 정적인 관계가 있었다(O'Koon,
1997). 반면에, 부모에 대해 안정적 애착을 경험하지 못한 청소년은 우울을 경
험하기 쉬웠다(Armsden et al., 1990).

물론 부모-청소년 간 애착은 지나치게 정서적
인 상호작용이나 관계를 요구하지는 않을 뿐만 아
니라, 부모에 대한 애착은 청소년의 연령 및 성과
부모의 성에 따라 다른 양상을 보인다. 예를 들어,
남녀 모두 아버지 애착과 어머니 애착은 14세 청
소년이 17세 청소년에 비해 더 높게 나타난 반면,
어머니 애착은 여학생이 남학생보다 높았다(유안
진·이점숙·정현심, 2006). 게다가 어린 시절 아버

그림 7-8 부모-자녀관계는 청소년의 건강한
사회·정서발달을 위해 여전히 중요하다.

지와 매우 긴밀한 관계를 유지하지 않았던 아동도 청소년기에 잘 적응하는 경향이 있었다(Shulman & Klein, 1993). 어머니의 경우에 비해, 일반적으로 아버지는 좀 더 현실적 모습의 친밀감과 분리감 모두를 보여 주었다. 부모-청소년 간 갈등은 아버지에 비해 어머니와의 관계에서 증가하는데, 아버지는 덜 간섭하고, 청소년이 보이는 연령에 적절한 행동, 즉 독립적 행동을 좀 더 존중하는 경향이 있기 때문이다(Steinberg, 1987). 아버지의 이러한 태도는 청소년의 개체화를 발달시키고 자신의 선택에 대해 스스로 책임지게 하는 동기를 유발할 수 있다(Hauser et al., 1987). 이러한 측면에서, 아버지와의 친밀감 수준은 청소년의 적응에 대해 어머니와의 친밀감보다 더욱 중요한 영향을 미쳤다는 연구 결과(LeCroy, 1988)도 발견된다. 아버지와의 다소 소원한 관계에도 불구하고, 청소년은 아버지가 훈육과 학업 등 중요한 문제에 대해 어머니보다 자신의 삶에 덜 참여한다고 지각하지는 않았다(Shulman & Klein, 1993).

부모에 대한 애착은 청소년의 문제행동에 영향을 미친다는 점에서 그 의미가 크다. 예를 들면, 고등학생의 불안애착과 회피애착은 청소년의 우울·불안수준에 정적인 영향을 미치며, 불안애착이 회피애착보다 더 커다란 영향을 미쳤다(박지언·이은희, 2008). 부모에 대한 애착은 또한 청소년의 성적 행동에 직접적으로 영향을 미칠 뿐만 아니라, 우울 및 학교애착을 통해 간접적으로도 영향을 미쳤다(윤명숙·이재경, 2008). 또한 부모와의 애착이 높을수록 청소년은 높은 자기효능감을 가지고 있었다(이신숙, 2008).

한편, 부모-자녀 세대 간 갈등 및 싸움은 청소년기에 처음 나타나는 경향이 있다(Elder, 1980). 사춘기에 들어서면서, 부모에 대한 부정적 감정과 싸움이 증가할 뿐만 아니라 유쾌한 상호작용은 감소하는 경향이 있다(Montemayor et al., 1993). 부-자녀관계 및 모-자녀관계 측면에서 볼 때, 어머니-청소년 간 갈등이 증가하는 반면, 아버지-청소년 간 응집력은 감소한다(Collins & Russell, 1991). 부모-자녀 간 갈등은 주로 부모가 귀가시간을 포함하여 청소년의 일상생활을 통제하고자 할 때 발생하며(Kastner & Wyatt, 1997) 학교성적, 취침, 옷차림, 청결, 친구 등과 관련하여 발견된다(신효식·이경주, 2001). 이러한 갈등은 고등학생보다 중학생에게 더 많이 발생하고(장휘숙, 2005), 청소년 중기, 즉 중

그림 7-9 청소년의 가족원에 대한 감정

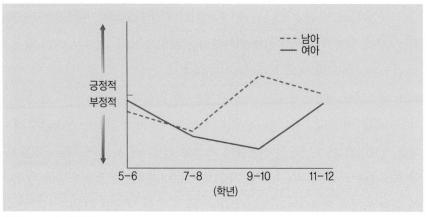

자료 : Larson et al.(1996)

학교 2~3학년과 고등학교 1학년 시기에 절정에 이르며, 청소년 후기에 들어서면서 점차 감소한다(Laursen & Collins, 1994). 또한 성차가 있어, 어머니-청소년 간 갈등은 남학생이 여학생보다 높게 지각하였으며(신효식·이경주, 2001 ; 장휘숙, 2005), 남아가 여아보다 이른 시기에 부모에 대한 긍정적 감정을 회복한다(Larson et al., 1996, 〈그림 7-9〉). 부모와의 갈등에 대한 표출 방식에서도 성차가 발견되어, 남학생은 의논행동을, 여학생은 언쟁행동을 자주 사용하였다. 그러나 남녀 학생 모두 부모와의 갈등이 높은 경우 부모에 대해 언쟁행동과 폭력행동을 많이 보였다(신효식·이경주, 2001).

부모-자녀 간 갈등은 청소년의 부정적 발달결과와 관련된다. 예를 들면, 어머니와 갈등이 많은 청소년은 문제행동을 더 많이 보일 뿐만 아니라 낮은 정체감을 가지고 있었다(장휘숙, 2005). 부모-자녀 간 갈등은 또한 청소년의 비행과도 관련이 있어, 아버지와의 관계에서 갈등이 많다고 지각하는 청소년은 비행을 보다 많이 보였다(김정수·류진혜, 2001). 또한 이러한 갈등은 청소년의 심리적 부적응과 관련하여 그 심각성이 크다. 부모와의 부정적 갈등 경험이 많을수록 고등학생 자녀의 심리적 부적응이 심하여, 어머니 또는 아버지와 부정적 갈등을 많이 경험한 청소년은 분노, 우울, 불안이 더 높았다. 반면에, 부모-자녀 간 갈등이 적다고 지각할수록 초등학교 4~6학년 아동의 안녕감은 높았다(이정미·이양희, 2007). 여기서 부모-자녀 간 의사소통은 부모-자녀 간 갈등의 중재방안으로서 소개된다. 일반적으로, 청소년은 아버지보다 어머니와 의사소통을 더 많이 하는 편인데, 부모와의 의사소통이 원활할수록 부모와의 관계에서 갈등을 덜 보이는 경향이 있었다(공인숙 외, 2005).

(2) 또래와의 관계

청소년기가 되면서 청소년의 개인적 발달 및 일상생활에서 또래관계는 보다 더 중요한 역할을 하게 된다. 청소년은 자신이 학교환경에 적응한다고 느낄수록 학업성적이 높고 숙제하는 시간이 좀 더 길며, 높은 성취동기를 갖고 학업에 대한 열망도 높다(Hagborg, 1998). 청소년은 또한 지원적인 우정관계를 유지할 때, 자신에 대해 보다 긍정적으로 지각하며 애정관계를 포함한 미래의 관계에서도 성공적이다(Hartup, 1993). 청소년은 친구들로부터 정서적 지원을 주고받게 되는데, 특별한 친구인 단짝 친구(chum)의 역할은 매우 중요하다. 특히 부모와의 유대가 적은 청소년의 경우 단짝 친구와의 관계는 완충작용을 할 수도 있어, 단짝 친구가 있을 때 정신병리적 문제가 덜 발생하였다(Bachar et al., 1997).

청소년이 또래의 영향을 얼마나 많이 받는지는 다음과 같은 몇 가지 요인에 따라 다르다. 한 가지 요인은 청소년은 어릴수록 또래의 영향을 더 많이 받는다(Brown et al., 1986). 또 다른 요인은 부모의 양육행동이다. 즉, 자신의 부모를 민주적이라고 지각하는 청소년은 또래의 영향을 받는 영역이 그렇지 않은 청소년과 다르다. 그들은 친구의 높은 성취지향성에 의해서는 보다 많은 영향을 받지만, 약물을 남용하는 친구의 생활양식에 의해서는 별로 영향을 받지 않는 경향이 있다(Mounts & Steinberg, 1995). 즉, 이들은 자신의 부모와 동일한 가치를 가지고 있는 친구를 선택하는 경향이 있다(Fletcher et al., 1995). 이러한 맥락에서 볼 때, 부모의 양육행동은 청소년의 또래선택과도 밀접한 관계가 있음을 알 수 있다. 또한 청소년이 조언을 구하는 대상은 문제의 성격에 따라 다른 경향이 있어, 옷차림, 사회적 활동, 여가 등에 대해서는 또래로부터 조언을 구하지만, 교육이나 진로와 같은 장기적 문제는 부모의 의견을 듣고자 한다(Sebald, 1986).

또래관계의 질에 영향을 미치는 대표적 요인으로는 청소년의 개인적 특성과 부모-자녀관계를 포함한 가족관계가 포함된다. 청소년의 개인적 특성과 관련해서는 연령, 성별, 공격성 등이 손꼽힌다(배재현·최보가, 2001 ; 유안진·한유진·김진경, 2002). 연령이 높을수록 청소년의 긍정적 또래관계의 질은 높았으며, 남자 청소년은 여자 청소년보다 또래에게 더 많이 무시당한다고 느꼈고, 부정적 측면의 우정을 더 많이 경험하는 반면, 긍정적 측면의 우정은 덜 경험하였다. 또한 공격성 수준이 높을수록 초기 청소년은 자신의 또래관계를 부정적으로 지각하였다.

부모에 대해 안정적으로 애착된 청소년은 친구에 대해 긍정적 감정을 보다 많이 가지고 있었으며 친구가 사회·정서적으로 지원적이라고 지각하였다(홍주영·도현심, 2002). 부모와의 의사소통이 긍정적이고 원활할수록 청소년은 또래와 원만하고 좋은 관계를 유지하였으며 교우관계에 만족하였다(김영미·심희옥, 2001 ; 최유진·유계숙, 2007). 또한 부모의 무조건적 존중, 순수성, 즉시성, 직면, 자아개방, 공감적 이해 등과 같은 촉진적인 의사소통은 청소년이 갈등해결에 있어서 협력 및 절충, 양보 혹은 회피전략을 사용하여 친구와의 원만한 관계를 유지하도록 하였다. 반면, 부모가 청소년 자녀와 과보호적이거나 방임·무관심적으로 의사소통을 할 때, 청소년은 친구와의 갈등에서 지배의 전략을 사용하는 경향이 있었다(백윤미·유미숙, 2006). 부모-자녀관계 외에도, 부모의 부부갈등은 청소년의 우정관계의 질과 부적 관계를 보여, 부-모 간 갈등을 높게 지각할수록 친구에 대한 긍정적 감정이 낮고, 부정적 감정은 높으며 친구의 기능을 부정적으로 지각하였다(홍주영·도현심, 2002). 그 외의 관련 요인으로, 교사와의 친밀감과 교내·외에서의 활동을 들 수 있는데, 교사와의 관계가 친숙하고 호의적이며 교내·외 활동 경험이 많을수록, 청소년의 또래관계는 원만하였다(김영미·심희옥, 2001).

한편, 또래괴롭힘은 또래관계의 부정적인 측면으로 잘 알려져 있다. 빈약한 사회적 기술이나 또래관계의 질이 또래괴롭힘에 직접적으로 영향을 미치기보다는 자기 자신에 대한 낮은 평가를 통해 또래괴롭힘으로 연결된다. 즉, 협동이나 공감능력, 자기주장 및 자기통제와 같은 사회적 기술이 부족하고, 낮은 우정관계와 같이 또래관계의 질적 측면에 문제가 있을 경우 청소년은 자기 자신에 대해 부정적으로 평가하기 쉽고, 이는 또래괴롭힘을 초래하였다(이경아, 2008). 또래괴롭힘은 또한 우정과 밀접한 관계가 있다. 또래괴롭힘이 발생할 수 있는 상황에서, 긍정적인 우정관계를 가진 청소년은 친구에게 도움을 받을 수 있는 반면, 또래관계에서 갈등이 많은 경우는 친구의 지원을 얻지 못함으로써 또래 괴롭힘을 더 많이 당하였다(배재현·최보가, 2001).

3) 정서

청소년을 대상으로 한 연구가 활발히 수행되면서, 청소년에 대한 견해는 변화하였다. 앞서 언급하였듯이, 현대의 연구자들은 청소년에 대해 홀(Hall, 1905)의 질풍노도(storm and stress) 모델을 더 이상 강조하지 않는다. 비교문화적 연구들에 의하면, 청소년이 자기 자신에 대해 가지는 태도와 주관적 안녕감은 긍정적인 편이며, 특히 나이가 들어가면서 이러한 경향은 점점 더 높아진다(Nottelmann, 1987 ; Offer, 1988).

(1) 정서조절

아동은 사회화 경험을 통해 자신이 표현하는 정서에 대해 부모나 다른 어른들 혹은 또래가 어떻게 반응할지에 대해 인식하게 된다. 이러한 과정에서 청소년은 정서가 내적인 경험일 뿐만 아니라 대인 간의 의사소통의 근원이라는 것을 깨닫게 된다(Thompson, 1994). 남아와 여아는 정서조절에서 차이가 있는데, 이는 남녀의 정서적 표현에 대해 주변에서 다르게 반응하는 것을 관찰해 온 점에 기인할 수도 있다. 즉, 남아는 여아에 비해 특히 슬픔과 같은 정서를 조절하는데, 이는 그러한 정서를 표현함으로써 어떠한 지지도 받지 못하거나 혹은 얕보이는 것이 두렵기 때문일 것이다(Zeman & Shipman, 1997). 문화에 따라 부정적 정서 표현을 수용하는 정도가 다르며, 아동은 자라는 과정에서 이를 학습한다.

청소년의 정서조절 양식은 성별에 따라 다르다. 회피분산 양식과 능동대처

양식은 남학생이 더 많이 사용하고, 지지추구 양식은 여학생이 더 많이 사용하였다(유안진 외, 2006). 또한 청소년의 정서조절 양식 및 능력은 정신건강에 영향을 미친다는 점에서 매우 중요시 된다. 예를 들어, 청소년의 정서조절 양식은 우울에 유의한 영향을 미쳐, 회피분산 및 지지추구 양식을 덜 사용하고 능동대처 양식을 많이 사용하는 청소년은 우울을 덜 경험하였다(유안진 외, 2006). 정서조절 양식과 관련하여, 능동적 정서조절 양식, 지지적 정서조절 양식, 회피분산적 정서조절 양식의 순서로 청소년의 안녕감에 영향을 미쳤다. 또한 삶의 의미와 정서조절 하위요인 중 안녕감에 가장 큰 영향을 미치는 요인은 관계자아, 심적 안정, 능동적 정서조절 양식, 성취, 신체물질적 안정 순이었다(신주연·이윤아·이기학, 2005). 정서조절능력이 높은 청소년은 그렇지 않은 경우에 비해 정신건강 상태가 더 나을 뿐만 아니라 학업 스트레스가 정신건강에 미치는 부정적 영향을 완화시키기도 하였다(문영주·좌현숙, 2008). 정서조절능력과 매우 밀접하게 관련된 특성인 자기통제력 역시 청소년의 심리적 적응과 밀접한 관련이 있어, 자기통제력이 낮을수록 청소년은 우울·불안을 더 많이 경험하였다(이혜린·도현심·김민정·박보경, 2009).

(2) 우울과 자살
① 임상적 우울

우울은 13~15세에 크게 증가한 후 어느 정도 안정적으로 유지되다가 18세경에 감소한다(Radloff, 1991). 임상적 우울은 우울감이 지속되고 다른 증상들을 동반하여 나타나는 경우를 말한다. 어린 아동의 경우에는 성차가 발견되지 않는 반면, 청소년기에는 여아가 남아의 2배 정도 더 많이 임상적으로 우울하며, 이러한 경향은 성인기에도 유사하다(Fleming & Offord, 1990). 이러한 성차에 대한 이유 가운데 하나로 여아는 자신에 대한 비난이나 문제를 내면화하는 경향이 있는 반면, 남아는 이를 외현화하여 분노를 경험하거나 표출적 행동을 표현하기 쉽다는 점(Leadbeater et al., 2000)을 들 수 있다. 또한 가정의 사회·경제적 수준은 청소년의 우울과 밀접한 관련이 있어, 경제상태가 어렵다고 응답한 청소년은 가장 높은 수준의 우울을 경험하였다(오현아·박영례·최미혜, 2008).

청소년의 신체, 인지, 사회·정서 발달적 특성으로 인해 청소년은 우울을 경험하기 쉽다(Cicchetti & Toth, 1998). 구체적으로 말하면, 초등학교에서 중학교로의 전환은 청소년의 적응을 위해 매우 중요한 시기일 뿐만 아니라(National Research Council, 1993), 청소년기에는 상대적으로 보다 높은 독립심이 요구된다. 지나치게 도전적인 상황에서, 청소년은 학업을 멀리하거나 학교에 부적응하거나 혹은 경미한 비행 등과 같은 문제행동을 보일 수 있다. 부정적 자아개념이나 자기비하는 우울을 초래하며, 청소년은 반사회적 활동과 약물남용 등을 통해 잘못된 소속감을 느끼고자 시도할 수 있다. 이러한 행동은 결과적으로 청소년의 자아존중감을 낮춘다. 또한 자율성과 유능감에 대한 욕구충족이 되지 않을 경우 청소년의 우울경향은 높았다(김아영·이명희, 2008).

다른 발달특성과 마찬가지로, 청소년의 우울 역시 부모-자녀관계 측면에서 접근할 수 있다. 부모와의 대화시간이 길수록, 그리고 부모 모두와 동거하는 청소년은 그렇지 않은 경우보다 우울을 덜 경험하였다(오현아 외, 2008). 아버지와 어머니가 심리적 통제를 많이 할수록 청소년은 의존심이 높고 자아비난을 많이 하며 우울감을 많이 경험하였다(박성연·이은경·송주현, 2008). 부모의 부정적 양육태도는 우울에 직접적인 영향을 미칠 뿐만 아니라, 회피적 정서인식과 정서인식의 명확성을 매개하여 간접적인 영향도 미쳤다(양유진·정경미, 2008). 어머니가 비온정적이고, 거부·제재적일수록 청소년은 낮은 자기통제력을 보였고, 자기통제력이 낮은 청소년은 우울·불안을 더 많이 경험하였다(이혜린 외, 2009). 또래관계의 질 또한 청소년의 우울과 밀접한 관련이 있는 변인으로, 또래관계의 질이 낮은 집단은 높은 집단에 비해 우울을 더 많이 경험하였으며(김정민·이정희, 2008), 또래와의 애착이 긍정적인 경우 청소년의 우울은 낮은 편이었다(유안진 외, 2006).

청소년의 우울은 무엇보다도 학교생활 적응과 관련되어 우려되는 것이 특성이다. 청소년의 유능감은 우울을 매개로 하여 학교생활 적응에 영향을 미쳐, 유능한 청소년은 우울을 덜 경험하고 나아가 학교생활에 잘 적응하였다(김아영·이명희, 2008). 또 다른 연구에서는 청소년이 학교생활에 만족하지 못할수록 높은 우울을 경험한다고 보고하였다(오현아 외, 2008). 학교생활과 관련하여 주요 관심사인 학업과 관련된 스트레스는 청소년의 심리적 부적응을 초래하기 쉽다. 예를 들면, 고등학교 3학년 시기의 우울은 이 시기의 스트레스뿐 아니라 중학교 2, 3학년 시기의 학업 스트레스에 의해서도 영향을 받았다(임은미·정성석, 2009). 학교성적이 낮을수록 청소년의 우울은 높아(김정민·이정희, 2008), 하위권, 중위권, 상위권순으로 우울을 많이 경험하였다(이종화, 2008). 무엇보다도 우울을 경험하는 청소년들은 특히 자살에 처할 위험성을 가지고 있다는 점(박은옥, 2008 ; Chandler, 1994)에서 심각성을 내포하고 있다. 이러한 청소년은 그렇지 않은 청소년에 비해 자살시도 위험이 7.98배나 더 높았다(박은옥, 2008).

② 청소년 자살

청소년 자살은 보통 자살 생각, 자살 시도 그리고 자살 행동으로 이어진다. 보건복지부(2006)의 자료에 따르면, 2005년 자살을 생각해 본 적이 있는 청소년의 비율은 전체의 13.2%로 우울감 경험률보다 다소 높았다. 남자 청소년보다는 여자 청소년이 약 두 배 이상 자살 생각을 많이 하였으며, 12~14세보다는 15~18세의 청소년이 자살 생각을 더 많이 하였다. 실증적인 연구에서도 자살 생각은 성별, 연령, 사회·경제적 수준, 가족구조 등 사회인구학적 특성에 따라 다소 차이가 있는 것으로 알려진다. 예를 들면, 여학생은 남학생보다, 학년이 높을수록, 하류계층일수록 자살 생각을 보다 많이 하였다. 또한, 가족구조가 친부계모 형태이거나 아버지가 직업이 없는 청소년도 자살 생각을 하는 비율이 높았다(오현아 외, 2008).

청소년 자살률의 연도별 추이를 보면, 2009년 이후 다소 감소하는 추세이다(그림 7-10). 그럼에도 불구하고, 자살은 2014년 청소년의 사망원인 가운데 10~19세와 20~29세 각각 2위(10만 명당 4.5명)와 1위(10만 명당 17.8명)를 차지하였다. 자살 시도와 자살 행동에도 성차가 발견되는데, 여자 청소년에 비해 남자 청소년은 성공률이 더 높으며, 여자 청소년의 경우는 자살 시도가 많다. 이는 남자 청소년의 경우 치명적인 방법을 선택하는 반면, 여자 청소년은 음독과 같은 소극적인 수단을 사용하는 경우가 많아 구제되거나 마음을 바꾸고 도움을 청하는 경향이 있기 때문이다(Berman & Jobes, 1991). 또한 자살 생각을 한

그림 7-10 청소년의 자살률

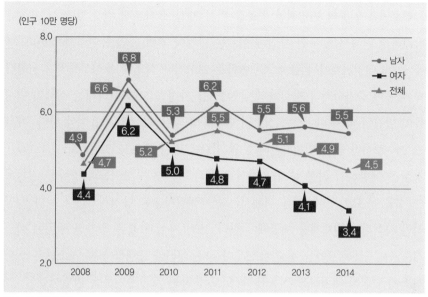

자료 : 통계청(2014)

적이 있는 집단은 자살 시도 위험이 30배 이상 높았고, 부모와 함께 살지 않는 경우, 약물 경험이 있는 경우, 흡연자인 경우, 스트레스가 많다고 지각하는 경우 그렇지 않은 집단에 비해 자살 시도율이 더 높았다(박은옥, 2008).

　자살 행동을 하는 청소년의 특성에 대해서는 많은 연구가 수행되어 왔다. 우울증과 같은 기분장애를 경험하고 있거나(Flisher, 1999), 과거에 자살을 시도했던 경험이 있거나(Garrison et al., 1991), 자살을 시도했거나 자살한 친구가 있거나(Ho et al., 2000), 가족원 가운데 자살을 시도한 적이 있거나(Brent et al., 1990), 부모로부터 신체적 학대나 성적 학대를 받았던 경우나 가족 불화, 가족원 간의 낮은 응집력(Fremouw et al., 1993), 유전적 요인(Kety, 1986), 경쟁적 사회에서 경험하는 심리사회적 스트레스, 매스미디어 등과 같은 기타 사회적 요인들(Garrison, 1992)이 이에 포함된다. 그 외에도 충동성, 부모-자녀 간의 역기능적 의사소통, 학업부담과 부적절한 또래관계, 유해환경 등은 청소년 자살의 위험요인으로 알려진다(김순규, 2008). 부모-자녀 간 의사소통이 역기능적이고 폐쇄적일수록 청소년의 자살사고가 높았으나, 청소년이 많은 스트레스를 경험할지라도 부모-자녀 간 의사소통이 기능적이면 자살사고로 발전할 위험성이 감소되었다(박현숙·구현영, 2009).

　청소년은 일종의 전형적인 경로를 거쳐 자살에 이르게 된다. 따라서 자살을 방지하기 위해서는, 우선 자살에 이르는 과정이 진행 중임을 인식해야 한다. 예를 들어, 대인관계에서 갑작스런 변화를 보이거나 학업에 불성실해지고 위험감수 행동이 증가하거나 자살을 언급하는 등 자살 의도를 나타내는 실제적 단서들이 발견될 때 주변에서는 청소년에게 주의 깊은 관심을 기울여야 한다. 때로는 24~72시간 동안 입원하거나 통원 치료를 받을 필요도 있다(Capuzzi, 1994). 자살을 예방하기 위한 중재는 자살을 생각하게 하는 요인들의 방향을 전환하는 것을 목표로 한다. 이를 위해서는 문제해결기술을 향상시키거나, 보다 성공적인 사회적 지원체계를 제공해야 한다. 또한 자살과 같은 취약한 행동에 이르게 하는 특성적 요인을 집중적으로 다룬다. 이러한 중재를 통해 청소년은 스트레스에 적절히 대처하고 적응할 수 있도록 하는 보호요인들을 발달시킬 수 있다(Pfeffer et al., 1993). 실제로 청소년을 위한 통합적 자살·폭력 예방 프로그램은 보호요인인 자아존중감 증가에 효과가 있었으며, 공격성과 자살 사고 감소에 효과가 있었다(박현숙, 2008). 또한 자존감, 부모 및 교사의 지지, 지역사회 결속력과 지각된 사회적 자원 등은 청소년 자살의 보호변인으로 알려진다(김순규, 2008).

4) 자아존중감

자아존중감(self-esteem)은 자신을 가치로운 사람(a person of worth)이라고 생각하는 느낌으로서, 자신의 신체, 개인적 능력, 가치 및 관심에 대한 지각 및 느낌으로 정의되는 자아개념(self-concept)과 밀접하게 관련된다. 신체상(body image)은 청소년의 자아존중감에 특히 중요하며, 여아의 경우 더욱 그렇다(Kotanski & Gullone, 1998). 매력적인 10대는 그렇지 않은 경우보다 친구가 더 많으며(Rutter, 1980), 교사는 매력적인 중학생을 편애하는 경향이 있다(Lerner et al., 1990). 자아존중감의 성차는 다소 비일관적으로 보고되고 있어, 여학생은 남학생보다 자아존중감이 더 높다는 연구결과(최유진·유계숙, 2007)가 발견되는가 하면, 그 반대의 경우(김창곤, 2006)도 보고된다.

다른 발달결과와 유사하게, 청소년의 자아존중감 역시 부모-자녀관계를 포함한 가족관계적 측면에서 접근될 수 있다. 청소년의 자아존중감은 어머니의 양육행동을 애정적·온정적·수용적이라고 지각할수록 높았으나, 어머니에 대해 불평과 불만이 많을수록 낮았다. 특히 여자 청소년은 어머니가 자신을 통제한다고 지각할수록 낮은 자아존중감을 보였다(윤지은·최미경, 2004). 어린 시절에 경험한 부모의 양육행동 또한 훗날의 자아존중감에 영향을 미쳐, 학령기에 부모로부터 권위적으로 양육된 여자 청소년은 자아존중감이 낮았다(강희경, 2002). 가족기능 가운데 결속력과 적응력이 높은 가정에서 자라나고 부모-자녀 간 의사소통이 개방적일 때 청소년은 높은 자아존중감을 가지고 있었으나, 부모-자녀 간 폐쇄형 의사소통은 청소년의 낮은 자아존중감과 관련이 있었다(김태현·이영자, 2005). 또한 부모의 부부갈등이 높다고 지각하는 청소년은 자아존중감이 낮은 편이었다(김애경, 2003).

청소년의 또래관계도 자아존중감과 밀접한 관계가 있다. 또래괴롭힘이 청소년의 자아존중감에 미치는 영향을 단기종단적으로 살펴본 연구에서도, 또래괴롭힘 피해아들은 6개월 후 측정된 자아존중감이 낮았다(최미경·도현심, 2000). 이처럼 또래괴롭힘이 그 당시뿐만 아니라 이후에 이르기까지 자아존중감에 부정적으로 영향을 미치는 점을 고려해 보건대, 청소년의 자아존중감 증진을 위해서는 또래관계 개선을 위한 중재적 노력이 선행되어야 할 것이다. 일상생활에서 또래와 함께하는 학교생활이 대부분을 차지하는 청소년기에 또래로부터 괴롭힘을 당하는 청소년들이 낮은 자아존중감을 가짐으로써 초래될 수 있는 부정적 결과는 충분히 예측되는 것으로, 청소년기뿐만 아니라 성인기발달과도 관련하여 심각한 문제가 아닐 수 없다.

부모-자녀관계나 또래관계 외에 사회적 지지도 자아존중감과 밀접한 관련이 있다. 즉, 사회적 지지가 높을 때 청소년의 자아존중감은 높았으며, 남학생은 교외 친구의 사회적 지지가, 여학생의 경우는 교사의 사회적 지지가 자아존중감에 영향을 미쳤다(정기원, 2006). 자아존중감과 관련된 또 다른 변인 가운데 학업성취도는 자아존중감과 양방향적 관계가 있어, 학업성취도는 자아존중감에 영향을 미칠 뿐만 아니라, 자신의 학업성취도에 대해 긍정적 신념을 가지고 있는 청소년들은 학업성취가 높았다(Greene & Miller, 1996). 또한 사회행동적 적응과 관련된 경험은 자아존중감에 영향을 미치는데, 이러한 영향력은 성에 따라 다르다. 남자 청소년은 동성 친구들과 성공적으로 어울리는 경험을 한 후에, 여자 청소년은 동성 친구들을 도와주는 경험을 한 후에 자아존중감이 더 높아졌다. 여자 청소년은 또한 친구의 승인을 받는다고 느끼지 않을 때 낮은 자아존중감을 보였다(Thorne & Michaelieu, 1996).

5) 청소년 비행

청소년이 저지른 범죄는 점차 증가할 뿐만 아니라 점차 심각해지는 경향이 있다. 청소년 비행은 범죄행위, 촉법행위, 우범행위 등 세 가지 범주로 구분된다(문화관광부, 1998). 범죄행위는 14~19세 청소년의 형벌법령에 저촉되는 행위를 의미하며, 촉법행위는 형벌법령을 위반하였으나 형사미성년자, 즉 14세 미만 청소년의 행위로서 형사책임을 부과하지 않는 행위를 뜻한다. 우범행위는 12~19세 청소년이 그 자체는 범죄가 아니나 범죄를 저지를 우려가 있다고 인정되는 행위이다. 구체적으로 말하자면, 청소년 비행은 담배 피우기, 술 마시기, 무단결석, 가출, 성관계, 다른 사람 심하게 때리기, 패싸움, 남의 돈이나 물건 뺏기, 훔치기, 원조교제, 남을 심하게 놀리거나 조롱하기, 협박하기, 다른 친구를 집단 따돌림시키기, 성폭행이나 성희롱을 포함하여(임은희·남현주, 2008) 절도, 강간, 살인 등 범죄로 인식되는 행위를 말한다.

가정환경은 청소년 비행과 밀접한 관련이 있어, 반사회적인 아동은 엄격, 방임, 비일관성, 부정적 상호작용 등의 양육, 즉 권위주의적이거나 허용적인 가정에서 자라기 쉽다(Baumrind, 1993). 부모의 잘못된 훈육은 청소년 비행의 위험요인인 반면, 부모의 감독은 보호요인으로 작용한다(정혜원, 2008). 또한 언어적으로나 신체적으로 폭력 행동이 빈번한 가정의 경우, 이러한 행동은 모델이 되고 강화된다. 빈곤, 알코올중독, 부부문제 등의 만성적 가족스트레스원도 중요한 요인이다(Patterson et al., 1989). 아동 자신의 개인적 특성 역시 중요한 요인으로, 기질적으로 까다로운 아동은 스트레스 많은 가정환경을 초래할 수 있다 (Neiderhiser et al., 1999). 즉, 모든 스트레스원은 부모로부터 야기되는 것만은 아니다.

아동이 가정에서 학습한 것은 학교환경에 그대로 적용되어, 아동은 부적응적 학교생활을 하기 쉽다. 이러한 아동은 적응적 또래로부터 거부됨과 동시에, 일탈적 또래와 어울리기 쉽다(Fraser, 1996). 이들은 자신과 유사한 또래와 어울리게 되고, 서로의 일탈 행동을 조장하고 강화시킨다(Beauvais et al., 1996, 〈그림 7-11〉). 따라서 비행을 저지르는 친구의 존재는 청소년 비행의 중요한 위험요인 가운데 하나이다(정혜원, 2008). 분노 감정은 청소년 비행과 정적 관계가 있는데, 이와 더불어 충동조절 능력 또한 낮은 청소년은 비행수준이 더욱더 높은 것으로 보고된다(Colder & Stice, 1998). 또한 유전적으로 결정된 요인들도 청소년 비행과 관련이 있는 것으로 알려진다(Pike et al., 1996).

그림 7-11 청소년은 자신과 유사한 또래와 어울리며, 서로의 일탈 행동을 조장하고 강화시킨다.

자료 : www.newsis.com

한편, 청소년 비행은 흡연, 음주, 약물남용과 같은 위험행동과 밀접한 관련이 있다(그림 7-12). 보건복지부 질병관리본부에서 조사한 2014년 《제10차 청소년건강행태온라인조사》에 따르면, 남녀 청소년의 흡연율은 각각 14.0%와 4.0%에 이른다. 연도별 추이를 보면, 중·고등학생의 흡연율은 2007년 이래로 점차 감소하는 추세이다(그림 7-13). 청소년 음주 실태와 관련하여, 청소년 음주 경험자인 43% 가운데 절반 이상은 고등학교 1학년 이전에 처음으로 음주를 경험한 것으로 조사되었다(그림 7-14). 청소년은 주위에 위험행동에 개입하는 또래가 많을수록, 음주와 흡연에 대해 허용적 태도를 가질수록, 음주와 흡연을 더 많이 경험하였다. 또한 주위에 비행에 개입하는 청소년이 많을수록, 흡연에 대해 허용적인 태도를 가질수록, 남

그림 7-12 청소년 비행은 흡연을 포함한 위험행동과 밀접한 관련이 있다.

그림 7-13 연도별 중·고등학생의 흡연율 추이

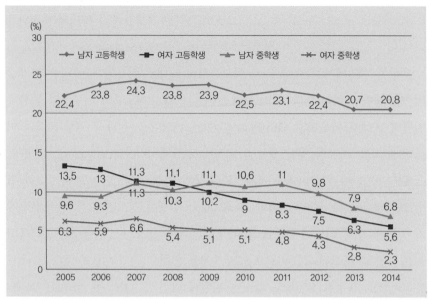

자료 : 보건복지부(2014), p.36.

그림 7-14 청소년의 최초 음주시기

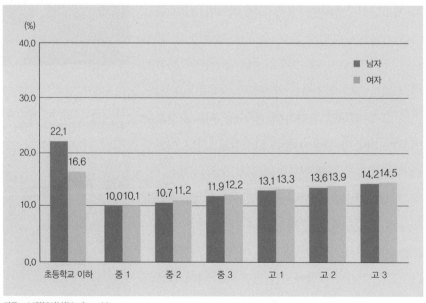

자료 : 보건복지부(2014), p.102.

학생일수록 비행에 더 많이 개입하였다(이지민·낸시벨, 2004). 성역할 정체감도 청소년 비행과 밀접한 관련이 있어, 성역할 정체감 수준이 낮을 때 청소년 비행률이 높았으며, 그 영향력은 여학생에 비해 남학생이 더 큰 것으로 발견되었다(임은희·서현숙, 2007).

청소년의 발달과업

- 자신의 신체적 속성을 수용하고, 자신의 신체적 능력을 개발한다.
- 자신의 지적 능력을 수용하고, 자신의 지적 능력을 개발한다.
- 자신의 정서를 인식하고, 자신의 감정을 이해하며 수용하는 것을 학습한다.
- 성역할 정체감을 명백히 하며 자아정체감을 성취한다.
- 부모로부터 정서적으로 독립한다.
- 동성 및 이성 또래와 편안한 관계를 갖는 것을 배운다.
- 자신의 도덕적 가치 및 생활철학을 개발한다.
- 성적 친밀감과 정서적 친밀감을 통합하는 것을 학습한다.
- 의미 있는 직업을 준비한다.
- 청소년이 경험할 수 있는 여러 위험상황과 성공적으로 타협한다.

8

성인 전기

성인 전기는 인생의 새로운 국면이 펼쳐지는 시기이다. 사춘기와 청년기의 터널을 뚫고 나온 젊은이는 이제 성인으로서의 생활에 필요한 심리적 성숙을 달성하고자 노력한다. 그가 대처해야 할 도전들은 이제까지의 어느 인생주기에서 경험했던 것보다 더욱 복잡하고 다양할 것이다.

성인 전기는 신체적으로나 지적으로 절정에 이르는 시기이다. 이 시기에 젊은 성인들은 부모의 보호를 벗어나 직업을 가지고 사회적으로 자립하게 된다. 배우자를 선택하여 결혼을 하고 자녀를 출산함으로써 자신의 가정을 갖는다. 그들은 이 세계에서 자신의 활동무대를 발견하여 에너지를 집중하며 자신감과 유능함을 쌓아간다. 성인 전기 동안 인생의 중요한 선택과 결정들을 하게 되면서 성인들의 성격은 안정되고 성숙되어 간다.

성인 전기

|1|
신체적 발달

1) 신체적 성장의 완결

청년기 말기와 성인기 초기에 걸쳐 거의 모든 신체적 성장과 성숙이 완결된다. 10대 청소년기의 특징이던 지나치게 긴 팔다리, 홀쭉한 체격과 얼굴 모습의 불균형은 사라지고 활기, 정력, 신선함 등 젊은이다운 신체적 매력을 갖추게 된다. 대부분의 남성은 21세경 완전히 성인 체격에 도달하며 열 명 중 한 명 정도는 23~24세까지도 자란다. 여성은 17~18세에 거의 완전한 성장에 도달하고, 1/10가량은 21세까지 자란다. 근육과 내부기관은 약 19~26세 사이에 신체적 최고상태에 이른다. 그러나 성인 전기 동안 신체상태는 그 정점에서 서서히 변화한다. 근육의 성장은 성인 초기까지 완전히 이루어져 근력의 절정이 25~30세 사이에 나타난다. 30세와 60세 사이에 근력의 10% 정도가 점진적으로 감소되고 근육 강도에도 약간의 감소가 있다. 등과 다리 근육이 먼저 약해지기 시작하나 팔 근육의 약화 정도는 다소 덜하다. 손기술의 정교함은 성인 전기에 최고에 이르고 손가락과 손 움직임의 민첩성은 30대 중반 이후에 감소하기 시작한다. 반응시간 역시 아동기 이후 19~20세까지 계속 향상되다가 성인 전기 동안 일정 수준으로 유지된다.

아코디언 모양의 척추와 척추 디스크가 정착되면서 키가 약간 작아지기도 한다. 체중이 증가하기도 하며, 일정한 체중을 유지하는 사람들도 근육조직은 감소하고 지방조직이 증가한다.

최적의 신체적 기능을 유지하는 데는 적절한 영양과 규칙적 운동이 도움이 된다. 균형 잡힌 식사를 통한 적절한 영양공급은 도달할 수 있는 최고수준에 영향을 줄 뿐만 아니라 하강하는 비율에도 영향을 준다. 운동은 심장근육의 순환용량 및 강도를 향상시킨다. 특히 다리 근육의 운동은 심장에 가는 혈액의 흐름을 촉진시켜 간접적으로 뇌를 포함한 모든 영역들에서 신체적 기능을 유지시킨다. 반면 지나친 흡연, 음주, 약물은 성인의 신체에 해가 된다.

2) 감각의 발달

감각들은 대체로 성인 초기에 가장 예민하고 성인 전기 동안 거의 변화가 없다. 시각적 예민성은 20세경에 가장 높고 40세까지는 감소하지 않는다. 그러나 눈의 수정체가 탄력성을 상실하여 형체를 변화시키거나 가까운 물체에 초점을 맞추는 것이 둔화되는 40세 무렵부터는 원시 경향이 나타난다.

청력은 20세경에 가장 좋으며 이후로부터 점진적으로 저하된다. 특히 고음에 대해서 청력 상실이 일어나는데, 성에 따라 약간의 차이가 있어 남성들은 여성들보다 고음을 감지하기가 더 어렵다.

미각, 후각, 촉각 그리고 온도 및 고통에 대한 감수성은 비교적 안정적이어서 45~50세가 될 때까지 그다지 둔화되지 않는다.

신경체계는 태아기 이후부터 점차 발달·성숙하는데, 뇌는 청소년 또는 성인 초기까지 계속 성장한다. 뇌의 무게는 성인 초기에 최대에 도달하며 뇌파검사에 나타나는 뇌파활동의 성숙한 형태들도 19세 또는 20세가 지나야 비로소 나타난다. 사람에 따라서는 성숙의 시기가 30세까지 지속된다.

2

지적 발달

개인이 양적으로나 질적으로 고수준의 사고를 할 수 있게 되는 것은 청년기 이후이며, 이는 인지적 기능이 고도로 분화되어 다차원적 문제들을 다룰 만큼 충분히 성숙하기 때문이다. 그러나 지식을 획득하고 활용하는 능력은 성인 초기가 되어야 성숙한 상태에 도달한다. 이러한 지적 능력의 발달은 개인이 성인기의 여러 가지 정신적인 도전들에 대처하기 위하여 필수적이다.

여기에서는 성인인지의 특성을 성인인지발달단계에 대한 이론들을 중심으로 알아보고 성인 전기 동안에 일어나는 지능 변화에 대한 연구들을 살펴보기로 한다.

1) 성인기의 인지발달단계에 대한 이론

피아제(Piaget, 1958)는 출생에서부터 청년기까지의 인지발달연구에서 형식적 조작의 단계가 인지적 성장의 끝이라고 보았다. 그리고 형식적·조작적 사고는 과학적·체계적·연역적 추론이 가능한 것으로 인하여 전 단계의 사고와 구별되며 성인인지의 주요한 특징이 된다고 했다. 그 뒤 피아제(1972)는 성인들이 논리적 사고에 점점 더 능숙해져서 성인 전기에 지적인 변혁이 일어날지도 모른다고 시사했지만 성인의 인지적 성장이 형식적 조작의 단계에서 질적으로 다른 사고로 발달한다는 증거는 찾지 못했다.

많은 이론가들과 연구가들이 피아제의 이론을 성인피험자들에까지 확대 적용시켜 연구하거나(Labouvie-vief, 1980 ; Papalia & Bielby, 1974) 또는 그를 비판, 보완하는 이론을 제시하였다(Riegel, 1973 ; Arlin, 1975, 1990).

(1) 알린의 문제발견 단계

형식적 조작단계에서의 정신적 조작은 주로 해결책을 발견하기 위하여 정보를 수집하는 다양한 전략의 사용에 집중되는데, 이런 종류의 사고는 '수렴적 사고'라 불린다. 반면, 매우 다른 종류의 사고를 요하는 상황이 있다. 즉, 시를 쓰거나 일상적인 사물의 새로운 용도를 발견할 때와 같이 반짝이는 새롭고 독창적인 생각이 요구되는 때이다. 이러한 방식으로 사고하려는 사람은 그의 낡은 생각을 버리거나 확산시켜야 한다. 이를 '확산적 사고'라 한다.

알린(Arlin, 1975, 1977)은 확산적으로 사고하는 능력이 바로 인지발달의 5단계임을 시사하고 이를 문제발견의 단계라고 하였다. 그러나 알린의 이론을 입증하고자 한 후속 연구들은 상반되는 결과를 보였다. 문제발견이 형식적 조작에 뒤따른다는 연구도 있고 두 가지가 서로 관련이 없다는 연구도 있다. 알린의 이론이 지지되든 안 되든 그것은 성인 사고에 관한 이론에 중요한 영향을 주었으며, 피아제의 이론으로 설명되지 않은 여러 가지 복잡한 방식의 사고가 있음을 환기시켰다고 할 수 있다.

(2) 리겔의 변증법적 조작

리겔(Riegel, 1973)은 인지발달의 최종적인 성취가 형식적·조직적 사고라는 것을 비판하면서 성인들에게서 우리가 연구해야 하는 것은 '형식적' 사고가 아니고 성숙한 사고라고 주장한다. 그에 따르면 성숙한 사고란 어떤 사실이 진실일 수도 있고 또한 진실이 아닐 수도 있음을 받아들이는 것이다.

리겔은 사고의 이러한 모순된 상태를 기술하기 위해 철학에서 '변증법'이란 용어를 가져와 다섯 번째의 인지발달단계를 변증법적 조작의 단계라고 하였다. 그는 개인의 사고 안에서 상이한 수준의 갈등이 있음을 시사하고, 앞에 놓인 과제에 따라 우리는 구체적 추론의 수준에서 기능하거나 또는 형식적 추론의 수준에서 기능한다고 하였다.

예를 들어, 구체적 조작의 사고를 사용하는 경우는 두 덩어리의 진흙이 똑같기도 하고 (양 또는 질량에서) 동시에 다르기도 하다(모양)는 사실을 처리하는 것을 의미한다. 형식적 조작의 사고를 하는 경우는 두 개의 추가 다르게 보일지 모르나(끝에 무거운 중량을 단 것과 가벼운 중량을 단 것) 그것들은 여전히 동일한 방식으로 운동한다(똑같은 속도로 흔들림)는 것을 아는 것이다.

피아제이론에서 강조점이 이러한 모순을 새로운 인지구조형식으로 어떻게 해결해 나가느냐에 있다면 리겔은 모순을 해결하는 대신 그것을 받아들일 필요가 있다고 주장한다. 리겔의 이론 역시 알린의 것과 같이 최근 수년 동안 많은 이론적 주목을 받았으며, 성인인지의 보다 포괄적인 이해에 기여하였다.

2) 성인 전기의 지능 변화

연령과 지능의 관계는 많은 논란이 있는 문제이나 중년기에 가서 전반적인 논의를 하기로 하고 이 장에서는 성인 전기 동안의 지능변화를 보기 위해 지능검사의 하위영역별로 연령에 따른 증가와 감소를 보여 주는 연구들을 살펴본다.

웩슬러 성인 지능검사(Wechsler Adult Intelligence Scale)를 가지고 조사한 베일리(Bayley, 1966)의 연구에서는 언어성 검사(일반상식, 이해, 산수, 공통성 찾기, 어휘능력, 숫자) 점수는 성인 전기 동안 오히려 상승하거나 감소가 적은 데 비해 동작성 검사(바꿔 쓰기, 빠진 곳 찾기, 토막짜기, 그림 차례 맞추기, 모양 맞추기) 점수는 26세를 기점으로 감소하고 있음을 보여 준다(그림 8-1).

발티스(Baltes)와 쉐이(Schaie, 1974)도 24~70세까지의 성인을 대상으로 7년

그림 8-1 성인 전기 동안의 구체적 능력의 향상과 감소

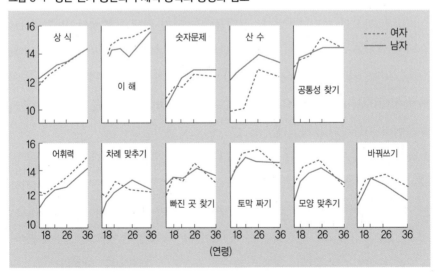

웩슬러 척도 11개 하위검사의 점수이다.
자료 : Bayley, N.(1966)

그림 8-2 연령과 지능의 차원들

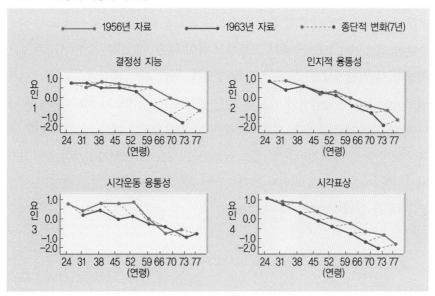

점선은 처음 검사시행에서 7년 후 두 번째 검사시행까지 변화된 정도를 나타낸다.

자료 : Baltes, P. B. & Schaie, K. W.(1974)

간의 단기 종단적 연구 설계를 이용, 네 가지 형태의 지적 기능−결정성 지능, 인지적 유연성, 시각운동 유연성, 시각표상−이 연령에 따라 어떻게 변화하는지 알아내고자 하였다(그림 8−2).

결정성 지능(crystallized intelligence)은 언어이해, 계산기술, 귀납적 추론과 같은 능력으로 교육 및 문화적 습득을 통해 획득되는 것이다. 인지적 유연성(cognitive flexibility)은 한 사고방식에서 또 다른 사고방식으로 전환하는 능력이며 시각운동 유연성(visuomotor flexibility)은 시각 및 운동능력들 간의 협응을 요구하는 과제들에 있어 익숙한 것에서 익숙하지 않은 패턴으로 전환하는 능력이다. 시각표상(visualization)은 시각적 자료들을 조직화하고 처리하는 능력으로서 복잡한 그림 속에 들어 있는 단순한 모양을 찾아내거나 불완전하게 그려진 그림들을 맞추는 과제들이다.

두 연구자는 1956년에 네 가지 지능검사 점수를 여러 연령 집단별로 비교했고 1963년에 다시 재검사하여 비교하였다. 인지적 유연성은 연령에 따라 그다지 변화가 없는 반면, 결정성 지능 및 시각표상검사 점수는 오히려 상승했다.

이 두 차원의 지능 점수는 은퇴기 이후까지도 상승한 것으로 나타났다. 시각 운동 유연성 점수만이 연령에 따라 유의한 감소를 나타냈다.

한편, 1956년과 1963년 조사 모두에서 나이 많은 사람들은 젊은 사람들보다 지능의 각 차원에서 더 낮은 점수를 얻었다. 이와 같이 횡단적으로 볼 때 각 연령 집단별로 지능곡선이 하강한 것은 연령에 따른 지능의 쇠퇴라기보다 세대에 따른 차이로 보인다. 젊은 세대일수록 영양상태의 개선 및 건강관리, 교육수준의 향상, 매스컴의 발달 등으로 많은 지식을 흡수할 가능성이 높아졌기 때문이다. 사회·경제적 지위와 교육수준이 지능지수에 큰 영향을 준다는 사실은 이미 잘 알려져 있다.

|3|
성격 및 사회적 발달

성인 전기는 인생의 가장 좋은 시절로 인정되는 시기이다. 이 시기는 가치를 명료화하고 중요한 의사결정을 하여 야망과 목표를 설정하고 실현시키기 위해 구체적인 인생계획을 세우는 때이다. 이 시기에 개인의 인생은 중요한 변화들을 겪게 된다. 개인은 독립성을 가지는 동시에 보다 많은 책임과 지위를 갖게 된다. 이러한 변화들이 개인의 성격에 어떠한 영향을 주는가? 물론 생활 사건들이 모든 사람에게 똑같이 일어나지는 않을 것이며, 동일한 사건일지라도 그에 대한 반응은 개인마다 다를 수 있다. 그러나 젊은 성인들은 대부분의 생활에서 유사한 가능성에 직면한다. 결혼과 직업에 대한 중요한 결정들을 하고 역할 획득과 참여를 통해 젊은이들은 사회화되고 적응해 나간다.

1) 성인 성숙의 개념

성인 전기의 사회적·개인적 요구들 및 생활사건의 변화를 잘 처리하고 대응하기 위해서는 상당한 정도의 성숙이 필요하다. 성인 성숙의 개념으로서는 알포트(Allport, 1961)가 제시한 성숙의 일곱 가지 차원이 유효한 준거가 될 수 있다.

성숙은 생활의 문제들을 성공적으로 처리하는 능력을 포함한다. 일반적으로 성숙한 사람은 잘 발달된 가치체계를 가지며 정확한 자아개념, 안정된 정서적 행동, 만족스러운 사회적 관계 및 지적인 통찰을 소유한다. 성숙은 목표라기보다 과정이자 노력이며, 많은 유형들—신체적·지적·정서적·사회적·도덕적 성숙—이 존재한다. 성인으로서의 성숙에 도달하기는 쉽지 않다. 인생에 대해 개인이 가진 낡은 가치들과 태도들을 재검토해야만 한다. 자기 및 세계에 대한 분석은 아마도 고통스럽고 불안을 야기할지 모른다. 그러나 이를 통한 자아성장은 청년 후기와 성인 초기에 걸쳐 결정적으로 중요하며, 이런 중요한 과업을 회피할 때는 평생 동안 심리적 미성숙에 머무르게 된다.

알포트의 성숙의 일곱 가지 준거

- 자아확장(self extension)
- 타인과의 온정적 관계(relating warmly to others)
- 정서적 안정(emotional security) : 자아수용, 정서적 수용, 좌절인내, 자기표현에 대한 신뢰
- 현실적 지각(realistic perception)
- 기술 및 유능성의 소유(possession of skills and competences)
- 자아에 대한 지식(knowledge of the self)
- 통합된 인생철학의 수립(establishing a unifying philosophy of life)

자료 : Allport(1968)

---

2) 성인 전기의 자아성장

격동의 청년기를 지나고 성인 전기 동안에 일어나는 자아성장은 주로 자아정체감의 안정화, 자유로운 대인관계, 관심의 심화, 가치의 개인화, 양육의 확대이다(White, 1975).

(1) 자아정체감의 안정화

청소년기의 '내가 누구인가', '무엇이 진실인가'에 대한 관심은 '나의 열망을 어떻게 실현시킬 것인가' 또는 '그것을 하기 위한 최선의 방법은 무엇인가'라는

질문들로 대치된다. 하나의 독특한 존재로서 '나는 누구인가'라는 개인적 정체감을 결정하는 문제는 청소년기에는 매우 첨예한 문제였다. 많은 젊은 성인들이 여전히 자신의 확립에 어려움을 갖지만 그러나 성인 전기에는 정체감이 안정되어가는 것이 일반적 경향이다. 젊은 성인은 자신에 대해 확신을 갖고 주어진 상황에서 자신이 어떻게 행동할 것인가를 더 잘 안다. 이는 부분적으로는 성인 정체감의 규정을 돕는 결혼과 직업에 관한 중요한 결정들을 내렸기 때문이다. 그들은 자신의 축적된 경험을 기초로 자아판단을 할 수 있다. 따라서 젊은 성인은 한 가지 성공이나 실패로 인해 영향을 덜 받게 되며 자신의 능력을 잘 알고 있고 때로는 칭찬조차도 적합치 않을 때는 거부한다.

대학을 다닌 젊은이들은 보통 대학시기를 거치면서 정체감이 더욱 안정된다. 정체감을 달성한 대학생들은 많은 사고를 하고 가족의 영향으로부터 비교적 독립적이었으며 자아존중감이 높았고 쉽게 애정을 표현할 수 있었다 (Waterman et al., 1974 ; Donovan, 1975).

(2) 자유로운 대인관계

자아정체감이 안정되면 독립된 인간존재로서 타인과 관계 맺는 것이 가능하다. 이제까지 상호작용은 불안하고 방어적이며 자아노출을 꺼리는 특징이 있었다. 자신의 자아에 확신을 갖지 못하기 때문이다. 성인 전기의 젊은이는 자신의 입장을 이해시키려고만 하지 않고 다른 사람의 견해에도 기꺼이 귀를 기울인다. 대인 상호작용은 보다 친절하고 따뜻하며 존중 속에 이루어진다.

로저스(Carl Rogers, 1961)는 건강한 대인관계란 첫째, 상대방에 대한 무조건적이고 긍정적인 관심이 그 특징이라고 하였다. 긍정적 관심이란 상대방이 어떠한 행위를 하더라도 행위 자체는 비판받고 비난받을 수 있으나 그 사람 자체에 대해서는 존중함을 보이는 것이다. 건강한 관계의 두 번째 특징은 감정이입 (empathy)으로서 상대방이 무엇을 생각하고 있고 느끼고 있는가에 대해 정확히 지각하는 것이다.

(3) 관심의 심화

아동과 청소년들은 흔히 어떤 것에 갑작스레 흥미를 가지고 잠깐 동안 그것에 빠졌다가 호기심이 만족되거나 외적 보상이 획득되면 곧 흥미를 잃는다. 그러나 젊은 성인들은 그들의 관심사에 깊이 관여하며 많은 시간, 에너지, 비용을 쏟는다. 그들의 관심사 중에 어느 것은 직업이 되고 그렇지 않으면 일생 동안의 취미나 도락이 된다. 그들은 오직 '그 자체를 위해' 어떤 일을 하는 경우가 더 많다.

(4) 가치의 개인화

도덕발달은 청소년기로 그치지 않는다. 화이트(White)는 젊은 성인들에게서 관찰된 윤리적 관심의 성장을 '가치의 개인화'라 부른다. 성인 전기를 특징짓는 도덕발달의 두 가지 측면은 첫째, 가치들의 개인적 의미 및 그것과 사회적 목표 성취 간의 관계를 발견하는 것이다. 둘째, 개인이 자신의 동기 및 경험을 더 많이 수용하여 가치체계를 확고히 하고 향상시키는 것이다(White, 1975 : 355).

화이트의 개인화된 가치는 콜버그(Kohlberg)의 '후인습적' 또는 '원리적' 수준의 도덕발달 관념과 일치한다. 후인습기에 속하는 5단계의 도덕적 추론이 대학 시기에 극적으로 성장함을 발견하고 콜버그는 23세 이하의 사람은 '진정한 5단계의 사고를 보여 주지 않았다'고 하였다(Kohlberg, 1973 : 192).

여섯 번째 단계의 도덕성은 성인기에 발달하는 것으로 확인되었다. 6단계의 보편적·윤리적 원칙 지향의 도덕성은 논리에 의해 정의된 추상적·윤리적 원칙들에 기초한다. 콜버그는 매우 극소수의 사람들이 이 단계에 도달하는데, 이는 성인기에 이르러서야 가능하다고 한다.

이러한 원리적 도덕성으로 이끄는 성인기의 사건들은 무엇인가? 콜버그는 두 가지를 제시한다.

첫째, 심리적 유예기 상황으로 개인이 정체감 의문과 실행하고자 하는 욕구 속에서 갈등하는 가치를 지닌 채 집을 떠나 대학 사회에 들어가는 경험이다. 대학은 학생들에게 일상생활의 책임에 직면하기 앞서 가치들을 모색하고 자신에 대해 탐구할 수 년의 시간을 제공한다. 이런 경험의 중요성은 콜버그의 연구대상 중 대학에 다니지 않았던 사람들—바로 직업을 가졌던—누구도 후인습적 도덕성을 발달시키지 못했다는 사실로서 입증된다.

둘째, 원리적 사고로 이행하게 하는 중요한 개인적 경험은 '외적인 인지—도덕적 자극'이다. 다시 말하면, 도덕적 원리에 대해 숙고할 시간 및 자원 등 풍부한 환경뿐 아니라 그렇게 하도록 하는 자극이 필요하다. 대학의 '도덕 토론 프로그램'은 많은 학생들에게 효과적인 자극으로서(Boyd, 1973), '인습적인' 도덕성 단계에 있던 참여자들의 40%가량을 5단계로 이끌었다.

(5) 양육의 확대

가치의 개인화는 양육의 확대와도 관련된다. 즉, 그것은 '타인의 복지와 인간적 관심사에 대한 배려의 증대'와 관계가 있다. 타인에 대한 관심과 배려의 증대는 성숙의 가장 명백한 표시의 하나로서 성인기의 발달을 포괄적으로 다룬 모든 성격 이론가들이 언급하는 것이다. 애들러(Adler, 1927)는 이를 증대된 '사회적 관심'이라 하고, 매슬로(Maslow, 1970)는 '소속감 및 사랑의 욕구'라 말하고 로저스는 '감정이입과 무조건적인 긍정적 존중'이라 한다. 타인에 대한 배려의 증대는 시민의 권리, 사회복지에 대해 젊은 성인들이 보이는 커다란 관심에서도 알 수 있다.

3) 성격발달의 이론들

성인 전기 동안의 성격발달의 과정 및 역동을 보다 잘 이해하기 위하여 이 단계를 묘사한 성격이론을 살펴본다.

(1) 뷜러의 이론

비엔나의 임상 심리학자였던 뷜러(Bühler)는 일찍이 1933년에 심리치료의 임상자료와 200명 이상의 전기분석을 통해 인간발달 5단계를 제시하였고 1968년에 이를 다시 확대, 전개시켰다. 그녀는 건강한 발달에 있어 자아충족이 핵심이라고 보고 인간본성의 목적성을 강조했다. 충족된 사람들은 자신의 활동을 주도해 나가며 하나의 목표를 향해 평생토록 지향하는 사람들이다. 뷜러의 5단계 중 성인 전기까지의 4단계는 다음과 같다.

① 1단계 : 아동기(15세까지)

인생의 목표에 대한 자기결정을 아직 확립하지 못했다. 아동은 미래를 준비하는 모든 종류의 행동을 하지만 미래를 희미하게 지각할 뿐이다.

② 2단계 : 청소년 및 성인 초기(15~25세)

인생이 자기 자신의 것이라는 생각을 처음 갖게 되면서 이제까지 형성해 온 생활경험을 분석하는 데 흥미를 갖는다. 그들은 목표탐색에서 이상주의적이다. 사랑할 상대를 원하고, 믿을 신과 생의 의미에 대한 해답을 원하고 꿈을 실현시킬 기회를 원한다.

③ 3단계 : 성인 전기(25~45세)

시험적인 것에서 구체적이고 분명한 목표들로 옮겨간다. 자기의 가치, 목표에 대해 보다 분명하고 자신의 발달 가능성을 잘 파악한다. 이 시기는 결혼, 자녀, 직업안정, 주위의 친구들로 인해 풍부한 개인적 생활의 시기이다. 그러나 가끔 맞지 않는 직업이나 결혼 상대자를 선택했다고 느껴 실망하는 사람도 있고 너무 미숙해서 생활을 안정된 형태로 통합시키지 못하는 사람도 있다. 또한 정서적 갈등에 정신적 에너지를 너무도 많이 소모하여 생활에 잘 적응할 수 없는 사람도 있다. 어떻든 성공경험은 이 시기의 목표들을 성취하는 데 도움을 주나 거듭되는 실패의 경험은 개인을 무능하게 만든다. 이러한 뷜러의 이론은 후속 이론들에 많은 영향을 주었다.

(2) 에릭슨의 이론

성인발달의 중요한 단계들을 묘사한 에릭슨(Erikson, 1964)은 성인 전기를 친밀감이냐 또는 고립이냐의 딜레마에 직면하는 시기로 그리고 있다. 성인기에 들어선 젊은이는 새로이 확립된 정체감을 타인의 그것과 융합시키려는 동기를 갖게 된다. 젊은 성인은 친밀감을 위한 준비가 되어 있어 1차적으로 결혼을 통해 친밀감의 욕구를 충족시키고자 하지만 이성관계 이외의 다른 친밀감의 유대를 발달시키기도 한다. 친밀한 관계란 타인을 이해하고 깊이 공감을 나누는 수용력에서 쉽게 발달한다. 따라서 사회적으로 성숙한 성인은 타인들과 효과적으로 의사소통할 수 있고 상대방의 요구에 민감하며 일반적으로 사람들에 대해 관용을 보인다. 우정, 사랑, 헌신은 미성숙한 사람보다 고도로 성숙한 사람들에게서 훨씬 두드러진다.

이 단계의 모든 관계가 친밀감으로 특징지어지는 것은 아니다. 이 시기의 발달상의 위험은 고립감이다. 정체감을 형성하기 위해 여전히 투쟁하는 젊은이들이 있으며 앞 단계의 해결되지 않은 갈등 때문에 성숙한 단계에 이를 수 없는 젊은이들도 있다. 예를 들어, 극히 자기애적인 사람은 자신을 사랑하는 만큼 타인을 사랑할 수 없다.

(3) 성인발달의 그랜트 스터디

성인발달에 관한 최초의 종단연구라 할 수 있는 이 연구는 1938년에 18세였던 하버드 대학생 집단 268명을 대상으로 시작되어 그들이 50세가 될 때까지 추적, 연구한 것이다.

① 20세

많은 남성들이 여전히 어머니의 아들로서 부모의 지배하에 있다. 그리고 20대 동안 심지어 30대까지도 부모로부터 자율성을 획득하고자 애쓴다. 이는 결혼할 배우자를 발견하고 자녀를 낳아 기르고 청소년기에 시작된 우정을 깊게 함으로써 이루어진다.

② 25~35세

직업에 열심히 전력하며 자신이 이룬 가족에 헌신한다. 이때는 자기반성이 적은 점에서 잠복기 아동과 유사하다. 즉, 과업을 잘 수행하며 규칙준수에 신중하고 승진을 열망하며 체제의 많은 측면을 수용한다. 노는 것을 희생하고 그

대신 전문가가 되기 위해 열심히 일한다. 자신의 결혼 및 직업선택이 적절하다고 믿으려는 경향이 있다.

30대 동안 직업은 남성생활의 초점이다. 30세 이전에는 개인의 직업 진로의 결말이나 직업에서의 성공 여부를 알기란 어렵다. 그러나 40대가 되면 직업의 장래가 분명해진다. 성공을 예측할 수 있는 유일하게 타당한 근거라고 볼 수 있는 것은 27세 때 안정된 성격을 가진 것으로 판단된 사람들이 직업에서 보다 성공적이었다는 사실이다. 또한 47세 때 가장 잘 적응하고 있는 사람은 인생에서 21~35세 사이를 가장 불행하다고 보았고 35~49세 사이가 가장 행복한 것으로 보았다. 반면, 잘 적응하지 못하고 있는 사람들은 초기 성인기에 대한 향수를 가지고 회고했다.

(4) 레빈슨의 연구

성인발달에 관한 또 다른 연구는 35~45세 40명의 남성을 대상으로 인터뷰와 성격검사를 통해 성인남성발달의 이론을 수립한 레빈슨(Levinson, 1978)의 연구이다.

① 성인 초기 전환기(17~22세)

고등학교를 졸업할 무렵인 청년기 말에 시작되어 20~24세 사이에 끝난다. 부모의 가정을 떠나고 경제적·정서적으로 보다 독립적이 되는 사건들이 일어난다. 또는 대학에서의 생활이나 군 입대와 같은, 한 가족의 자녀와 완전한 성인 지위 사이에 다리를 놓는 제도적 상황에 들어간다.

② 성인기의 시작(22~28세)

성인세계로 들어가는 시기이다. 성인으로 자신을 규정하고 성인기가 의미하는 가능성을 탐색하여 내적·외적 측면에서 생활구조를 형성하기 시작한다. 외적인 것은 가족, 직업, 사회적 역할들이며 개인이 어떻게 사회와 관계를 맺는가와 관련된다. 내적인 것은 이런 역할들이 가지는 개인적 의미로서 개인의 기본적 가치, 목표, 자아 이미지들을 어떻게 조화시키는가 하는 것이다. 많은 사람들이 미래에 대한 꿈을 가지고 성인기에 들어선다. 이것은 흔히 직업적 상황 속에 포함되며 성인발달을 촉진하고 활력을 준다. 성인기 위기는 그러한 꿈이 실현되지 않으리라는 것을 깨닫게 될 때 일어난다. 그들은 목표를 재수립하고 보다 성취 가능한 야망으로 대치하는 것을 포함하는 인생에 대한 결정을 내려야 한다.

③ 30세 전환기(28~33세)

인생을 달리 보게 하는 전환기이다. 직업선택, 결혼, 인생목표가 옳지 못했다거나 또는 변화시켜야겠다고 결정을 내리기도 한다. 쉬히(Sheehy, 1976)는 이 이론을 테스트했는데, 남성과 여성을 모두 인터뷰하여 이 이론이 남성뿐 아니라 여성에게도 적용됨을 발견했다. 이때 인생의 방향이 급격히 변화되기도 한다.

④ 정착기(33~40세)

일, 가족, 기타 생활의 주요 측면에 깊이 있는 참여와 실행을 하는 시기이다. 자신의 구체적 목표를 설정하여, 고정된 시간표대로 일해 나간다. 흔히 40세를 시금석으로 하여 흥미와 안정 모두를 추구하면서 질서 있는 생활방식에 안락

그림 8-3 레빈슨의 인생의 발달단계

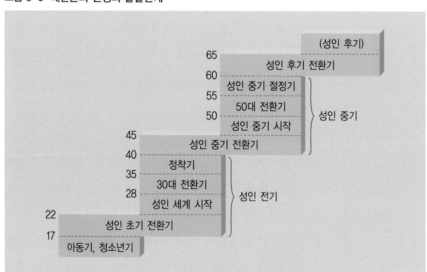

하게 정착한다.

(5) 굴드의 연구

굴드(Gould, 1978)는 16~60세까지 정신과 외래환자의 인생사, 태도를 조사하고 비슷한 연령대의 비환자 524명을 조사하여 남성, 여성을 포괄하는 이론을 제시하였다. 그는 표본들의 프로파일로부터 아동기에 획득되어 성인기에 들어서까지 지속되는 몇 가지 유아적이고 비합리적인 세계관을 추출해 내었다. 성장이란 이런 유치한 환상들과 그릇된 관념들을 떨쳐 버리고 부모에 대한 의존에서 벗어나 자아신뢰와 자아수용을 향해 나아가는 것이라고 본다.

① 부모의 세계를 떠나는 시기(16~22세)

이 시기에 벗어나야 할 잘못된 주요 전제는 '나는 항상 부모에게 속해 있으며, 그들의 세계에 의지한다'는 것이다. '나는 부모의 눈을 통해서 세계를 본다. 따라서 내가 독립하게 되면 그것은 큰일이다. 나의 부모들만이 나의 안전을 보장할 수 있다'고 믿는다. 젊은이는 이 환상에 도전하여 부모들이 통제하거나 지배할 수 없는 성인정체감을 형성해야 한다. 집을 떠나 독립을 하고 직업을 갖게 되며 사회적 지평을 확대시켜 인생에 대한 개인적 확신들을 발달시키면서 성인으로서 독립성을 확립해 나가게 된다.

② 누구의 아기도 아닌 시기(22~28세)

이 시기의 비합리적 생각은 젊은이들이 어떤 일을 할 때 그들 부모의 방식대로 해야만 한다는 것과 충분한 의지력과 끈기만 있다면 좋은 결과가 오리라고 믿는 것이다. 그들이 좌절하거나 혼동되고 지치면 부모들이 달려와서 올바른 방법을 보여 줄 것이라는 환상을 가지고 부모가 제공하는 절대적 안전의 개념에 고착한다.

이 시기의 도전은 젊은 성인이 자기 존재의 건축자로서 자신의 인생에 대해 완전한 책임을 받아들이고 부모의 원조에 의존하지 않아야 하는 것이라고 굴드는 강조하면서 그러기 위해서는 생활기술이 발달되어야 한다고 주장한다. 사고와 계획이 비판적·분석적·논리적이면서 목표지향적이 되어야 한다. 또한 인내, 의지력, 상식과 같은 속성들을 중요시해야 하며 관용을 배우고 일상생활에 따른 결과들을 받아들이는 것을 배워야 한다.

이 단계의 도전을 기꺼이 받아들일 때 공상적 힘이 실제적 능력으로 대치되며 우리가 항상 왜소하고 '부모의 부속물'이라는 두려움이 자아확신, 유능감, 어른이 되었다는 느낌으로 대치된다(Gould, 1978 : 74).

③ 내면을 들여다보는 시기(28~33세)

인생의 이 시기까지 대부분의 성인들은 부모의 집-굴드가 말한 '절대적 안전의 세계'-을 떠나 사는 경험을 8~10년 동안 가졌다. 독립된 생활의 기본요소가 확립되고 성인들은 긍지를 갖고 자신을 신뢰한다. 그러나 이 단계에 갖는 '인생은 단순하고 통제 가능하며 자신 안에 모순되는 힘은 없다'라는 틀린 환상은 재검토되어야 한다. 30대로 향하는 과정에는 자신에 대한 깊이 있는 분석이 필요하다. 인생은 보다 복잡하고 혼란스러우며 우리의 꿈이 소망한다고 실현되는 것이 아니라 보다 직접적 경로와 직접적 작용에 의해서만 실현된다는 것을 깨달아야 한다. 그럼으로써 환멸을 맛보지 않고 완전한 성인으로 살기 위해 해야 할 바에 대한 현실적 이상을 가질 수 있다. 성인들은 그들의 환경과 그들 내부에 존재하는 것에 대해 현실적 해석을 하고 그것을 기초로 그들의 미래를 구성해야 한다.

이상 굴드의 이론 역시 앞의 연구들처럼 조사대상이 한정되어 있지만 젊은 성인들이 성인기의 새로운 도전들을 처리하기 위해 어렸을 때 발달시켰던 인지적·정서적 패턴을 어떻게 극복해야 하는가에 대한 견해를 제공한다. 그는 성인 전기가 부모에 대한 의존에서 자율로 갑작스럽게 전환되기보다는 오히려 점진적으로 전환되는 단계라고 보았다.

그러므로 부모로부터 독립을 확보하는 것이 성인 전기 동안 계속되는 중심적 이슈일 가능성을 제시한다.

레빈슨과 굴드가 제시한 단계를 비교해 보면 〈표 8-1〉과 같다.

표 8-1 레빈슨과 굴드의 단계

레빈슨	굴드
• 성인 초기 전환기(17~22세) • 성인기 시작(22~28세) • 30세 전환기(28~33세) • 정착기(33~40세)	• 부모의 세계를 떠나는 시기(16~22세) • 누구의 아기도 아닌 시기(22~28세) • 내면을 들여다보는 시기(28~34세)

(6) 거트만의 이론

레빈슨이나 굴드가 일부 미국인을 대상으로 그들의 이론을 끌어낸 것과 달리 거트만(Gutmann, 1964)은 정신분석 훈련을 받은 임상심리학자로서 미국 성인과의 임상적 면접뿐 아니라 비교문화적·인류학적 현지조사 자료를 기초로 보다 포괄적인 이론을 제시한다. 그는 오늘날의 발달심리학이 개인생활 주기만을 다루는 데 반대하여 보편적인 인류의 생활주기에 관심을 갖는다. 거트만은 남성과 여성이 성인생활주기 전체를 통해 서로 다른 것에 커다란 감명을 받고, 그러한 변이를 가져오는 것은 바로 부모됨이라고 보았다. 그는 문화를 초월하고 역사적 시대를 넘어서서 개인들이 자신과 세계에 대해 반응하는 세 가지 기본적인 자아지배양식이 있다고 본다.

① 자아지배양식(ego mastery styles)

- 능동적 지배양식(active mastery styles) : 자율, 유능, 통제를 강조하며 안전을 위해 순응하고자 하는 의존적 욕구를 불신한다. 이 양식으로 행동하는 개인은 자신이 원하는 바에 따라 외부 현실을 변화시키려 한다. 공격적 동기가 외부로 표출되고 공격적 에너지가 외부상황을 변화시키는 데 사용된다.

- 수동적–적응적 양식(passive–accommodative mastery styles) : 역시 쾌락과 안전의 원천을 통제하기 위해 사용하지만 이 양식의 사람은 타인들이 가치 있는 자원들을 독점적으로 통제하는 것으로 보고 안전을 얻는 길은 강력한 상대방이 원하는 바에 순응하는 것이라 생각한다. 여기에서의 강조는 자신을 변화시키는 데 있다. 외면적 점잖음, 투쟁의 회피, 온순함이

특징적이고 공격적 충동은 억제된다.

- 신비적 지배양식(magical mastery styles) : 이 양식을 사용하는 사람은 외부현실, 자아 어느 쪽도 변화시키려 하지 않는다. 그 대신 문제가 존재하지 않는다고 말함으로써 그것을 처리한다. 즉, 현실의 커다란 왜곡이 특징이다. 불행히도 이런 왜곡들은 자아나 외부세계 어느 쪽으로든 효율적 행동을 어렵게 한다. 거트만은 소수의 노인 응답자들 중에서만 이런 양식을 발견했다.

첫 번째, 두 번째 지배양식은 각각 다른 상황에서 효과적인 전략일 수 있으며 실제로 개인은 어느 정도까지 두 가지 양식을 다 사용할 수 있다. 그러나 거트만은 하나의 지배양식이 인생의 특정 단계 동안 지배적·압도적이라고 믿는다. 따라서 연령과 성에 따라 지배적 양식을 예측하는 것이 가능하다.

② 인간발달에서의 남녀의 변이 및 부모로서의 사명

비교문화적 연구에서 거트만(1977)은 어느 문화권이든 젊은 남성은 능동적 지배양식을, 젊은 여성은 수동적·적응적 지배양식을 주로 취하며 남녀 간에 이런 변이를 가져오는 것은 부모됨 때문이라고 주장한다. 즉, 젊은 남성과 여성들에게서 구별되는 행동은 각기 달리 요구되는 부모 노릇 때문이라는 것이다. 종족 보존이라는 인류의 절대적 명제 앞에서 부모의 사명은 의존적인 자녀에 대한 책임을 받아들이고 자녀의 복지를 보장하는 두 가지 종류의 안정—정서적·물리적—을 제공하는 것이며 부모됨은 이에 적합한 행동 패턴들을 발달시키는 것을 의미한다. 젊은 어머니들은 어린아이에게 정서적 안정을 제공할 수 있는 개인적 자질이나 행동패턴을 발달시킨다. 어린아이들은 그들의 개인적 욕구 및 스케줄에 맞춘 끊임없는 주의와 돌봄을 필요로 하기 때문에 어머니로 하여금 수동적·적응적 지배양식을 취하도록 한다.

반면 아버지들은 전통적으로 자녀 및 어머니들에 의해 요구되는 신체적·물질적 안정을 제공할 책임이 있다. 그러한 공급은 대개 가정 밖에서 활동하고, 금전 등의 자원들을 가정으로 가져오며 침입자들을 방어하는 것을 포함한다.

자원들이 희소할 때 대부분의 사회에서 개인이 원하는 자원을 얻으려면 다른 사람들과 경쟁해야 한다. 너무 온순하고 순응적인 사람은 경쟁에 이기거나 가족을 침입자로부터 방어할 수 없다. 훌륭한 공급자가 되기 위해 남성은 의존하고 싶은 자신의 성향을 억제하고 약한 감정을 부정해야만 한다. 거트만에 따르면 어린 자녀의 어머니들은 남편이 유능하고 경제적 안정에 대해 기꺼이 책임지려 할 때 그들 자신이 더 좋은 어머니가 될 수 있으므로 남성의 의존성 억제를 지지한다고 한다.

거트만은 이렇게 성별로 구분되는 패턴이 개인에게보다는 인류에게 가져오는 결과를 강조한다. 개인주의적 관점에서 보면 어린이 양육은 부모의 시간, 에너지, 자아몰입의 희생을 가져온다. 거트만은 그러한 희생과 포기가 전체 사회체계의 생존과 복지, 그리고 인류를 위해 필요하다고 주장한다. 인류의 존속을 위해 취약한 어린아이는 보호되고 사회화되어야 한다. 의존적 자녀에 대한 부모 간의 성적 역할분담은 이렇게 보다 넓은 관점에서 이해되어야 한다고 본다.

한편, 거트만은 부모됨의 상이한 역할 수행에서 오는 젊은 남성과 여성의 성격조직이 중년의 탈부모기를 지나면서 변화한다고 말한다. 남성들은 적극적 지배양식에서 소극적·적응적 지배양식으로, 일부는 노년에 신비적 지배양식으로 바뀌고 여성들은 소극적·적응적 지배로부터 적극적 지배로 또는 일부는 신비적 지배로 변화한다.

| 4 |

직업발달

젊은 성인은 가치 있고 유용한 한 사람으로 확고하게 홀로서기를 해야 한다. 역사적으로 이것은 직업세계 안에서 이루어졌다. 임금 소득자가 됨으로써, 그리고 국가의 노동력으로 유용한 목적에 봉사함으로써 지위와 인정이 획득되었다. 자신 및 자신의 피부양자들의 생계부양 능력은 특히 남성에게 성숙의 중요한 지표로 간주되고 여성들도 점점 그렇게 되어 가고 있다.

직업은 개인 정체감의 주요한 측면이다. 많은 사람들이 '당신은 누구인가'라는 물음에 직업으로써 대답한다. 특히 오늘날과 같이 일 지향적인 사회에 살고 있는 대부분의 남성들은 일을 그들 정체감의 중심으로 느끼도록 사회화된다. 여성들은 보다 복합적으로 사회화된다.

성인 전기는 첫 번째 직업 선택의 시기이다. 직업을 선택하는 것은 물리적·사회적 환경의 선택이다. 어디에서 일할 것인가? 무엇에 집중할 것인가? 무엇을 추구할 것인가를 선택하는 것이다. 그것은 인생을 선택하는 것이며 바로 그것이 생활양식이 된다.

1) 직업선택의 문제

오늘날 직업 분야는 매우 다양해지고 있고 새로운 직업들이 어지러울 정도로 출현하고 있다. 예전에는 들어보지 못했던 새로운 직종이 출현하면서 새로운 전문가들을 필요로 하는 반면 오래된 직업들은 그 중요성을 잃거나 사라져가고 있다. 따라서 과거에는 교육받은 사람이든 교육받지 못한 사람이든 직업문제가 단순했다. 직업 종류도 많지 않았을 뿐더러 젊은이가 관찰이나 도제제도를 통해 직업 실상을 파악하고 일찍부터 배울 기회가 있었다. 오늘날의 젊은이들은 직업에 대해 미리 익힐 기회도 갖지 못하고 직업에 대해 막연한 개념밖에는 갖고 있지 못한 경우가 많다. 특정 직업이 요구하는 선행훈련이 어떤 것인지, 각종 직업이 현재나 미래에 요구하는 능력이 무엇인지 잘 알지 못한다. 또한 이 문제는 해결 가능성이 비치기는커녕 점점 더 복잡해지고 있다. 사회는 하루가 다르게 복잡, 전문화되고 기술지향적으로 변화하고 있기 때문이다. 젊은이들은 부모의 욕망이나 기대, 교사의 지도, 직업에 대한 우연한 접촉, 친구가 선택하는 직업 등에 영향을 받아 무계획적으로 직업을 선택하는 일도 많다.

젊은 성인은 직업계획과 관련하여 적어도 다음과 같은 다섯 가지를 자문해야 한다.

첫째, 내가 이 직업에서 성공할 수 있을지 적성의 문제, 둘째, 내가 좋아하고 만족을 느낄 수 있을지 흥미의 문제, 셋째, 이 직업과 또 다른 직업 중에 무엇을 결정할지 의사결정의 문제, 넷째, 어느 수준까지 도달할 것인가 하는 지위의 문제, 다섯째, 이 직업이 내 자신과 타인들에게 나의 가치를 높여 줄 것인가의 자아개념의 문제이다(Davis &Hackman, 1973).

(1) 직업선택에 의한 의식의 발전과정

긴즈버그(Eli Ginzberg, 1951)는 직업에 대한 사고의 발전이 공상적 시기, 시험적 시기, 현실적 시기로 구별되는 세 단계를 거친다고 하였다. 현실적 시기에 들어 청년의 직업적 흥미는 점차 현실성을 띠고 매력이나 흥미 본위의 사고방식에서 탈피하여 보다 안정성을 갖는다. 청년은 나이가 들수록 직업에 대한 흥미가 잘 바뀌지 않는다. 그러나 청년은 고등학교를 마친 처음 몇 년 동안은 방황, 탐색, 시험적 의사결정의 단계를 거친다. 25세경이 되면 직업목표를 정하고 그들의 3/4가량은 일정한 직업을 추구한다.

의식적 직업선택의 사회심리적 기초는 아동기에 뿌리를 두고 있다. 직업에 대한 비공식적 규범, 가치, 성역할 차이를 흡수하며 부모, 교사들, 특정 직업의 근로자들, 영화나 TV의 등장인물들, 책의 인물들에게 영향을 받는다. 이런 비공식적 사회화가 직업선택에 핵심적 결정요소가 된다. 또한 이것이 의식적으로 공식 교육 프로그램을 선택하게 하는 한 요인이다(Moore, 1977).

(2) 대학경험과 직업준비

대학시기는 흔히 직업준비의 결정적 시기로 간주된다. 그러나 대학이 학생들에게 시장성 있는 기술훈련을 제공하지는 않는다. 인문과학의 커리큘럼은 기본적 언어 및 분석적 기술의 개발과 학생의 물리적·사회적 세계에 대한 인식의 확대를 추구한다. 그것들은 고용 가능성보다 오히려 지적 성숙성을 발달시키는 데 관련된다. 공학 및 다른 전문 학문분야들의 프로그램은 비교적 실질적인 지식 및 실제적 기술을 제공하며 그들의 목표를 이미 규정하고 동기부여된 학생들에게 매력을 준다.

애스틴(Astin, 1976)은 수많은 대학생에 대한 방대한 연구를 통해 대부분의 학생들에게 대학시기 동안 일어난 정서·태도의 변화가 어느 특정 직업준비보다 훨씬 더 의미 있음을 발견했다. 따라서 신념, 자아개념들이 크게 수정되며 자기 자신을 점점 더 복잡하고 현실적인 방식으로 평가할 수 있게 된다. 즉, 그들은 어느 한 부분에서의 자신의 능력부족이나 적성의 결여를 담담히 인정하며 그것으로 자신의 다른 성취를 평가절하하지 않는다.

(3) 직업선택에 영향을 주는 요인

직업선택은 많은 점에서 배우자 선택과 유사하다. 직업의 사회적 지위와 같은 사회적 요인도 중요하며 개인의 흥미와 욕구 등의 개인적 요인도 중요하다. 또한 일반적 실업률, 경제상황 같은 상황적인 조건도 영향을 준다. 직업선택 역시 상호적 과정으로 고용주는 원하는 종류의 피고용자를 받아들이려 하고 피고용자는 좋은 직업을 선택하려 한다. 그 밖에 사람들이 의식하지 않고 있는 다른 요인들, 사회계층, 성, 종교, 인종적 배경이 영향을 준다.

① 성격요인과 직업선택

한 개인의 직업선택은 흔히 그의 성격의 표현이기도 하다. 연구자들은 성취동기와 과학적 진로, 동조 욕구와 판매직, 권력추구 동기와 행정가 또는 감독자 간의 적지만 일관성 있는 관계를 발견했다(Waterman, Geary & Waterman, 1974).

홀랜드(John Holland, 1966)는 직업구조가 특정한 개인의 유형—현실적, 지적, 사회적, 인습적, 사업적, 예술적—을 범주화할 수 있다는 이론을 제시한다. 그는 각각의 유형들에서 목표들, 역할선호들, 활동들, 자아개념들을 설명했다. 예를 들어, 현실주의적인 사람은 신체적·기술적 활동을 선호하고 보수적·경제적 가치를 지니며 사회적·미적 가치들은 거의 중요시하지 않는다. 그들 대부분이 자신을 실제적이고 보수적이며 복종적이고 비창조적이라고 지각한다.

수퍼(Donald Super, 1951)는 직업적 선택은 한 개인의 자아개념의 실행 (implementation)이라고 하였다. 즉, 선택된 직업은 한 개인의 자아개념에 적합한 역할의 실행을 가능케 한다고 하였다. 한 연구(Henry, 1965)에서는 직업적 배우들이 보통 사람들보다 확립되지 않은 정체감을 가질 것이라는 가설을 세였다. 그 근거는 각본에 의해 배역을 연기하는 것이 자신의 정체감에 문제를 가진 사람들에게 매우 매력적일 것이라는 점이다. 실제로 배우들이 자아정체감 척도에서 더 낮은 점수를 보였고, '자아혼미'가 클수록 배우로선 성공적이었다고 한다.

직업선택에서 가장 많이 연구된 성격요인 중 하나는 개인의 흥미유형이다. 사람들은 진로지도를 위한 직업 흥미검사에서 높은 점수를 얻었던 직업들을 선택하는 경향이 있고 또한 그 직업에 만족하는 경향이 있었다. 그러나 직업성공을 예측하는 데 있어 흥미검사 점수는 직업선택이나 만족의 경우에 대해서보다는 예측 정도가 낮다. 직업성공은 주로 능력에 의해 결정되기 때문이다. 한 연구자는 '흥미가 무능력을 구제할 수 없다. 그러나 흥미의 결여는 높은 적성을 가진 사람의 기회를 망친다'고 말한다. 판매직과 같이 성공이 개인의 동기에 크게 달려 있는 직업에서는 흥미검사 점수가 매우 훌륭한 예측치가 된다.

② 지능 및 다른 능력들

지능은 직접·간접으로 직업선택과 밀접하게 관련된다. 어떤 직업을 성공적으로 수행하기 위해서는 평균 이상의 지능이 요구된다. 따라서 그러한 직업은 비교적 높은 지능의 사람에게만 개방된다. 간접적으로 높은 수준의 지능은 학교에서의 성공을 예측하는데, 많은 직업이 학교에서의 훈련을 필요로 한다. 외과의사가 되려면 의과대학을 이수해야만 한다. 일반적으로 IQ 점수는 경제적 성공과 약 0.50의 상관관계가 있다(경제적 성공은 한 직업의 소득과 사회적 위신으로 구성된 변수이다)(Bowles, 1972).

직업에 따라 지능 이외의 다른 많은 능력이 중요시된다. 예술가는 창조성이 있어야 하고 조립직업은 우수한 조작능력—뛰어난 수공적 민첩성과 반응시간—을 필요로 한다. 우수한 공간능력을 가진 사람은 그림, 건축, 의상디자인 등의 분야에 유용할 것이다.

2) 직업발달 및 성공

확실한 또는 시험적 직업선택을 함으로써 젊은 성인은 노동력에 편입된다. 직업 세계에 들어감은 직업주기의 몇 가지 결정적 단계들의 시작이며 그 이후 다른 변화들이 일어난다(Moore, 1977). 극적인 승진, 해직, 직업선택의 변화, 직업적 으로 궤도에 오르는 시기―고원(plateau)들이 있을 것이다. 직업은 보다 일찍 시 작되고 더 늦게까지 지속되는 것이 소망스럽다. 빈번한 변화 또는 그 사이의 실 업에 직면하는 사람들은 경제적·심리적으로 압박을 받는다.

직업성공은 앞의 직업선택에 관련되었던 흥미, 능력, 적성의 요인 이외에도 특 정 직업에 대한 준비도, 사회화, 새로운 어려운 도전들을 얼마나 잘 처리할 수 있는가에 달려 있다. 학생 또는 실업자에서 노동력의 일원으로 전환하기 위해 서는 공식적·비공식적 교육을 통해 수많은 새로운 기술, 가치, 태도들을 습득 하여야 한다. 공식적 직업준비는 학교 및 기타 기관에서의 직업훈련 프로그램, 직장에서의 교육 등 구조화된 학습을 포함하고 비공식적 직업발달은 보다 미 묘한 형태를 취하지만 양자가 똑같이 중요하다. 이것은 특정 직업에 적절한 태 도, 규범, 역할기대들을 흡수하는 과정으로 직업성공과 크게 관련된다.

3) 여성의 취업

오늘날 직업세계의 중요한 측면은 변화하는 여성들의 역할이다. 전통적인 성역 할 장벽이 사라지기 시작하고 여성들에게 취업의 기회가 열리고 있다. 미혼 여 성뿐 아니라 기혼 여성들도 국가의 노동력으로 점점 더 많이 참여하고 있으며 이런 현상은 앞으로도 꾸준히 증가할 것으로 보인다. 여성 취업에 있어 상당 한 장애들이 제거되긴 했으나 남성과 여성의 소득 및 직업수준에서의 격차는 여전히 크다. 여성들은 특정 직업, 교사, 간호사, 비서직 등을 택한다. 이것들은 '여성적 직업'이다. 그러한 직업을 갖고 있는 사람들 대부분이 여성들이라는 점 에서 그렇다. '여성적 직업'들은 대개 낮은 지위, 낮은 임금이 특징이다. 일반 기 업체의 경우 같은 직종, 같은 부서에 근무하며 같은 일을 할지라도 여성은 남성보다 더 낮은 봉급을 받으며 승진의 기회도 거의 없다.

한편, 임금 격차가 비교적 적은 행정·관리직이나 전문직에서도 남녀 차별이 존재한다. 여성 과학자가 남성과 똑같이 전문 분야의 인정과 상을 받으려면 더욱 자격을 갖추어야 하며 보다 많은 업적을 쌓아야 한다. 이는 '유리천장'이라는 말로 묘사된다.

최근 들어 여성의 직업, 남성의 직업이라는 직업분리는 조금씩 약화되고 있다. 전통적으로 여성의 직업이라고 생각되었던 분야에 남성들이 참여하고 있으며 남성이 차지하던 직업들에 여성들도 종사하게 되었다. 점점 더 많은 여성들이 남성 지배적인 직업들의 훈련을 쌓고 그러한 직업들을 선택하게 됨에 따라 그러한 '혁신가'와 보다 전통적인 '여성적 직업'을 지향하는 여성들 간의 차이가 흥미를 끌고 있다. 혁신가들의 어머니는 직업을 가졌던 경우가 많았고 어머니의 직업 역시 혁신적일 가능성이 많다. 한편, 혁신적인 여성들은 보통의 경우보다 더 강하게 아버지와 동일시한다는 증거가 있다. 혁신적 직업선택에 있어서는 타인으로부터의 지원과 격려－부모, 교사, 친구, 남자친구－가 매우 중요한 요인이라고 한다(Cartwright, 1972 ; Tangri, 1972).

| 5 |

결혼과 부모됨

결혼과 부모됨이 성인의 성격 및 사회적 발달에 주는 의미와 그 영향은 앞에서 소개한 여러 이론에서 알 수 있다. 성인 전기는 결혼을 하고 자녀를 낳아 부모가 됨으로써 인생에 정착하는 시기이다. 에릭슨은 이 시기의 친밀감이냐 고립감이냐의 이슈가 결혼에 대한 질문과 관련된다고 하였다. 내가 결혼하고 정착할 시기인가? 누구와 결혼해야 하는가? 결혼은 무엇을 의미하는가? 오늘날 젊은 성인들 중에는 결혼하지 않겠다고 하는 사람들도 있다. 그러나 결국은 그들 가운데 대다수가 결혼한다. 그래서 결혼의 문제는 성인 전기의 주요한 발달과업의 하나이다(Havighurst, 1972).

그러나 최근 들어 우리 사회의 혼인율은 과거에 비해 감소하고 있고 혼인연령은 점점 높아지고 있다. 이에 따라 자녀를 출산하는 연령도 늦어지고 있고 출산하는 자녀 수도 줄어들어 심각한 저출산 문제를 야기하고 있다.

성인 전기의 발달과업

- 배우자 선택
- 결혼 적응
- 가족형성과 새로운 부모 역할에의 동화
- 자녀양육 및 그들의 개별적 욕구충족
- 가정관리, 가사책임의 담당
- 직업시작, 교육의 지속
- 시민으로서의 책임담당
- 마음에 맞는 사회집단의 모색

자료 : Havinghurst(1972)

---

1) 배우자 선택

배우자 선택에서 당사자의 의사가 중요하다는 생각은 인간의 역사에서 비교적 최근에 싹튼 것이다. 아직도 많은 문화권에서는 젊은 사람이 어떻게 그와 같은 중요한 결정을 할 수 있을지를 우려한다. 사랑은 서구의 결혼에서는 그 기초로 생각되지만 많은 동양 문화권에서는 결혼에 대한 위협으로 여겨졌다. 즉, 젊은 이들이 결혼에 있어 중요한 사회적·경제적·종교적 요인들을 고려하지 않고 충동적으로 행동하도록 한다는 것이다. 동양 문화권에서는 사랑은 좋은 것이기는 하지만 결혼 전보다는 결혼 후에 와야 한다고 생각한다.

오늘날 우리 사회에서도 젊은 사람이 배우자 선택에 주된 발언권을 갖게 되었다. 아직 중매혼도 많으나 최종적 결정에서는 당사자의 의견이 존중된다. 이는 배우자를 만나게 되는 경로가 어떠하든 결혼결정에 있어서는 사랑이 중요한 전제가 되고 있음을 의미한다.

(1) 사랑

사랑이 학문적 연구대상이 된 것은 비교적 최근의 일이다. 인간관계의 긍정적인 측면으로서의 사랑에 대한 연구가 지난 30년 동안 서구에서 본격화되기 시작하였으며 국내에서도 1990년대 후반부터 연구가 이루어지기 시작하였다. 사랑에 대한 초기 이론들이 사랑을 하나의 전체적인 개념으로 이해했던 반면 최근의 이론들은 사랑을 다차원적인 속성을 가진 것으로 간주한다(Lee, 1973 ; Sternberg, 1997).

1970년대에 처음 사랑의 형태를 측정하려고 시도한 사람은 리(Lee, 1973)로서 그는 사랑의 1차적 형태를 열정적 사랑(eros), 유희적 사랑(ludus), 우애적 사랑(storge)의 세 유형으로 분류하였다. 또한 이 기초유형의 각 두 종류씩을 결합시켜 사랑의 2차적 형태인 실용적 사랑(pragma=ludus+storge), 소유적 사랑(mania=eros+ludus), 이타적 사랑(agape=eros+storge)의 총 여섯 가지 사랑유형을 추출하였다.

열정적 사랑은 성적이고 감각적이며 강한 정서적 감정이 특징인 사랑의 측면이며, 시각적·신체적 매력에 끌리고 이상적 연인을 만나 함께 사는 것이 삶에서 가장 중요하다고 생각하는 사랑유형이다.

유희적 사랑은 사랑을 남녀 간의 게임으로 생각하고 깊은 헌신이나 관여 없이 재미나 기쁨을 느끼기 위해 여러 명의 연인을 동시에 사귀기도 하고 상대방이 의존하기를 원하지 않을 뿐더러 상대에게 집착하거나 질투하지 않는다.

우애적 사랑은 사랑을 많은 시간과 활동을 공유하는 특별한 종류의 우정이라 보며 서서히 발전해 가는 정에 근거한 지속적이고 진화적인 사랑의 유형이다.

소유적 사랑은 질투와 소유욕이 강하고 상대방에 의존적이며 감정의 기복이 심하고 사랑받고 있음을 확인하고자 하는 경향을 보이는 사랑이다.

실용적 사랑은 상대가 자신의 기준에 적합한지 판단하고 의식적으로 고려하여 적절한 상대를 찾는다. 이러한 상대를 찾기 위해 유희적 사랑을 활용하며 열정적 연애를 추구하는 것이 아니라 친구와 같은 사랑의 대상을 찾고 선택에 대해 친구나 부모와 상의하기도 하는 사랑의 유형이다.

마지막으로 이타적 사랑인 아가페는 헌신적, 타인중심적, 자기상실적 사랑으로 사랑을 선물 혹은 책임이라고 여기는 사람들의 사랑방식이다. 리는 이러한 의무적이며 상호성을 기대하지 않고 베푸는 사랑유형을 제시하기는 했으나 이것은 일시적으로 나타날 수 있는 경향이라고 보았다. 그에 따르면 단지 하나의 사랑이 존재하는 것이 아니라 많은 상이한 유형의 사랑이 존재하며 각 사랑유형은 모두 타당한 사랑의 방식이라는 것이다.

한편, 스턴버그(Sternberg, 1977)는 사랑의 유형을 병렬식으로 분류하려는 기존의 연구들(Lee, 1973, 1977)과는 달리 사랑의 세 가지 구성요소를 중심으로 사랑의 개념을 보다 종합적으로 설명할 수 있는 구조적 모델을 제시하였다. 그의 사랑의 삼각이론에 따르면 사랑은 열정, 친밀감, 책임감의 세 가지 요소로 구성되고 이 세 구성요소는 시간의 경과에 따라 달라짐으로써 사랑의 구조가 역동적으로 변화할 수 있다고 한다. 이 이론에서 열정(passion)은 성적인 기대를 포함하는 강한 열망이며 욕구(desire)의 차원이다. 친밀감(intimacy)은 깊이 있는 사적이고 비밀스런 감정과 생활을 상대방과 나누는 능력(ability)의 차원이고 책임감(commitment)은 자신의 희생을 무릅쓰고 상대와의 관계에 머무르려는 약속이자 강력하게 지켜지는 서약으로서 신념(conviction)의 차원이다.

스턴버그(1997)는 이 세 가지 요소의 조합이 인간관계에서 일곱 가지 형태의 사랑을 만든다고 말한다.

첫째는 좋아함(liking)으로서 열정이나 책임감은 없이 단지 친밀감만 있는 형태이다.

둘째는 심취(infatuation)로서 열정만 있는 형태로 친밀감이나 책임감은 아직 없는 상태이다.

셋째는 공허한 사랑(empty love)으로서 책임감만 있으며 친밀감이나 열정은 부재한 것이다.

넷째는 낭만적 사랑(romantic love)으로 열정과 친밀감이 있고 책임감은 없는 사랑이다.

다섯째는 실체가 없는 사랑(fatuous love)이며 열정과 책임감이 있으나 친밀감은 없는 사랑이다.

여섯째는 우애적 사랑(companionate love)으로 친밀감과 책임감은 있으나 열정은 결여되어 있는 사랑의 형태이다.

일곱째는 완전한 사랑(consummate love)으로서 세 가지 요소를 다 갖춘 사랑의 형태이다.

(2) 배우자 선택의 요인

배우자 선택을 결정하는 요인은 무엇인가? 최근 수많은 이론들이 결혼을 향해 나아갈 때 일어나는 중요한 결정들과 발달에 의해 배우자 선택 단계들을 설명하려고 시도한다. 이론들은 배우자 선택과정을 개인이 가능한 배우자의 범위에서 그의 선택을 점점 좁혀가는 여과과정으로 보고 있다. 여과이론은 이제까지 배우자 선택에 영향을 주는 것으로 생각되어 왔던 대부분의 요인들을 포함한다.

① 여과이론

- 근접성 여과 : 가능한 배우자의 최초의 선발은 '근접성 여과'를 통해 일어나며 근접성은 지리적으로 가까움을 의미한다. 이것은 만날 기회 및 빈번한 상호작용의 가능성과 관련된다.
- 매력여과 : 매력이라고 생각되는 바는 개인마다 문화마다 다르다. 문화적으로 개인적으로 이상적인 배우자의 특성에 관해 나름대로의 개념을 갖는다. 현대사회에서 매력을 결정하는 특성들은 신장, 체중, 연령, 용모 등이다.
- 사회적 요인 : 세 번째 여과는 사회·경제적 배경 요인이다. 배경요인은 당사자보다 부모들에 의해 더욱 강조되는데, 특히 중매혼에서 절대적인 고려사항이다. 결혼상대자들은 인종, 종교, 정치적 신념 및 사회계층의 구성요소로 간주되는 변수들의 집합-교육, 직업, 소득 및 사회적 지위-에서 유사하다. 오늘날 배우자의 인종, 종교적 신념은 대체로 과거보다 젊은 사람들에게 덜 중요시되고 있다. 이와 달리 사회계층의 영향은 점점 더 증대하는 것 같다. 요즈음의 젊은 사람은 교육, 직업목표, 생활양식에서 크게 차이나는 사람과 결혼하는 데 더 조심스럽다.

- 일치여과 : 심리학에서 확고하게 정립된 사실 중의 하나는 사람들이 견해, 태도를 같이 하는 사람들을 좋아한다는 것이다. 유사한 태도를 가진 사람들이 서로에게 끌려서 데이트하기 쉽고 심각한 구애로 진전하며 결국 결혼에 이르기 쉽다. 또한 결혼관계에서도 보다 많은 흥미를 공유하므로 그들의 결혼은 대체로 더 즐겁고 만족스럽다. 결혼한 배우자가 서로 다른 태도를 가지고 있다 함은 상충하는 목표를 가지고 행동하고 있음을 의미하거나 또는 한 배우자가 중요시하고 만족스럽다고 생각하는 활동을 공유할 수 없음을 의미한다.

- 상보성 여과 : 일치여과가 크게 차이 나는 태도와 가치를 지닌 결혼 후보자들을 길러 낸 다음에는 욕구 및 성격 특성에 있어 서로 보완되는 정도가 중요시될 수 있다. 높은 성취 욕구를 지닌 사람은 낮은 성취동기를 가진 사람을 선호할지 모른다. 혹은 가끔 높은 수준의 한 욕구가 또 다른 종류의 높은 욕구에 의해 보완되기도 한다. 즉, 매우 지배적인 사람은 매우 복종적인 상대와 짝을 짓는다. 결혼에 있어 상보적 필요이론은 어느 정도 설득력이 있다. '반대되는 것이 매력을 끈다'라는 관념과도 통한다. 그러나 이에 대한 경험적 증거는 충분하지 않다. 결혼 배우자끼리 유사한 욕구, 즉 상보적이 아닌 욕구를 갖는다는 것을 보여 주는 연구들도 많다. 그러나 상보적 필요는 구애과정의 보다 나중 단계에서 결정적 역할을 한다는 상당한 증거가 있다.

- 준비성 요인 : 연령이 결혼상대자의 범위를 정하는 데 기여하는 요인임을 보았다. 그 밖에도 결혼할 시기를 예측하는 확실한 변인이다. 문화마다 어느 연령 안에 결혼하도록 하는 사회적 압력이 있으며 결혼적령기를 넘기지 않으려는 노력이 있다. 그런 의미에서 연령은 준비성의 큰 요인이다.

한편, 특정 배우자를 선택하는 데 직접적이고 결정적인 자극은 가끔 우연적이거나 또는 특별한 상황적 요인일 경우가 있다. 예를 들어, 해외에 나가기 전이나 노부모가 돌아가시기 전에 결혼하라는 가족의 압력과 같은 것은 다른 어떤 일반적 설명변수보다 실제 결혼을 감행하도록 하는 데 더 크게 작용할지 모른다.

컴퓨터데이팅 회사를 통해 소개된 커플들에 대한 대규모의 연구에서 짝지어진 커플이 결혼할 것인지 결혼하지 않을 것인지를 가장 잘 예측할 수 있는 단일한 요인은 바로 사회적 변수들, 흥미, 태도 및 성격요인 외에 곧 결혼하고자 하는 강한 욕구였다(Sindberg, Roberts & McClain, 1972).

이상에서 기술한 배우자 선택과정을 모든 사람들이 순서대로 거쳐 가는 것은 아니지만 어느 경우든 분명히 가려내는 과정(screening process)은 있다. 사람들은 '사랑하는 사람'과 결혼한다고 말한다. 그러나 사랑이라는 것도 부분적으로는 사회적 배경, 태도, 흥미, 가치에서의 유사성과 같은 것들에 의해 미묘하고 간접적인 방식으로 결정되기도 한다.

② 독신의 선택

이성교제나 배우자 선택과정을 통해서 적당한 배우자를 발견하지 못하거나 또는 독신생활을 선호하여 결혼하지 않는 사람들도 있다. 이 수는 점차 늘어가고 있다. 증대된 여성의 교육기회 및 고용기회로 인한 경제적 독립 가능성은 결혼의 압력을 제거하였다. 고도로 직업지향적인 사람들은 결혼을 선택하지 않는 경우가 많다. 독신으로 인한 이점으로는 일에 시간과 에너지를 다 바쳐서 일생 동안 하고자 하는 바를 성취할 수 있고 보다 많은 자유, 가족부양 책임의 면제, 경제적 여유 등으로 여행, 취미생활과 여가를 즐길 수 있다는 점을 들 수 있다.

한편, 독신인 사람들의 사회생활은 다른 독신자들과의 활동으로 제한되는 경향이 있다. 결혼한 부부들은 독신자를 위협으로 보기 쉽다. 독신의 문제는 독신의 선택 여부와 관계없이 고독감의 처리이며 동료감, 정서적 지원의 결핍이다. 독신자 가운데는 노년에까지 사회활동 및 사회봉사활동을 적극적으로 전개하여 심리적 보상을 얻기도 한다. 독신자가 노년에 당면하는 어려움은 병들고 무능력해졌을 때 돌보아 줄 수 있는 사람이 없다는 점이다.

2) 결혼

결혼과 더불어 젊은 부부는 수많은 결정과 적응을 요하는 사태에 부딪친다. 어디에 살 것인가? 역할을 어떻게 배분할 것인가? 첫 아기는 언제 가질 것인가? 아내는 직업을 계속해서 가질 것인가? 등의 문제이다. 오늘날 의사결정을 둘러싼 상황은 보다 복잡해졌다.

가부장적 형태의 결혼관계에서는 남편이 가족의 우두머리로서 생계를 담당하고 중요한 가족결정을 내린다. 아내의 역할은 가정관리자(homemaker)로서 가정을 산뜻하게 유지하고 가족을 위해 식사를 준비하며 자녀를 기르는 것이다. 이러한 부계적 핵가족의 전형이 민주적 형태로 변하고 있다. 남편과 아내가 둘 다 직업을 가지며 부부가 동등한 위치에서 중요한 의사결정을 같이 하고 가정 내 역할들을 공유한다. 이러한 민주적 결혼 형태에서는 행복과 개인적 성장의 목표들이 1차적으로 중요시된다.

서구에서는 이런 결혼 및 가족의 민주적인 형태마저 '전통적인 것'으로 보고 동거, 시험결혼, 집단결혼, 공동체 생활 등의 결혼에 대한 새로운 대안적 형태들이 출현하였다. 우리나라에서도 호주제가 폐지되고 맞벌이부부가 증가하면서 가족의 구조상으로나 관계 면에서 전통적 부계 직계가족의 특성이 약화되고 명실상부하게 부부 중심적 핵가족으로 변모하는 경향이 증가하고 있다.

가부장적 결혼관계에서는 여성이 남성보다 결혼적응에 있어 더욱 스트레스

표 8-2 혼인 건수 및 조혼인율

	2009	2010	2011	2012	2013	2014	2015	2016	2017	2018	2019
혼인 건수(천 건)	309.8	326.1	329.1	327.1	322.8	305.5	302.8	281.6	264.4	257.6	239.1
증감(천 건)	−18.0	16.3	3.0	−2.0	−4.3	−17.3	−2.7	−21.2	−17.2	−6.8	−18.5
증감률(%)	−5.5	5.3	0.9	−0.6	−1.3	−5.4	−0.9	−7.0	−6.1	−2.6	−7.2
조혼인율*	6.2	6.5	6.6	6.5	6.4	6.0	5.9	5.5	5.2	5.0	4.7

*인구 1천 명당 건
자료 : 통계청(2020)

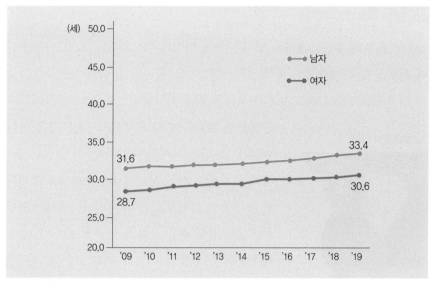

그림 8-4 평균 초혼 연령

자료 : 통계청(2020)

를 경험한다는 보고가 있다. 남편의 권력이 상대적으로 크므로 여성은 삶의 방식을 남편(직업, 생활습관)과 남편의 가족환경에 맞추고 적응해야 한다. 따라서 결혼적응이 남편의 성숙도, 정체감의 안정성, 남편 부모의 결혼 행복, 교육 정도, 사회경제적 지위에 의해 크게 좌우된다. 남편은 아내가 새로운 생활에 익숙해질 때까지 격려할 수 있어야 하며 아내에게 안정성을 제공해야 한다. 아내는 결혼 초기의 거리감에 상처받기 쉬우므로 가정 내 문제해결에 있어 남편은 표현적 양식을 취하는 것이 바람직하다.

시간이 경과하면서 아내는 자신의 정체감에 확신을 갖게 되는데, 그렇게 되면 갈등에 직접적으로 직면하여 합리적·효과적으로 대처하고 타협하는 것이 가능해진다. 친밀감은 부부간의 상호성에서 형성되는데, 남편이 지배적인 태도로 아내의 정체감 형성을 침해할 때는 불안정감이 강화된다. 한편, 결혼하기 전부터 여성이 자신의 정체감 형성을 위해 노력해 왔다면 비교적 갈등이 적을 수 있다.

부부가 계속 생활을 하게 되면 부부간 힘의 균형은 점차 남편에게서 아내에게로 옮겨간다. 여성의 가정 내 책임, 권위가 증가하는 것이다.

3) 부모됨

결혼한 젊은 부부는 1년이나 그 이후에 첫 아기의 부모가된다. 그리고 수년 안에 새로운 형제·자매들이 불어난다. 그들은 자녀를 기르고 학교에 보내며 그로서 정착하고 생활의 많은 부분을 자녀를 위해 헌신한다.

그림 8-5 페르난도 보테르의 '가족'

결혼한 부부들이 모두 부모가 되는 것은 아니며 부모가 되는 시기도 다양하다. 불임으로 인한 무자녀 외에도 서구 사회에서는 무자녀를 선택하는 부부들이 늘어가고 있다. 우리나라에서는 무엇보다 부모됨에 대한 문화적·가족적 압력이 크다. 대부분의 부부들이 비교적 결혼 초기에 자녀를 갖는다. 그러나 아내의 직업으로 인해서든, 경제적 안정의 목적에서든 그 시기를 연기하는 부부들도 점차 늘고 있으며 전보다 적은 수의 자녀를 가짐으로써 자녀 양육기간도 짧아지고 있다. 대부분의 젊은 성인들이 직면하고 대처해야 할 이 발달과업을 살펴보기로 한다.

(1) 첫 자녀의 출생과 생활의 변화

첫 자녀가 그들의 생활에 가져올 변화를 젊은 부부들이 완전히 예상하기는 어렵다. 부모됨에는 깊은 기쁨과 만족이 있는 반면 해결해야 할 문제들이 있고 적응을 필요로 하는 가변적인 상황이 있다. 부모됨과 더불어 오는 인생의 변화는 급격하고도 큰 것이어서 가끔 부부관계에서 발달하기 시작하는 친밀감에 위협을 주어 위기로 간주되기도 한다. 또한 자녀 양육방법에 대해 부부간에 갈등이 생기기도 한다.

부모됨은 남편보다 아내의 생활에 훨씬 더 큰 영향을 준다. 가사부담이 첫 자녀의 출생으로 배가 되며, 아이가 커 가면서 다소 감소지만 곧 다음 자녀가 태어나면 가사부담은 더 커진다. 자녀 돌보기, 가사의무들은 많은 시간과 에너지를 요구하므로 아내의 직업, 사회활동, 친구관계 및 남편과의 관계 모두가 영향받지 않을 수 없다. 취업여성은 어린 자녀와 함께 더 많은 시간을 보낼 수 없다는 것에 대해 종종 죄의식을 느낀다.

부모됨은 대개 부부의 권력관계를 변화시킨다. 아내가 직업을 가지고 있다가 출산을 함으로써 그만둔다면 그녀는 남편에게 경제적으로 의존하게 된다. 그 밖에 그녀는 다른 필요로서도 점점 더 의존한다. 예를 들면, 아내에게 있어 남편은 바깥 세계와 연결되는 통로가 되고 다른 성인들과의 접촉을 제공하는 원천이 된다. 서로 공유하는 활동은 점점 더 줄어드는 반면 역할분담이 증가한다(Blood, 1972).

(2) 하나의 발달단계로서의 부모됨

위에서 부모됨이 젊은 부부의 생활구조를 변화시키는 측면을 언급했지만 자녀를 갖는 것에는 커다란 보상이 따른다.

첫째, 자녀는 인간의 기본적인 양육욕구를 충족시킨다. 우리는 보살필 누군가를 필요로 한다.

둘째, 부모됨은 개인의 성장발달을 돕는 생활경험 중에서도 특히 의미 있는 성장의 기회이다. 자라나는 자녀들은 부모에게 영향을 주고, 부모가 되는 경험을 통해 젊은 부부는 성숙한다. 자녀가 인생의 한 단계를 지나 다음 단계로 발을 내디딜 때마다 그들의 경험에 동참하고 그들의 성취로부터 커다란 만족을 얻으며 크고 작은 좌절, 실패에서는 슬픔을 같이한다. 부모들은 이제 성인이 되어 까마득한 그들의 유아기, 아동기, 청년기를 되살리면서 자녀를 통해 간접적으로 인생의 지나간 단계를 다시 산다. 이와 같이 자녀는 대부분의 사람들에게 깊은 곳에 자리 잡은 욕구, 기대들을 충족시켜 준다.

(3) 자녀와 부부관계

자녀를 갖는 것이 개인의 심리적 동기뿐 아니라 문화적으로 가족체계 유지, 계승의 필수요건이 되고 있는 우리 사회에서는 자녀가 결혼생활을 안정시키는 기능을 한다. 따라서 결혼생활은 곧 부모로서의 생활이라 해도 과언이 아니다.

한국의 부모들에게, 특히 어머니에게 자녀는 곧 정체감의 중요한 부분이다. 자녀가 무엇이 되는가, 어떤 성취를 하는가가 어머니의 자존감과 밀접하게 연결되어 있다. 자녀에 대한 어머니의 지나친 동일시는 긍정적인 면, 부정적인 면을 함께 지닌다.

미국 사회에서도 결혼생활에 만족하는 부부와 불만족하는 부부들을 비교한 연구에서 두 집단 모두 결혼의 가장 큰 만족의 원천이 무엇이냐는 질문에 대해 자녀라고 대답한 경우가 가장 많았다. 불만족하는 부부들도 그들 관계의 동료감 결여에 대해서는 불평했지만 자녀를 좋아했고, 63%는 결혼생활의 유일한 만족의 원천으로 자녀를 들었다(Lucky & Bain, 1970).

그러나 자녀를 갖지 못하는 부부나 자녀를 갖지 않으려는 부부도 늘어가고 있다. 무자녀 부부의 결혼이 반드시 행복하지 못한 것은 아니며, 오히려 높은 결혼 만족도를 보인다는 보고도 있다. 자녀 유무나 자녀 수는 결혼만족과 관계있기보다 결혼안정과 더 관련된다. 무자녀 부부들은 서로에게 관심을 쏟고 여행, 여가활동 등 많은 활동을 같이 하며 동료감을 즐기고 발달시킨다(Udry, 1974).

(4) 부모됨에 대한 준비와 적응

앞에서 부모됨이 개인생활 및 결혼관계에 새로운 문제를 야기하고 적응을 필요로 함을 보았다. 이 발달과업을 순조롭게 성취하기 위해 고려해야 할 조건이 있다.

● 부모됨에 대한 준비성이다. 준비성의 첫째는 부모가 되고자 하는 강한 욕구이다. 초혼의 젊은 부부보다 비교적 만혼의 나이든 부부가 또는 결혼 후 즉시 자녀를 갖기보다는 어느 정도 시간을 두고 기다린 경우가 부모됨의 책임과 부담을 기꺼이 받아들이는 경향이 있다. 또한 남편과 아내가 아기를 갖기 전에 부부로서의 관계를 발달시킬 시간을 가짐으로써 자녀가 태어났을 때 두 사람을 분리시키는 경향이 있는 영향력들에 대해 저항력이 있게 된다.

- 부모됨에 대한 교육이다. 이는 준비성과도 관련된다. 부모됨은 젊은 부모가 새로운 역할에 대해 잘 모르고 준비되어 있지 않기 때문에 위기가 될수 있다. 현대 사회에서는 부모됨의 역할에 대한 훈련이 빈약하고 가정에서 이에 대한 도제수업도 거의 없다. 새로 부모가 된 이들은 갑자기 아기의 24시간 계속되는 요구에 응해야 하는 여유 없는 일과에 당황하고, 일관성 없이 쏟아지는 수많은 육아정보 가운데 어느 것을 따라야 할지 혼란을 느낀다. 전문가들은 부모됨을 허가하기 전에 강좌를 듣고 시험에 합격하도록 요구해야 한다고 주장하기도 한다(Laws, 1971).
- 부모 간 역할의 재규정이다. 취업모의 경우 아기를 돌보기 위해 직업을 포기하지 않고 양립이 가능할 수 있으려면 아버지의 적극적인 자녀 양육 및 가사협조가 요구된다.

위의 세 가지가 부모됨의 적응을 보다 용이하게 하겠지만 무엇보다 중요한 것은 부모 되는 이의 정서적 성숙 및 정신 건강과 더불어 부모됨에 대한 가치 부여일 것이다. 최근 우리 사회는 세계 최저의 출산율을 나타내고 있어 머지 않아 인구감소가 국가적 재앙이 될 가능성이 있는 심각한 상황에 처해 있다. 젊은 세대들이 자녀 출산을 기피하는 이유로는 '사교육비 등 경제적 부담'이나 '자녀 돌봄과 사회생활 병행의 어려움'이 꼽히고 있다. 개별 가정의 육아부담을 덜어줄 수 있는 적극적인 사회적 대책이 필요한 시점이다.

9

성인 중기

성인 중기, 곧 중년기는 인생에서 가장 생산적인 시기이다. 자녀를 양육하여 독립시키고 경력상 꽃을 피우는 최전성기에 이르며, 소득과 책임이 정점에 달한다. 그러나 이러한 중년의 본질에 대해 상반된 해석이 있다. 사람에 따라서 중년은 위기이며 자아평가의 시기이고 불행, 우울의 시기이기도 하다는 것이다. 확실히 많은 사람들에게 40세에 이른다는 것은 한 고개를 넘는 것과 같다. 중년은 이처럼 패러독스의 시기임에 틀림없으나, 개인이 자신을 수용하고 보다 폭넓은 관점을 발달시킬 때 우주와의 완전한 조화로 다가가는 성숙을 이룰 수 있는 발달시기이다. 중년은 개인이 그것을 어떻게 만드느냐에 달려 있다고 하겠다.

성인 중기

|1|
성인 중기의 신체적 변화

1) 중년기의 신체적 노화

노화는 거의 잘 알려지지 않은 과정이다. 노화과정의 일부는 유전에 의해, 또 일부는 환경에 의해 영향을 받는다. 사람들은 유전적으로 상이하기 때문에 늙는 속도가 각각 다르다. 어떤 사람에게는 그 과정이 매우 점진적이어서 거의 알아차리기 어렵지만, 이와 달리 빨리 늙는 사람들도 있다.

노화의 표시는 신체의 외부에 나타나며 주로 머리카락과 피부에 나타난다. 머리카락은 더 이상 빨리 자라지 않고 가늘어지며 40대에는 머리선이 이마 뒤로 후퇴한다. 남자에게는 눈썹, 코밑, 귀부분에 뻣뻣한 털이 생기고 여성의 입술 윗부분과 턱에도 털이 보이기 시작하며, 머리카락에 흰머리가 생겨난다 (Troll, 1975).

피부는 탄력성이 줄어들고 늘어지며 주름이 눈 가장자리와 입 주변, 앞이마에 나타난다. 눈 아래 검은 선이 생기기 시작하며 갈색의 노화반점이 보이기 시작한다. 얼굴 모습이 뼈, 근육, 연결 조직의 변화로 달라지고 치아도 차츰 마모되어 간다(Selmanowitz,Rizar & Drentireich, 1977).

그림 9-1 연령과 신체적 성장

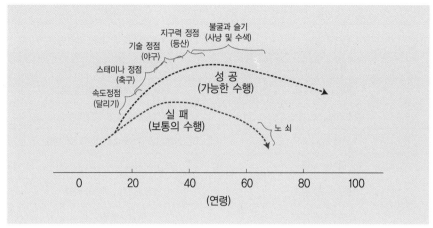

자료 : Kaluger G. & Kaluger, M. F.(1979), p. 403.

신체적 힘과 지구력이 감소하고 젊음의 특징인 활력을 잃어 간다. 성인 초기와 성인 중기 사이에 신체의 근육조직이 감소하고 지방조직이 증가하면서 살이 찌고, 특히 배 부분이 볼록해진다. 중년기에 대부분의 사람들은 많이 먹는 데 비해 운동은 적게 하여 심장에 부담을 주게 된다. 특히 콜레스테롤이 많이 함유된 식품을 먹게 되면 차츰 혈관에 축적되어 원만한 혈액순환을 방해함으로써 심장운동이 더욱더 힘들어진다. 그러므로 규칙적으로 운동을 하고 적절한 영양 섭취를 함으로써 젊음의 유연한 선과 건강한 외모를 유지하도록 해야 한다. 신체적 여가활동과 성공적 노화 간에는 매우 유의한 관계가 존재한다. 과식, 운동부족, 질병, 상해, 여러 종류의 공해의 축적된 영향이 없다면 적어도 65세까지는 신체적 변화가 비교적 적다.

2) 감각의 변화

감각의 변화는 성인 전기 동안은 경미하지만, 중년기에는 보다 중요한 변화가 나타난다. 물리적 환경에 대한 감각적 접촉은 전체 노화과정에서 매우 중요한 측면이다. 사람이 지각하고 느끼는 것은 그의 전반적 행동과 성격에 영향을 주므로 감각의 결함이 있어 수많은 다양한 지각적 정보를 처리할 수 없을 때 개

표 9-1 노화에 따른 신체적 변화

기능	설명
근육 감소	근육은 감소하고 지방조직은 증가
골밀도 감소	뼈에서 칼슘이 빠져나감
단백질 생성 감소	단백질의 사용 용도가 감소함
순환기계 기능 감소	동맥경화로 인한 혈관의 부실
면역기능 저하	외부 침입자에 대한 방어능력 저하
뇌기능 저하	뇌세포가 죽어서 뇌가 위축됨
내분비기능 감소	호르몬 분비 패턴이 바뀜
소화흡수율 저하	위장 기능의 저하
영양소 섭취 감소	영양의 불균형
항상성 저하	적응력 감소

자료 : 오상진(2005)

인의 자아개념은 손상받기 쉽다(Votwinick, 1978).

(1) 시각

우리가 가장 많이 의존하는 감각으로 시각능력의 변화는 중년기에 들어 빨리 나타나는 징후 중 하나이다. 40세 이후 원시경향이 나타나고 빛으로부터의 회복과 암순응이 더 오래 걸리며 야간 운전이 어렵게 된다.

(2) 청각

40세경에 감소하기 시작하는 또 다른 감각이다. 낮게 울리는 소리를 듣는 능력은 성인기 동안 일정하게 유지되지만 남성은 특히 고음조의 소리에 청각적 예민성을 상실한다. 남성과 여성의 청력 차이는 어느 정도는 전통적으로 남성의 직업, 즉 트럭 운전, 채광, 자동조립작업 등과 연관된 소음에 남성이 보다 많이 노출되는 것과 관련이 있는 듯하다(Marsh & Thompson, 1977). 사람들은 시력이 나빠짐을 금방 알아차리지만 청력의 점진적 상실은 잘 느끼지 못한다.

(3) 미각-후각

성인기의 이 감각들의 변화는 그다지 연구되지 않았다. 미각도 중년기까지 비교적 일정하게 유지되지만 미각의 식역(threshold)이 다소 높아지거나 미각적 예민성이 다소 감소한다. 후각 역시 중년기까지 별다른 변화를 보이지 않는 기본적인 감각으로서 노년기에 이르러서야 다소 쇠퇴를 보인다.

3) 중년기의 생리적 변화

(1) 여성의 갱년기

① 폐경

폐경(menopause)은 월경의 종료를 말한다. 모든 여성에게 일어나는 생리적 변화로서 많은 심리적 영향을 미친다. 폐경은 40세 후반에서 50대 초반 사이에 일어나는데, 한국 여성의 평균 폐경 연령은 49.7세이다(최훈 외, 2003). 월경이 불규칙해지기 시작하면서 전면적으로 중지(폐경)되기까지의 기간을 갱년기라 부른다. 여성의 갱년기는 2~3개월 지속되기도 하고 수년에 걸쳐 계속되기도 한다.

폐경은 난자들의 소진으로 일어난다. 남자는 성인기 동안 계속 정자를 생산

그림 9-2 일생의 호르몬 변화

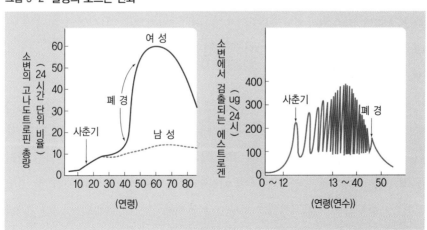

자료 : Guyton(1975)

할 수 있는 반면 여성은 고정된 수의 난포(미성숙 난자)를 가지고 태어나므로 월경 주기 30~40년이 지나면 난자는 거의 다 배출된다. 출생 시 난포의 수는 75만 개 정도로 추산되며 사춘기에 이를 때 약 40만 개로 감소되고, 그중 약 450개만이 난자로 성숙, 배출되며 나머지는 퇴화한다. 대략 45세까지 여성의 난포 공급은 거의 고갈되고 소수만이 남는다. 난포 수가 감소하면 여성호르몬 에스트로겐의 생산도 감소하게 되는데, 에스트로겐의 생산이 제로수준에 가까워질 때 주기적 난소활동이 완전히 종료되면서 갱년기는 끝이 난다. 에스트로겐과 프로게스테론 호르몬 분비의 급격한 감소로 유방선이 위축되고 자궁과 질도 위축된다.

② 폐경의 심리적 영향

여성은 에스트로겐과 프로게스테론 호르몬의 주기적 생산으로 생리적 자극을 받아 왔으나, 갱년기 이후에는 여성 호르몬이 없는 상태에 적응해야 한다. 이러한 호르몬들의 급격한 감소로 인한 증상은 홍조(얼굴이 화끈화끈 달아오르며 발한을 수반), 안절부절, 잦은 기분변화, 우울, 피로와 근심, 호흡곤란 등이다. 여성들 중에서 85% 정도가 이러한 증상들 중 몇 가지를 경험한다고 한다.

한국 여성의 폐경에 대한 인식도를 조사한 연구에서는 자연폐경을 경험한 여성들 중 59%가 폐경 증상 중 적어도 하나를 경험했고, 경험한 증상 중 가장 많은 것은 안면홍조(61%)로 나타났다(최훈 외, 2003). 그러나 폐경 후의 증상이 순수하게 호르몬 변화에서 야기되는 것인지 그렇지 않으면 사회적 통념의 반영, 즉 심리적인 것인지, 또는 양자가 복합된 것인지에 대해서는 논란의 여지가 많다(Paige, 1973 ; Guyton, 1975).

증상의 원인이 호르몬이라고 보는 것은 폐경의 증상들이 에스트로겐을 투여함으로써 감소된다고 말하는 사람들에 의해 지지된다. 얼굴이 달아오르고 붉어지며 머리카락이 빠지고 가슴과 질이 위축되고 피부 탄력성이 상실되는 생리적 증상들을 제거하기 위해 상당수 여성이 호르몬을 투여받았다. 그러한 요법들은 그 증상들을 경감시키기는 하였으나 동시에 증상이 계속되는 기간, 즉 갱년기를 길게 하는 결과를 가져왔다. 또한 암 발생 위험성도 증대시킨다(Kirby,

1973 ; Guyton, 1976).

갱년기 동안 생리적·심리적 증상들의 출현 여부는 갱년기와 폐경이 자신에게 무엇을 의미하는가 하는 여성 개개인의 태도가 영향을 준다. 폐경을 우울하고 불쾌한 경험으로 간주하는 여성들이 많지만, 월경이 끝났을 때 안도감을 느끼는 여성도 많다. 사회가 일반적으로 늙은 여성에 대해 부정적 견해를 갖지 않는다면 폐경은 여성들의 성격 및 인생에 비교적 적은 영향을 미칠 것이다.

(2) 남성의 갱년기

남성에게도 폐경이 있는가? 엄격히 말하면 남성은 월경주기를 갖지 않으므로 폐경이 있을 수 없다. 그러나 남성에게도 폐경과 유사한 것이 존재하며 여성들이 경험하는 증상들, 즉 과민, 안절부절, 우울, 피로, 불안 등 잦은 기분 변화가 나타난다고 믿는 연구자들이 상당수 있다.

중년기에 남성들이 경험하는 증상은 여성들이 경험하는 신체적 증상처럼 극적이지는 않으나 역시 주목할 만한 변화들이 나타난다. 예를 들어, 남성은 생식능력은 여전히 유지하지만 40~50세 사이에 남성호르몬인 테스토스테론이 현저히 감소한다. 그것은 정액과 정자의 감소, 절정감의 강도 약화, 정력의 상실을 낳는다. 여성처럼 심하지는 않으나 남성들도 홍조를 경험한다는 보고도 있다(Novak et al., 1974 ; Kaplan, 1975).

할버그(Edmund Hallberg, 1980)는 폐경이란 명칭 대신 이를 남성갱년기증후군(metapause syndrome)이라 부른다. 그는 생리적 변화 외에도 중년기에 흔히 있는 어깨를 짓누르는 심리적 부담을 강조한다. 중년기에 이를 때까지 사람은 인생을 최고로 완벽하게 살고자 하는 긴박감에 사로잡혀 있을지 모른다. 그에 따른 긴장은 결국 불안, 스트레스, 우울을 낳는다고 한다.

(3) 건강과 질병

중년기에는 점차 노화하는 신체적 자아에 대해 인지하기 시작한다. 처음으로 사람은 죽는다는 사실에 직면한다. 일단 죽음을 생각하게 되면 그는 자신의 건강을 염려하기 시작한다. 중년에 들어선 사람에게 가장 위협적인 것은 비만이다. 30% 또는 그 이상 과체중인 사람은 중년기에 죽을 가능성이 40% 이상 증대된다. 과체중에 기인하는 장애들은 고혈압, 심장장애, 소화장애(담석 및 기능장애), 당뇨병과 그로 인한 합병증 등이다.

만성적 흡연 및 음주와 관련된 건강문제들도 중년기에 나타난다. 간장 및 소화기질환, 구강, 목, 허파의 암, 폐기종, 심장 및 혈관질환들이 특히 40~59세 사이에 많이 나타난다. 통계에 의하면 비흡연자는 심한 흡연자가 갖는 건강문제의 절반밖에는 갖지 않는다. 50대 후반 죽음의 가장 보편적 원인은 암과 심장질환 등으로 사망률은 중년기 후반 이후 급격히 가속화된다.

2018년도 통계청 자료에 의하면 우리나라의 사망자 중 40대 이상에서 악성신생물이 사망원인 1위를 차지했으며, 40대는 자살과 간질환이, 50대는 자살과 심장질환이 각각 2, 3위를 차지했다. 60대, 70대는 심장질환과 뇌혈관질환, 80

표 9-2 연령별 3대 사망원인 구성비 및 사망률(2018년)

(단위 : %, 인구 10만 명당)

연령 (세)	1위			2위			3위		
	사망원인	구성비	사망률	사망원인	구성비	사망률	사망원인	구성비	사망률
1~9	악성신생물	20.2	2.0	운수 사고	9.6	0.9	선천 기형, 변형 및 염색체 이상	9.1	0.9
10~19	고의적 자해 (자살)	35.7	5.8	악성신생물	14.5	2.3	운수사고	14.0	2.3
20~29	고의적 자해 (자살)	47.2	17.6	운수 사고	11.6	4.3	악성신생물	10.6	3.9
30~39	고의적 자해 (자살)	39.4	27.5	악성신생물	19.3	13.4	심장질환	6.0	4.2
40~49	악성신생물	27.6	40.9	고의적 자해 (자살)	21.3	31.5	간질환	8.4	12.5
50~59	악성신생물	36.3	120.0	고의적 자해 (자살)	10.1	33.4	심장질환	8.2	27.2
60~69	악성신생물	41.7	285.6	심장질환	9.0	61.4	뇌혈관질환	6.3	43.4
70~79	악성신생물	34.2	715.5	심장질환	10.3	216.0	뇌혈관질환	8.5	177.5
80세 이상	악성신생물	17.0	1425.8	심장질환	12.6	1060.2	폐렴	11.6	978.3

*연령별 사망원인 구성비=(해당 연령의 상망원인별 사망자 수 / 해당 연령의 총 사망자 수)×100

자료 : 통계청(2020)

대 이상은 심장질환과 폐렴이 각각 사망원인 2위와 3위를 차지하였다.

| 2 |
성인 중기의 지적 변화

성인 중기 동안 인간의 지적 능력에 무엇이 일어나는가? 이에 대한 보편적 믿음은 두 가지이다. 첫째, 나이든 사람은 아주 늙지 않은 한 지혜라 불리는 지력과 정보의 가치 있는 결합을 갖게 된다는 것이다. 둘째는 지적인 쇠퇴가 대략 30세경부터, 즉 대부분의 사람들이 신체적으로 하강하기 시작하는 것과 거의 같은 시기에 시작된다는 것이다. 어느 쪽이 보다 사실에 가까운가는 성인 전기의 지능변화에서 보았듯이 한마디로 말할 수 있는 것이 아니다.

이 장에서는 연령과 지능의 관계, 구체적 지적 능력과 연령 변화, 연령과 지능의 관계에 영향을 미치는 환경, 또한 지력의 산물이라 볼 수 있는 성취와 연령과의 관계를 보기로 한다.

1) 성인 중기 동안의 지능변화

이제까지 횡단 연구로 평균 지능점수의 곡선을 그린 것을 보면 나이든 집단으로 가면서 체계적으로 감소함을 보여 주었다(그림 9-3).

아동과 성인을 위한 웩슬러 지능검사를 고안한 웩슬러(David Wechsler, 1958)는 초기에 "연령에 따른 지적 능력의 감소는 생물체의 전반적 노화과정의 일부이다."라고 믿었다. 즉, 웩슬러는 지적인 능력도 허파의 용량, 반응시간 그 밖의 다른 신체적 능력과 유사한 방식으로 퇴화한다고 믿는다. 뇌에서 유의한 변화가 노화과정 중 일어난다고 추측한 것이다. 그러나 실제로 성인 중기 동안 뇌에서 어떤 생리적 변화의 증거도 없다. 앞에서 본 바와 같이 뇌전도(electroencephalograms)는 사람에 따라서는 30세까지도 완전한 뇌 발달에 이르지 않을 수 있음을 시사한다.

그림 9-3 연령 집단과 지능

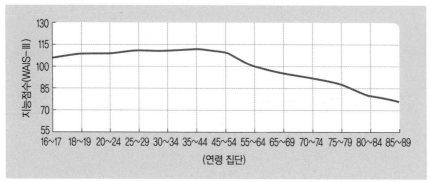

자료 : Kaufman(2001), Siegelman & Rider(2006)에서 재인용

1950년대 초 최초의 종단 연구의 놀라운 결과들이 발표되었을 때까지 웩슬러의 결론이 일반적으로 받아들여졌다. 1919년 대학에 들어갈 때 지능검사를 받았던 사람들이 평균 50세가 된 때인 1950년에 재검사를 받았다. 그 결과 횡단연구에서 발견된 결과들과는 정반대로 평균 점수가 상당한 증가를 보였다. 다시 추적연구에서 동일인들이 평균 연령 61세가 된 1961년에 재검사를 받았다. 50~61세까지 평균 점수에 어떠한 본질적인 변화도 없었다(Owens, 1966). 이와 거의 동일한 시기에 발표된 다른 종단연구들도 유사한 결과들을 보고했다(Bayley, 1966).

이러한 초기 종단연구의 대부분은 높은 교육을 받고 직업경력이 학업기술의 사용－수학, 광범위한 독서, 추상적 추론 등－을 필요로 하는 사람들을 연구했다. 뒤의 연구들은 보다 대표성 있는 일반 사람의 표본을 조사하여 지적인 수행상의 증가는 앞의 연구들의 대상이 된 집단의 특수성에 기인한다고 지적한다. 일반인들의 점수는 연령에 따라 증가하지도 감소하지도 않았다(Schaie & Labouvie-Vief, 1974).

2) 지능의 차원에 따른 변화

몇몇 연구자들은 구체적인 지적 능력의 하위검사에서 '유지되는 것'과 '유지되지 않는 것' 간에 구별을 했다(Wechsler, 1972). '유지되지 않는' 하위검사의 평균 점수는 20세 또는 30세 이후 하강하였으나, '유지되는' 하위검사의 능력은 연령에 따라 오히려 나아지거나, 인생의 마지막 10년까지 거의 감소하지 않았다.

(1) 획득된 지식과 선천적 능력

지적 능력 가운데 매우 늦게까지 유지되거나 심지어 증가하는 것은 공식 또는 비공식 교육경험에 따른 '획득된 지식'이다. 이런 능력들의 대표적인 것은 어휘력 및 일반적 정보(상식)에 관한 검사와 추리력에 관한 검사-획득된 지식 및 실제 문제해결전략에 의존하는-들이다. 반대로 연령에 따라 가장 저하되기 쉬운 능력들은 선행학습으로부터 그다지 크게 득을 보지 못하는 것들로서 신체가 노화됨에 따라 쇠퇴하고 덜 효율적이 되는 '선천적 능력'이다. 예를 들어, 본 후에 즉시 일련의 수를 회상해 내는 능력이다. 나이든 피험자들은 특히 숫자를 되살려 반복하는 수행을 잘못하고 다른 한 과업을 수행하면서 동시에 숫자를 반복하는 것도 잘하지 못한다(Welford, 1958).

(2) 수행 속도

나이든 사람들은 빠른 반응에 보상을 주는 과제들에서 젊은 사람보다 잘 하지 못한다. 지능검사에서 주어진 시간 동안 정확하게 답을 하는 수에 따라 점수를 주었을 때, 나이든 사람들은 더 적은 수의 대답을 하는 경향이 있다. 정확한 답을 한 비율은 젊은 피험자들과 같거나 높을지라도 더 낮은 성적을 얻었다. 이처럼 연령에 따라 수행속도, 즉 반응시간은 늦어진다. 따라서 심리운동적 민첩성을 요하는 검사들에서 젊은 사람들은 항상 더 높은 점수를 얻는다 (Welford, 1977).

나이든 사람의 반응이 느린 이유에 대한 하나의 가설은 '중추신경체계의 정보처리 속도의 변화'이며, 이로써 기억력, 주의집중력과 같은 기본적 지적 능력의 감소를 설명할 수 있다는 주장도 있다(Birren, 1974).

한편, 중년인들이 문제 파악과 해결에 있어 더 느린 것은 지적 능력의 열등 때문이 아니라 불안, 신중함, 숙고와 같은 변수들 때문일지 모른다. 보다 폭넓은 생활경험으로 인해 나이든 성인들은 주어진 상황에서 더욱 많은 변수들을 인지하기 쉽고 따라서 전체 문제해결 상황에서 더 시간이 걸린다고 본다.

(3) 유동성 지능과 결정성 지능

앞의 '유지되는 능력'과 '유지되지 않는 능력'에 대한 심리학자들의 견해는 다시 지능의 두 가지 형태에 관한 공식적 이론으로 구성되었다(Horn & Cattell, 1967). 성인의 지적 기능에 대한 여러 가지 상이한 검사들의 상관관계를 수학적으로 분석하여 두 개의 요인이 추출되었는데, '결정성 지능'과 '유동성 지능'이다. 전자는 앞의 '획득된 지식'처럼 공식교육 및 일반적 생활경험에 크게 영향을 받는 학습된 정신능력을 반영하고 후자는 바로 문제해결을 위한 정보의 조직, 재조직에 기초한 정신적 기능으로 '선천적 능력'에 해당한다.

횡단연구에서 보는 결정성 지능은 연령과 함께 증가하고 유동성 지능은 감소한다. 일반 지능검사는 이 두 가지를 다 측정하므로 연령에 따라 점수에 거의 변화가 없는 것은 결국 지능의 한 형태에서의 증가가 다른 형태의 감소를 상쇄시키기 때문이다.

이 이론은 매우 흥미를 끌지만 몇몇 횡단연구들에 의해서만 지지되고 있다.

그림 9-4 유동성 지능과 결정성 지능의 변화곡선

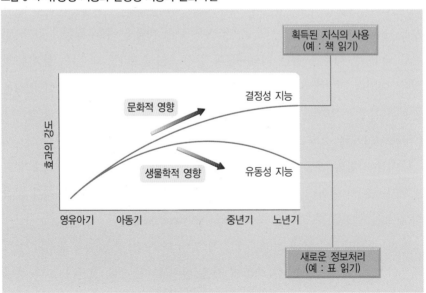

자료 : Horn & Donaldson(1980), Dapalia et al.(2007)에서 재인용

이 이론에 대한 반대는 유동성 지능이 감소한다는 가정에 집중되어 있다. 오늘날 연령과 지능 간의 관계를 조사한 많은 심리학자들은 지능의 신체적 기초(유동성 지능이 반영하는 것)에서 '정상적 퇴화' 곡선을 찾는 것은 무익한 일로 생각한다(Baltes and Schaie, 1976). 그들의 견해는 이러한 경향들을 정상 또는 기본이라고 보기에는 지적 능력의 연령추세에 너무 많은 변이가 있다는 것이다. 지능이 감소하는 사람도 있고 증가하는 사람도 있다. 또 어떤 능력은 다음 세대에서 증가하고 다른 것은 감소하는 것처럼 보인다. 환경적 사건이 어떤 사람에게는 연령추세의 영향을 변화시킬 수 있으며 또 다른 사람들에게는 거의 영향을 주지 않는다. 이들의 견해에서 보면 지능에서 정상적 연령변화를 탐색하는 것은 시대착오적이고 반동적이며 성인기 및 노년기의 지능 분야에서의 진보를 지연시킨다는 것이다.

3) 지능변화와 환경

지적 기능에 개인차를 가져오는 많은 환경적 요인들이 있다. 특히 성인기 동안 지적 발달의 경로에 심각한 영향을 주는 잦은 질병과 사회적 환경이다. 중년기에 질병에 따르는 고통과 경제적 근심으로 인한 정신적 산만은 지적 기능의 검사에서 낮은 성적을 얻게 한다. 가볍거나 심한 두뇌 손상을 가져오는 질병들은 지능에 직접 영향을 준다.

(1) 질병

지능에 영향을 주는 주된 질병은 순환계 질환이다. 뇌로 가는 혈액의 흐름에 장애가 있을 때(대뇌 혈관질환 등) 일시적이든 영구적이든 정신능력이 감소한다. 뇌혈관이 막히는 것과 같은 충격은 영향받은 뇌 부위의 영구적 손상을 가져올 수 있고 가벼운 심장질환조차 기억결손과 더불어 웩슬러 성인 지능검사에서 더 낮은 점수를 받게 한다(Wang, Obrist & Busse, 1970). 저하된 혈액순환이 뇌세포에 산소 공급과 영양의 일시적 결핍을 가져와 결국 조직을 파괴시킴으로써 영향을 준다.

이제까지 노화의 탓으로 돌려지던 지적 쇠퇴는 이러한 만성 질병과 관련된다고 한다. 한 연구에서 의학적 정밀검사에 의해 극히 건강한 것으로 판단된 남자 노인들(평균연령 71세)의 대뇌 혈액순환은 평균연령 21세 남성들과 같았다(Birren, 1963).

지능검사의 대부분에서 노인들은 젊은 남성들과 동일하거나 또는 더 우수했다. 건강하게 보이던 다른 남자 노인 집단은 정밀검사 후 가벼운 질병이 있음이 발견되었는데, 앞의 극히 건강한 노인 피험자들과 비교하여 지능 검사에서 더 낮은 점수를 얻었다. 이와 같이 가벼운 만성적 질병조차 노인의 지적 기능에 영향을 줌을 알 수 있다. 아마도 죽음을 앞둔 시기에 지력이 급속히 상실되는 것도 이로써 설명될 수 있을 것이다.

(2) 사회적 환경

개인이 사회적 활동에 참여하는 정도가 지능검사 점수의 증가, 감소와 관계가 있다. 사회적 활동에 계속 종사하는 성인은 지적 능력에 변화가 없거나 오히려 증대되는 경향이 있다. 그러나 사회적으로 고립된 사람은 지적 능력이 감소한다. 지적 과제들에 대해 특별 훈련을 받았던 나이든 성인 집단과 아무런 훈련도 받지 않았던 유사집단을 비교한 연구에서도 그러한 경향이 나타난다. 따라서 연령에 따라 감소하는 것은 실제 학습능력보다 학습의 기회 및 동기부여일지 모른다(Baltes & Schaie, 1976 ; Schaie, 1974).

4) 연령과 성취

종단적 연구 외에 지능과 연령의 관계를 알 수 있는 또 하나의 방법은 지적 행동의 최종산물, 즉 과학자들이나 철학자, 예술가, 사업가, 정치가 등 그들의 생활을 지능에 주로 의존하는 사람들의 '창조적 업적'을 조사하는 것이다. 업적의 대부분이 그들의 지력이 가장 예민했을 시기인 젊을 때 나타났는가? 아니면 그들이 나이 들고 현명해졌을 때 나타났는가?

주된 창조적 작품—그 사람의 가장 유명한 한두 가지 업적들—은 인생의 비

그림 9-5 연령과 정신적 성장

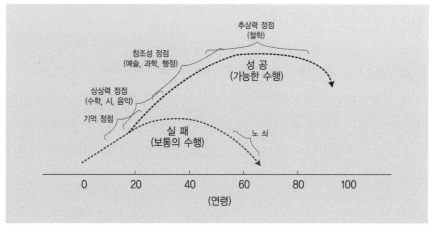

자료 : Kaluger & Kaluger(1979), p. 403.

교적 초기에 생산되는 경향이다. 물론 80세 이후에 파우스트를 완성한 괴테 같은 예외도 있다. 분야에 따라, 가령 철학 같은 분야에서는 업적이 더 늦게 나오기도 한다. 그러나 대부분의 과학자들, 학자들, 예술가들은 가장 주목받는 작품을 30대에 만들어 냈다. 주요 작품 외에 창조적인 사람의 업적 전체는 생애 전반에 걸쳐 비교적 균일하게 퍼져 있다(Simonton, 1990). 79세 또는 그 이상 살았던 738명에 대한 연구(Dennis, 1966)에서 보면 역사가, 철학자, 생물학자, 발명가 네 집단의 가장 생산적인 시기는 60대였다. 학자들(역사, 철학, 문학)은 대체로 노년에 더 생산적 업적을 냈다. 과학자들은 그들의 40대, 50대, 60대에 가장 생산적이었고 예술가들은 그보다 빠른 30대, 40대, 50대에 생산적이었다.

이와 같이 창조적인 사람들은 평생에 걸쳐 중요한 업적을 내었다. 가장 중요한 공헌으로 여겨지는 것은 경력상 이른 시기에 나오는 경향이 있으나 이것이 반드시 젊은 나이에 더욱 창조적이거나 우수한 지력을 가진다는 것을 의미하지는 않는다. 새롭고 창조적인 아이디어를 처음으로 제시하는 것이 흔히 '가장 중요한 업적'으로 주목받는데, 그 후 이루어지는 정교화가 똑같이 탁월하다 할지라도 그러하다. 예를 들어, 프로이트(Freud)의 초기 저작인 《꿈의 해석》은 가장 주요 작품으로 간주되지만, 89세 나이로 죽을 때까지 그는 정신분석이론을 확장시키고 명료화하고 수정하고 발전시켰던 것이다.

3

성인 중기의 성격발달

인생의 중년기는 대부분의 사람들에게 전환점이다. 시간 개념이 재구성되고 자아 및 환경에 대한 새로운 지각이 형성된다. 내성과 자아평가가 이 시기에 두드러진다. 이것은 다음에 올 노년기의 회상과는 다르다. 중년기의 성격발달의 단계적 모델들을 제시하는 이론들을 살펴보고 성격 특성에 따른 변화와 안정성을 보기로 한다.

1) 중년기 성격발달의 이론들

(1) 성인발달에 관한 융의 이론

정신분석학파인 융(Jung, 1933)은 환자를 치료한 임상적 경험과 자신의 자아분석을 통하여 성인기 성격발달이론을 전개했다. 그는 발달단계를 연령별로 명확히 구분 짓고 있지는 않지만 대개 아동기, 청년기, 중년기, 노년기의 4단계로 나누고 있다.

융은 약 40세에 시작되는 제3단계인 중년기를 인생의 전반에서 후반으로 가는 전환점으로 보고 매우 중요시했다. 융 자신이 이 시기에 정신병적 상태에 가까운 심각한 정신적 위기를 경험했을 뿐 아니라, 그를 찾은 환자들의 2/3가 중년기에 속하는 사람들이었다. 그들은 모두 목표했던 과업을 무난히 수행해 낸 사람들로서 그럼에도 불구하고 인생에 대한 허탈감과 무력감을 호소했다. 융은 이것을 중년의 사람들이 생의 제1차 목표지점에 도달하려고 온갖 정열을 쏟았고 그리고 성취를 했으나, 그것은 최종적 목표가 아니므로 다시 새로운 차원의 제2의 인생목표를 설계하고 새출발을 시도해야 하는데, 그렇지 못하기 때문이라고 보았다. 즉, 사회로부터 얻은 성취들은 자신의 성격의 어느 측면을 축소시킨 대가로 얻어진 것이므로 경험했어야 할 인생의 다른 많은 측면이 어두운 창고 속에 묻혀 있어 그러한 내재적 욕구가 개개인에게서 중년기에 분출되어 나온다고 본다. 따라서 정신적 균형과 조화를 위해서는 이 억압되어 온 측면이 인식되고 개발되어야 할 필요가 있다는 것이다.

융은 인생의 전반기를 자아확산기로 보고, 후반기는 자아수렴기로 구분짓는다. 자아확산기에는 무의식세계에서 의식세계로의 적극적인 활동이 특징이라면 자아수렴기에는 종교적·철학적·직관적인 정신세계에 몰두해야만 인생 전체가 균형과 통합을 이루며, 결국 자아실현이라는 최종목표에 이른다고 보았다. 예를 들어, 한 사람이 청년기의 목표였던 돈벌이, 명성, 지위 등의 물질적인 것들을 중년기에 이르러서까지 계속 추구한다면 그의 삶은 의미를 잃게 되며, 고통스러우나 의미 있는 내면적 여행을 통해 자신이 소홀히 해온 측면에 대담하게 직면할 때 성장이 이루어진다는 주장이다. 이처럼 외적·물질적인 자아를 내적·정신적인 차원으로 전환시키는 것을 융은 '개체화(individuation)'라 부른다. 개체화는 사회, 문화의 일반적인 가치나 목적에 일상적으로 동조하는 것에서 탈피하는 것을 포함하며 자신의 삶의 개체적 방식을 찾아내는 것을 뜻한다.

한편, 융은 중년기 이후 남녀 모두가 자신과 반대되는 성적 측면을 표현하기 시작함을 관찰했다. 즉, 남성들은 자신 속의 여성적인 측면(anima)을 표현하여 덜 공격적이 되고 대인관계에 보다 많은 관심을 보이기 시작하며, 여성들은 남성적인 측면(animus)을 표현하여 보다 공격적이고 독립적이 된다고 보았다.

융의 이러한 중년 위기에 대한 견해 및 외부세계에서 내부세계로의 관심의 전환과, 성역할 특성의 전도 등 중년기의 성격 변동은 그 후 시카고 대학의 뉴가르텐(Neugarten)과 그의 동료들의 연구(1968), 거트만(Gutmann, 1964)의 연구, 레빈슨(Levinson, 1978)의 경험적인 연구들에 의해 뒷받침되었다.

(2) 에릭슨의 이론

에릭슨(Erik Erikson, 1963)은 성인 중기 동안의 성격발달의 본질은 생산성 또는 침체성으로 알려진 심리사회적 위기의 해결에 달려 있다고 본다. 중년기는 생산적인 일과 보살핌(care)의 시기이다. 그는 보살핌을 생산성과 가장 밀접하게 관련되는 인간적 덕성으로 본다. 에릭슨의 생산성은 타인과 나누어 갖고, 주는 느낌, 자신의 자녀를 포함한 미래 세대의 복지 및 그들이 살아갈 세계에 대해 염려하는 것, 개인의 취미나 능력, 재능들을 사용하여 생산적이고 창조적인 업적을 이루려고 추구하는 것을 의미한다. 충족된 삶은 한 사람이 개인적·사회적·직업적 행위를 통해 타인의 성장 및 향상에 기여한 바를 통해 실현될 수 있다.

생산성에 반대되는 힘은 자아몰입으로 자아 중심 또는 자아탐닉, 침체의 형태를 취하는 것이다. 생산성을 지향하는 사람들과 비교할 때 자아몰입은 자신에게만 관심을 쏟는 것을 말한다. 에릭슨은 이런 태도를 개인적 빈곤이라 부른다. 그러한 인생에 특징적인 것은 공허감이다. 만성적인 불평가, 비판가 또는 투덜거리는 사람들이 이런 생의 타입을 단적으로 나타낸다. 그들의 인생은 둔하고 무미건조하다. 그들은 자신의 생활상황에 포위되어 있거나 제한되어 있는 것으로 느낀다. 대개 인생으로부터 얻는 것은 무엇이든 개인적 이해관계에 의해 헤아려지고 그들의 자아중심적 개념을 강화시킨다.

물론 모든 사람이 때때로 어느 정도는 침체하기도 하고 자아탐닉적으로 어린애같이 행동하기도 한다. 성인 중기에 생산성과 침체의 성공적인 해결은 개인이 비관주의를 넘어 낙관주의로 향해 나아가며 불평보다 문제해결을 선호하는 것을 의미한다.

(3) 펙의 이론

펙(Robert Peck, 1968)은 에릭슨의 업적에 흥미 있는 차원을 첨가했다. 그는 에릭슨의 이론이 아동기와 청년기의 심리사회적 위기들에 너무 많은 강조를 두고 인생의 40대, 50대에 대해서는 충분히 설명하지 않았다고 보고 중년기의 심리적 적응의 몇 가지 측면을 제시했다.

① 지혜의 중시인가, 육체적 힘의 중시인가

20대 후반 이후 노화의 불가피한 결과 중 하나는 육체적 힘, 정력, 매력의 쇠퇴이다. 그러나 오랜 삶을 통해 얻은 진정한 경험은 젊은 사람에게는 없는 것을 성취하게 하는데, 이것이 바로 지혜이다. 지혜는 인생경험이 가져다주는 판단력의 증대를 말한다. 지혜는 지적 능력과 동일한 것은 아니며 결정을 해야 할 때 지적인 지각과 상상력이 제시하는 대안들 중에 가장 효율적인 선택을 하는 능력으로 정의하는 것이 타당할 것이다.

가장 성공적으로 늙는 사람은 그들이 이전에 가졌던 가치서열을 바꾸어 자아평가의 기준으로, 문제해결의 주요 수단으로 정신적 능력을 육체적 용맹보다 우위에 놓는 사람들이다.

② 대인관계의 사회화인가, 성적 대상화인가

이 적응은 갱년기에 집중된다. 갱년기는 남성과 여성이 1차적으로 서로를 성적 대상으로 보기보다 오히려 한 인격으로 대하고 중요시하도록 하는 계기가 될 수 있다. 남녀 간의 성적 요소는 그 관계가 공감, 이해, 정서적 포용의 새로운 차원을 갖게 될 때 중요시되지 않을 수 있다.

③ 정서적 유연성인가, 정서적 빈곤인가

어떤 의미에서 심리적 발달은 정서적 유연성의 능력과 관계된다. 이는 한 사람 또는 한 활동에서 다른 것으로 정서적 투입을 옮길 수 있음을 말한다. 정서적 유연성은 중년기에 더욱 중요한데, 부모가 사망하고, 자녀가 집을 떠나고, 같은 또래의 친구나 친척들의 죽음과 같은 사건들이 이때 일어나기 때문이다. 정서적 초점이 될 새로운 대상을 발견함으로써 적극적으로 적응하는 것이 위기극복에 필요하다.

④ 지적 유연성인가, 지적 완고성인가

중년인들은 견해와 활동에서 유연성을 유지하고 새로운 생각에 수용적이어야 한다. 문제에 대한 색다른 해결책을 상상하는 정신적 노력을 포기하지 않고 인생경험을 지배하여 초연한 관점에서 새로운 문제의 해결책에 대한 잠정적 지침으로만 경험을 사용하고자 해야 한다.

(4) 레빈슨의 이론

① 중년 전환기(39~45세)

이 단계의 발달과업은 전 단계에 수립했던 목표달성의 성공 또는 실패 여부를 평가하는 것이다. 성공은 대개 자신의 개인적·사회적, 그리고 직업세계 안에서 확고함을 느끼는 것으로 측정된다. 이 중년 전환기(midlife transition) 동안 자신의 인생을 평가하기 위해 내적인 질문이나 모색을 하지 않는 사람들도 있다. 그러나 대부분 남성에게는 이 단계가 자아 내부에서 일어나는 중요한 투쟁의 시기인 동시에 외부세계와의 투쟁의 시기이다.

이 시기의 발달과정은 BOOM(Becoming One's Own Man)이라고 부르며, 이제까지 자신을 이끌어 왔던 선도자(mentor)나 아버지상의 구속에서 벗어나는 것이 주요 이슈가 된다. 레빈슨이 조사한 대부분의 남성들은 성인 전기 말이 되면 이러한 BOOM 과정을 시작했다. 이를 통해 다음 시기에 적합한 생활구조를 발달시켜야 한다.

② 성인 중기

성인 중기는 앞의 중년 전환기와 뒤의 성인 후기 전환기를 포함하는 40~65세로서 지혜, 사리분별, 도량, 감상적이 아닌 동정심, 포용력 있는 견해 등이 발달할 수 있는 시기이다. 레빈슨은 이때를 정치, 외교, 철학, 조직체의 지도, 인류에 봉사하는 직업들에서 가장 효율적인 공헌을 하는 시기라고 하였다. 레빈슨이 조사한 남성들 중에, 순수한 기계적 기술 또는 생산량을 강조하던 사람들이 보다 장기적 목표달성 및 타인의 성장촉진을 강조하는 것으로 바뀌었다. 성인 전기 몇 년 동안 나이든 선도자들과 좋은 관계를 가졌던 남성들은 중년 전환기 이후 그들 자신이 선도자가 될 수 있었다. 즉, 그들은 젊은 사람의 생산성과 유능성의 증대에 대해 위협받거나 경쟁하는 느낌보다 자랑스럽게 여겼다. 한편 성인 중기에 많은 남성이 일에서 가족으로 그들의 초점을 옮기고, 젊은 성인기에는 필요로 하지 않았던 양육과 안락을 추구한다. 레빈슨은 이때 대부분의 남성들은 젊음과 늙음, 파괴와 건설, 남성성과 여성성, 애착과 분리의 양극단의 중간에 처한 조건을 잘 깨닫고 이런 상반되는 경향이 그의 생활구조 속에 잘 통합되도록 화해시켜야 한다고 본다.

③ 성인 후기 전환기(59~65세)

자신과 자신의 또래들에서 신체적 쇠퇴와 새로운 현실을 경험하는 시기이다. 레빈슨의 응답자들 모두가 이러한 전환을 경험했던 것은 아니며 많은 사람들이 이 시기 동안 문화적으로 규정된 노년의 지위로 들어가는 데 대해 불안을 표시했다. 그들은 젊음이 사라지고 권위와 권력이 적어지고 있음을 깨닫고 그들의 에너지를 일과 오락의 새로운 형태로 재지향해야 함을 알고 있었다. 이 전환기 또한 다음에 올 새로운 현실들에 적합한 생활 구조를 이룩해야 할 시기이다.

(5) 굴드의 이론

굴드(Roger Gould, 1978)는 35~45세를 성인 생활의 중년으로 생각한다. 성인 전기에 대한 그의 논의에 이어 성인기 동안의 성장은 성숙한 성인의식의 출현을 막는 비합리적 생각을 극복함으로써 이루어진다고 주장한다. 다음의 다섯 가지가 중년기에 벗어나야 하는 환상들이다.

① 안정이 영원히 지속될 것이다

중년이 된 사람들은 이제 그들 부모의 보호로부터 벗어나 오히려 역할 전도가 일어난다. 중년의 성인들은 그들이 부모가 있었던 위치에 있음을 알고 직장에서도 지도하는 위치에 있음을 안다. 또한 이 시기에 자녀와의 관계에서도 역할 재할당이 일어나는데, 청소년기 자녀들은 스스로 안전을 돌볼 수 있다는 표시를 하며 성인의 통제를 제한한다. 따라서 중년의 삶에 부모는 보다 주변적인 존재가 되며 자녀 또한 그러하다.

② 죽음이 나와 내가 사랑하는 이들에게는 일어나지 않을 것이다

실제로는 질병, 부모의 죽음 등이 중년의 생활주기의 일부분이며 자신도 언젠가는 죽을 것이라는 신호를 받는 것이 중년의 현실이다. 부모를 잃는 것은

표 9-3 성인 중기 성격발달이론의 비교

에릭슨(1963)의 심리사회적 위기	펙(1968)의 적응과업	레빈슨(1978)의 중년발달의 단계	굴드(1978)의 비합리적 가정들

• 생산성 대 침체	• 지혜의 중시 대 육체 힘의 중시
	• 인간관계의 사회화 대성적 대상화
	• 정서적 융통성 대 정서적 빈곤
	• 지적 융통성 대 지적 완고
		• 중년전환기(40~45세)
		• 성인 중기 시작(45~50세)
		• 50대 전환기(50~55세)
		• 2차 중년 성인 구조의 성
		  립(55~60세)
			• 안정의 지속에 대한 환상
			• 죽음이 오지 않으리라는 환상
			• 배우자 없이 살 수 없다는 환상
			• 가족 밖의 생활 변화는 존재하
			  지 않는다는 환상
			• 나는 무결하다는 환상

대부분의 사람들에게 그들이 살아오는 동안 지녀왔던 두려움이 현실화되는 것이다. 그들 부모들이 마치 죽음과 그들 사이의 방패이거나 했던 것처럼 다음 차례에 언젠가는 죽음이 자신에게 엄습할 것이라고 느낀다. 이러한 두려움은 건강에 강박적으로 관심을 갖도록 만들기도 한다.

③ 배우자 없이 사는 것이 불가능하다

앞에서 자신이 죽을 것이라는 것을 깨닫고 특히 여성들은 자신의 신념대로 행동하고자 하는 내적 명령을 의식한다. 여성들은 남성들보다 인생은 보호자 없이 지낼 수 없다는 생각을 갖기 쉬우나, 이제 그것을 떨쳐버리면 보다 넓은 범위의 사회적 접촉을 경험하는 데 자유롭고 자신의 개성을 확대시킬 수 있다.

④ 가족 밖에서는 어떠한 생활이나 변화도 존재할 수 없다

중년에 부부들이 그들 자신을 재정의하고 결혼을 재구성하는 것은 의미 있는 일이다. 재협상, 자아쇄신을 통해 원한다면 가족 밖에서 존재하는 새로운 생활과 변화를 발견할 수 있다.

⑤ 나는 무결하다

성인들은 탐욕, 선망, 질투, 경쟁과 같은 성격 특성들이 항상 다른 사람들에게 존재한다고 생각해 왔다. 이제 자신도 역시 그런 특성들을 비슷하게 가지고 있음을 인정해야 한다. 그럼으로써 자신의 장점뿐 아니라 약점도 더욱 분명히 깨닫게 된다.

굴드는 성인 중기의 기본적 목표는 인격적 성장과 자아쇄신이라고 주장하며 중년은 정착의 시기가 아니라 청소년기처럼 동요하는 시기라고 말한다. 청소년기와의 차이점은 중년의 성인들이 그들의 과거 경험을 활용할 수 있고 자신이 누구인가를 알며 받아들일 수 있다는 데 있다.

(6) 매슬로의 자아실현적 성격에 관한 이론

성인기의 전 과정을 통해 사람들은 심리적 이상인 성격의 조화로운 통합에 도달하기 위해 노력한다. 자아실현을 달성하기 위해서는 상당한 자아강도와 더불어 모든 가능성 및 능력을 사용할 수 있어야 하는데, 성인 중기는 바로 자아실현에 가까이 도달할 수 있는 시기이다.

자아실현에 대한 포괄적인 설명은 매슬로(Abraham Maslow)에 의해 제시되었다. 그는 인간의 욕구위계설을 주장하고, 욕구 서열의 맨 꼭대기에 자아실현의 욕구가 있어서 자아실현을 달성하려면 몇 가지 전제조건이 충족되어야 한다고 말한다. 먼저 개인은 비교적 세속적인 걱정거리들, 특히 생존과 관련된 것으로부터 자유로워야 하며, 직업이 안정적이고, 가족원이나 직장 동료들과의 사회적 접촉에서 수용됨을 느껴야 한다. 또한 자신을 진정으로 존중해야 한다. 따라서 자아실현은 성인 중기까지 달성되지 않는다고 보는 것이 타당할지 모른다.

중년 이전의 성인 전기 동안 개인의 에너지는 대개 이성관계, 교육적 진보, 직업종사, 결혼, 부모됨 등의 다양한 방면으로 분산된다. 성인 전기 동안에 경제적 안정을 이루어야 할 필요성은 상당한 정신적 에너지를 소비하게 한다. 중년기까지는 많은 사람들이 이런 요구들을 어느 정도 달성한다. 중년은 자아성숙을 위해 에너지를 투여할 수 있는 때이다. 물론 모든 사람이 자아실현에 이르지는 않으며, 자아실현의 준거도 다양할 수 있다. 사람들은 자기만의 독특한 방식으로 창조적이며 특별한 재능들 및 흥미를 가지고 있다. 따라서 자아실현인이 반드시 사회적으로 이름을 날리거나 업적을 쌓은 사람, 예를 들면 훌륭한 예술가나 과학자일 필요는 없다. 일상의 생활에서 만족과 충실을 경험하는 사람이 그들의 잠재능력을 완전히 발휘한다면 자아실현을 하고 있다고 보아도 좋을 것이다.

매슬로는 자신의 재능을 충분히 발휘하고 인간됨의 최고 수준에 있는 것으로 보이는 48명의 대상자를 뽑아, 그들의 성격을 분석하여 자아실현인의 성격 특성을 제시하였다. 그것은 ① 현실의 효율적 자각, ② 자아 및 타인의 수용, ③ 자발성, ④ 문제 중심성, ⑤ 초연, ⑥ 자율, ⑦ 평가의 참신성, ⑧ 신비적 경험, ⑨ 공동체 사랑(형제애), ⑩ 독특한 대인관계, ⑪ 민주적 성격구조, ⑫ 수단과 목표의 식별, ⑬ 철학적·비적대적 유머 감각, ⑭ 창조성, ⑮ 문화화에 대한 저항 등이다.

2) 연령과 성격특성

앞에서 발달이론이 제시하는 모델은 모든 변화들이 정상적이며 유형화되어 있고 예측할 수 있다는 것을 내포하고 있다. 이것은 사람들이 성인기의 인생주기 동안 세계와 상호작용하는 방식에서 일어나는 유사한 경험적 사건들이 보편성을 띤다는 데 근거한다.

한편, 연령 증가에 따른 성격특성의 변화 및 안정성 여부를 규명하기 위해 대규모의 종단연구들이 행해졌다. 규준적 노화연구 및 볼티모어 종단연구, 캔자스시 연구, 버클리 가이던스연구 및 오클랜드 성장연구들이 그것이다. 수집된 증거자료에서 나온 일반적인 결론은 다음과 같다.

첫째, 성격특성은 성인들 사이에 어느 연령층을 막론하고 매우 다양하다.

둘째, 성인기 동안 대부분의 성격특성들에서 개인적 안정성이 상당히 높다.

셋째, 성격 형성에 있어서는 생활연령보다 사회적 연령이 더 중요하다.

넷째, 성인 후기에는 보다 더 내향적이 되는 일관성 있는 경향이 있다.

다섯째, 성역할 성격의 유형화된 특성이 인생 후반기에 갈수록 완화된다는 것이다.

젊은 사람과 늙은 사람들 간에 명백한 성격 차이들은 대개 서로 다른 세대 경험과 태도의 차이 때문이지 연령 때문만은 아니다. 예를 들면, 나이든 사람들은 대개 견해와 행동 면에서 더 완고하며 환경변화에 대해 젊은이들보다 쉽게 적응하지 못하는 것처럼 보인다. 그러나 종단연구들은 현재 완고하게 보이는 노인이 그들의 인생 전반에 걸쳐 완고했음을 보여 준다. 전 세대의 사람들은 오늘날의 젊은이들보다 평균적으로 볼 때 더 완고하다. 연령에 따라 성격변이가 별로 없다는 것이 중년기 및 그 이후에 성격변화가 불가능하거나 드물다는 것을 말하는 것은 아니다. 사실상 성격변화는 일생을 통해 일어난다. 연령변이가 없다는 것은 연령에 따른 성격의 차이보다 성인 개개인 간의 변이가 더크기 때문에 연령에만 기인하는 성격변화란 거의 없다는 것이다. 나이 들면서 부드러워지는 사람이 있는가 하면 딱딱해지는 사람이 있는 것처럼 사람들은 각기 다른 방식으로 변화한다.

(1) 안정적인 성격특성

비교적 안정적인 성격특성들은 외향성(extroversion), 신경증적 성격(neuroticism), 경험에 대한 개방성이었다(Costa & McCrae, 1980). 외향성은 세 가지 사교성 척도(애착, 사교적, 자기주장)와 세 가지 기질 척도(활동, 흥분 추구, 긍정적 정서들-즐거움, 행복, 웃음-을 경험하려는 성향)의 여섯 가지 차원으로 측정되었다. 신경증적 성향도 역시 여섯 가지 차원으로 구성되는데, 네 개는 정서에 관한 것(불안, 적개심, 우울, 자의식)이고 나머지 두 개는 행동에 관한 것으로 충동성, 취약성이다. 경험에 대한 개방성은 환상, 심미, 정서, 행위, 가치, 관념을 포함하는데, 개방적인 관여는 폭넓은 흥미를 갖고 다양성을 요구하며 익숙하지 않은 것에 대한 관용과 관계가 있는 것이 특성이다.

신경증적 성향에서 높은 점수를 보인 사람은 건강에 대해 불평을 많이 하고 흡연, 음주문제를 가지기 쉬우며 성적·경제적 곤란을 더 많이 이야기했고 별거, 이혼한 경우가 많았다. 또한 지능검사에서 좋은 성적을 얻지 못했고 인생에 만족을 못하고 불행한 경향이 있었다. 외향성은 직업적 흥미 및 가치와 관련이 있었는데, 외향적인 사람은 사교적 직업, 기업관리, 광고, 법률에 매력을 느끼고 내향적인 사람은 건축가, 물리학자, 목수 등 사람들을 다루는 일보다는 혼자 과업을 수행하는 직업들을 더욱 선호했다.

경험에 대한 개방성은 직업선택과 관계가 있어, 개방성에서 높은 점수를 얻은 남성은 남이 잘 택하려 하지 않는 직업을 가지는 경향이 있으며, 직업을 쉽게 그만두기도 하고 완전히 새로운 직업을 가지기도 한다. 그들의 인생에는 사건이 많고, 좋은 것과 나쁜 것을 다 강렬하게 경험하는 경향이 있다. 코스타(Costa)와 맥크리(McCrae)는 위의 세 가지 성격특성을 구성하는 변수들에서 연령에 따른 어떤 일관성 있는 변화의 증거도 찾지 못하고 오히려 안정성이 있음을 발견했다.

한편, 다른 연구에서 남성들에게 안정적인 특성은 지적·인지적 문제들만을 중요시하는 것, 자기 패배적 태도, 높은 열망수준, 기분변동 등이었고, 여성들에게는 성취동기와 추진력, 명랑함 등이 고등학교 저학년에서 40대 중반까지 안정적인 특성이었다. 가장 자기 패배적이었던 청소년은 역시 가장 자기 패배적인 성인이 되었고, 가장 명랑한 소녀들은 또한 가장 명랑한 성인 여성이 되었다.

(2) 연령에 따라 변화를 보이는 성격특성

대부분의 성격특성들은 연령에 따른 변화를 보이지 않으나 소수의 예외가 있다. 하나는 내향성 또는 자아의 내부로 향하는 경향의 증대이며 또 하나는 전형적인 성역할 특성의 변화이다. 이는 일찍이 융(Jung, 1933)의 이론에서도 시사된 바 있다.

① 내향성

캔자스 시의 성인생활 연구에서 보면 연령과 관련된 변화는 주로 '정신내적 과정'에서 일어났으며 자아에 대한 관심의 증대로 나타난다. 명상과 반성, 자아평가가 정신생활의 특징적인 모습이 되어 세계와 상호작용하는 방식에서 '수동적 지배'라고 부르는 양식을 채택하는 경향이 있다.

외부세계에 대한 관심으로부터 자아에 대한 관심으로의 중요한 전환은 중년기의 사회 관계에서 개인의 행동에 상당한 영향을 줄 수 있다. 즉, 외부 환경에 대한 관심의 감소는 사회적으로 참여를 적게 하고 덜 경쟁적이도록 한다.

② 성역할 특성

융(1938)은 남성적 측면과 여성적 측면이 인간성격 안에 공존한다고 하였다.

그러나 한 측면이 항상 우세하며 대개 그것은 생물학적 성과 일치한다. 융은 중년까지 주된 삶의 양식이 완전히 발달되며 심지어 소모되어 버린다고 생각했다. 그리고 개인은 이제까지 부정해 왔던 측면의 양식을 발달시킨다. 젊은 성인기에는 남성이나 여성이나 스스로 과장된 성역할을 연출한다. 남성들은 공격적 성격을 강조하는 반면, 여성들은 양육적이었다. 젊은 남성들의 여성적 특성의 거부와 여성들의 남성적 특성의 부정은 중년기 이후에 바뀌어 나이가 들면서 남성들은 보다 부드럽고, 정서적·표현적이 되며, 여성들은 덜 정서적이고 공격적·도구적으로 되어간다.

융의 이론은 거트만(Gutmann)의 캔자스 시 연구 및 비교문화적 자료에 의해 입증되고 확대되었다. 중년 후기(50~60세)의 남성들은 젊었을 때보다 민감하고 온정적이며 자신의 의존적 욕구를 더 느끼고 수동적·적응적 지배양식을 사용하기 쉽다. 거트만은 인류보존에 필수적인 부모됨의 사명에 의해 젊은 성인기에는 과장된 성역할의 연출을 필요로 하며 중년의 탈부모기가 되면 더 이상 그것이 필요하지 않기 때문에 남녀에게 각각 균형 잡힌 성격–정서적·양육적인 동시에 자기주장적·공격적인–이 나타나고 남녀 간의 성격분화가 적어진다고 설명했다. 늙은 여성들은 지배와 권력에 관심을 갖게 되며 자신의 경쟁적 충동에 죄의식을 덜 느끼게 되어 능동적 지배양식을 사용하기 쉽다(Gutmann, 1977 ; Lowenthal, Thurnhes & Chiriboga, 1975 ; Neugarten, 1977).

| 4 |
가족생활

1) 부모 역할

성인 초기에 시작된 결혼은 자녀들이 늘어나면서 안정되고 부모가 중년이 되면 자녀들은 청소년이 된다. 이 시기에 부모들과 10대들이 직면하는 발달과업은 첫째, 부모와 자녀가 효율적으로 의사소통하는 것이다. 의사소통의 결여는 흔히 세대차 때문인 것으로 돌려진다. 부모–청소년의 의사소통은 양방향에서 접근되어야 한다. 부모뿐 아니라 10대들도 의미 있는 상호작용기술을 발달시킬 책임이 있다. 이것이 양쪽 모두가 직면하는 발달적 도전이다. 대체로 부모–자녀 간 의사소통에서의 성공은 자녀들이 어렸을 때 얼마만큼 성공적인 부모노릇을 했는가에 달려 있다(또한 성공적인 부모 노릇의 열쇠는 자신의 부모들이 얼마나 부모노릇을 잘 했는가에 달려 있다).

중년 부모의 또 다른 과업은 청소년이 그들의 정체감을 찾도록 지원하는 것이다. 청소년들은 이 세계에서 그들이 처할 위치를 발견하려고 노력하고 있으며, 이러한 노력이 가끔은 그들을 가족 밖으로 밀어내는 힘으로 작용할지 모른다. 부모는 청소년 자녀들의 독립, 자율을 지지하면서 안내와 지원을 제공할 책임이 있다.

중년기의 부모들이 직면하는 세 번째 도전은 자녀의 학교 교육과 진로 선택의 문제이다. 특히 자녀 교육열이 높고 입시 경쟁이 치열하여 자녀의 장래 사회적 성공이 대학진학 여부에 달려 있는 우리 사회에서는 중년기 부모의 최대 관심사가 자녀의 학업지원과 대학진학을 뒷받침하는 것이다. 따라서 이 시기는 부모에게나 자녀에게나 매우 스트레스가 큰 시기이다. 간혹 부모의 야망이나 기대가 지나쳐 자녀에게 심각한 부담과 좌절감을 안겨 줄 수 있고, 반대로 지원이 미흡할 수도 있다. 어느 정도 적절한 기대와 격려의 수준을 유지하느냐가 부모로서 매우 어려운 과제이다. 자녀의 능력과 소질을 객관적으로 지각하며,

---

성인 중기의 발달과업

- 청소년 자녀가 책임감 있고 행복한 성인이 되도록 돕는 것
- 성인의 사회적·시민적 책임 달성
- 직업상 만족스러운 수행에 도달하고 그것을 유지하는 것
- 성인 여가활동의 개발
- 배우자와의 인격적 관계
- 중년기의 생리적 변화의 수용과 적응
- 노부모에 적응하는 것

자료 : Havighurst(1972)

그들을 하나의 독립된 개체로 인정하고 인생의 선배로서 지도하며 안내하는 것이 필요하다.

2) 노부모와의 관계

중년은 그들 자녀의 부모인 동시에 그들 자신도 부모의 자녀이다. 그들은 늙은 세대와 젊은 세대 양쪽의 동시적 욕구를 충족시켜야 하는 위치에 있다. 따라서 중년을 양쪽에서 협공받는 세대(sandwitch generation)라 한다.

중년기 성인과 노부모 간에는 의존의 방향이 바뀌는 역할의 전도가 일어난다. 즉, 그들의 부모는 이미 노쇠하여 청소년 자녀들과 마찬가지로 돌봄을 필요로 한다. 노부모와의 관계의 변화 정도는 많은 요인에 달려 있다. 즉, 부모구존 여부, 그들의 건강상태, 경제적 독립 정도, 독립된 가구를 유지하는지에 따라 차이가 있다.

노부모에 대한 책임과 의무는 효도라고 하는 자녀의 성숙성에 기초한 정의로써 뒷받침되어야 하는 동시에 중년 세대의 물리적 역량을 필요로 한다(윤진, 1984 : 254). 전통적인 가족에서는 효도가 제1차적 가치였으므로 중간 세대는 부모로서 자기 자녀에 대한 역할보다는 자녀로서 노부모에 대한 봉양의 역할 수행을 더 중요시하였다. 오늘날 젊은 세대와 중년세대들은 자녀에 대한 부모 역할수행에 보다 우선순위를 두려고 한다.

중년은 가족적 의무와 역할이 많은 시기일 뿐 아니라 사회적 책임과 역할도 많은 시기이다. 가족에서 의존적인 부모를 돌보는 것은 중년여성들이다. 기혼 여성의 취업이 늘어가는 오늘날 그들이 돌봄의 기능을 다하기에는 어려운 점이 많다. 더구나 노쇠하며 기동이 힘든 노부모를 봉양하는 문제는 가족에서 전담하기에는 벅찬 과제가 되었다.

3) 탈부모기의 위기와 적응

중년 초기의 전형적인 가족은 한두 명의 청소년 자녀를 가진 가족이지만, 머지 않아 자녀가 진학이나 취업, 결혼을 통해 집을 떠나가고, 중년 후기에는 부부만 남는 탈부모(postparent)의 가족이 된다. 부모기로부터 탈부모기로의 전환은 어떤 부모들에게는 매우 비극적인 사건이며, 자녀에 의해 자기 정체감을 규정해 왔던 어머니들에 있어서는 특히 그렇다. 자녀에게 자신을 전적으로 몰입시킨 어머니들은 이 '빈둥지' 단계에 이를 때 이제 무엇을 위해 살아가야 할지 모르게 된다. 어머니가 직면하는 위기는 사실상 이보다 일찍 40대 초반이나 중반 즈음에, 지속적인 돌봄과 관심을 요구하던 어린 자녀들이 청소년기로 접어들면서 품에서 떠나 독립성을 주장할 무렵부터 시작되었을지 모른다. 어머니들은 자신이 여전히 그들에게 절실히 필요하다고 느끼고 싶어 한다. 이때 어머니의 정체감 위기는 '나는 누구인가', 그리고 '나의 생의 의미는 무엇인가'라는 자아평가와 관련된 것이다(Harbeson, 1971).

그러나 탈부모기 생활로 전환하는 것이 모든 사람에게 반드시 나쁜 것만은 아니다. 중류층 가족에서 또는 자녀가 유일한 초점이 아니었던 여성은 이러한 전환을 비교적 성공적으로 처리한다. 자녀의 대학교육기간 동안 이 시기를 예상해 왔을 뿐 아니라 새로운 자유와 풍요로운 생활양식을 즐길 기회를 갖게 된 것이다. 즉, 다시 한 번 무자녀의 생활로 돌아와 자녀에게 구애받지 않고 자발적으로 일할 기회도 가지며 부부 둘이서 새로운 생활구조를 수립할 수 있다. 전 단계에서는 부모의 입장에서 볼 때 자녀들이 어느 정도 부담이 될 수 있다. 그들은 부모의 권위에 도전하고 통제에서 벗어나려고 함으로써 어떻게 다루어야 할지 부모를 곤혹스럽게 했을 뿐 아니라 가장 커다란 경제적 부담까지 안겨주었다. 이제 부모들은 자녀 양육기간을 돌아보고 부모로서의 역할수행에 대해 내심으로 커다란 안도, 기쁨, 만족, 보상을 느끼기도 한다.

탈부모기를 가장 잘 넘기는 부모들은 자녀들에게 의존성을 조장하지 않고 자율과 독립성을 격려해 온 사람들이다. 이상적으로 볼 때 부모들은 자녀에게 진정한 배려와 관심을 보여야 하지만 또한 그들을 별개의 개인으로 인정해야 한다. 부모들 특히 어머니들은 자녀들을 위해 장기적 목표를 발달시키고 인생의 부모기를 성공적으로 마감하도록 해야 할 것이다.

4) 중년기의 결혼 만족

결혼 만족에 크게 영향을 주는 한 요인은 가족주기 단계이다. 대체로 결혼 만족은 결혼 초기에 가장 높다가 계속 감소하며, 결혼 후기에 다시 상승하는 경향이 있다. 결혼 만족이 가장 낮을 때는 자녀가 집을 떠나기 직전이다. 자녀가 집을 떠난 후보다 그것을 예상할 단계에 결혼 만족이 가장 낮다는 것은 흥미로운 사실이다. 자녀가 떠남으로써 남편과 아내는 오랜 시간 동안 그들이 따로따로 다른 일에 몰두해 왔음을 깨닫게 된다. 부부만 남게 되고 그들은 서로에게서 보이는 변화에 놀라게 된다. 부부가 서로를 진실로 잘 알고 있지 못함을 알게 되고 그들의 결혼이 만족스럽지 못함을 의식하게 되면 중요한 시기인 중년기 동안 상호지원과 이해를 제공하기가 어렵다. 어떤 부부들은 비관적 태도를 취하고 인생의 의미가 공허하다고 느끼며 이혼에 이르기도 한다. 근래 우리 사회에서도 이혼율이 높아지고 있으며 특히 황혼이혼이 늘어가고 있다. 통계청 보고에 의하면 2018년에 20년 미만 동거부부의 이혼은 감소한 반면 20년 이상 동거한 부부의 이혼비중이 36.3%로 전년보다 9.7%나 증가하였을 뿐 아니라 30년 이상 동거한 부부의 이혼율도 전년 대비 17.3%나 증가했음을 알 수 있다(통계청, 2020).

한편, 다른 부부들은 이 단계를 행복하고 보상을 주는 시기로 지각한다. 그들은 대개 커뮤니케이션 능력의 증가, 친밀감, 동료감, 상호성을 보고한다

표 9-4 이혼 건수, 조이혼율 및 유배우 이혼율

		2008	2009	2010	2011	2012	2013	2014	2015	2016	2017	2018
이혼 건수(천 건)		16.5	124.0	116.9	114.3	114.3	115.3	115.5	109.2	107.3	106.0	108.7
	증감(천 건)	-7.5	7.5	-7.1	-2.6	0.0	1.0	0.2	-6.4	-1.8	-1.3	2.7
	증감률(%)	-6.1	6.4	-5.8	-2.2	0.0	0.9	0.2	-5.5	-1.7	-1.2	2.5
조이혼율*		2.4	2.5	2.3	2.3	2.3	2.3	2.3	2.1	2.1	2.1	2.1
유배우 이혼율**		4.9	5.2	4.8	4.7	4.7	4.8	4.8	4.5	4.4	4.4	4.5

*인구 1천 명당 건, **15세 이상 유배우 인구 1천 명당 건

표 9-5 혼인지속기간별 이혼 건수 및 구성비

(단위 : 천 건, %, 년)

	2008	2009	2010	2011	2012	2013	2014	2015	2016	2017	2018	전년 대비 증감률
계*	116.5	124.0	116.9	114.3	114.3	115.3	115.5	109.2	107.3	106.0	108.7	2.5
4년 이하	33.1	33.7	31.5	30.7	28.2	27.3	27.2	24.7	24.6	23.7	23.2	−2.3
5~9년	21.7	23.6	22.0	21.7	21.5	21.5	22.0	20.8	20.6	20.5	20.1	−2.0
10~14년	18.3	20.0	18.6	17.4	17.7	16.9	16.3	14.9	14.7	14.8	15.5	4.7
15~19년	16.5	18.4	16.9	16.2	16.6	17.2	17.0	16.2	14.9	13.8	13.5	−2.2
20년 이상	26.9	28.3	27.8	28.3	30.2	32.4	33.1	32.6	32.6	33.1	36.3	9.7
20~24년	11.9	12.8	12.6	12.6	13.6	14.4	14.2	13.4	12.8	12.6	13.1	3.8
25~29년	7.9	8.3	7.7	7.7	8.0	8.7	8.6	8.8	9.0	8.9	9.7	8.1
30년 이상	7.1	7.2	7.5	7.9	8.6	9.4	10.3	10.4	10.8	11.6	13.6	17.3
평균혼인지속기간	12.8	12.9	13.0	13.2	13.7	14.1	14.3	14.6	14.7	15.0	15.6	4.1

*미상 포함

(Feldman & Feldman, 1976 ; Harry, 1975). 성인 중기를 우아하게 이끌어가는 부부들은 대개 오랜 시간 동안 서로 의사소통을 잘 해온 사람들이며 그들의 관계는 상호애정, 이해, 지원으로 특징지어진다. 이런 부부들에게는 탈부모 단계가 일상생활에서 더욱더 동료감을 증진시키고 보다 더 서로 신뢰하고 의지하게 한다. 또한 자녀 부양의 경제적 부담으로부터 벗어나 여행, 여가활동, 취미 등을 추구할 수 있다.

| 5 |

직업발달

중년기 성인들의 직업활동은 일반적으로 안정과 현상유지로 생각된다. 이 시기까지는 대개 사람들이 그들의 직업적 야망을 달성했거나 아니면 처음에 기대

그림 9-6 평균 이혼연령

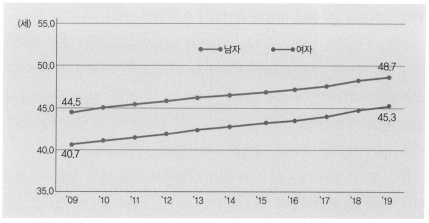

자료 : 통계청(2020)

했던 것보다는 미치지 못하지만 어느 정도 성공을 거두고 정착한다. 그러나 직업적 안정에 대한 이러한 가정은 주로 사회적·교육적·직업적 수준의 상층부에 있는 사람들에게 해당되는 것이다.

최근에는 점점 더 많은 수의 중년 직장인들이 자의에 의해서든 타의에 의해서든 그들의 직업을 재지향하고 있다. 따라서 많은 사람에게 중년기는 현상유지이기보다 직업 재평가와 재정립의 시기이다. 중년의 직업 재평가는 경력시계라 부르는 것을 강조하는 점에서 젊은 성인기의 적응과는 다르다. 그것은 직업경력의 발달에서 제대로 시간에 맞추어 가고 있다는 느낌, 뒤쳐지고 있다는 느낌을 말한다. 중년의 사람들은 흔히 은퇴까지 남은 햇수에 민감하며 자신의 목표에 도달하는 속도를 잘 알고 있다. 뒤쳐지고 있다면 또는 목표들이 비현실적이라면 재평가, 재적응이 필요하다(Kimmel, 1978).

1) 중년의 직업변화

중년인들은 미래에 대한 그들의 희망과 포부뿐 아니라 지난날의 직업적 성취를 평가한다. 그러한 평가는 많은 사람들에게 직업을 바꾸도록 자극한다. 중년의 직업전환은 전망이 없거나 권태, 고용주-고용자 간의 관계 악화 또는 인생 전반의 변화를 가져 올 필요성 등 다양한 이유에 의해 이루어진다. 또한 새로운 직업 전망이나 보다 높은 수준의 개인적 충족을 찾아 직업을 바꾸기도 한다.

직업에서 소외를 느껴 자발적으로 그만 두든가 또는 외적 요인으로 물러나든가 간에 중년의 직업 의사결정은 성인 전기나 은퇴기보다 훨씬 더 복잡하고 정신을 소모하게 하며 불안한 것이다. 인생의 현실은 이제 그렇게 유연하지 않으며, 이상주의적 활력도 적어지고 실험을 위한 충분한 시간도 남아 있지 않다. 따라서 중년의 직업 결정에는 절박한 느낌이 뒤따른다(Brown, 1972).

직업 전환에 있어 대부분의 사람은 이미 습득한 기술, 교육, 취미를 토대로 한다. 그러나 어떤 사람들은 보다 적극적으로 직업전환에 필요한 기술을 습득하기 위해 부가적인 공식교육을 받는다. 직업전환을 계획하거나 고려하는 데 보낸 시간이 많으면 많을수록 변화는 더욱더 성공적이다(Robbins & Harvey, 1977).

2) 중년의 실업

실업은 어느 연령층을 막론하고 성인들이 두려워하는 위협 가운데 하나이다. 이러한 두려움은 직업의 일시적 상실 때문이 아니라 전혀 일자리가 없을지도 모르기 때문에 생긴다. 경기침체에 따른 실업은 나이 많은 성인들에게 더 심각한 영향을 미친다. 중년이나 노인 근로자들은 한 번 일자리를 잃으면 젊은 이들보다 더 오래 실업상태에 있기 쉽다. 늙은 실업자들의 곤경을 더욱 심각하게 만드는 것은 다음의 세 가지 요인이다. 첫째, 급속한 기술발달의 속도이며, 둘째, 보다 나은 교육을 받고 자격을 갖춘 젊은 근로자들이 많으며, 셋째, 낙후된 기업들에 그리고 사양산업 부문에 늙은 근로자들이 상당한 비율을 차지하는 경향 때문에 실업의 위험은 더 높고 일자리를 찾을 가망은 더 적다는 것이다.

무직의 기간이 오래 지속되면 실업한 성인은 다음과 같은 네 가지 심리적 단계를 경험한다.

① 휴식과 안도

충격, 좌절, 분노가 물러가고 난 후에 온다. 가족과 함께 있는 데서 만족을 느끼며, 곧 새로운 일자리를 얻게 되리라고 확신한다. 이때까지는 그다지 열심히 구직 노력을 하지 않는다.

② 구직의 집중 노력

약 1개월 정도가 되면 여가시간에 싫증이 난다. 여전히 낙관적이지만 일자리를 찾기 위해 보다 조직적인 시도를 한다.

③ 우유부단과 회의

새로운 일자리를 찾는 노력이 계속 성과가 없을 때 생긴다. 구직 노력이 드물어지고 자기 회의가 시작되며 어떤 사람들은 완전한 직업전환을 고려한다.

④ 불안과 냉소적 단계

냉담과 무기력이 뚜렷이 나타난다. 연구대상 중 많은 사람들이 무력감을 느꼈으며 사회관계가 극히 제한되었다고 보고했다. 불행히도 어떤 사람들은 그들 자신이 다시 일할 수 있으리라는 예상을 하기 어려웠다고 말했다(Powell & Driscoll, 1973).

10

성인 후기

성인 후기는 인생의 마지막 단계로서 노년기에 해당한다. 노년기에 대한 경험적인 연구는 노년학의
발달에 힘입어 성인 초기나 성인 중기에 비하면 상당히 진척되었다.

평균수명의 연장과 의학의 발달로 노령 인구는 늘어가고 있다. 노령 인구의 증대는 사회적·정치적
제도에 커다란 영향을 미친다. 개인적인 수준에서 보면 사람들은 불안감을 가지고 노년을 예상한다.
노년에 대한 고정관념, 특히 노화의 부정적인 측면을 강조함으로써 흔히 늙어가는 것의 장점 및
긍정적인 면은 무시된다. 노년의 성숙 가능성과 기쁨, 만족의 가능성이 간과되는 것이다. 인생주기의
모든 단계에서 그러하듯이 노년도 나름의 발달과업을 갖는다. 노년기의 수많은 문제들과 욕구들이
유연하고 독특한 적응을 필요로 한다.

노년을 올바로 이해하기 위해서 노화에 따른 신체적·지적 변화, 성격발달 및 적응의 유형, 가족관계 및
은퇴와 같은 주제들을 중심으로 살펴볼 것이다.

10

성인 후기

|1|
노화과정과 신체적 변화

1) 노화과정

노화과정은 평생에 걸쳐 일어난다고 한다. 그러나 대부분의 성인들은 젊은 성
인기를 지나면서 이런 과정을 깨닫게 된다. 성인이라는 것이 무엇을 의미하는

그림 10-1 성·연령별 기대여명, 2018년

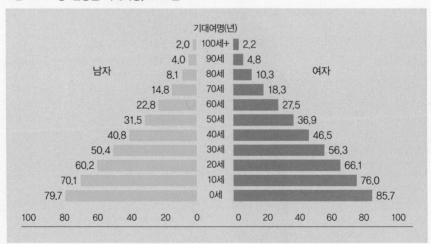

그림 10-2 OECD 국가와 우리나라의 기대수명 차이(2018)

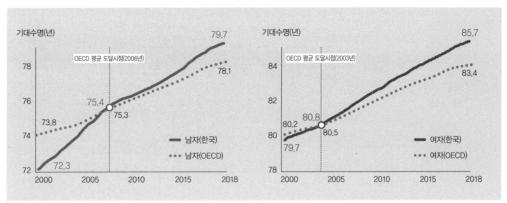

자료 : 통계청(2020)

지 알 때쯤 되면 사람들은 급속히 중년기에 접어든다. 이때 자신의 노화과정을 피부로 느끼게 되며 상당한 불안을 경험한다.

노화는 퇴화해 가는 복잡한 생리적 과정들로 이루어진다. 노화는 흔히 생리적 역량의 감소로 정의된다. 사람은 왜 늙는가? 치명적 사고나 질병으로 죽지 않을 때 인간의 수명을 결정하는 것은 무엇인가? 이런 의문은 오랫동안 과학자들을 괴롭혀 왔으며, 생물학적 노화의 근본 원인에 관한 여러 이론들이 제시되고 있다.

(1) 노화에 관한 이론

노화에 대한 이론은 크게 두 가지로 나눈다. 프로그램이론과 손상이론이다.

① 프로그램이론

노화의 프로그램이론은 노화와 죽음이 자연 계획의 일부로서 인생 초기의 성장과 발달에 기여했던 유전자의 부산물이라고 본다. 개인의 수명은 유전적 구성요소에 달려 있다는 것이다. 그러나 어떠한 유전자들이 노화와 수명에 영향을 주는지 아직 정확히 밝혀지지는 않았다. 몇 개의 유전자들이 노화와 죽음에 관련되는데, 그것은 사람을 죽게 만드는 질병에 대한 취약성을 증가시키거나 감소시키는 유전자들만은 아니고 수명 자체에 영향을 주는 유전자를 포

그림 10-3 텔로미어와 노화

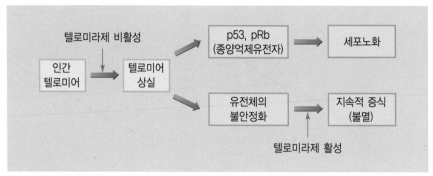

자료 : 오상진(2005)

함한다. 최근 연구는 p53이라 불리는 유전자가 인생 초기에는 세포손상에 대한 반응에 영향을 주어 암을 막아주지만 과도하게 활성화되면 세포노화에 기여한다고 한다(Dumble et al., 2004 ; Ferbeyre & Lowe, 2002).

또 다른 프로그램이론은 우리 몸의 세포에 '노화시계'가 프로그램되어 있다고 본다.

헤이플릭(Heyflick, 1976, 1994)은 인간배아세포들이 특정 횟수, 즉 50±10회만 배수분열함을 발견하고 이를 '헤이플릭 한계(Heyflick limit)'라고 명명했다. 한 종의 최대수명은 헤이플릭 한계와 관련되어 있다. 세포분열에서의 헤이플릭 한계로 제시된 세포의 '노화시계'는 염색체의 끝을 형성하는 텔로미어(telomeres)가 짧아지는 것에 의해 정해진다고 본다(Bodnar et al., 1998 ; Klappa, Parwaresch & Krugg, 2001). 세포가 분열할 때 염색체 각각은 그 자체 복제되지만 텔로미어는 그렇지 않으며 반으로 나뉘어 각각 새로 형성된 염색체에 가게 된다. 그 결과 나이 들면 텔로미어가 더 짧아지게 되고 이것이 세포를 복제할 수 없게 하여 세포가 죽게 만든다는 것이다.

이 밖에 현대의 유전자 분석기술은 중년에서 노년까지 활성화되는 특별한 노화 관련 유전자들을 확인하고 있다(Ly et al., 2000). 또 다른 프로그램이론은 신경내분비체계와 면역체계 같은 유전에 의해 유도되는 신체상의 체계적 변화에도 주목하고 있다(Knight,2000). 즉, 사춘기와 폐경기에 호르몬 변화를 결정하는 뇌의 하이포탈라무스가 노화시계로도 작용하여 인생 후반기의 호르몬과 뇌화학물질의 수준을 체계적으로 변화시킴으로써 신체기능이 적절하게 제어되지 않고 외부침입인자에 대응하는 능력을 감소시키거나 오인하도록 하는 면역체계상의 변화를 가져올 수 있다(Wickens, 1998).

② 손상이론

노화에 관한 두 번째 이론으로서 손상이론의 주장자들은 프로그램이론과 대조적으로 생물학적 노화가 세포의 우연적이거나 임의적인 손상에 의해 일어나며 시간이 가면서 세포 및 기관들의 손상이 축적되어 죽음을 야기한다고 주장한다(Olshansky & Carnes, 2004). 가장 유력한 손상이론은 자유라디칼(free radical) 이론인데, 산소대사의 독성 부산물이 세포 및 그 기능을 손상시킨다는 것이다(Harman, 2001). 자유라디칼은 화학적으로 불안정하여 몸에서 다른 물질에 반응하면서 정상세포 및 DNA에 손상을 주는 물질을 만들어 낸다. 시간이 흐르면서 더 많은 세포들의 DNA에 포함된 유전적 부호들이 엉키게 되며 유전적 손상을 복구하는 신체 메커니즘이 작동하기 어렵게 되어 세포들이 기능을 멈추거나 부적절하게 기능하여 유기체는 죽음에 이른다는 것이다.

나이든 사람의 피부에 생기는 '검버섯'은 자유라디칼과 산화의 손상이 야기하는 가시적 징후이다. 또한 자유라디칼은 나이가 들면서 흔해지는 주요 질환들—순환계 질환, 암, 알츠하이머질환—과 관련되어 있으며 뇌의 노화와도 관계가 있다(Poon, et al., 2004). 불행히도 자유라디칼은 산소대사 때마다 만들어지기 때문에 사람들은 항산화 음식물 등의 섭취를 통해 자유라디칼 활동을 억제시켜 연령 관련 질환을 예방하고 수명을 연장시키고자 하는 노력을 기울이기도 한다(Meydani, 2001).

사실상 노화에 관한 포괄적인 이 두 가지 이론의 어느 하나만으로는 노화를 충분히 설명하지 못한다. 노화과정 및 질병의 경로에 양자가 상호작용한다고 볼 수 있기 때문이다(Holliday, 2004 ; Knight, 2000). 예를 들어, 유전자들은 환경에 의해 야기된 손상을 복구하는 세포의 능력에 영향을 주며 자유라디칼에 의해 만들어지는 손상은 유전물질을 변화시킨다. 요컨대 생물학적 요인과 환경적 요인들이 발달을 가져오는 것과 같이 노화와 죽음을 가져오는 데도 상호작용하는 것이다.

(2) 노화와 신체적 변화

노화의 표면적 징후들은 이미 중년기에 시작되었다. 피부는 더욱 건조해지고 피하지방층 손실에 의해 주름살이 생기고 탄력이 감소되며, 비늘 모양으로 되어 소양증을 수반하고 얼굴, 손, 팔에는 노인성 반점이 생긴다. 머리카락이 세고 빠지며, 손·발톱은 두꺼워져 쉽게 박리된다. 근육이 위축되어 근육강도와 운동성이 감소하고 어깨가 구부러지며 민첩성이 상실된다. 평형조정, 동작조정이 잘 되지 않아 사지의 활동이 무디어지고 잘 넘어지며, 노인의 구부러진 자세 때문에 신장이 작아진 것처럼 보인다(Kart, 1981).

노화의 생리적 과정에 관련되는 화학적 기제가 콜라겐인데, 이는 섬유 단백질로서 연결조직의 기본구조를 구성하는 요소이다. 이것은 섬유질의 탄력성 있는 큰 분자로 구성되어 있는데, 모든 신체기관들에서 발견된다. 힘줄에서 순수한 형태로 존재하며 뼈, 세포, 근육섬유, 혈관 벽에도 존재한다. 섬유질의 콜라겐은 매우 신축성 있고 유연하면서도 강해서 피부, 힘줄, 혈관들이 변형되지 않고 긴장과 압축을 전달하도록 한다. 이것은 잘 늘어나고 또 본래의 길이로 잘 돌아온다. 그러나 오랜 시간 늘어나면 차츰 늘어난 길이가 그대로 있게 된다

그림 10-4 나이에 따른 정상적인 뼈의 손실을 보여 주는 단면도

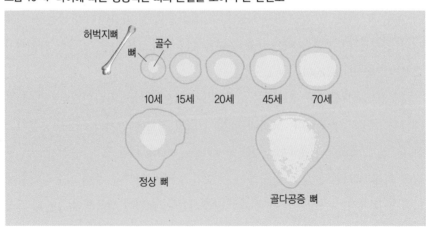

자료 : Ricklefs & Finch(1995)

그림 10-5 성인기 여성의 골절률

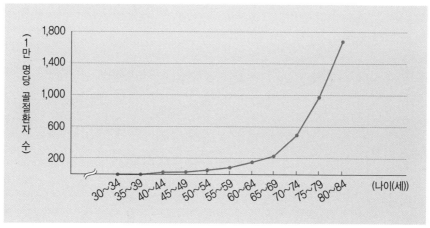

자료 : Ricklefs & Finch(1995)

(Guyton, 1976 ; Timiras, 1972 ; Eyre, 1980).

　콜라겐이 탄력성을 잃으면 기관들도 탄력성이 떨어진다. 예를 들면, 노인의 뼈는 다공성으로 부서지기 쉽게 된다. 콜라겐의 질이 저하되면서 퇴화하는 조직에서 칼슘염─정상적인 경우에는 뼈 외의 다른 조직에 축적되는 것이 억제되어 온─이 침전되고 동맥벽에 침전된 칼슘염은 동맥을 뼈와 같은 튜브가 되게 하여 동맥경화증을 야기한다(Eyre, 1980 ; Krane, 1980).

　모세관에서의 콜라겐의 퇴화적인 변화는 허파의 신축성을 감소시켜 폐기종을 야기하고 신장의 효율성도 감소시킨다. 또한 심장의 콜라겐 양이 증가하면 심장밸브와 심장근육을 더욱 굳어지게 해 결국 심장은 스트레스나 긴장으로부터 저항력이 떨어진다(Timiras, 1977 ; Krane, 1980).

　노화하는 콜라겐의 또 다른 효과는 윤활액의 파괴에 따른 관절장애인 골관절염을 발생시키는 것이다. 이와 같이 늙어 가면서 내부기관들의 효율성은 점차 떨어진다. 75세가 되면 휴식을 취하고 있을 때 심장출력은 30세인 사람의 약 70%이며, 호흡능력은 약 43%이다. 휴식기간에는 신체기관들이 거의 정상적인 기능을 한다고 하더라도 질병, 쇼크, 스트레스 후에는 충분한 효율성을 발휘하기가 어렵다. 이것은 노인이 왜 쉽게 인생을 마감하는가를 잘 설명한다.

그림 10-6 연령에 따른 기본 기능의 감소

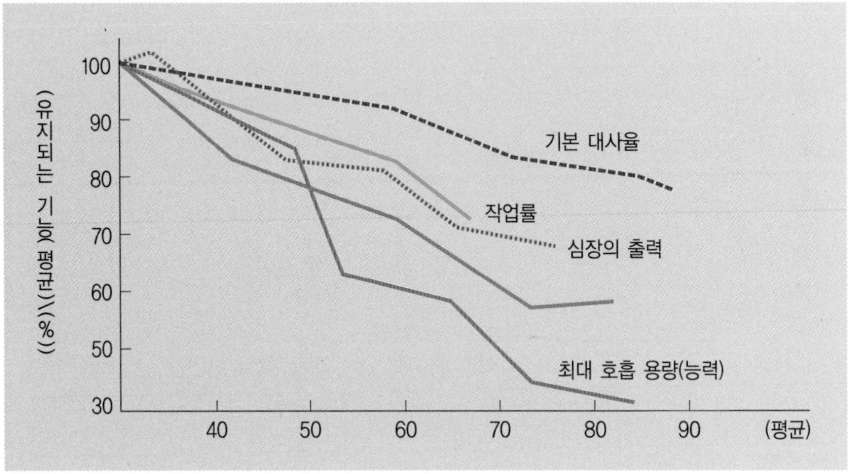

자료 : Insel, P. H. & Roth W. T.(1976), p. 98.

(3) 노인의 질병

질병의 가능성은 65세가 지나면서 극적으로 증가한다. 노인의 70%가량이 적어도 하나의 만성적 질환—고혈압, 당뇨병, 심장병, 관절염, 신경통, 만성기관지염, 신장질환 등—을 가진 것으로 추산되며 복합적인 질환이 보편적이다.

우리나라 노인의 평균 만성질환 수는 2008년의 1.5개에서 2017년 2.7개로 많아졌고 3개 이상 만성질환을 가진 노인의 비중도 30.7%에서 51.0%로 높아졌다. 노인질환으로는 고혈압 59.0%, 골관절염 및 류머티즘 관절염 33.1%, 고지혈증 29.5%, 요통 및 좌골신경통 24.1%, 당뇨병 23.2%, 골다공증 13.1% 순으로 나타났다(보건복지부, 2018).

질병은 노인생활에 많은 영향을 미친다. 관절염과 같은 질병에는 고통이 따르며 많은 질병들이 활동을 제한하고 상당한 비용을 들게 한다. 이들 요인—고통, 비용, 감소된 활동—은 노인을 더욱 의존적이 되게 하고 자아존중감을 낮추며 '통합'을 달성하는 노년이 되는 것을 어렵게 한다.

노인의 질병들은 신체기능의 제한을 가져온다. 2017년 현재 65세 이상 신체기능 제한이 없는 노인은 74.7%로 나타났다. 그러나 수단적 일상생활수행능력(IADL : 몸단장, 집안일, 식사준비, 빨래, 약 먹기, 금전관리, 근거리 외출, 구매 지불, 전화 사용 등)의 제한이 있는 노인은 65~74세가 8.5%, 75세 이상은 32.9%

표 10-1 연도별 노인의 신체기능상태 제한 현황

연도	기능제한 없음	IADL만 제한	ADL도 제한	계
2004	80.7	12.4	6.9	100.0
2008	81.6	10.4	8.0	100.0
2011	85.1	7.7	7.2	100.0
2014	81.8	11.3	6.9	100.0
2017	74.7	16.6	8.7	100.0

그림 10-7 노인의 연령집단별 신체기능상태(2017)

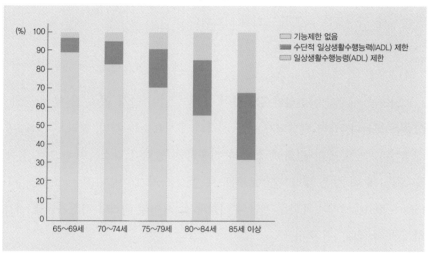

주 : 1) 지역사회 거주 65세 이상 노인을 대상으로 조사함
　　2) 노인의 신체기능상태는 수단적 일상생활활수행능력(IADL) 및 일상생활수행능력(ADL) 척도에 포함된 모든 활동들을
　　　타인의 도움 없이 혼자 할 수 있는 경우 기능제한 없음으로 분류하였고, 각 척도의 항목들 중 1개 이상 타인의 도움
　　　을 받는다면 기능제한자로 분류함
자료 : 보건복지부-한국보건사회연구원, 2017 노인실태조사

에 이른다. 일상생활수행능력(ADL : 옷 입기, 세수, 양치질, 머리 감기, 목욕, 식사, 침상애서 일어나기, 화장실 출입, 대소변 후 옷 입기, 대소변 조절 등)의 제한까지 있는 노인은 65~74세 2.3%, 75세 이상은 12.2%로 나타났다. 성별로 보면 남성(83.6%)이 여성(68.1%)보다 신체기능제한이 없는 비율이 높다.

　노인들이 질병에 반응하는 양식은 상이하다. 이런 개인차는 첫째, 환경과 관련된다. 예를 들어 보다 높은 사회계층의 사람들은 더 나은 치료를 받으므로 질병이 파괴적인 영향을 덜 미친다.

둘째 요인은 성격이다. 방어적이고 불안한 성격을 가진 사람은 질병을 자존감에 대한 중요한 위협으로 반응하면서 패배주의적 태도를 갖고 위축된다. 덜 방어적인 사람은 인생에 대해 보다 긍정적이고 적극적인 지향을 계속한다. 자신의 신체와 자아를 잘 구분하는 노인이 질병에 가장 잘 대처한다.

2) 감각능력의 변화

감각능력은 노년에 크게 쇠퇴한다. 특히 시력과 청력이 현저하게 쇠퇴하며 그 밖에 다른 감각들은 비교적 느리게 퇴화한다.

(1) 시각

노년에는 시각적 예민성이 감소하여 60세가 넘어 안경 없이 잘 볼 수 있는 사람은 드물다. 특히 퇴화되기 쉬운 시각의 구성요소는 각막, 망막, 수정체, 광신경이다. 눈이 빛의 변화에 신속히 적응하는 능력이 감소하며 노인은 물체를 보는 데 더 많은 빛을 필요로 하므로 밤길을 가기 어렵다(Botwinick, 1970; Kart, 1981). 시력의 약화로 계단의 시작과 끝 사이의 거리나 가장자리를 지각하지 못해 헛디디기 쉽다.

색각도 나이 들면서 효율성이 떨어진다. 눈의 수정체가 점차 노랗게 되어 컬러스펙트럼의 어두운 쪽 끝의 청색, 녹색, 보라색을 차단하는 경향이 생긴다. 따라서 이러한 색들의 식역(threshold)이 높아져서 노인들은 노랑, 주황, 붉은색은 잘 보지만 청록색이나 보라색은 잘 구별하지 못하는 등 어두운 색을 알아보기가 어려워진다. 물론 색각의 예민성에는 개인적 변이들이 존재한다(Barry, 1977).

(2) 청각

노년에 크게 쇠퇴하는 감각능력은 청각이다. 50세경부터 점차 청력이 떨어져 청각 손상은 60대 중반에 현저하게 증대된다. 45~64세의 사람들보다 65~79세 연령층의 사람들에게 청각 손상이 다섯 배나 더 많아서 거의 30~50%의 노인이 노인성 난청을 경험한다. 이는 내이(內耳)의 코르티 기관의 점차적인 변화, 제8뇌신경의 손실에서 초래되는데, 특히 높은 주파수의 음, 즉 2,000Hz 이상의 고음에 대해 지각상실이 온다. 타이니터스 현상이라 하여 큰소리, 높은 음에 고통을 느끼기도 한다(Corso, 1977). 또한 목소리를 구별하는 예민성이 감소하고 복합적 청각자극의 지각에 어려움을 갖는다(Weiss, 1959).

　청각 손상은 개인의 사회생활에 지장을 초래한다. 주위 사람들의 대화를 알아듣지 못하는 노인을 고립시키며 의사소통을 어렵게 해 의심, 편집증적인 행동을 야기한다.

(3) 후각 및 미각

　후각과 미각은 상호 관련된 감각이다. 냄새는 기체의 물질에 대한 감수성을 말하고 맛은 용해된 물질에 대한 감수성이다. 냄새는 미각선호에 영향을 준다. 인류는 환경에 적응하는 방식에서 시각 및 청각에 더 크게 의존하지만 생존에 있어 후각과 미각의 중요성은 크다. 따라서 이런 기본적 감각들은 비교적 느린 퇴화를 보인다. 후각에 대한 연구(Roves, Cohen & Shlapack, 1975)는 6~94세까지 120명에 대해 화학물질 프로파놀의 일곱 가지 종류에 대한 예민성을 연구했는데, 연령에 따라 약간의 감소만이 있었다.

　미각에 대한 연구(Grzegorczyk, Jones & Mistretta, 1979)는 23~92세 성인들의 염분 미각탐지 식역(threshold)을 측정했는데, 미각의 예민성이 연령에 따라 감소함을 발견했다. 노인들이 음식을 만들 때 짜게 하는 것과 관련된다. 미각은 50세 이후 혀의 미각세포인 미뢰의 수가 감소하면서 80세가 되면 단맛, 쓴맛, 신맛, 짠맛의 기본적인 미각 구별능력이 감소한다고 한다.

(4) 촉각

　나이 들면서 피부감각도 떨어진다. 즉, 촉각, 피부표면 진동에 대한 감수성 및 피부에 가해지는 압력이나 고통에 대한 감각이 둔화된다.

　몇몇 연구들(Verillo, 1980 ; Whanger & Wang, 1974)이 촉각의 민감성 상실을 보고했는데, 특히 베릴로(Verillo, 1980)는 8~74세 연령층의 남자를 테스트한 결과 높은 진동수에는 연령 증가와 더불어 피부진동의 민감성이 감소하나 낮은 진동수(25Hz와 40Hz)에서는 연령 차이가 없음을 발견했다. 이는 피부의 말단신경 중 가장 큰 파시니안 소체의 구조적 변화와 관련된다. 이 소체의 캡슐 같은 구조는 영아기에는 비교적 적고 알과 같은 모양으로 몇 개가 모인 엷은 층판을 가지나, 나이 들면서 소체의 크기는 커지고 층판의 수는 감소되기 때문이라는 것이다(Verillo, 1980).

한편, 온도에 대한 감각도 둔화되며 땀샘과 피부 모세혈관 기능의 감소로 인해 체온조절이 잘 되지 않는다. 피부감각이 둔하여 뜨거운 물체에 화상을 입기 쉬우며, 추운 기후에서는 피하지방 손실, 혈관 수축 감소, 신진대사량 감소로 저체온이 되기 쉽다.

(5) 통각

통각은 단순한 신체감각이기보다 학습된 감각이라는 주장이 있다. 대개 노년기가 되면 통증은 증가하나 통증에 대한 민감성은 감소한다. 노인들은 통각기관의 감수성이 감소하여 급성 폐렴이나 맹장염 등에 통증을 덜 느낀다고 한다(Brunner & Suddarth, 1975).

연령과 통각의 관계에 대해 위와 같이 나이가 들면 통각능력이 감소한다는 주장과 젊은 사람보다는 노인이 통각을 더 잘 느낀다는 주장의 상반되는 견해가 있고, 차이가 없다는 연구도 있어 결론을 내리기가 어렵다.

| 2 |

지적 변화

지능과 연령의 관계에 관해서는 앞 장에서 살펴보았다. 흔히 우리가 생각하는 만큼은 아니지만 노년에는 지적 기능상의 변화가 있다. 노인들은 일반적으로 감각능력 및 반응시간들에서 쇠퇴를 보임으로써 학습이나 문제해결에서 느려지지만 일반적 지식이나 어휘력은 비교적 일정하게 남아 있다. 지적인 작업에 종사하는 사람의 언어능력은 증가하기도 한다. 기억이 희미해지나 장기기억은 상당히 일정하게 유지되고, 단기기억에서는 감소가 있다. 그러나 기억능력에는 개인적 변이가 많다.

노년에 특징적인 인지적 변화를 보기로 한다.

1) 노인의 자아중심성

피아제(Piaget)의 인지발달이론에서 유아가 점차 자아중심성을 탈피함을 보았다. 피아제의 지적 발달단계가 노년에 역으로 반복될지 모른다는 주장이 있다. 나이 들면서 노인의 사고는 점점 더 자아중심적이 된다는 것이다(Looft, 1972). 유아의 자아중심적 사고가 감소하는 것은 아마도 사회적 상호작용이 증대되기 때문으로 생각되는데, 사회적 참여가 사고의 자아중심적 경향을 극복하게 한다면 노년기의 사회적 유리는 자아중심적 경향으로의 부분적인 복귀를 낳을지 모른다.

최근 연구(Looft & Charles, 1971 ; Rubin, 1974)들도 예측한대로 노인들이 젊은 성인들보다 실제로 훨씬 더 자아중심적이라고 밝히고 있으나 그 자아중심성은 유아에게서 관찰되는 것과는 상당히 다른 형태의 것임을 시사한다. 예를 들면, 두 사람으로 하여금 원하는 목표를 달성하기 위해 서로를 가르치도록 한 과제에서 자아중심적 노인들은 자아중심성이 낮은 젊은 성인들만큼 잘 해낸다. 자아중심적 유아는 그러한 과제에서 큰 어려움을 겪게 되는데, 아마도 타인의 관점에서 문제를 볼 수 없기 때문일 것이다. 노인들은 비사회적 상황에서는 자아중심적일지라도 상호 이익이 되는 문제에서는 타인과 효과적으로 의사소통할 능력이 있는 것으로 보인다.

2) 학습과 기억

(1) 학습

학습과 기억을 구별하기는 쉽지 않다. 피험자에게 의미 없는 철자들, 단어들, 문자들, 숫자들의 리스트를 제시한 뒤 회상해 내도록 하는 연구에서 학습은 기억 속에 새로운 정보를 도입하는 것, 즉 저장과 재생의 개념을 포함하는 기억 개념의 한 측면으로 본다(Geiwitz, 1976).

노인들은 학습 및 기억과제 모두 젊은 사람에 비해 잘 해내지 못한다. 대부분의 연구는 노인과 젊은이의 차이에 영향을 주는 변인들에 초점을 맞추었는데, 주요 변인은 과제수행 속도이다. 짝짓기 연상학습의 경우를 보면 반응시간을 증가시킬 때 노인의 성적은 향상된다(Canestrari, 1963).

반응속도의 효과에 대한 한 가설은, 노인들은 빠른 속도의 수행을 요구할 때 불안해지고 흥분된다는 것이다. 노인들은 더 많은 시간이 주어지거나 또는 시간이 자유롭게 허용되면 정확하게 반응한다. 흥미로운 사실은 보다 자유로운 상황에서는 노인들의 평균적 반응시간이 빠른 속도의 조건에서 할당된 시간보다 더 짧아진다는 것이다. 이는 노인들이 흥분하지 않는다면 요구되는 상황에서 훨씬 더 나은 수행을 할 것임을 시사한다. 이 가설의 검증에서 생리적 흥분을 막는 약물이 노인의 수행을 크게 개선시켰다.

(2) 기억

기억의 다양한 형태에 대한 개념은 연령과 기억결손의 연구에서 매우 유용한 것으로 밝혀지고 있다.

① 즉각적 기억

즉각적 기억(immediate memory)은 노화에 그다지 영향을 받지 않는다고 한다. 이런 형태의 기억은 숫자나 문자들, 단어의 줄들을 제시하고 피험자가 즉시 회상해 내도록 하는 기억길이 검사에서 보인다. 대부분의 사람들은 노인이든 젊은이든 7단위 또는 그 이하의 연결은 잘 회상해 낸다. 기억길이를 초과하는 더 긴 연결일 때는 연령에 따라 차이가 있다.

② 중간기억

실험실연구에서 사용하는 기억에 관한 전형적인 검사로서, 단어들의 리스트를 제시하고—대개 기억길이 이상의—그 다음 회상(리스트에 어떤 단어들이 있었는가?) 또는 재인(리스트에 있었던 단어들을 고르시오 : 바구니, 호랑이, 태양…)하도록 하는 것이 있다.

그러한 과제는 즉각적 기억(마지막에 제시된 몇 개 항목에 있어서는)과 중간기억(intermediate memory) 모두가 다 포함된다.

중간기억은 즉각적 기억보다는 더 긴 시간 동안, 그러나 장기기억보다는 더 짧은 시간 동안 정보의 저장과 관련된다. 예를 들어, 지난 몇 시간 동안 일어난 사건의 회상은 중간기억에 달려 있다. 노인들은 대개 중간기억을 요하는 과제들에서 젊은 성인들보다 잘 수행하지 못한다.

젊은 성인들에 비해 노인들은 정보를 저장하기 위해 부호화—정보가 저장되는 양과 저장된 정보가 쉽게 재생되는 데 영향을 줌—하는 데 어려움이 있다. 노인 피험자들은 젊은 피험자들만큼 자발적으로 기억촉진 책략들을 잘 개발하지 않는다. 따라서 실험자가 기억촉진 책략들을 제공하면 노인들도 젊은 사람 이상으로 향상된다.

목록상의 단어들이 가령 나라의 이름이나 동물의 이름 등 단어들의 작은 집합에서 나오면 노인들은 단어에 대한 기억탐색이 보다 용이하므로 좀 더 나은 성적을 보인다. 또한 기억테스트가 회상보다 재인에 관한 것이면 젊은 성인만큼 잘 해낸다. 이상에서 볼 때 노인들에게 효과적인 회상을 위한 부호화 및 재생전략이 결여되어 있는 것이 아닌가 생각된다.

③ 장기기억

장기기억은 일생의 축적된 경험 및 지식을 포함하는데, 연령 증가에 따라 비교적 손상되지 않는 것으로 보인다. 단어들의 의미 및 다른 일반적 정보를 기억하는 것은 나이가 들어도 가장 적게 감소한다. 노인들은 보통 50년 전의 사건은 매우 상세히 기억하나 어제한 일은 잘 기억하지 못하는 사람으로 그려진다. 오래된 과거 사건의 기억에 대한 경험적 연구는 어렵지만 이런 통념이 지지될 만한 약간의 증거가 있다(Neugarten & Weinstein, 1964).

3

성격 및 사회적 발달

노년기 동안의 성격 변화를 보는 데는 두 가지 상이한 관점이 있다. 노화에 따른 쇠퇴를 강조하는 주장이 있고 인생의 가장 최고 수준에 도달하는 인격의 성숙이 계속된다는 주장이 있다. 연구자들은 노년의 중요한 발달과업들을 밝히고 있으며 몇몇 주목할 만한 이론들이 성인 후기의 인격성숙의 역동을 설명하고 있다. 최근에는 노인들의 심리적 복지를 특히 성공적 노화와 관련하여 정의하고 측정하려는 시도들이 있다.

1) 성격발달의 이론들

(1) 뷜러의 목적성에 대한 이론

뷜러(Bühler)의 발달단계 중 5단계는 65~70세가량에 시작되는 노년을 말한다. 이 시기에 대부분의 사람은 인생 초기에 규정했던 목표달성에 집중하던 것에서 벗어나 일단 휴식을 갖는다. 그리고 일부는 목표를 중심으로 인생을 확립하기 전인 어릴 때 그들이 따랐던 쾌락 추구의 패턴으로 퇴행할지 모른다. 건강한 사람은 전에 시간이 없어서 하지 못했던 여행, 취미 등 여가활동을 즐기기도 하고, 또는 그들이 믿는 대의를 위해 자원봉사를 하거나 전보다는 이완되고 노력을 덜 기울이지만 일하기를 계속할지도 모른다. 그러나 아픈 사람은 선택의 여지없이 비활동적인 생활에 들어간다.

이 5단계의 중요 측면은 인생에 대해 점차 발달하는 전체감을 갖는 것이다. 인생을 돌아보고 충족감, 즉 잘 살았다, 목표를 달성했다는 느낌을 갖는 것이다. 다른 이들은 인생을 낭비하고 설정한 목표달성에 실패했다는 데서 절망과 우울로 인생을 회고한다. 그러나 뷜러가 연구했던 노인들의 대부분은 이러한 양극단 중 어느 쪽도 보이지 않았다고 한다. 그들은 대개 많은 실망들로 인해 길들여지고 체념하게 되어 부분적인 충족만을 보여주었다.

(2) 에릭슨의 이론

에릭슨(Erikson)은 인생 말년의 조화로운 성격발달의 핵심은 통합(integrity)이냐 절망(despair)이냐로 알려진 심리사회적 위기를 해결하는 능력이라고 제시한다. 자아통합은 개인이 그의 인생을 만족과 안심을 가지고 바라보며, 만족스러운 사회적 관계들 및 생산적 생활을 통해 행복감을 갖고 자신의 생활양식의 존엄성을 지키도록 한다. 통합은 또한 목적감을 내포한다. 자아통합은 성격의 완전한 통일을 의미하는 것이다.

자아통합의 결여는 흔히 죽음에 대한 공포와 더불어 인생이 너무 짧다는 느낌을 동반한다. 절망을 경험하는 사람은 시간이 고갈되어 가고 또 다른 인생을 시작하기에는 너무 늦으며, 통합의 다른 대안적 방법을 시도하기에도 너무 늦다고 느낀다. 결국 그들은 후회나 실망 속에서 자신의 인생을 바라본다. 또한 인생 초기에 수립했던 목표들을 달성하기 위해 자신의 잠재력을 보다 충분히 사용했더라면 하고 아쉬워한다. 성인 후기의 발달에 있어 이 단계는 이와 같이 심리적 관련성뿐 아니라 사회적 관련성도 갖는다.

(3) 펙의 이론

펙(Peck, 1968)은 성인 후기 동안의 심리적 성장이 다음의 세 가지 중요한 심리적 적응으로 특징지어진다고 주장한다.

① 자아분화인가 또는 직업역할 몰두인가

주된 문제는 은퇴의 영향이다. 이것은 개인적 가치 체계의 결정적 변화를 가져온다. 은퇴자가 오랜 직업역할을 떠나 새로 추구해 나가는 활동들에서 만족을 느끼도록 개인적 가치가 재평가되고 재규정되어야 한다. 생의 의미를 상실하는 대신, 대안들 중의 하나에 만족을 느끼며 추구할 수 있도록 가치 있는 자아속성의 다양성을 확립하는 것이 성공적 노화의 전제조건이다.

② 신체초월인가 신체몰두인가

은퇴기에는 대부분의 사람들에게 질병에 대한 저항력 및 회복력의 감소, 신체적 고통의 증가가 온다. 신체상태에 관심이 커져 생활 자체가 침체되는 사람도 있다. 그동안 만족스러운 인간관계나 창조적 정신능력으로 행복과 안락을 규정해 온 사람들에게는 신체의 완전한 파괴만이 심각한 장애가 될 수 있다. 그들의 가치체계에서 기쁨과 자아존중의 사회적·정신적 원천들은 신체적 안락 자체를 초월할 수 있다.

③ 자아초월인가 자아몰두인가

노인의 가장 중요한 과제는 죽음의 불가피성을 깨닫는 것이다. 서양의 사상가들, 불교도, 유교인, 힌두 철학자들은 가장 받아들이기 어려운 죽음의 전망에서조차 긍정적 적응이 가능함을 시사했다. 죽음의 전망에 대한 적응은 당연히 노년의 결정적인 성취가 된다. 성공적 노인은 인간의 삶을 동물의 삶과 구별짓는 자신이 속한 문화의 자아초월적 영속화를 목적으로 활동하는 사람이다. 그러한 사람들은 그들의 가족 및 문화의 자손들에게 훌륭한 세계를 만들어 주기 위해 가능한 한 최선을 다한다. 이를 대리만족으로 볼지 모르나 실제로 개인이 사는 동안 생활에 적극적으로 의미 있게 참여함을 말한다. 이것은 완전한 자아실현이다.

(4) 레빈슨의 이론
① 성인 후기 과도기(60~65세)

노년은 전환기로 시작된다. 이 시기에 사람은 갑자기 늙지는 않으나 변화하는 정신적·신체적 능력으로 노화 및 죽음을 강하게 의식한다. 펙(Peck)처럼 레빈슨(Levinson)도 신체적 변화와 개인의 성격의 관계에 주목한다. 신체적 변화를 받아들이기는 어렵지만 이전의 생활구조의 종결 및 수정이 필요하다. 이 시기의 발달과업은 젊음과 나이의 분열을 극복하는 것이며 양자 간에 적절한 균형을 찾아 새로운 형태로 젊음을 유지하는 것이다.

②　성인 후기(65세~)

사람들은 이 시기에 그들이 더 이상 무대의 중심인물이 아니며, 인정과 권력, 권위가 줄어든 변화된 관계 속에 살아야 함을 깨닫는다. 그러나 가족 내에서 조부모세대로서 성장한 자녀들에게 여전히 유용한 지혜, 인도, 지원의 원천으로 기여할 수 있다.

위엄과 안정 속에 은퇴하는 것은 또 다른 발달적 도전이다. 이런 사람은 은퇴 후 가치 있는 일에 종사할 수 있다. 이들은 이제 외적 압력과 경제적 필요에서보다는 창조적 에너지를 가지고 일을 수행하며 사회에 의무를 다하고, 개인적 보상을 주는 즐거운 일을 할 수 있는 권리를 드디어 얻은 것이다.

생활주기의 마지막 단계에서 죽어가는 과정을 이해하게 되고 자신의 죽음을 준비한다. 개인이 그의 인생과 죽음에 대해 새로운 의미를 부여할 때 발달은 일어난다. 그렇게 되면 그 사람은 타인에게 지혜와 통합의 본보기로 기여한다. 이것을 레빈슨은 개인이 자아에 대한 궁극적인 관심과 인생이 무엇인가에 대한 최종적 느낌에 다다르는 '다리에서의 조망'이라 말하고 궁극적인 과제는 자아(self)와의 화해라고 하였다. 이는 에릭슨의 통합감에 비유할 수 있다.

2) 성공적 노화의 형태

성공적 노화는 정의하기 어렵지만 대체로 두 가지 측면을 갖는다. 하나는 노인 입장에서의 생활만족이며, 두 번째 측면은 사회적 역할이다. 성공적 노화는 내적·심리적 준거를 갖는 동시에 외적·사회적 준거도 갖는다. 현재 성공적 노화에 대해서는 활동이론(activity theory)과 유리이론(disengagement theory)이 있는데, 어느 한 이론만으로 성공적 적응을 완전히 설명하지는 못한다.

(1) 유리이론

유리이론은 노화를 노인과 그가 속한 사회체계 간의 상호 후퇴의 과정으로 본다. 보통 생각과는 달리 사회로부터의 점진적 철수는 노인에게 부정적인 경험이 아니며 많은 노인들이 유리를 긍정적인 관점에서 본다. 이제는 내성이 증대하고 자아에 전념하게 되며 사람이나 사물들에 정서적 투입을 줄이는 나이이기 때문이다. 따라서 유리는 강제된 과정이기보다 자연적인 것이다.

유리는 일반적으로 개인 자신이나 사회체계에 의해 시작되는데, 예를 들면 은퇴가 그것이다. 배우자의 상실은 또 다른 예가 된다. 유리가 완료될 때 중년기 동안 개인과 사회 간에 존재했던 균형이 보다 큰 심리적 거리, 관계의 변화, 사회적 상호작용의 감소가 그 특징인 평형상태로 이동한다(Cumming, 1963 ; Cumming & Henry, 1961).

(2) 활동이론

활동이론은 은퇴한 노인들이 계속 생산적이며, 활동적이기를 원한다고 말한다. 유리이론과 반대로 노인들이 자아에 전념하고 사회로부터 심리적 거리를 갖는 데 저항한다고 주장하면서 행복과 만족은 참여와 변하는 생활 사건들에 대한 노인의 적응능력에서 나온다고 한다.

종결되는 역할들을 대치하는 활동을 발견하는 것이 이러한 적응의 핵심이며, 대치할 활동이 없으면 심리적으로 황폐해진다. 따라서 개인이 노년에 들어설 때 가지고 있던 역할자원들의 수가 많을수록 그는 역할퇴거라는 사기를 저하시키는 영향력에 더 잘 적응할 수 있다(Blau, 1973).

성공적 노화에 관한 활동이론은 몇몇 사람들의 경험적 지지를 받았으나 지나치게 문제를 단순화시킨 것으로 비판받는다.

3) 성공적 노화와 성격요인

어떤 사람은 유리에 만족하는 반면 다른 사람은 사회참여를 선호하므로 성공적 노화의 유용한 이론수립에는 포괄적인 관점이 필요하다.

① 라이카드, 립슨, 피터슨(1962)의 연구

55~84세 사이의 남성 87명을 분석한 결과, 다음의 다섯 가지 성격유형을 확인하였다.

- 성숙형 : 이상적 적응을 보였으며 자신의 장점뿐 아니라 약점과 과거의 생활을 받아들였다. 신경증적 갈등으로부터 자유롭고 밀접한 인간관계를 유지했다.
- 흔들의자형 : 역시 높은 수준의 자아수용을 보이고(수동적이기는 하지만) 타인에 의존적이며 노년을 책임으로부터 자유로운 것으로 지각했다.
- 무장형 : 부정적 정서에 대처하기 위해 방어기제에 매우 의존하며 대개 잘 적응하고 있으나 상당히 완고하게 활동적 생활양식을 유지하려 든다.
- 분노형 : 잘 적응하고 있지 못하며 그들의 고통을 흔히 습관적으로 공격적인 방식으로 표현한다. 자신의 곤경에 대해 공공연히 불평하며 쉽게 좌절한다.
- 자아증오형 : 분노형과 유사하나 자신의 곤경에 대해 자신을 책하고 성격적으로 우울하여 노년을 낙담의 시기로 본다.

이상에서 앞의 세 가지 유형은 노화에 적응하는 데 비교적 성공적이었다.

② 뉴가튼, 해비거스트, 토빈(1968)의 연구

70~79세 사이의 노인피험자를 조사하여 위의 분류와 유사한 성격유형들을 확인하고 이에 따른 역할활동의 구체적 형태를 범주화했다.

- 통합형 : 재구성형, 집중형, 유리형을 포함한다.
  - 재구성형 : 광범위한 활동에 참여하고 상실한 활동을 새로운 활동으로 대치하기 위해 생활을 재구성한다.
  - 집중형 : 적절한 수준의 활동에 참여하고 재구성형보다 활동을 선택하여 그들의 에너지를 한 가지 또는 두 가지 정도의 역할에 집중시킨다.

- 유리형 : 낮은 활동수준, 높은 생활만족을 가짐으로써 유리이론을 지지하는 것처럼 보인다. 늙어가면서 그들은 자발적으로 역할 수행을 기피한다.

- 무장, 방어형 : 유지형과 위축형이 있다.
  - 유지형 : 가능한 한 오래 중년기에 해왔던 활동을 고수한다. 그것에 성공하면 생활만족의 수준은 높다.
  - 위축형 : 노화에 대한 방어로 역할활동 및 타인에 대해 관심을 감소시킨다. 집중형과 다른 점은 성격의 통합이 낮다는 점이다.

- 수동적 의존형 : 원조 요청형과 냉담형이 있다.
  - 원조요청형 : 타인에게 의존적이며 정서적 지원을 구한다. 중간 수준의 역할활동과 생활만족을 유지한다.
  - 냉담형 : 특히 수동적이며 주변에 거의 관심을 갖지 않는다.

- 해체형 : 자신의 정서를 잘 통제하지 못하여 사고과정이 퇴화되고 자활능력이 없으며, 낮거나 중간 수준의 생활만족을 갖는다.

이상의 두 연구들은 성격이 성공적 노화의 중추적 요인이며 활동이론, 유리이론 어느 하나만으로는 성공적 노화를 설명하기에 부적절함을 보여 준다. 즉,

---

성인 후기의 발달과업

- 신체적 능력과 건강의 쇠퇴에 대한 적응
- 정년퇴직과 감소된 수입에 대한 적응
- 배우자의 죽음에 대한 적응
- 동년배와의 유대관계 강화
- 사회적 역할에 대한 융통성 있는 적응
- 만족스러운 물리적 생활환경 조성

자료 : Havighurst(1972)

활동수준과 생활만족의 관계는 성격요인의 영향을 받으며 특히 개인의 성격의 감성적 요소와 이성적 요소를 통합하는 능력을 유지하는 정도에 의해 영향을 받는다. 성격이 잘 통합된 사람은 노년에 효과적으로 적응할 수 있다.

4) 인간발달의 종단연구결과와 성공적인 노화의 요인

본격적인 성인발달연구의 시발점이 되었던 하버드대학의 성인발달 연구결과를 통해 밝혀진 성공적 노화의 요인들을 살펴보기로 한다(그림 10-8, 그림 10-9). 이 연구는 세 집단을 대상으로 60~80년 동안 연구한 것으로 첫 번째 집단은 1920년대에 태어나 사회적인 혜택을 받으며 자란 268명의 하버드대학 졸업생들로 구성되었고 두 번째 집단은 1930년대에 태어난 이들 중 사회적 혜택을 누리지 못했던 456명의 이너시티 고등학교 중퇴자들로 구성되어 있고 세 번째 집단은 1910년대에 태어난 90명의 지적인 중산층 여성들로 구성되어 있다. 이 연구는 세계에서 가장 오랫동안 진행된 육체적·정신적 건강에 대한 전향적 연구이다.

75~80세 때 이 세 집단들의 성공적 노화를 예측할 수 있는 50세 때의 지표는 흡연량이 많지 않은 것, 알코올 중독 경험이 없는 것, 안정적인 결혼생활, 규칙적인 운동, 알맞은 체중, 성숙한 방어기제, 교육연수 등 일곱 가지였다. 이 중 세 집단 모두에게 행복하고 건강한 노년을 약속하는 가장 강력한 요소는 바로 성숙한 적응적 방어기제였다. 일상생활에서 성숙한 방어기제라고 함은 소소하게 불쾌한 상황에 부딪치더라도 심각한 상황으로 몰아가는 일 없이 긍정적으로 전환할 수 있는 능력을 일컫는다(Vaillent, 2004). 이러한 성숙한 방어기제를 갖추는 데는 네 가지 개인적인 자질이 작용한다. 즉, '미래지향성'과 '감사와 관용', '다른 사람의 입장에서 세상을 볼 줄 아는 능력', '사람들과 어울려 함께 일을 해나가려고 노력하는 자세'이다. 따라서 50세에 사회활동의 폭은 정서적인 성숙은 물론 성공적인 정신사회적 노화를 이끄는 중요한 요소로 작용했다.

베일런트는 이 연구결과를 통해 노화는 쇠퇴라기보다 오히려 사회적 지평의 확장이고 인내심의 강화이며 무의식적인 방어기제의 성숙과정이라고 했다. 그

그림 10-8 70∼80세 때 하버드 집단의 성공적 노화를 예측할 수 있는 50세 때의 지표

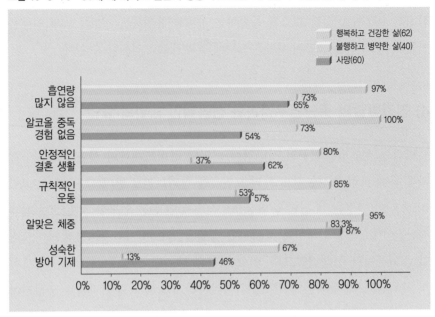

그림 10-9 65∼70세 때 이너시티 집단의 성공적 노화를 예측할 수 있는 50세 때의 지표

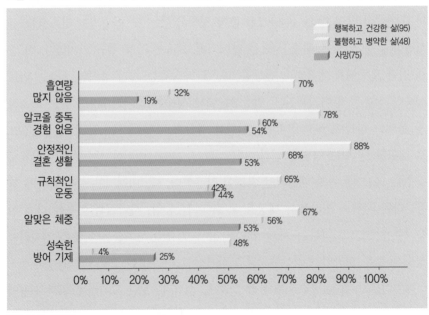

자료: Vaillent(2002)

는 성공적인 노화는 성공적인 삶과 다르지 않으며 다른 사람을 받아들이고 끊임없이 성장해 나가는 방법을 배우는 과정이라고 하였다. 성공적인 노화는 새로운 세계의 규칙을 배우고 소중히 여길 때 이루어진다는 것이다.

5) 노년과 심리적 부적응

은퇴기에 성공적인 적응을 달성하는 일은 쉬운 일이 아니다. 노화와 관련된 스트레스는 부적응을 야기할 수 있다. 부적응은 심리적인 것에서 오는 심리적 장애와 질병이나 퇴행성 뇌손상에 기인하는 기질성 대뇌기능장애, 즉 치매가 있다.

(1) 심리적 장애

노년의 심리적 장애는 어릴 때부터 노년에 이르기까지 지속되어 왔거나 혹은 노년에 처음으로 발생하는 심리적 및 대인적 스트레스 요인들과 관련된다. 노년의 심리적 장애로는 우울증, 조현병 등의 정신병적 반응들, 신경증, 성격장애, 기질성 정신장애가 있다.

우울증은 노년기에 흔히 볼 수 있는 증상이며 우울증의 위험요인은 스트레스를 가져오는 생활사건, 배우자 사별, 사회적 지원망의 결여 등이다. 우리나라

그림 10-10 노인의 연령집단별 우울 증상 비율(2017)

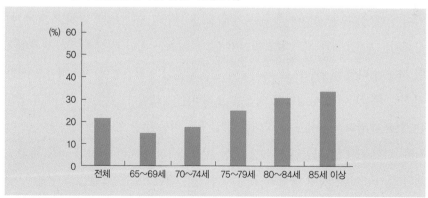

주 : 1) 지역사회에 거주하는 65세 이상 노인을 대상으로 함.
     2) 단축형 노인 우울척도(SGPS)의 측정점수가 8~15점인 노인의 비율
자료 : 보건복지부·한국보건사회연구원(2017), 노인실태조사

노인의 우울증상 비율은 전체 21.1%이며 여자 노인(24.0%)이 남자 노인(17.2%)에 비해 높고 연령이 높을수록 우울증상 비율이 증가한다(그림 10-10). 결혼 상태별로는 무배우 노인의 우울증상 비율(29.2%)이 유배우 노인(16.5%)보다 높다.

노인은 은퇴와 경제적 능력 상실, 배우자 사망 등으로 우울증을 겪기 쉽고 특히 독거노인은 유병률이 높으며 순환기 질환, 치매와 같은 합병증을 갖기 쉽다. 우울증은 자살의 주요 원인이 되기도 한다. 2017년 노인실태조사에서 노인의 6.7%가 자살을 생각해본 적이 있으며, 13.2%는 시도한 경험이 있다고 응답했다(보건복지부, 2018). 우리나라 노인의 자살률은 OECD 회원국 중 최고 수준이다(이아영, 2018).

조현병 등 정신병적 반응을 보이는 노인들은 성격의 분열이 확대되고 정확한 현실평가를 하지 못한다. 심한 기분변동, 기억의 왜곡, 언어와 지각의 결함이 특징적 증상이다. 신경증으로 고통받는 노인은 상당한 불안을 경험하지만 전반적으로 현실을 왜곡하거나 심한 성격분열을 보이지는 않는다.

성격장애(또는 행동장애)는 신경증과 달리 내적 불안이 없으며 신경증적, 신체적 증상들 대신에 혼란되고 부적응적인 행동패턴이나 환경과의 상호작용이 두드러진다. 알코올중독, 약물의존, 반사회적 성격 등이 특징이다.

(2) 치매

병원에 입원한 노인 정신과 환자의 가장 큰 비율을 차지하는 것이 치매, 즉 기질적 대뇌증후군 환자인데 65~75세 노인 인구의 5~10%에 달하고 80세 이상에서는 약 20%에 이른다고 알려져 있다. 치매는 일단 정상적으로 생활해오던 사람이 다양한 원인으로 뇌기능이 손상되면서 인지기능이 지속적이고 전반적으로 손상되어 일상생활에 지장을 초래하는 상태이다. 기질적 대뇌증후군들은 주로 대뇌피질 뇌세포의 막대한 상실에서 비롯된다. 증상은 기억장애, 언어장애, 판단능력 및 시공간 인식장애 등 지적능력의 현저한 저하와 일상 과업수행의 불가능이다. 치매 증상을 유발하는 원인 질환으로는 고혈압, 고지혈증, 당뇨병, 파킨슨병, 우울증 등 70여 종류가 있으며, 위험요인으로는 65세 이전 비만, 신체 비활동, 흡연 등이 있다. 치매고위험군인 경도인지장애를 갖고 있는 노

그림 10-11 치매의 원인 질환 비율

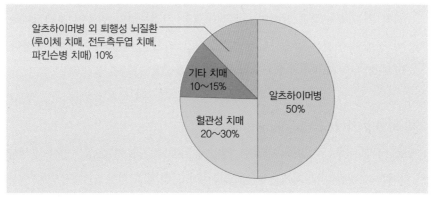

자료 : 서울대학교병원 의학정보

인은 전체 노인 인구의 1/5 이상으로 추산된다(김영선, 2019). 경도인지장애 진단을 받은 사람 중 80%가 5년 이내에 치매로 진전되었다(이아영, 2018). 2018년 기준 한국의 치매환자 규모는 약 75만 명(유병률 10.2%)으로 추정되고, 2024년에는 103만 명(유병률 10.4%), 2050년에는 303만 명(유병률 16.1%)까지 증가할 것으로 예상된다(유재언, 2019). 치매는 알츠하이머병, 즉 전노인성 치매, 노인성 치매, 혈관성 치매로 나눌 수 있다(서울대학교병원, 2016).

① 전노인성 치매(presenile dementia)

비교적 이른 연령에 점진적으로 정신적 퇴화를 보인다. 알츠하이머(Alzheimer) 질환과 픽(Pick)의 질환 이 두 가지가 보편적 형태이다.

- 알츠하이머 질환 : 알츠하이머병은 치매를 일으키는 가장 흔한 퇴행성 뇌질환이다. 발병연령은 보통 65세 이후이나 40대 말 또는 50대 초반에도 발병한다. 개인적 변이가 있지만 보편적 증상은 최근 기억 및 인지기능의 퇴화, 정서적 혼란, 기분변동 등 성격변화, 초조행동, 우울증, 망상, 환각, 공격성 증가, 수면장애 등이 나타나며 말기에는 경직, 보행이상, 대소변 실금 등 신경학적 장애가 나타난다.
- 픽의 질환 : 알츠하이머 질환과 거의 같은 시기에 발생하며 남자보다 여자

에 더 많다. 이 장애는 방향감각의 상실, 판단의 손상, 쉬 피로함, 신체적·지적 기능의 손상을 보이며 대뇌전두엽과 전전두엽의 위축이 보편적이다. 이 장애의 진전은 알츠하이머 질환보다 느리지만 예후는 더 좋지 못하다. 발생 후 5년 이내에 대부분 사망한다.

② 노인성 치매(Senile dementia)

보통 65세 이후 노년기에 다양한 원인에 의해 뇌기능이 손상되면서 발생하는 치매를 총칭한다. 과거에는 이를 노망이라고 하여 노화로 인한 당연한 현상으로 보았으나 최근에는 분명한 뇌질환으로 인식하고 있다. 대개 노망한 환자의 대뇌는 조직의 위축으로 크기가 작아지며 전반적 혼동, 망각, 동기저하, 집중불가능, 분열되는 사고, 조리가 없는 의사소통, 느린 심리운동기능 등이 특징적 증상이다. 우리나라는 현재 약 44만 명의 노인성 치매환자가 있는 것으로 추산되지만 인구의 고령화로 인해 2020년에는 약 80만 명에 이를 것으로 추정되고 있다.

③ 혈관성 치매(Cerebral arteriosclerosis)

혈관성 치매는 뇌출혈과 뇌경색에 의해 초래되는 치매이다. 따라서 원인이 되는 뇌혈관질환 위치나 침범 정도에 따라 증상의 종류나 정도, 출현시기 등이 다양하고 알츠하이머형 치매보다 보행장애, 연하곤란, 발음이상, 사지경직, 편측운동마비 등의 신경학적 이상이 많다. 또한 인지기능 저하에 있어서도 기억력 저하에 비해 언어기능이나 판단력, 계산력 등 다른 인지기능의 저하가 두드러진다. 서서히 시작하여 점진적으로 진행하는 알츠하이머병과 달리 혈관성 치매는 증상이 급격히 시작되고 진행 경과도 계단식 악화 또는 기복을 보이는 경우가 많다. 그러나 뇌의 미세혈관이 점차 좁아지거나 막히는 뇌혈관질환이 원인인 경우에는 점진적 경과양상을 보이기도 한다.

4

노년의 가족생활

노인에게 있어 가족은 가장 커다란 만족의 원천 중 하나이다. 노년에 배우자와의 관계는 보다 개선되며 부모 노릇의 책임이나 불리점이 따르지 않는 조부모 노릇도 큰 기쁨을 준다. 추상적 의미에서 노인은 인생의 가장 의미 있는 노력의 일환에서 완전을 느낀다.

즉, 배우자를 찾고 가족을 이룩하고 자신의 자녀 또 그들의 자녀를 보았다. 자녀들, 손자녀들은 그의 유산의 일부이고 이 세계에 대해 그가 기여한 바이다. 그는 그의 자녀를 일종의 '사후의 생명'으로 생각할 것이다.

한편, 어떤 노인들은 그들의 가족이 끊임없는 좌절의 원천이라고 느낀다. 배우자와의 관계는 불만스럽고 갈등에 차 있다. 또한 많은 노인들이 배우자와 사별하고 고독감과 경제적 곤란에 직면한다. 자녀와의 관계도 긴장될지 모른다. 노인의 생활에 가족은 가장 깊은 만족과 행복을 줄 가능성도, 그리고 깊은 좌절과 불행을 줄 가능성도 가지고 있다.

1) 조부모 노릇

전통적으로 할머니, 할아버지는 자애롭고 너그러운 모습으로 묘사된다. 대부분의 조부모가 손자녀를 좋아하고 그들을 돌보는 것을 기뻐한다.

조부모에 대한 한 종합적 연구(Neugarten, E. Weinstein, 1968)에서 2/3가량이 조부모 역할에 만족을 표시했다. 불평을 말한 소수의 노인은 손자녀의 부모와 갈등이 있다고 말했다. 또 다른 노인들(특히 50대 조부모)은 조부모 역할을 좋아하지 않았다. 노인의 사회적 위치를 갖는 것이 그들의 자아개념을 위협했기 때문이다.

위의 연구에서 조부모 역할의 가장 보편적 유형은 공식적인 형으로서 조부모들의 약 1/3이 이에 해당한다. 그들은 전통적 조부모 역할을 따르며 조금은 익애적이고, 아기돌보기 같은 작은 서비스로 손자녀의 부모를 도와주며 항상 손자녀의 복지에 관심을 가지면서도 부모의 의무에는 간섭하지 않도록 조심한다.

두 번째 보편적 유형은 기쁨추구형이다. 손자녀와의 관계는 사적이고 장난기 어린 관계이며 놀이친구 같은 관계이다.

세 번째 유형은 원거리형으로 공휴일, 생일에 의례적 선물들을 가지고 방문하는 그림자 같은 모습이다. 그들은 손자녀를 좋아하지만 대개 멀리 살기 때문에 상호작용이 거의 없다.

조부모의 마지막 두 가지 유형은 그다지 많지 않았다. 대리부모형은 대개 어머니가 직장을 가지고 있어 조모들이 양육을 담당하는 경우이며 가족 지혜보유형은 구식의 부권 가족에서 보이는 형으로 소수의 조부들과 한 명의 조모에게 발견되었으며 권위를 가능한 한 오래 보유했다.

조부모의 연령이 조부모 역할의 유형을 결정하는 데 중요한 요인으로 작용한다. 세 가지 보편적 유형 중 공식적 유형은 65세 이상 조부모들에서 흔히 보이고 젊은 조부모들(50~65세)은 기쁨추구형이거나 원거리형이기 쉽다. 이에 대한 가능한 해석 중의 하나는 연령과 관련된 발달추세로 보는 것이다. 즉, 사람들은 늙으면 사회적 역할에서 보다 공식적이 된다. 또 하나는 시대가 변하여 보다 최근 세대들은 이전 세대보다 비공식적·기쁨추구적 상호작용에 더욱 가치를 부여할지 모른다. 세 번째 가능성은 조부모의 연령은 매우 중요한 요인인 손자녀의 연령과 상관이 있어 조부모들은 나이 어린 손자녀들과는 장난을 즐기지만 보다 큰 손자녀와는 공식적일지 모른다는 것이다.

2) 결혼관계

노년기에 남편과 아내 관계는 더욱 중요하다. 자녀들이 심리적으로나 물리적으로 떠나고 형제들, 친구들이 죽을 때 개인이 그의 생각과 감정을 친밀하게 표현할 수 있는 유일한 대상은 배우자로 좁혀진다. 결혼의 동료애적 측면이 연령과 함께 더욱 중요하게 되어 간다. 즉, 인생의 반려로서의 의미가 그 어느 때보다 절실해진다.

자녀로부터 배우자 서로에게로 초점을 이동하는 것이 노년의 결혼에서 주요한 발달적 사건의 하나라면, 또 다른 것은 은퇴에 의해 야기되는 재적응이다. 이 결혼 주기의 마지막 단계 동안, 부부간의 면대면 상호작용이 크게 증가하면서 부부는 새로운 일과에 적응하는 것이 필요하다. 남편이 은퇴하고 대부분의 시간을 가정에서 보내게 될 때 남편과 아내는 비교적 상호 동등한 권위와 과업을 공유하게 되는데, 가족생활의 책임을 흥미, 능력, 육체적 힘을 기초로 적절히 배분하는 것이 바람직하다. 이 시기의 결혼조화는 배우자가 서로에게 가지는 관심과 존중의 수준에 따라 나타나기 때문이다(Burgess et al., 1971 ; Medley, 1977).

2017년 보건복지부 노인실태 조사에 따르면 우리나라 65세 이상 노인들은 71.7%가 배우자와의 관계에 만족하고 있으나 여자 노인(61.6%)은 남자 노인(79.4%)에 비해 만족도가 낮았다. 또한 연령이 높은 노인일수록 배우자에게 불만족하는 비율이 커지고 있다(보건복지부, 2017).

한편 미국노인클럽에 소속된 408명의 남편과 아내를 면접한 연구에서 대부분의 부부가 결혼이 만족스럽다고 보고했다. 과반수가(54.9%) 현재의 결혼시기가 그들의 경험 중 가장 행복하고 그들의 결혼이 시간이 지나면서 점점 더 나아졌으며 동료감과 서로에 대한 정직성이 부부관계를 고양시킨다고 믿는다. 그밖의 응답자들이 언급한 결혼의 다른 중요한 측면은 존중, 공동 관심사를 나눔, 사랑을 포함한다(Stinnett, Carter & Montgomery, 1972 ; Rollins & Feldman,

그림 10-12 가족관계 만족도

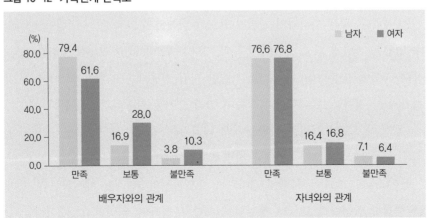

1970).

이 밖에도 은퇴기 동안 만족스러운 결혼생활을 보고한 연구는 많다. 여기에서 생각할 점은 면접대상이 된 부부들이 조화로운 관계를 계속 유지해 온 사람들일지 모른다는 점이다. 이런 의미에서 보면 말년의 결혼적응은 이전의 결혼생활에서 이룩한 적응의 반영일 수 있다. 결혼생활 초기부터 어려움을 가졌던 부부들은 은퇴와 더불어 문제가 복합되어서 나타난다. 서로 같이 있는 시간을 피할 수 있어서 그나마 유지되었던 결혼이라면 심각한 위기를 맞게 된다. 낮은 교육수준, 신체적 무능력, 부적당한 수입을 가진 부부들은 노년기 동안 결혼생활에 불만족하기 쉽다.

최근 우리 사회에서 노년기 황혼이혼의 증가는 이를 잘 반영하고 있다. 2018년 우리나라 총 이혼건수 10만 8,684건 중 65세 이상 남자 노인의 이혼건수는 8,032건으로 전체의 7.4%를, 여자 노인의 이혼건수는 4,148건으로 3.8%를 차지하였으며 전년 대비 남자는 16.7%, 여자는 21.0% 증가한 것으로 나타났다. 결혼지속연수 30년 이상 이혼도 10년 전에 비해 1.9배 늘어났다(통계청, 2020).

3) 배우자와의 사별

우리가 생애에서 경험하는 가장 고통스러운 사건 중 하나는 배우자와의 사별이다. 그리고 노년기는 그 어느 때보다 반려를 잃을 가능성이 높은 시기이다. 그런 사건은 불가피한 것으로 인정될 수는 있으나 그것의 발생에 준비되어 있기는 어렵다. 죽은 사람과의 친밀의 강도와 비례하여 그가 없는 인생을 상상할 수 없음을 깨닫게 되고 자신의 죽음과 거의 다를 바 없는 정서적 공허감, 슬픔, 불행, 고독을 맛본다(Insel, 1976). 사별한 사람 가운데는 인생이 더 이상 살 가치가 없는 것처럼 보여 자신의 죽음이 빨리 오기를 기다리기조차 한다. 애도기간 동안 대부분의 사별한 사람들에게 나타나는 증상은 울기, 우울, 수면장애, 집중의 곤란, 식욕감퇴, 수면제나 진정제와 같은 약물의존 등이다.

엥겔(Engel, 1964)은 사별에 뒤따르는 애도과정의 3단계를 제시하는데, 첫째는 충격과 반신반의로서 그 상황의 실재를 부정하며, 일어난 일을 이해할 수 없는 단계이다. 둘째는 지각의 발달이다. 상황의 실재를 받아들이고 슬픔, 죄의식, 수치, 무력감 등 정서적 반응을 보인다. 마지막 단계는 회복으로 어느 정도 내적인 평화와 안정을 되찾는다. 보통 이 기간은 1년 정도 걸린다. 애도의 완전한 해소는 상실한 관계에 대해 실망과 기쁨의 양면을 현실적으로 편안하게 기억할 수 있는 능력이 생기는 것으로 헤아려진다.

파크(Parks, 1970)도 유사한 4단계를 제시한다.

- 1단계 : 마비, 무감각으로 밖으로 표현되는 정서적 반응의 결여이다. 몇 시간 또는 며칠 계속된다.
- 2단계 : 그리워하는 단계로 죽은 이에 사로잡혀 그를 생각나게 하는 물건들, 사건들, 사람을 볼 때 극심한 슬픔의 감정이 유발된다.
- 3단계 : 낙담, 실의의 단계이다. 슬픔의 강도는 감소되나 생의 의미가 공허한 상태로 우울, 무관심, 수동성을 경험한다.
- 4단계 : 회복단계로 죽은 사람이 되살아오리라는 비현실적 소망은 완전히 사라지고 자신을 위한 새로운 생활을 구축하기 시작한다.

이와 같이 죽은 사람에 대한 애도가 장례식이 끝나면서 같이 끝나는 것은 아니다. 반대로 가장 고통스러운 공허감은 장례식 후 참석한 사람들이 떠나간 이후에 느껴진다. 따라서 애도과정 동안 만족스러운 적응이 이루어져 에너지를 새로이 분배하여 새로운 생활구조를 만들어갈 필요가 있다. 이에 가족원들, 친구들, 친척들과의 지속적인 교류와 의사소통이 도움을 줄 수 있다.

4) 은퇴

직업으로부터의 은퇴는 노년에 대처해야 할 또 하나의 발달 과업이다. 이는 특정 연령에 도달했다는 것 때문에 요구되는 사회적 역할의 변화이자 공적으로 노인으로 인정되는 눈에 보이는 증거이기도 하다(Manion, 1976). 따라서 은퇴는 개인의 권리의 축소이자 노화의 첫 번째 모독으로 생각되기도 한다. 그러나 은퇴를 기다리는 사람도 있다. 매일 일하러 가지 않아도 되고 자유롭게 원하는 일을 할 수 있는 날을 기다려 온 사람들은 은퇴가 없다면 매우 당황할 것이다 (Kalish, 1977).

(1) 은퇴의 시기

은퇴는 직업주기의 종결을 짓는 단계이다. 과거의 근로자들은 자신의 은퇴 연령을 스스로 정할 수 있었으며 자손이나 젊은 동료에게 가게나 농장에 대한 상당한 책임을 이양하고 힘이 덜 드는 일의 형태로 전환하는 것도 가능했다. 오늘날도 자영업의 근로자들은 이렇게 할 수 있지만 대부분의 공장노동자, 공무원, 교사, 회사원, 관리자와 같은 근로자들은 은퇴에 관한 조직체의 규정을 준수해야 한다.

(2) 은퇴에 대한 심리적 반응과 적응

① 은퇴에 대한 심리적 반응

직업은 개인의 자아개념에 중심이 되는 것으로서 은퇴는 자신을 가치 있고 유용한 존재로 보는 데 대한 하나의 도전이다. 일에 대해 헌신하며 자아정체감의 주요 원천을 눈에 보이는 업적에 의존하는 사람들이 많은 사회에서 은퇴는 더욱 심각한 심리적 결과를 갖는다. 이런 사람들은 대개 사회의 중상류층에 속하며, 높은 지위의 직업들이 그들에게 존경을 받게 하고 파워를 주고 책임을 갖게 하였다. 그들은 개인적 정체감을 주로 직업에 의해 규정해 왔다. 따라서 그들은 은퇴 후 생활을 즐길 자원들을 더 많이 가지고 있음에도 불구하고 마지못해 은퇴한다.

한편, 대부분의 근로자들은 일을 그만둘 때 행복감을 느끼는데, 상실감이라면 오직 경제적인 것뿐이다. 그들은 직업만족이 주로 금전에 달려 있는 낮은 직종의 사람들이다.

② 은퇴에 대한 적응

은퇴기 이후 인생이 계속 충실하고 조화롭기 위해서는 기능들의 재통합이 필요하다. 은퇴는 인생주기에서 하나의 발달적 현상이므로 그 사회의 문화가 이시기에 적합한 행동을 제시할 필요가 있다. 오늘날의 은퇴자들은 과거세대보다 더 건강하고 여러 가지 인생의 대안들을 보다 적극적으로 모색한다. 새로운 직업, 자원봉사, 여가활동 등을 찾는다.

은퇴에 잘 적응하는 사람들은 과거와 연속성을 갖고 그들의 장기적 욕구를 잘 충족시키는 생활양식을 개발할 수 있다. 그리고 이것은 이제까지의 인생행로에서 요구들, 과업들을 얼마만큼 조화롭게 해결해 왔느냐에 달려 있다(Lowenthal, 1972 ; Entine, 1976).

은퇴기에 요구되는 적응으로는 다섯 가지가 있다.

첫째, 경제적 손실에 적응해야 한다.

둘째, 노동력으로부터의 이탈에 따른 자아존중감의 상실에 적응해야 한다.

셋째, 직업과 관련된 사회적 접촉의 상실에 적응한다.

넷째, 직업과 관련된 가치 있는 과업들의 상실에 적응한다.

다섯째, 은퇴에 따른 준거집단의 상실이 자아 이미지(self-image)에 영향을 주므로 정체감(identity)의 재평가를 요한다(Atchley, 1976 ; Leslie & Leslie, 1977).

5) 노년의 경제생활

은퇴가 가져오는 실질적 문제 중에 주된 것은 경제적인 것이다. 경제적 안정은 성인기의 모든 단계의 적응에서 가질 수 있는 대안의 범위를 결정하지만 노인에게는 특히 중요하다.

우리나라에서는 정년퇴직이 대개 50~60세 초반에 이루어지고 있어 아직 일할 수 있는 나이임에도 불구하고 경제활동의 일선에서 밀려나고 있다. 2004년 OECD가 발간한 보고서 '한국의 고령화와 고용정책'에 따르면 한국의 고령인력 퇴출시기가 OECD 회원국 중 가장 빠르다. 2000년 기준으로 OECD 회원국 남성들이 55~59세, 60~64세에 근속기간이 최고점에 이른 데 비해 한국 남성들은 45~54세 사이에 고점에 이르고 떨어져 상대적으로 근속연수가 짧음을 보여 준다. 중년기에 이미 직업안정성이 떨어진다는 것을 의미한다(이시형, 2007). 더구나 우리나라의 실정에서 자녀의 대학교육 및 결혼준비로 가계지출이 절정에 달하는 이 시기의 퇴직은 가정의 경제적 안정을 크게 위협하는 것이며 노후 준비를 어렵게 한다. 2018년 기준, 우리나라의 노인 빈곤율은 OECD 국가 중 최고수준(47.2%)이며, 노인 단독가구의 빈곤율은 76.2%에 달한다(여유진, 2018). 65세 이상 노인의 30.9%가 일을 하고 있으며 일하지 않는 노인 중 33.6%가 일을 하고 싶어 하고 그 이유는 생계비 마련이 62.3%, 용돈 마련이 16.4%이었다. 현재 일을 하고 있는 노인들도 일을 하는 이유가 생계비 마련이 73.0%로 절대적 비율을 차지하며 용돈 마련 11.5%, 건강 유지 6.0%, 시간 보내기 5.8%로 나타났다. 생계비 마련을 위해 일을 하는 노인들의 특성은 도시보다는 읍·면 지역의 노인, 65~69세 연령군, 유배우 노인이었고, 고학력 노인들은 건강 유지, 능력 발휘, 경력 활용 등의 이유를 들었다.

| 5 |
죽음과 죽어가는 과정

1) 죽음에 대한 견해

죽음은 생명체의 생물학적 종말이지만 실은 그 이상의 것이다. 그것은 단순히 죽은 개인에게만 영향을 주는 것이 아니라 많은 사람들에게 영향을 주는 사회적 사건이다. 배우자, 자녀, 친구들이 심각하게 영향을 받을 뿐 아니라 만일 죽은 사람이 지도자라면, 그의 죽음은 한 정치적 시대의 종말을 고하게 할지도 모르고 또는 항거의 시작이 될지도 모른다.

많은 사람은 성인 중기에 자신의 부모의 죽음을 맞게 되고, 성인 후기가 되면 배우자, 동년배의 죽음을 보게 된다. 이러한 사태는 성인을 슬픔이나 애도와 같은 정서적 과정의 경험과 더불어 죽음을 받아들여 이해하고자 하는 인지적 긴장에 빠져 들게 하는 심리적 스트레스의 원천이 된다. 죽음을 둘러싼 상황 역시 매우 큰 두려움을 갖게 한다. 장기간의 투병 끝에 고생하다 죽어가는 사람, 건강한 생활을 하다가 돌연히 죽음을 맞는 사람, 하찮고 무의미한 사고로 죽는 사람을 본다. 어떤 경우에도 남은 사람은 그들의 인생의 가치에 대해, 그리고 자신의 인생의 가치에 대해 자문하게 된다.

죽음에 대한 직면은 인생의 마지막 발달적 도전이다. 이 커다란 인생의 과업을 성취하기 위해서는 죽음을 이해하고 받아들이기를 배워야 한다. 이제까지 죽음은 흔히 대화에서 회피되고 억압되는 민감한 화제이며 그에 대한 반응도 다양했다. 노인들은 젊은 사람들보다 죽음의 임박을 잘 알고 있다. 연구들은 또한 늙은 사람들이 죽음을 현저히 덜 두려워하며 공허해지는 인생에 대해 받아들일 수 있는 하나의 대안으로 지각하기조차 한다고 밝힌다. 일반적인 관념과는 달리 죽어가는 환자들은 대개 그들의 임박한 죽음에 대해서 공공연히 이야기하기를 원한다고 한다. 불행히도 좋은 의도에서이지만, 가족원들이나 의료진들은 그러한 화제를 입에 담는 것을 피하여 죽어가는 환자를 침묵의 장막 속에 가둘지 모른다. 그러나 전문가들은 죽어 가는 환자들이 그들의 임박한 죽음을 감지할 때, 그들의 감정을 언어로 표현할 필요를 느낀다고 말한다 (Turner & Helms, 1983). 이러한 언어화는 죽음에 대한 수용을 북돋운다.

자신의 수의, 관, 묘지의 선정, 관리를 생전에 준비하는 것도 불가피한 죽음을 정서적으로 수용하는 것뿐 아니라 사후의 일을 예측 가능하게 함으로써 죽음에 대한 불안이나 두려움을 어느 정도 조절, 대응하고자 하는 심리적인 효과가 있다고 하겠다. 살아남은 사람들에게 있어서도 정중한 장례식의 절차와 까다로운 규정을 따르는 것은 같은 의미를 지닐 것이다. 우리나라 노인들의 죽음에 대한 준비는 수의(8.3%), 묘지(25.1%), 상조회 가입(13.7%), 유서 작성(0.5%), 죽음 준비교육 수강(0.4%)이며, 대다수 노인(98.1%)이 연명치료를 반대하는 것으로 나타났다(보건복지부, 2017).

2) 죽어가는 과정

죽어가는 과정에 대한 가장 영향력 있는 연구는 죽어 가는 사람들을 관찰, 인터뷰했던 정신의학자 퀴블러 로스(Kübler Ross, 1969, 1975)이다. 그녀는 사람이 죽음이 임박했음을 확실히 아는 시간과 죽음 사이에 5단계를 제시했다.

- 부정 : 흔히 명백한 증상을 무시하면서 환자는 말한다. "아니야, 나는 아니야."
- 분노 : "왜, 나지? 왜 지금이지."라고 생각하며 의사, 간호사, 가족에 대해 마치 그 누군가가 책임이 있는 것처럼 적개심을 보인다.
- 협상 : 환자가 그의 죽음의 불가피성에 대응하여 신 또는 초자연적 존재에게 용서나, 적어도 죽음의 연기를 위한 탄원을 열심히 구한다. 환자는 착한 행동으로 2~3개월 생명을 연장하기 바라면서 고분고분해질지 모른다.
- 우울 : 죽음을 피할 수 없음을 안다. 이러한 '예비적 슬픔'은 임박한 죽음을 수용하기 위해 필요하다.
- 수용 : 수용은 행복한 단계는 아니지만 슬픈 것도 아니다. "그것은 감정들의 공백상태다.", "투쟁은 끝났고, 고통은 끝났다.", "죽어가는 사람은 졸린 사람처럼 잠을 필요로 한다."(Steewart Alsop : 299)

죽어가는 5단계에 덧붙여 퀴블러 로스는 단계들을 관통하는 여섯 번째의 반응, 즉 희망을 강조했다. 그녀는 질병으로 죽어가는 환자도 희망의 감각을 유지하는 것이 필수적이라고 믿었다.

이와 같이 퀴블러의 이론은 죽어가는 사람의 정서적 욕구에 관심을 일깨워 죽어 가는 환자와 상호작용하는 가족, 친구들에게 실제적 도움이 되었고 의료계의 호스피스운동을 시발하게 했으나 과학적 이론으로는 다소 미흡하다. 그의 인터뷰는 그다지 체계적이지 못하며 통계적 분석 대신 일화사례들을 제시한다. 그에 대한 비판은 죽어가는 과정이 단순히 단계적인 것이 아니며 일정한 순서대로 진행되는 것도 아니라는 것이다. 오히려 이는 죽음에 대한 보편적·정서적 반응의 종류라고 보는 것이 더 타당할지 모른다. 다른 연구자들은 이와 동일한 5단계를 발견해 내지 못했는데, 유일하게 일관성 있게 보고된 단계는 죽음 전의 짧은 우울의 단계뿐이었다. 퀴블러 로스가 기술한 다른 정서적 반응들은 소수의 사람들에게만 해당되는 것일지 모른다(Kastenbaum, 2000).

슈나이드만(Shneidman, 1973, 1980)이 대안적 견해를 제시했는데, 그는 죽어가는 환자들이 죽음에 대한 부정과 수용 사이를 왔다 갔다 하면서 복합적이고 끊임없이 변하는 정서를 경험한다고 한다. 이와 같이 죽어가는 사람은 구별된 단계보다는 예측할 수 없는 많은 정서들−불신, 희망, 공포, 당황, 분노, 냉담, 불안 등−을 경험하며 심지어 동시에 경험하기도 한다. 뒤의 연구들은 이를 지지하는 바 죽어가는 사람들에게 보편적인 것은 불안과 우울이므로 이를 다루어야 한다고 주장한다(Chochinov & Schwartz, 2002).

실제로 죽어 가는 과정은 몇 가지 요인에 의해 영향을 받는다. 질병의 특성이 죽어가는 방식에 영향을 주고 성, 인종, 죽음의 상황에 따라 차이가 있다. 10대의 젊은이가 죽는 것과 노인이 죽는 것은 다르며 집에서 죽는 것과 병원에서 죽는 것은 다르다. 성격이 또한 중요한 역할을 한다. 사람은 자신의 스타일로 죽음에 접근한다. 사람들은 그들이 인생에 대처해 온 것과 마찬가지로 죽어가는 것에 대처한다.

그러나 죽기 직전 사람은 대개 그가 영위해 온 인생의 결실인 자아통합 또는 절망의 정도를 명백히 보인다. 죽음을 생활주기의 일부로 두려움 없이 받아들이는 사람이 있는가 하면 어떤 사람에게 죽음은 단지 시간이 다 소모되어 버렸다는 일련의 오랜 좌절들 속에서 최종적인 좌절을 의미한다. 죽음 가운데에서 통합을 달성하는 노인은 남은 사람들에게 하나의 본보기를 제공한다. 그들은 생에 대한 신뢰의 기초를 제공한다. 그들은 목표를 구현한 것이다.

그림 10-13 인생의 모래시계

Reference
참고문헌

| 국내문헌 |

강희경(2002). 부모의 초기 권위 유형과 청소년기 자녀의 자아존중감 및 완벽성. 청소년학
　　연구, 9(3), 37-55.

경제기획원(1990). 경제기획원 인구연보.

공인숙(1996). 유아 및 아동의 공격성에 관한 언어적 상호작용과 공평성 추론. 서울대학교
　　박사학위논문.

공인숙·이은주·이주리(2005). 청소년의 부모와의 갈등 및 의사소통과 자아개념. 한국생활
　　과학회, 14(6), 925-936.

곽금주·장승민(2019). K-WISC-V 전문가 지침서. 서울: 학지사.

곽혜경(1986). 취학 전 아동의 물활론적 사고. 경희대학교 석사학위논문.

김미해(1992). 아동의 공평성, 우정 개념 발달 및 분배 행동과의 관계. 연세대학교 대학원
　　박사학위 청구논문.

김순규(2008). 청소년 자살에 영향을 미치는 위험요인과 보호요인-보호요인의 매개효과
　　를 중심으로. 한국정신보건사회복지학회, 29, 66-93.

김아영·이명희(2008). 청소년의 심리적 욕구만족, 우울경향, 학교생활적응 간의 관계구조와
　　학교급간 차이. 한국교육심리학회, 22(2), 423-441.

김애경(2003). 부모의 갈등 및 사회적 지지와 내외통제성이 초기 청소년의 자아존중감에
　　미치는 영향. 청소년학연구, 10(3), 351-372.

김영미·심희옥(2001). 부모와의 의사소통, 교사와의 관계 및 교내외 활동이 청소년의 또래
　　관계에 미치는 영향. 아동학회지, 21(4), 159-175.

김영선(2019). 치매돌봄기술의 현재와 향후 발전 방향. 보건복지포럼.

김은진·천성문(2001). 부모에 대한 갈등적 독립과 애착이 대학생의 진로 결정 수준에 미치
　　는 영향-자아정체감 수준을 매개로. 한국동서정신과학회지, 4(1), 147-162.

김의철·박영신(2008). 한국사회와 교육적 성취(II): 한국 청소년의 학업성취에 대한 심리적
　　토대 분석. 한국심리학회지: 사회문제, 14(1), 63-109.

김정민·이정희(2008). 청소년의 또래관계의 질과 학업성취가 우울에 미치는 영향. 여성가
　　족생활연구, 12, 115-128.

김정수·류진혜(2001). 부-자간 갈등에서 나타나는 인지적 오류와 청소년 비행의 관계. 청
　　소년학연구, 8(2), 1-23.

김창곤(2006). 청소년의 자아존중감에 영향을 미치는 개인 및 사회환경적 변인. 청소년복
　　지연구, 8(1), 91-107.

김태현·이영자(2005). 청소년이 지각한 부모와의 의사소통과 가족기능이 자아존중감에
　　미치는 영향. 한국가족관계학회지, 10(3), 173-193.

김현주·이병훈(2006). 학업성취에 대한 가족배경의 영향: 성 차이를 중심으로. 한국사회
　　과학연구소: 동향과 전망, 66, 138-162.

김혜원(2003). 남녀 청소년들의 성지식, 성태도, 성행동의 현황 및 관계분석. 한국심리학회
　　지: 상담 및 심리치료, 15(2), 309-328.

도종수(2005). 학업성취 관련변인의 지역격차 실태와 대책. 청소년학연구, 12(2).

문영주·좌현숙(2008). 청소년의 학업스트레스와 정신건강에 있어 정서적 조절 능력의 조
　　절효과. 사회복지연구, 38, 353-379.

문화관광부(1998). 청소년 백서. 문화관광부 청소년국.

박성연·이은경·송주현(2008). 부모의 심리적 통제유형이 청소년의 의존심, 자아비난 및
　　우울에 미치는 영향. 아동학회지, 29(5), 65-78.

박성옥(1986). 인지적 가정환경 검사의 타당화 연구. 경희대학교 석사학위논문.

박은옥(2008). 청소년의 자살시도에 영향을 주는 요인. 한국간호과학회, 38(3), 465-473.

박지언·이은희(2008). 청소년의 불안정 애착과 문제행동: 공감능력의 조절역할. 한국심리
　　학회지: 상담 및 심리치료, 20(2), 369-389.

박현숙(2008). 청소년을 위한 통합적 자살, 폭력 예방 프로그램의 개발. 한국간호과학회,
　　38(4), 513-521.

박현숙·구현영(2009). 청소년의 스트레스와 자살사고와의 관계에서 부모-자녀 간 의사소
　　통의 완충효과. 정신간호학회지, 18(1), 87-94.

박혜원(2014). 한국 비언어지능검사 2판. 서울: 마인드프레스.

박혜원·이경옥·안동현(2016). 한국 웩슬러 유아지능검사 실시지침서. 서울: 학지사 심리검
　　사연구소.

방송통신위원회(2012). 인터넷이용실태조사.

배재현·최보가(2001). 청소년의 또래 괴롭힘과 우정의 질과의 관계. 한국가정관리학회지,
　　19(1), 159-171.

백윤미·유미숙(2006). 부모-자녀 촉진적 의사소통이 청소년의 또래 갈등해결전략에 미치
　　는 영향. 한국놀이치료학회, 9(3), 85-98.

백혜정·김은정(2008). 청소년 성의식 및 행동실태와 대처방안연구. 한국청소년개발원 연구
　　보고, 2-257.

보건복지부(2014). 제10차 청소년건강행태 온라인 조사.

보건복지부·보건사회연구원(2017). 2017 노인실태조사.

보건복지부·보건사회연구원(2019). 통계로 보는 2019 사회보장.

서봉연·이순형(1983). 발달심리학. 중앙적성 출판부.

서울대학교병원(2015). 의학정보. http://www.snuh.org

서유헌 역(2006). 노화의 과학-사람은 왜 늙는가. Ricklefs, R. E. & Finch, C. E., Aging: A Natural History, 사이언스북스.

서정화·노종희·황규호(1986). 한국교육의 실황. 교육개혁심의회.

서주현·유안진(2001). 청소년의 인터넷 중독과 친구관계의 특성. 아동학회지, 22(4), 149-166.

송명자(1994). 발달심리학. 학지사.

신주연·이윤아·이기학(2005). 삶의 의미와 정서조절 양식이 청소년의 심리적 안녕에 미치는 영향. 한국심리학회지: 상담 및 심리치료, 17(4), 1035-1057.

신효식·이경주(2001). 청소년자녀의 부모와의 갈등과 갈등표출방식. 대한가정학회지, 39(1), 29-38.

안말애(1984). 부모의 권위적 양육태도와 취학 전 아동의 지능발달과의 관계. 경희대학교 석사학위논문.

양유진·정경미(2008). 어머니의 양육태도가 청소년 우울에 미치는 영향: 회피적 정서조절과 정서인식의 명확성을 매개요인으로. 한국심리학회지: 임상, 27(3), 609-688.

여유진(2018). 한국의 노인빈곤과 노후. 보건사회원구원 이슈 앤 포커스. 제364호.

오상진(2005). 인체노화. 탐구당.

오욱환(2017). 유아교육과 보육, 불평등의 묘판. 교육과학사.

오현아·박영례·최미혜(2008). 부모-자녀 의사소통과 우울이 청소년 자살생각에 미치는 영향. 아동간호학회, 14(1), 35-43.

위영희(1978). 아동에서의 아버지 역할과 아버지에 대한 아동의 지각. 연세대학교 석사학위논문.

유성경·이향심·황매향·홍세희(2007). 학업우수 여학생의 부모애착, 성역할정체감, 자아존중감 및 진로장벽의 관계. 한국청소년연구, 18(3), 357-380.

유안진(1987). 인간발달 신강. 문음사.

유안진·이점숙·정현심(2006). 또래애착과 정서조절 양식이 청소년의 우울에 미치는 영향. 한국가정관리학회지, 24(1), 31-41.

유안진·이점숙·정현심(2006). 정서조절 양식과 부모 애착이 청소년의 생활만족에 미치는 영향. 아동학회지, 27(1), 167-181.

유안진·한유진·김진경(2002). 초기 청소년의 공격성과 또래관계의 질. 아동학회지, 23(3), 79-90.

유재언(2019). 치매관리정책의 현황과 향후과제. 보건복지포럼.

육아정책연구소(2014). 한국아동패널 2014 보고서.

윤명숙·이재경(2008). 청소년의 부모 애착이 성행동에 미치는 영향-우울, 학교애착, 자아존중감의 매개효과. 정신보건과 사회사업, 30, 272-300.

윤지은·최미경(2004). 어머니의 양육행동 및 모-자녀 간 갈등과 남녀 청소년의 자아존중감 간의 관계. 한국가정관리학회지, 22(5), 237-251.

윤진(1985). 성인·노인심리학. 중앙적성출판사.

윤혜경·권오식(1994). 한글 터득 단계 아동의 글자 읽기에 영향을 주는 요인에 관한 연구. 인간발달학회지, 1(1), 112–122.

이경아(2008). 사회기술 및 또래관계가 또래 괴롭힘에 미치는 영향–자기존중감과 문제행동에 대한 자기평가를 매개변인으로. 한국심리학회, 5(1), 61–80.

이덕남 역(2002). 10년 일찍 늙는 법 10년 늦게 늙는 법-하버드대학 성인발달연구. Vaillent, J., Aging Well. 나무와 숲.

이시형(2007). 에이징 파워. 리더스북.

이신숙(2008). 청소년의 성역할특성, 부모와의 애착 정도가 자기효능감에 미치는 영향. 한국생활과학회지, 17(6), 1037–1049.

이아영(2018). 은퇴가 정신건강 및 인지기능에 미치는 영향과 시사점. 보건사회원구원 이슈 앤 포커스. 제357호

이영환(2014). 아버지의 부모역할과 아동발달. 교육과학사.

이영환·이화숙(2013). 인터넷 중독 아동이 지각하는 '아버지-자녀' 관계. 한국보육지원학회지, 9, 129-148.

이은해·장영애(1982). 가정환경 자극검사(HOME)의 타당화 연구. 교육학연구, 1, 49–63.

이정미·이양희(2007). 아동이 지각하는 부모 간의 갈등, 어머니의 양육행동, 사회적 지지 및 안녕감 간의 구조적 관계분석. 한국심리학회, 20(4), 33–58.

이종란(1980). 취학 전 아동의 성역할 선호성 및 그에 미치는 아버지의 영향. 고려대학교 석사학위논문.

이종재·정영애·이인효·이영노(1981). 한국인의 교육관. 한국교육개발원.

이종화(2005). 10대 여학생의 임신경험 관련 요인에 관한 예측모형. 한국청소년연구, 16(1), 345–382.

이종화(2008). 여자 청소년의 성역할정체감과 우울. 아동간호학회, 14(3), 277–284.

이지민·낸시벨(2004). 청소년의 위험행동에 영향을 미치는 개인적 특성, 위험행동에 대한 태도, 부모 및 또래변인. 대한가정학회, 42(12), 55–67.

이지현·임춘희·김수정 역(2016). 발달심리학. 교육과학사.

이창식·김윤정(2003). 청소년들의 사랑과 성태도: 남학생과 여학생의 지각차이를 중심으로. 한국청소년학회, 10(1), 277–296.

이혜린·도현심·김민정·박보경(2009). 어머니의 양육행동이 청소년의 인터넷 중독에 영향을 미치는 경로: 청소년의 자기통제력 및 우울/불안의 매개적 역할. 아동학회지, 30(2), 97–112.

이효재(1983). 가족과 사회. 경문사.

임은미·정성석(2009). 청소년의 스트레스와 우울의 변화 및 우울에 대한 스트레스의 장기적 영향. 한국청소년학회, 16(3), 99–121.

임은희·남현주(2008). 부모와의 관계 및 청소년 스트레스 간의 상호작용이 청소년 비행에 미치는 영향. 청소년학연구, 15(3), 23–48.

임은희·서현숙(2007). 성역할 정체감과 청소년비행의 관계: 사회통제이론의 실증 분석. 청소년학 연구, 14(3), 53-78.

장휘숙(2005). 청소년-어머니 갈등과 문제행동 및 정체감 발달수준 간의 관계. 한국심리학회지, 18(3), 125-141.

정경희(2015). 기능저하노인의 돌봄과 지원. 한국의 사회동향 2015. 통계청 통계개발원.

정기원(2006). 고등학생이 지각하는 사회적 지지와 자아존중감의 관계: 남학생과 여학생 간의 차이를 중심으로. 청소년학연구, 13(1), 165-190.

정영호·고숙자(2017). 치매위험요인 기여도 분석과 치매관리방안 모색. 보건사회원구원 이슈 앤 포커스. 제338호.

정혜원(2008). 사회적 환경이 청소년 비행에 미치는 영향-위험요인과 보호요인을 중심으로. 청소년복지연구, 10(3), 149-165.

조명한(1985). 언어심리학. 민음사.

조복희(2008). 아동발달(2판). 교육과학사.

조복희(2014). 영아발달. 교육과학사.

조복희(2015). 속담과 아동발달. 서울; 교육과학사.

조복희·도현심·유가효(2016). 인간발달(4판). 서울: 교문사.

조선일보. 1996년 5월 9일자.

조성연(2010). 초등학생의 인터넷 과다 사용과 스트레스와의관계에 대한 자아통제력의 중재효과. 아동학회지 제, 31(5).

조용환(2008). 질적연구. 교육과학사.

주정일 역(1979). 폭력 없는 탄생. 도서출판 오른사.

주정일(1979). 아동발달학. 교문사.

중앙일보. 1996년 3월 11일자.

질병관리본부(2017). 소아청소년성장도표.

차은영(1987). 아버지의 양육태도 및 아버지와 자녀간의 활동. 경희대학교 석사학위논문.

최경숙(1985). 아동심리학. 민음사.

최나야·한유진(2010). 초·중·고생의 인터넷 매체언어 태도와 맞춤법 지식이인터넷 매체언어 사용에 미치는 영향. 아동학회지, 31(5).

최두진·정부만·이재웅(2011). 2011 정보격차 지수 및 실태조사. 서울: 한국정보화진흥원.

최미경·도현심(2000). 또래에 의한 괴롭힘이 청소년의 자아존중감에 미치는 영향에 관한 단기 종단적 연구: 애착 및 우정관계의 역할. 아동학회지, 21(3), 85-105.

최유진·유계숙(2007). 청소년이 지각한 부모-자녀 간 의사소통과 자아존중감, 친구 간 갈등 해결전략이 교우만족도에 미치는 영향. 한국가정관리학회, 25(3), 59-75.

최훈 외(2003). 한국폐경여성의 폐경에 대한 인식도 조사. 대한폐경학회지, 9(1), 36-43.

최혜순·남효순(2012). 영상자극 유형에 따른 유아의 정서안정성과 스트레스에 관한 연구: 뇌파 측정을 중심으로. 어린이미디어연구, 11(2), 69-88.

추상엽·임성문(2008). 부모의 성취압력과 학업성취 간의 관계: 부모의 교육지원행동, 학업적 자기효능감의 매개효과와 학업적 지연행동의 조절효과. 청소년학연구, 15(7), 347-368.

통계청(2014). 2014년 사망원인통계결과.

통계청(2015a). 2015 고령자 통계. http://kostat.go.kr

통계청(2015b). 2014 생명표. http://kostat.go.kr

통계청(2015c). 한국의 사회동향 2015. http://kostat.go.kr

통계청(2018). 2017년 한국의료패널 기초분석 보고서.

통계청(2019). 2018년 사망원인 통계표본.

통계청(2019). 2018년 생명표.

통계청(2019). 2018년 인구동태 통계연보.

통계청(2020). 2019년 인구동태 토계연보.

통계청(2020). 2019년 한국의 사회지표.

한국보건사회연구원(2019). OECD Health Statistics 2019.

한국아동학회(2009). 한국아동의 발달.

한국정보화진흥원(2012). 스마트 폰 중독 실태 보고, 한국정보화진흥원.

한세영(2005). 청소년 자아정체감 발달의 최근 국내연구동향과 전망. 생활과학연구논총, 9(1), 81-98.

함병미·박영신·김의철(2005). 청소년이 지각한 학업성취 결정요인에 대한 종단연구: 인간관계와 심리행동 특성을 중심으로. 한국심리학회 연차학술대회, 162-163.

현은자·조메리명희·조경선·김태영(2013). 어머니의 스마트 폰중독 수준, 양육효능감, 양육스트레스 관계 연구. 한국유아교육학회.

홍주영·도현심(2002). 부부갈등 및 부모에 대한 애착과 청소년의 또래관계 간의 관계. 한국가정관리학회지, 20(5), 125-136.

황순택·김지혜·박광배·최진영·홍상황(2008). K-WAIS-IV. 대구: 한국심리검사(주).

황영은·도현심(2004). 어머니의 양육행동 및 모-자녀 간 갈등과 남녀 청소년의 개체화 간의 관계. 아동학회지, 25(2), 133-154.

http://www.mw.go.kr(보건복지가족부)

http://www.newsis.com(뉴시스)

http://www.donga.com/docs/news(동아닷컴)

| 국외문헌 |

Adler, A.(1927). *Understanding Human Nature*. Philadelphia: Chilton.

Ahn, J. H., Lim, S. W., Song, B. S., Seo, J., Lee, J. A., Kim, D. H., & Lim J. S.(2013). Age at menarche in the Korean female; Secular trends and relationship to adulthood body mass index. *Annals of Pediatric Endocrinology & Metabolism, 18*, 13–17.

Ainsworth, M. D. S.(1973). The development of infant-mother attachment. In B. Caldwell & H. Ricciuti.(eds.), *Review of child development research(Vol. 3)*. Chicago, University of Chicago Press.

Ainsworth, M. D. S.(1979). Infant-mother attachment. *American Psychologist, 34*, 932–937.

Allport, G. W.(1961). *Pattern and Growth in Personality*. New York: Rinehart and Winston.

Alsop, S.(1973). *Stay of Execution*. Philadelphia: Lippincott.

Ambron, S. R. & Brodzinskey, D.(1979). *Life-span human development*. New York: Holt Rinehart & Winston.

Anastasi, A.(1962). *Psychological testing*. New York: The Macmillan Co.

Anderman, E. M., Griesinger, T., & Westerfield, G.(1998). Motivation and cheating during early adolescence. *Journal of Educational Psychology, 90*, 84–93.

Anderson, R. E. & Carter, I.(1978). *Human behavior in the social environment: A social systems approach*(2nd ed.). Chicago: Aldine Publishing Co.

Apgar, V., & Beck, J.(1974). *Is my baby all right?* New York: Pocket Books.

Arenberg, D.(1973). Cognition and aging: verbal learning, memory, and problem solving. In C. Eisdorfer & M. P. Lawton (Eds.), *The Psychology of Adult Development and Aging*. Washington, D. C.: American Psychological Association.

Arlin, P. K.(1975). Cognitive development in adulthood: A fifth Stage?. *Developmental Psychology*, 11, 602–606.

Arlin, P. K.(1977). Piagetian operations in problem finding. *Developmental Psychology*, 13, 277–293.

Armsden, G., McCauley, E., Greenberg, M., Burke, P., & Mitchell, J.(1990). Parent and peer attachment in early adolescent depression. *Journal of Abnormal Child Psychology, 18*, 683–697.

Asher, S. R. & Wigfield, A.(1981). Training referential communicaton skills. In W. P. Dickson (Ed.), *Children's oral communication skills*. New York: Academic Press.

Astin, H. S.(1976). Continuing education and the development of adult women. *The Counseling Psychologist*, 6.

Ault, R. L.(1977). *Children's cognitive development : Piaget's theory and the process approach*. New York : Oxford University Press.

Babladelis, G.(1979). Accentuate the positive. *Contemporary Psychology, 24*, 3–4.

Bachar, E., Canetti, L., Bonne, O. & Kaplan-DeNour, A.(1997). Pre-adolescent chumship as a buffer against psychopathology in adolescents with weak family support and weak parental bonding. *Child Psychiatry & Human Development, 27,* 209–219.

Baldwin, A. L.(1967). *Theories of child development.* New York: John Wiley & Sons, Inc.

Baldwin A. L.(1980). *Theories of child development*(2nd ed.). New York : John Wiley & Sons, Inc.

Baltes, P. B. & Schaie, K. W.(1974). Aging and the IQ: The myth of the twilight years. *Psychology Today, 7,* 35–40.

Baltes, P. B. & Schaie, K. W.(1976). On the plasticity of intelligence in adulthood and old age: Where Horn and Donaldson fail. *American Psychologist, 31,* 720–725.

Bandura, A.(1977). *Social learning theory.* Englewood Cliffs. N. J.: PrenticeHall, Inc.

Bandura, A. & Walters, R. H.(1963). *Social learning and personality develpoment.* New York: Holt, Rinehart & Winston.

Barbey, A. K,. Colom, R., & Grafman, J.(2012). Distributed neural system for emotional intelligence revealed by lesion mapping. Social Cognitive and Affective Neuroscience, 9(3), 265-272.

Baron, R. A. & Byrne, P.(1977). *Social psychology: Understanding human interaction*(2nd ed.). Boston: Allyn & Bacon.

Barry, J. R.(1977). The psychology of aging. In J. R. Barry and C. R. Wingrove (Eds.), *Let's Learn About Aging.* New York: John Wiley and Sons.

Bar-Tal, D.(1976). Prosocial behavior: Theory and research. New York: Halsted Press.

Bar-Tal. D.(1990) Prosocial Behavior. In R. M. Thomas (Ed.). *The encyclopedia of human development and education: theory. lesearch, studies*(pp. 427~430). Oxford: Pergamon Press.

Bates, E., Benigni, L., Bretherton, I., Camationi, L. & Volterra, V.(1979). Cognition and communication from nine to thirteen months : Correlational findings. In E. Bates (Ed.). *The emergence of symbols: Cognition and commanication in infancy.* New York: Academic Press.

Baumrind, D.(1971). Current patterns of parental authority. *Developmental Psychology Monograph,* 4(1. part 2).

Baumrind, D.(1982). Are androgynous individuals more effective presons as parents? *Child Development*, 53, 44–75.

Baumrind, D.(1993). The average expectable environment is not good enough: A response to Scarr. *Child Development*, 64, 1299–1317.

Bayley, N.(1966). Learning in adulthood: The role of intelligence. In Klarsmeier J. J. and Harris, C. W. (Eds.), *Analysis of Concept Learning*. New York. Academic Press.

Bayley, N.(2005). Bayley scales of infant and toddler development(3rd ed.). San Antonio, TX: Pearson.

Beauvais, F., Chavez, E. L., Oetting, E. R., Deffenbacher, J. L., & Cornell, G. R.(1996). Drug use, violence, and victimization among white American, Mexican American, and American Indian dropouts, students with academic problems, and students in good academic standing. *Journal of Counseling Psychology*, 43, 292–299.

Bee, H.(1981). *The developing child*(3rd Ed.). New York: Harper & Row. Publishers.

Bee. H. L. & Mitchell, S. K.(1980). *The Developing Person-a life span approach*. Harper & Row. Publishers.

Bem, S. L.(1975). Sex-role adaptability: One consequence of psychological androgyny. *Journal of Personality and Social Psychology, 31*, 634–643.

Bem, S.(1981). Gender schema theory: A cognitive account of sex typing. *Psychological Review, 88*, 354–364.

Berger & Thompson(1995), Berk, L. E.(1996), Berk, L. E.(1994). *Child development*(3rd ed.). Boston: Allyn & Bacon.

Bergin, C. C., & Bergin, D. A.(2014). *Child and adolescent development in your classroom*. Nelson Education.

Berk, L.(2013). *Child development*. 9th Ed. London: Pearson.

Berk, L. E.(1994). *Child development*(3rd. ed.). Boston : Allyn & Bacon.

Berk, L. E.(2017). *Child development*(9th ed.), Boston : Pearson India Education Services.

Berman, A. L., & Jobes, D. A.(1991). *Adolescent suicide: Assessment and intervention*. Washington, DC: American Psychological Association.

Bernard, J.(1964). The adjustments of married mates. In H. T. Christensen (Ed.), *The Handbook of Marriage and the Family*.

Bertenthal, B. I., & Fischer, K. W.(1978). Development of self-recognition in the infant. *Developmental Psychology*, 14, 44–50.

Bigner, J. J.(1983). *Human development: A life-span approach*. New York:

Macmillan Publishing Co., Inc.

Bigner, J. J.(1985). *Parent-child relation: An introduction to parenting*(2nd ed.). New York: MacMillan Publishing Co.

Biller, H. B.(1976). The father and personality development parental deprivation and sex-role development. In M. E. Lamb (Ed.), *The role of the father in child development*(pp. 89~156). New York: A Wiley Interscience Publication.

Binet, A., & Simon, T.(1905). New methods for the diagnosis of the intellectual level of subnormals. L'annee Psychologique, 12, 191-244.

Birren, J. E.(1974). Translations in Gerontology from lab to life: Psychophysiology and the speed of response. *American Psychologist, 29*, 808–815.

Birren, J. E., Butler, R. N., Greenhouse, S. W., Sokoloff, L., & Yarrow, M. R. (Eds.) (1963). *Human Aging: a biological and behavioral Study*. Washington, D. C.: U. S. Department of Health, Education, and Welfare.

Bischof, L. J.(1976). *Adult Psychology*(2nd ed.). New York : Harper & Row.

Blau, Z. S.(1973). *Old Age in a Changing Society*. New York: Franklin Watts. New viewpoints.

Bliss, J. R., Firestone, W. A., & Richards, C. E.(1991). *Rethinking effective schools: Research and Practice*. Englewood Cliffs, NJ: Prentice-Hall.

Block, J.(1981). Some enduring and consequential structures of personality. In A. L. Rabins, J. Aronoff, A. Barclay & R. Zucker (Eds.), *Further Explorations in Personality*. New York: Wiley.

Blood, R. O.(1972). *The Family*. New York: Free Press.

Bodnar, A. G., Oullette, M., Frolkis, M., Holt, S. E., Chiu, C., Morin, G. B., et al.(1998). Extension of life-span by introduction of telomerase into normal human cells. *Science, 279*, 349–352.

Bogdan, R. C & Biklen, S. K.(2003). *Qualitative Research for Education: An introduction to Theories and Methods*(4th ed.). New York: Pearson Education group.

Bolshaw, P., & Josephidou, J.(2019). *Los Angeles*; Sage.

Botwinick, J.(1978). *Aging and Behavior*(2nd ed.). New York: Spring Publishing Company.

Bower, T. G. R.(1975). Slaut perception and shape constancy in infants. In H. Musinger (Ed.), *Reading in child development*(pp. 74~78). N. Y.: Holt, Rinehart & Winston.

Bowlby, J.(1965). Seperation anxiety. In P. H. Mussen, J. J. Conger, & J. Kagan (Eds.), *Readings in child development and personality*(pp. 140~151). New

York: Harper & Row, Rublishers.

Bowles, S. & Gintis, H.(1972). I. Q. in the U. S. class structure. *Social Policy, 3*(4).

Boyd, D.(1973). *A developmental approach to undergraduate ethics.* Unpublished doctoral dissertation. Harvard University.

Brent, D., Kolko, D. J., Allan, M. J., & Brown, R. V.(1990). Suicidality in affectively disordered adolescent inpatients. *Journal of the American Academy of Child and Adolescent Psychiatry, 29*, 589–593.

Bretherton, I. & Ainsworth, M. D. S.(1974). Responses of one-year-old to a stranger in a strange situation. In M. Lewis & L. Rosenblum (Eds.), *The origin of fear.* New York: John Wiley & Sons, Inc.

Brim. O.(1966). Socialization through the life cycle. In O. G. Brim and S. Whealer (Eds.), *Socialization after Childhood: Two essays.* New York: Wiley.

Brim. O.(1968). Adult Socialization, In J. Clausen (Ed.) *Socialization and society.* Boston, Little Brown.

Bromley, D. B.(1958). Some effects of age on short-term learning and remembering. *Journal of Gerontology, 13*, 398–406.

Bromley, D. B.(1970). An approach to theory construction in the psychology of development and aging. In L. R. Goulet & P. B. Baltes (Eds.), *Life-Span Developmental Psychology*, 71–114.

Bronfenbrenner, U.(1972). Is 80% of intelligence genetically determined? In U. Bronfenbrennser (Ed.), *Influences on human development*(pp. 118~128). Hinsdale, IL: The Dryden Press Inc.

Brown, B. B., & Theobald, W.(1998). Learning contexts beyond the classroom: Extracurricular activities, community organizations, and peer groups. In K. Borman & B. Schneider (Eds.), *The adolescent years: Social influences and educational challenges.* Chicago: University of Chicago Press.

Brown, B. B., Clasen, D., & Eicher, S.(1986). Perceptions of peer pressure, peer conformity dispositions, and self-reported behavior among adolescents. *Developmental Psychology, 22*, 521–530.

Brown, R.(1978). Development of the first language in the human species. In J. K. Gardner (Ed.), *Readings in developmental psychology*(pp. 117~129). Boston: Little, Borwn & Co.

Brown, T. E.(1972). The search for vocation in middle-life. *Eastern Career Development, Newsletters, 1*(1), 1–2.

Bruner, J. S.(1966). *Toward a theory of instruction.* Cambridge, Mass: Harvard University Press.

Brunner, L. S. & Suddarth, D. S.(1975). *Textbook of Medical-Surgical nursing.* New York: Lippincott.

Bruno, F. J.(1977). *Human adjustment and personal growth: Seven pathways.* New York: John Wiley & Sons.

Bühler, C.(1968). The developmental structure of goal setting in group and individual studies. In C. Bu¨hler & F. Massarek (Eds.) *The Course of Human Life.* New York: Spinger.

Buck, L. Z., Walsh, W. F., & Rothman, G.(1981). Relationship between parental moral judgment and socialization. *Youth and Society, 13,* 91–116.

Burgess, E. W., Locke, H. J. & Thomes, M. M.(1971). *the Family: Traditional to Companionship*(4th ed.), New York: D. Van Nostrand Compamy.

Burr, W. R.(1976). *Successful Marriage-a principles approach.* The Dorsey Press.

Canestrari, R. E.(1963). Paced and self-paced learning in young and elderly adults. *Journal of Gerontology, 18,* 165–168.

Capuzzi, D.(1994). *Suicide prevention in the schools: Guidelines for middle and high school settings.* Alexandria, VA: American Counseling Association.

Carter, R. S., & Wojtkiewicz, R. A.(2000). Parental involvement with adolescents' education: Do daughters or sons get more help? *Adolescence, 35,* 29–44.

Carroll, J. B.(2012). The three–stratum theory of cognitive abilities. In D. P. Flanagan & P. L. Harrison (Eds.), Contemporary intellectual assessment: Theories, tests, and issues (3rd ed., pp. 883–890). New York, NY: Guilford Press.

Cartwright, L. K.(1972). Conscious factors entering into decisions of women to study medicine. *Journal of Social Issues, 28,* 201–215.

Cassidy, T.(2007). *Birth : a history.* 최세문 역(2015). 출산, 그 놀라운 역사. 후마니타스.

Cattell, R. B.(1941). Some theoretical issues in adult intelligence testing. Psychological Bulletin, 38, 592.

Chandler, M. & Boyes, M.(1982). Social-cognitive development. In. B. B. Wolman (Ed.). *Handbook of developmental psychology*(pp. 387~402). Englewood Cliffs. N. J.: Prentice-Hall, Inc.

Chandler, M.(1994). Adolescent suicide and the loss of personal continuity. In D. Cicchetti & S. L. Toth (Eds.), *Rochester Symposium on Developmental Psychopathology:* Vol 5. Disorders and dysfunctions of the self. Rochester, NY: University of Rochester Press.

Chapell, M. S., & Overton, W. F.(1998). Development of logical reasoning in the context of parental style and test anxiety. *Merrill-Palmer Quarterly, 44,*

141–156.

Chapman, R. S.(1980). Issues in child language acquisition In L. Lass et als (Eds.). *Speech language and learning.* Philadelphia : Sainders.

Charlotte J. Patterson(2007). *Infancy & Childhood.* McGraw-Hill.

Chiriboga, D. A. & Cutler, L.(1980). Stress and adaptation: life-span perspectives. In L. W. Poon(Ed.), *Aging in the 1980s: Psychological issues.* Washington, D. C.: American Psychological Association.

Chochinov, H. M. & Schwartz., L.(2002). Depression and the will to live in the psychological landscape of terminally ill patients. In K. Foley & H. Hendin (Eds.), *The case against assisted suicide: For the right to end-of-life care.* Baltimore: The Johns Hopkins Press.

Chou, K.(1998). Effects of age, gender, and participation in volunteer activities on the altruistic behavior of Chinese adolescents. *Journal of Genetic Psychology, 159,* 195–201.

Christian, A. M. & Paterson, D. G.(1936). Growth of vocabulary in later maturity. *Journal of Psychology,* 1, 167–169.

Clarke-Stewart, A. & Allhusen, V. D.(2005). *What We Know About Childcare.* Harvard University Press.

Clarke-Stewart, A. & Koch, J. B.(1983). *Children development through adolescence.* New York: John Wiley & Sons, Inc.

Clarke-Stewart, K. A. & Hevey, C. M.(1981). Longitudinal relations in repeated observations of mother-child interaction from 2½years. *Developmental Psychology,* 17, 127–145.

Clarke-Stewart, K. A. & Koch, J. B.(1983). Children development through adolescence. New York: John Wiley & Sons, Inc.

Clermont, C. M.(1990). Television and Development. In R. M. Thomas (Ed.). *The encyclopedia of human development and education: theory, research. studies*(pp. 477~497). Oxford: Pergamon Press.

Cohen, S.(1976). *Social and personality development in childhood.* New York: Macmillan Publishing Co.

Colder, C. R. & Stice, E.(1998). A longitudinal study of interactive effects of impulsivity and anger on adolescent problem behavior. *Journal of Youth and Adolescence, 27,* 255–274.

Cole & Cole(1993). *The development of children*(2nd ed). New York: Scientific American Books.

Collins, W. A. & Russell, G.(1991). Mother-child and father-child relationships in middle-childhood and adolescence: A developmental analysis. *Developmental Review*, 11, 99–136.

Comfort, A.(1964). *Aging: the biology of senescence*. New York: Holt, Rinehart and Winston.

Corrigan, R.(1978). Language development as related to stage 6 object permanence development. *Journal of Child language*, 5, 173–190.

Corso, J. F.(1971). Sensory processes and age effects in normal adults. *Journal of Gerontology*, 26.

Cosse, W. J.(1992). Who's who and what's what? The effects of gender on development in adolescence. In B. R. Wainrib (Ed.), *Gender across the life cycle*. New York: Springer.

Costa, P. T. & McCrae, R. R.(1980). Still stable after all these years: Personality as a key to some issues in aging. In P. B. Baltes & D. G. Brim (Eds.), *Life-Span Development and Behavior*(Vol. 3). New York: Academic Press.

Craig, G. J.(1976). *Human Development*. Prentice-Hall. Inc.

Craig, G. J.(1979). *Child development*. Englewood Cliffs, N. J.: Prentice-hall., Inc.

Craik, F. I. M.(1968). Short-term memory and the aging process. In G. A. Talland (Ed.), *Human Aging and Behavior*. New York: Academic Press.

Crain, W. C.(1980). *Theories of development: Concepts and applications*. Englewood Cliffs. N. J.: Prentice Hall, Inc.

Creswell, J. W.(2007). *Educatinal research : Planning, conducting, and evaluating quantitive and qualitive research*(2nd ed.). New Jersey: Pearson Education.

CRM/Random House.(1975). *Developmental psychology today*(2nd ed.). New York: Random House, Inc.

Cronbach, I. J.(1970). *Essentials of Psychological Testing*(3rd ed.). New York: Harper & Row.

Cumming, E. and Henry, W.(1961). *Growing Old: the Process of disengagement*. New York: Basic Books.

Cumming, E.(1963). Further thoughts on the theory of disengagement. *International Social Science Journal, 15*, 377–393.

Dacey, J. S. & Travers, J. F.(2006). *Human Development Across the Lifespan*, McGraw Hill.

Damon, W.(1980). Patterns of change in children's social reasoning: A two-year longitudinal study. Child development, 1010-1017.

Daniels, D. H.(1998). Age differences in concepts of self-esteem. *Merrill-Palmer*

Quarterly, 44, 234–258.

Davis, J. L. & Hackman, R. B.(1973). Vocational adjustment: Prevention or correction emphasis: In J. Adams(Ed.). *Human Behavior in a Changing Society*, Boston: Holbrook Press.

Dennis. W.(1966). Creative productivity between the ages of 20 and 80 years. *Journal of Gerontology, 21*, 1–8.

Denzin, N. K. & Lincoln, Y. S.(2003). *Strategies of qualitative inquiry*(2nd ed.). CA: SAGE Publications.

Dickson, W. P. (Ed.)(1981). *Children's oral communication skills*. New York: Academic Press.

Donovan, J. M, (1975). Ego identity status and interpersonal style. *Journal of Youth and Adolescence, 4*, 37–55.

Dornbusch, S. M., Ritter, P. L., Leiderman, P. H., Roberts, D. F., & Fraleigh, M. J.(1987). The relation of parenting style to adolescent school performance. *Child Development, 58*, 1244–1257.

Dumble, M., Gatza, C., Tyner, S., Venkatachalam, S., & Donehower, L. A.(2004). Insights into aging obtained from p53 mutant mouse models. *Annals of the New York Academy of sciences, 1019*, 171–177.

Dusek, J. B.(1991). *Adolescent development and behavior.* Englewood Cliffs, NJ: Prentice-Hall.

Duvall, E. H.(1977). *Marriage and Family Development*(5th ed.). New York: J. B. Lippincott.

Dworetzky, J. P.(1984). *Introduction to child development*(2nd ed.). New York: West Publishing Co.

Ehrhardt, A. A. & Barker, S. W.(1974). Fetal androgens, human central nervous system differentiation, and behavior sex difference. In R. C. Friedman, R. M. Richart, & R. L. Vande Wiele (Eds.), *Sex differences in behavior.* New York: Wiley.

Eisdorfer, C. Nowlin, J., & Wilkie, F.(1970). Improvement of learning in the aged by modification of autonomic nervous system activity. *Science, 170*, 1327–1329.

Eisdorfer, C.(1968). Arousal and performance: Experiments in verbal learning and a tentative theory. In G. A. Talland (Ed.), *Human Aging and Behavior.* New York: Academic Press.

Elder, G. H. & Jr.(1980). Adolescence in historical perspective. In J. Adelson (Ed.), *Handbook of adolescent psychology.* New York: Wiley.

Elkin, F. D., & Handel. G.(1978). *The child and society: The Process of socialization*(3rd ed.). New York: Random House.

Elkind, D. E.(1967). Egocentrism in adolescence. *Child Development, 38*, 1025–1034.

Elkind, D.(1976). Giant in the nursey, *Readings in human development 76/77*. Sluice Dock, Guilford, Ct.: The Dushkin Publishing Group, Inc., 70–81.

Engel, G.(1964). Grief and grieving. *American Journal of Nursing*. Sept.

Engler, B.(1979). *Personality theories : An introduction*. Boston: Hougton Mifflin Co.

Epstein, A. & Radin, N.(1975). *Observed behavior with preschool children*: Final Report(ERIC ED pp. 174~656).

Erber, J. T.(1974). Age differences in recognition memory, *Journal of Gerontology*. 29.

Erikson, E. H.(1978 A). Memorandum on youth. In. R. J. Corsini (Ed.). *Readings in current personality theories*(pp. 277~284). Itasca, I. L. : F. E. Peacock Publish Inc.

Erikson, E. H.(1978 B). Life cycle. In. J. K. Gardner (Ed.). *Readings in developmental psychology*(pp. 3~12). Boston : Little, Brown & Co.

Erikson, E.(1963). *Childhood and Society*(2nd ed.). New York: Norton.

Erikson, E.(1968). *Identity, youth, and crisis*. New York: Norton.

Evans, E. D. & McCandless, B. R.(1978). *Children and youth: Psychosocial development*(2nd ed.). New York: Holt Rinehart & Winston.

Eyre, D. R.(1980). Collangen: molecular diversity in the body's protein scaffold. *Science, 20*, 1315–1322.

Fagot, B. I.(1978). Reinforcing contingencies for sex-role behaviors: Effect of experience with children. *Child Development, 49*, 30–36.

Fein, R. A.(1983). Research on fathering: Social policy and an emergent perspective. In A. S. Skolnick & J. H. Skolnick (Eds.), *Family in transition* (4th ed.). Boston: Little, Brown & Co. 463–474.

Feldman, H. and Feldman, H.(1976). *Marriage in the late years: Cohort and Parental Effects*. Unpublished paper. Department of Human Development and Family Relations. Cornell University.

Ferbeyre, G. & Lowe, S. W.(2002). Ageing: The price of tumour suppression? *Nature, 415*, 26–27.

Fernald, L. D. & Fernald. P. S.(1979). *Basic psychology*(4th ed.). Boston: Houghton Mifflin Co.

Feuerstein, R., Feuerstein, R., Falik, L., Rand, Y.(2002) The dynamic assessment of cognitive modifiability. Jerusalem: The ICELP.

Flavell, J. H.(1977). *Cognitive development*. Englewood Cliffs, N. J.: Prentice-Hall, Inc.

Flavell, J. H.(1983). On cognitive development. *Child Development*, 53, 1–10.

Flavell, J. H. & Wellman, H. M.(1977). Metamemory. In R. H. Kail & J. W. Hagen (Eds.), *Perspectives on the development of memory and cognition*(pp. 3~33). New York: John Wiley.

Fleming, J., & Offord, D.(1990). Epidemiology of childhood depressive disorders: A critical review. *Journal of the American Academy of Child and Adolescent Psychiatry, 29*, 571–580.

Fletcher, A. C., Darling, N. E., Steinberg, L., & Dornbusch, S. M.(1995). The company they keep: Relation of adolescents' adjustment and behavior to their friends' perceptions of authoritative parenting in the social network. *Developmental Psychology*, 31, 300–310.

Flisher, A. J.(1999). Mood disorder in suicidal children and adolescents: Recent developments. *Journal of Child Psychology and Psychiatry and Allied Disciplines, 40*, 315–324.

Fraser, M. W.(1996). Aggressive behavior in childhood and early adolescence: An ecological-developmental perspective on youth violence. *Social Work, 41*, 347–356.

Fremouw, W., Callahan, T. & Kashden, J.(1993). Adolescent suicidal risk: Psychological, problem solving, and environmental factors. *Suicide and Life-Threatening Behavior, 23*, 46–54.

Freud, A.(1958). Adolescence. *Psychoanalytic Study of the Child, 13*, 255–278.

Freud, Sigmund(1973). The outline of psycho-analysis. London: Hogarth.(Orinal work published 1938).

Friedrich, J. L. & Stein, A.(1978). Aggressive and prosocial television programs and the natural behavior of preschool children. In J. K. Gardner (Ed.), *Readings in developmental psychology*(pp. 198~209). Boston: Little, Brown & Co.

Furey, E. M.(1986). The effects of alcohol on the fetus. In H. E. Fitzgerald & M. G. Walraven (Eds.), *Human development 86/87*. Sluice Dock, Guilford, Ct.: The Dushkin Publishing Group, Inc., 48–52.

Gardner, H.(1978). *Developmental psychology: An introduction*. Boston: Little, Brown & Co.

Garkins, S. W. & Chapman, C. R.(1976). *Detection and decision factors in pain perception in young and elderly men. Pain, 2*, 253–264.

Garner, H.(1978). *Development psychology: An introduction.* Boston: Little, Brown & Co.

Garrison, C. Z.(1992). Demographic predictors of suicide. In R. W. Maris, A. L. Berman, J. T. Maltsberger, & R. I. Yufit (Eds.), *Assessment and prediction of suicide.* New York: Guilford.

Garrison, C. Z., Addy, C. L., Jackson, K. L., McKeown, R. E., & Waller, J. L.(1991). A longitudinal study of suicidal ideation in young adolescents. *Journal of the American Academy of Child and Adolescent Psychiatry, 30,* 597–603.

Gelman, R. & Spelke, E.(1979). The development of thought about animate and inanimate objects: Implications for research on social cognition. In J. H. Flavell & L. Ross (Eds.), *Social cognitive development.* 43–66.

Gilligan, C.(1993). Joining the resistance: Psychology, politics, girls, and women. In L. Weis & M. Fine (Eds.), *Beyond silenced voices.* Albany: State University of New York Press.

Gilligan, C., Lyons, N. & Hammer, T.(1990). *Making connections.* Cambridge, MA: Harvard University Press.

Ginsburg, H. & Opper, S.(1979). *Piaget's theory of intellectual development*(2nd ed.). Englewood Cliffs, N. J. : Prentice-Hall, Inc.

Goldberg, S.(1985). Premature birth: Consequences for the parent-infant relationship. *Human development 84/85.* Sluice Dock, Connecticut: The Dushkin Publishing Group Inc., 65–72.

Goleman, D.(1982). 1528 Little geniuses and how they grew. *Human Devlopment Annual Editions*(pp. 82~83). Sluice Dock, Connecticut: The Dushkin Publishing Group Inc.

Goleman, D.(1995). Emotional intelligence. New York, NY, England.

Gottfried, A. W.(1984). Home environment and early cognitive development. New York: Academic Press, Inc.

Gottman, J. M.(1983). How children become friends. *Monographs of the Society for Research in Child Development, 48*(3, Serial No. 201).

Gould, R.(1978). *Transformations: Growth and Change in Adult Life.* New York: Simon and Schuster.

Greenberger, E. & McLaughlin, C. S.(1998). Attachment, coping, and explanatory style in late adolescence. *Journal of Youth and Adolescence, 27,* 121–139.

Greene, B. A. & Miller, R. B.(1996). Influences on achievement: Goals, perceived ability and cognitive engagement. *Contemporary Educational Psychology, 21,* 181–192.

Greenspan, S. I.(1989). Emotional intelligence.

Grief, E.(1976). Fathers, children, and moral development. In M. E. Lamb (Ed.), *The role of father in child development*(pp. 229~236). New York: A Willey-Interscience Publication.

Grotevant, H., & Cooper, C.(1986). Individuation in family relationships: A Perspective on individual differences in the developmnet of identity and role taking skill in adolescence. *Human Development, 29*, 82–100.

Grzegorczyk, D. B. Jone, S. W. & Mistretta, C. M.(1979). Age related differences in salt taste acuity. *Journal of Gerontology, 34*, 834–840.

Guilford, J. P. (1988). Some changes in the structure-of-intellect model. Educational and Psychological Measurement, 48(1), 1-4.

Gurin, G., Veroff, J. & Feld, S.(1960). *Americans view their mental health: A nationwide interview survey.* New York: Basic Books.

Gutmann, D. L.(1964). An exploration of ego configurations in middle and later life, In B. L. Neugarten (Ed.), *Personality in Middle and Later Life.* New York: Atherton.

Gutmann, D.(1977). The cross-cultural perspective: Notes toward a comparative psychology of Aging. In J. E. Birren, & K. W. Schaie (Eds.). *Handbook of the Psychology of Aging.* New York: Van Nostrand Reinhold.

Guyton, A. C.(1975). *Textbook of Medical Physiology*(5th ed.). Philadelphia: W. B. Saunders Company.

Hagborg, W. J.(1998). An investigation of a brief measure of school membership. *Adolescence, 33*, 461–468.

Hall, C. S.(1979). *A Primer of Freud ian psychology.* New York: New American Library.

Hall, E.(1983). *Psychology today: An introduction*(5th ed.). New York: Random House.

Hall, G. S.(1904). *Adolescence.* New York: Appleton.

Harlow, H. F.(1975). The nature of love. In H. Munsinger (Ed.), *Readings in child development*(2nd ed.). New York: Holt, Rinehart & Winston, 178–184.

Harman, D.(2001). Aging: An overview. In S. C. Park, E. S. Hwang, H. Kim, & W. Park (Eds.), *Annals of the New York Academy of sciences: Vol. 928. Molecular and cellular interactions in senescence.* New york: The New York Academy Science.

Harris, I. B.(1996). *Children in jeopardy: Can we break the cycle of poverty?* New Haven, CT: Yale University Press.

Harry, J.(1975). Evolving sources of happiness for men over the life cycle: A Structural Analysis, *Journal of Marriage and the Family, 38*(2), 289–292.

Harter, S., Waters, P. L., & Whitesell, N. R.(1997). Lack of voice as a manifestation of false self behavior among adolescents: The school setting as a stage upon which the drama of authenticity is enacted. *Educational Psychology, 32,* 153–173.

Hartup, W. W.(1978). Peer interaction and behavioral development of the individual child. In J. K. Gardner (Ed.), *Readings in developmental psychology*(pp. 267–278). Boston: Little, Brown & Co.

Hartup, W. W.(1993). Adolescents and their friends. In B. Laursen (Ed.), *Close friendships in adolescence.* San Francisco: Jossey-Bass.

Hauser, S. T., Book, B. K., Houlinahn, J., Powers, S., Weiss-Perry, B., Follansbee, D., Jacobson, A. M., & Noam, G.(1987). Sex differences within the family: Studies of adolescent and parent family interaction. *Journal of Youth and Adolescence, 16,* 199–213.

Havighurst, R. L.(1972). *Developmental Tasks and Education*(3th ed.). N. Y.: David Makay.

Hayflick, L.(1977). The cellular basis for biological aging. In C. E. Finch & L. Hayflick (Eds.), *Handbook of the Biology of Aging.* New York: Van Nostrand Reinhold.

Hayflick, L.(1994). *How and why we age.* New York: Ballantine

Heary, W. E.(1975). Identity and diffusion in professional actors. Paper Presented at the Meeting of the American Psychological Association. cited in Kimmel, D. C. *Adulthood and Aging.* New York: Wiley(1974).

Helms, D. B. & Turner, J. S.(1976). *Exploring child behavior.* Philadelphia: W. B. Saunders Co.

Hendeson, N. D.(1982). Human behavior genetics. In M. R. Rosonzweig & L. W. Porter (Eds.), *Annual review of psychology*(Vol. 33). Palo Alto, C. A.: Annual Reviews.

Hendrick, J.(1980). *The whole child : new trends in early education.*(2nd ed.). St. Louis : The C. V. Mosby Co.

Hetherington, E. V. & Parke, R. D.(1975). *Child psychology: A contemporary viewpoint.* New York : McGraw-Hill, Inc.

Hetherington, E. V. & Parke, R. D.(1979). *Child psyclology: A contemporary viewpoint*(2nd ed.). New York: McGraw-Hill Inc.

Hetherington, E. V., Cox, M., & Cox, R.(1977). Beyond father absence:

Conceptualization of effects of divorce. In R. C. Smart & M. S. Smart (Eds), *Readings in child development and relationships*(pp. 195~205). New York: Macmillan Publishing Co., Inc.

Heyflick, L.(1994). *How and why we age*. New york: Ballantine.

Hill, J. P. & Palmquist, W.(1978). Social cognition and social relatons in early adolescence. *International Journal of Behavioral Development*, 1, 1–36.

Hill, J. P., & Holmbeck, G. N.(1986). Attachment and autonomy during adolescence. *Annals of Child Development, 3*, 145–189.

Ho, T., Leung, P. W., Hung, S., & Lee, C.(2000). The mental health of the peers of suicide completers and attempters. *Journal of Child Psychology & Psychiatry & Allied Disciplines, 41*, 301–308.

Hoffman, M. L.(1979). Development of moral thought, feeling, & behavior. *American Psychologist, 34*, 533–540.

Holland, J. L.(1966). *The Psychology of Vocational Choice*. Waltham. Mass: Blaisdell Company.

Holliday, R.(2004). The close relationship between biological aging age-associated pathologies in humans. *Journal of Gerontology: Biological Sciences, 59A*, 543–546.

Honzik, M. D.(1975). Developmental studies of parent-child resemblance in intelligence. In M. Munsinger (Ed.), *Readings in child development*(2nd ed.). New York: Holt. Rinehart & Winston, 30–33.

Horn, J. L., & Cattell, R B.(1967). Age differences in fluid and crystallized intelligence. *Acta Psychologica*, 26, 107–129.

Horn, J. L., & Noll, J. (1997). Human cognitive capabilities: Gf–Gc theory. In D. P. Flanagan, J. L. Genshaft, & P. L. Harrison (Eds.), Contemporary intellectual assessment: Theories, tests, and issues (pp. 53–91). New York, NY: Guilford Press.

Hornblum, J. N., & Overton. W. F.(1976). Area and volume conservation among the elderly: assesment and training. *Developmental Psychology, 12*, 68–74.

Howe, F.(1979). Sexual stereotypes start early. In P. I. Rose (Ed.), *Socialization and the life cyle*(pp. 52~63). New York: St. martin's Press.

Hughes, F. P. & Noppe, L. D.(1985). *Human development across the life span*. New York: West Publishing Co.

Hulicka, I. M. & Grossman, J. L.(1967). Age group comparisons for the use of mediators in paired associate learning. *Journal of Gerontology, 22*.

Hulse, S. H., Deese, J. & Egeth, H.(1975). *The psychology of learnig*. New York:

McGraw-Hill, Inc.

Huyck, M. H. & Hoyer, W. J.(1982). *Adult development and aging.* Wadsworth Publishing Company, Belmont, California.

Hyde, J. S., & Linn, M. C.(1988). Gender differences in verbal ability: A meta-analysis. *Psychological Bulletin, 104,* 53–69.

Ingram, D.(1978). Sensorimotor intelligence and language development. In A. Lock (Ed.), *Action, gesture, and symbol : The emergence of language.* New York: Academic Press.

Insel, S. A.(1976). On counseling the bereaved. *The Personnel and Guidance Journal, 55*(3).

Jarvik, L. F. & Cohen, D.(1973). A biobehavioral approach to intellectual Changes with aging, In C. Eisdorfer & H. P. Lawton (Eds.), *The Psychology of Adult Development and Aging.* Washington: American Psychological Association.

Jensen, A. R.(1975). The heritablity of intelligence. In H. Munsinger (Ed.). *Readings in child development*(2nd ed.). New York: Holt, Rinehart & Winston, 131–135.

Jensen, A. R.(1998). The g factor: The science of mental ability. Westport, CT: Praeger.

Joffe, L. S. & Vaughn, B. E.(1982). Infant-mother attachment : Theory, assesment, and implications for development, In B. B. Wolman (Ed.), *Handbook of developmental psychology*(pp. 190~207). Englewood Cliffs, N. J.: Prentice Hall.

Johnson-Laird, P. N.(1999). Deductive reasoning. *Annual Review of Psychology, 50,* 109–135.

Jung, C. G.(1933). *Modern Man in search of a Soul.* New York: Harcourt, Brace & world.

Kagan, J.(1965). Impulsive and reflective children: Significance of conceptual tempo. In J. D. Krumboltz (Ed.), *Learning and the educational process.* Chicago: Rand McNally.

Kagan, J.(1978). The determinants of attention in the infant. In J. K. Gardner (Ed.), *Readings in developmental psychology*(pp. 79~82). Boston: Little Brown & Co.

Kagan, J.(1980). The baby's elastic mind. In. D. Rogers (Ed.), *Issues in life-span human development*(pp. 226~234). Montercy, C. A.: Brooks/Cole Publishing Co.

Kail, R. & Bisanz. J.(1982). Cognitive development: An information processing perspective. In R. Vasta(ed.), *Strategies and techniques of child study*(pp. 209~244). New York: Academic Press.

Kail, R., & Hagen J. W.(1982). Memory in childhood. In B. B., Wolman (Ed.). *Handbook of developmental psychology*(pp. 250~366). Englewood Cliffs, N. J.: Prentice-Hall, Inc.

Kaluger, G. & Kaluger, M. F.(1979). *Human Development-the span of life*(2nd ed.). The C.V. Mosby Company.

Kaluger, G. & Kaluger, M. F.(1984). *Human development*(3rd ed.). St. Louis: Times Mirror/Mosby College Publishing.

Kaplan, H.(1974). *The New Sex Therapy*. New York: Quadrangle Publishing company.

Kart, C. S.(1981). *The realities of Aging*. Boston, Mass: Allyn and Bacon.

Kasser, T., Ryan, R. M., Zax, M., & Sameroff, A. J.(1995). The relations of maternal and social environments to late adolescents' materialistic and prosocial values. *Developmental Psychology, 31*, 907–914.

Kastenbaum, R.(2000). *The Psychology of death*. New York: Springer.

Kastner, L. S., & Wyatt, J. F.(1997). *The seven-year stretch: How families work together to grow through adolescence*. New York: Houghton Mifflin.

Kennedy, C. E.(1978). *Human Development: The adult years and aging*. Macmillan Publishing Co. Inc., New York.

Kety, S.(1986). Genetic factors in suicide. In A. Roy (Ed.), *Suicide*. Baltimore, MD: Williams & Wilkins.

Kimmel, D. C.(1974). *Adulthood and aging*. New York: Wiley.

Kirby, I. J.(1973). Hormone replacement therapy for postmenopausal symptoms. *Lancet, 2*, 103.

Klapper, W., Parwaresch, R., & Krupp, G.(2001). Telomere biology in human aging and aging syndromes. *Mechanisms of Aging and Development, 122*, 695–712.

Knight, J. A.(2000). The biochemistry of aging, *Advances in Clinical Chemistry, 35*, 1–62.

Kohlberg, L.(1978). The child as a moral philosper, In J. K. Gardner (Ed.), *Readings in developmental psychology*(pp. 349~357). Boston: Little, Brown & Co.

Kolhberg, L.(1973). Continuities in childhood and adult moral development revisited, In P. B. Baltes K. W. Schaie (Eds.), *Life-span developmental psychology: personality and socialization*. New York: Academic Press.

Konner, M.(2010). *The evolution of childhood; Relationships, emotion, mind. Cambridge*; The Belknap Press of Harvard University Press.

Kotanski, M., & Gullone, E.(1998). Adolescent body image dissatisfaction: Relationships with self-esteem, anxiety, and depression controlling for body mass. *Journal of Child Psychology and Psychiatry and Allied Disciplines, 39*, 255–262.

Krane, S. H.(1980). Understanding genetic disorders of collagen, *The New England Journal of Medicine*, July 10, 303, 21–32.

Krech, D., Crutchfield, R. S. & Livson, N.(1980). The stability of I.Q. In D. Rogers (Ed.), *Issues in life-span human development*(pp. 349~357). Montercy, C. A.: Brooks/Cole Publishing Co.

Kübler-Ross. E.(1969). *On death and dying.* New York: Macmillan.

Kübler-Ross. E.(1975). *Death: The Final Stage of Growth.* Englewood Cliffs, N. Y.: Prentice-Hall.

Labouvie-vief, G.(1980). Beyond formal operations: Uses and limits of pure logic in life-span development, *Human Development, 23*, 141–161.

Lamb, M.(1976). The role of the father : An overview. In M. E. Lamb (Ed.), *The role of the father in child development*(pp. 1~66). New York: A Wiley Interscience Publishing.

Lancaster, J.(1986). Human adolescence and reproduction: An evolutionary perspective. In J. Lancaster & B. Hamburg (Eds.), *School-age pregnancy and parenthood.* New York: Aldine de Gruyter.

Laosa, L. M.(1982). Families as facilitators of childrens intellectual development. In L. M. Laosa, & I. E. Sigel (Eds.), *Families as learning environments for children*, 1–45.

Lapsley, D. K., Jackson, S., Rice, K., & Shadid, G.(1988). Self-monitoring and the "new look" at the imaginary audience and personal fable: An ego-developmental analysis. *Journal of Adolescent Research, 3*, 17–31.

Larson, R. W., Richards, M. H., Moneta, G., Holmbeck, G., & Duckett, E.(1996). Changes in adolescents' daily interactions with their families from ages 10 to 18: Disengagement and transformation. *Developmental Psychology, 32*, 744–754.

Laursen, B., & Collins, W. A.(1994). Interpersonal conflict during adolescence. *Psychological Bulletin, 115*, 197–209.

Laws, J. L.(1971). A feminist review of marital adjustment literature: the rape of the Locke, *Journal of Marriage and the Family, 33*, 483–516.

Leadbeater, B. J., Kupermine, G. P., Blatt, S. J., & Hertzog, C.(2000). A multivariate model of gender differences in adolescent's internalizing and externalizing problems. *Developmental Psychology, 36*, 1268–1282.

Leaper, C.(2011). More similarities than differences in contempolary theories of social developmnt?: A plea for theory bridging. In J. B. Benson(ed.) *Advances in child development and behavior*(vol. 40). London: Academic press. 337-378.

Learner, D. G., & Kruger, L. J.(1997). Attachment, self-concept, and academic motivation in high-school students. *American Journal of Orthopsychiatry, 67*, 485–492.

LeCroy, C. W.(1988). Parent-adolescent intimacy: Impact on adolescent functioning. *Adolescence, 23*, 137–147.

Lee, J. Y.(1982). Developmental aspects of the awareness of sex-trait stereotypes among Korean children.

Lee, V., Bryk, A. S., & Smith, J.(1993). The organization of effective secondary schools. *Review of Research in Education, 19*, 171–267.

LeFrançis, G. R.(1984). *Of children: An introduction to child development*(3rd ed.). Belmont, C. A. : Wadsworth Publishing Co.

Lefrancois, G. R.(2001). Of children: An introduction to child and adolescent development. Wadsworth/Thomson Learning.

Lefton, L. A.(1979). *Psychology*. Boston : Allyn & Bacon, Inc.

Lehman, H. C.(1953). *Age and achievement*. Princeton, N. J.: Princeton University Press.

Lein, L. & Blehar, M. C.(1983). Working couples as parents. In A. S. Skolnick, & J. H. Skolnick (Eds.), *Family in transition*(4th ed.). Boston: Little, Brown & Co. 420–452.

Lerner, R. A., Delaney, M., Hess, L. E., Jovanovic, J. & von Eye, A.(1990). Adolescent physical attractiveness and academic competence. *Journal of Early Adolescence*, 10, 4–20.

Leung, K. & Kwan, K. S. F.(1998). Parenting styles, motivational orientations, and self-perceived academic competence: A mediational model. *Merrill-Palmer Quarterly, 44*, 1–19.

Leung, K., Lau, S., & Lam, W.(1998). Parenting styles and academic achievement: A cross-cultural study. *Merrill-Palmer Quarterly, 44*, 157–172.

Levinson, D.(1978). *The Seasons of a Man's Life*. New York: Ballentine Books.

Lindsay, P. H. & Norman, P. A.(1977). *Human information processing*(2nd ed.). New York: Academic Press.

Linton, M.(1980). Information processing and developmental memory: An overview. In R. L. Autt (Ed.), *Developmental perspectives*(pp. 104~155). Santa Monica, C. A.: Goodyear Publishing Co., Inc.

Looft, W. R.(1972). Ego-centricism and social interaction. *Psychological Bulletin, 78*, 73–92.

Looft, W. R.(1977). Animistic thought in children understanding of "living" across its associated attributes. *The Journal of Genetic Psychology, 124*(pp. 235~240).

Lowenthal, M. F., M. T. Thurnles & D. Chiriboga(1975). *Four Stages of life*, San Francisco: Jossey-Bass.

Lucky, E. G. & Bain J. K.(1970). children: A factor in marital Satisfaction, *Journal of Marriage and the Family, 32*, 43–44.

Ly, D. H., Lockhart, D. J., Lerner, R. A. & Schultz, P. G.(2000). Mitotic misregulation and human aging. *Science, 287*, 2486–2492.

Lynn, D. B.(1974). *The father: His role in child development*. Monterey, C. A.: Books/Cole Publishing Co.

Maccoby, E. E. & Jacklin, C. N.(1974). *The psychology of sex difference*. Stanford, C. A.: Stanford University Press.

Macfarlane, A.(1977). *The psychology of childbirth*. Cambridge, M. A.: Havard University Press.

Manion, U. V.(1976). Pre-retirement Counseling: the need for a new-approach. *The personnel and Guidance Journal, 55*(3).

Marcia, J. E.(1980). Identity in adolescence. In J. Adelson (Ed.), *Handbook of adolescent psychology*. New York: Wiley.

Mare, R. D.(1995). Changes in educational attainment and school enrollment. In R. Farley (Ed.), *State of the union: America in the 1990's*. Vol. One: Economic trends. New York: Russell Sage Foundation.

Marsh, G. P. & Thompson, L. W.(1977). Psychophsiology of aging. In J. Birren and K. W. Schaie (Eds.), *Handbook of the Psychology of Aging*. New York: Van Nostrand Reinghold.

Marsh, H. W.(1989). Sex differences in the development of verbal and mathematics constructs: The High School and Beyond study. *American Educational Research Journal, 26*, 191–225.

Maslow, A. H.(1970). *Motivation and Personality*(2nd ed.). Harper & row.

Maslow, A. H.(1975). Humanistic versus scientific studies of humans: Motivation & personality. In H. Munsiger (Ed.), *Reading in child development*(2nd ed.). New York: Holt, Rinehart & Winston. pp. 12~16.

Maurer, D. & Salapatek, P.(1976). Developmental changes in the scanning of faces by young infants. *Child Development, 47,* 523–527.

McCandless, B. R. & Evans, E.(1973). *Children and youth: Psychosocial development.* Hinsdale, Ill.: Dryden Press.

McGuire, K. D. & Weisz, J. R.(1982). Social cognition and behavior correlates of preadolescent chumship. *Child Development, 53,* 1478–1484.

Mckenzie, B. E., Tootell, H. E. & Day, R. H.(1980). Development of visual size constancy during the 1st year of human infancy. *Developmental Psychology, 16,* 163–174.

Mead, D. E.(1977). *Six approaches to child rearing.* Provo, Utah: Brigham Young University Press.

Medley, M. L.(1977). Marital adjustment in the post retirement years, *The Family Coordinator.* Jan.

Messer, S. B.(1976). Reflection impulsivity: A review, *Psychological Bulletin,* 83, 1026–1052.

Messinger, D.(2008). Smiling, In M. *Haith & J. Benson(Eds.) Encyclopedia of infant and early childhood development(2).* New York; Acdemic Press. 186-198.

Meydani, M.(2001). Nutrition interventions in aging and age-associated disease. In S. C. Park, E. S. Hwang, H. Kim, & W. Park (Eds.), *Annals of the New York Academy of sciences: Vol. 928. Molecular and cellular interactions in senescence.* New York: The New York Academy Science.

Miller, P. H.(1983). *Theories of developmental psychology.* SanFrancisco, C. A.: W. H. Freeman & Co.

Monte, C. F.(1980). *Beneath the mask: An introduction to theories of personality*(2nd ed.). New York: Holt, Rinehart & Winston.

Montemayor, R., Eberly, L., & Flannery, D.(1993). Effects of pubertal status and conversation topic on parent and adolescent affective expression. Special issue: Affective expression and emotion in early adolescence. *Journal of Early Adolescence,* 13, 83–103.

Moore, K. L.(1977). *The developing Human*(2nd ed.). Philadelphia: Saunders.

Moskowitz, D. S., Dreyer, A. S. & Kronsberg, S.(1981). *Preschool children's field independence: Prediction from antecedent and concurrent maternal and child behavior perceptual and motor skills,* 52, 607–616.

Mounts, N. S. & Steinberg, L.(1995). An ecological analysis of peer influence on adolescent grade point average and drug use. *Developmental Psychology,*

31, 915-922.

Muller, J., Nielson, C. T., & Skakkebaek, N. E.(1989). Testicular maturation and pubertal growth in normal boys. In I. M. Tanner & M. A. Preece (Eds.), *The physiology of human growth*. Cambridge: Cambridge University Press.

Munsinger. H.(1975). *Fundamentals of child development*(2nd ed.). New York: Holt, Rinehart & Winston.

Mussen, Conger & Kagan(1990). *Child development*. New York: Harper & Row. Publishers.

Mussen, P. H.(1979). *The psychological development of the child*(3rd ed.). Englewood Cliffs, N. J.: Prentice-Hall, Inc.

Mussen, P. H., Conger, J. J., & Kagan, J.(1974). *Child development and personality*(4th. ed.). New York: Harper & Row, Publishers.

Mussen, P. H., Conger, J. J., Kagan, J., & Geiwitz, J.(1979). *Psychological development: A life-span approach*. New York: Happer & Row, Publishers.

National Research Council(1993). *Losing generations: Adolescents in high-risk settings*. Washington, DC: National Academy Press.

Neiderhiser, J. M., Reiss, D., Hetherington, E. M. & Plomin, R.(1999). Relationships between parenting and adolescent adjustment over time: Genetic and environmental contributions. *Developmental Psychology, 35*, 360–392.

Nesselroade, J. R. & Baltes, P. B.(1974). Adolescent personality development and historical change: 1970~1972. Monographs of the Society for Research in Child development, 1974, 39(1, Serial no. 154).

Neugarten, B. L.(1977). Personality and aging. In J. E. Birren & K. W. Schaie (Eds.). *Handbook of the psychology of aging*. New York: Van Nostrand Reinhold.

Neugarten, B. L. & Weinstein. K. K.(1964). The Changing American grandparent, *Journal of Marriage and the Family, 26*, 199–204.

Neugarten, B. L., Havighurst, R. J. & tobin, S. S.(1968). Personality and patterns of aging, in B. L. Neugarten (Ed.), *Middle Age and Aging*. Chicago: University of Chicago Press.

Newmann, F. M., Marks, H. M. & Gamoran, A.(1996). Authentic pedagogy and student performance. *American Journal of Education, 104*, 280–312.

NICHD Early Child Care Research Network (2005). *Child Care and Child Development*. New York: The Guilford Press.

Nottelmann, E. D.(1987). Competence and self-esteem during transition from childhood to adolescence. *Developmental Psychology, 23*(3), 441–450.

Novak, E. R., Greenblatt, R. B. & Kupperman, H. S.(1974). Treating menopausal women and climacteric men. *Medical World News, 28*, 15(25).

Obeidallah, D. A., McHale, S. M. & Sibereisen, R. K.(1996). Gender role socialization and adolescents' reports of depression: Why some girls and not others? *Journal of Youth and Adolescence, 25*, 775–785.

O'Brien, M., Weaver, J., Burchinal, M., Clarke-Stewart, K. & Vandell, L.(2014). Women's work and child care. In D. Gershoff, R. Mistry, & D. Crosby(Eds.), *Societal contexts of child development.* New York, N,Y.: Oxford University Press, 37-50.

Oden, S.(1982). Peer relationship development in childhood. In L. G. Katz (Ed.), *Current topics in early childhood education.* Norwood, N. J.: Ablex Publishing Co. Vol(4), 87–117.

Odom, R. D.(1987). A perceptual salience account of the decalaye relations and developmental change. In L. S. Siegel & C. J. Brainers (Eds.), *Alternatives to Piaget: Critical essay on the theory.* New York: Academic Press.

Offer, D.(1988). *The teenage world: Adolescents' self-image in ten countries.* New York: Plenum.

O'Koon, J.(1997). Attachment to parents and peers in late adolescence and their relationship with self-image. *Adolescence, 32*, 471–482.

Olshansky, S. J., & Carnes, B. A.(2004). In search of the holy grail of senescence. In S. G. Post & R. H. Binstock (Eds.), *The fountain of youth; cultural, scientific, and ethical perspectives on a biomedical goal.* New York: Oxford University Press.

Owens, W. A.(1966). Age and mental abilities: a second adult follow-up, *Journal of Educational Psychology, 57*, 311–325.

Paige, K. E.(1973). Women learn to sing the menstrual blues, *Psychology Today, 7*(4).

Papalia, D. E.(1972). The Status of Several conservation abilities across the life span, *Human Development, 15*, 229–243.

Papalia, D. E., & Olds, S. W.(1978). *Human Development.* McGraw-Hill Kogakusha, LTD. international student edition.

Papalia, D. E., Sterns, H. L., Feldman, R. D. & Camp, C. J.(2007). *Adult Development and Aging,* 3ed. McGraw Hill.

Papalia, D., & Bielby, D.(1974). Cognitive functioning in middle and old age adults: a review of research based on Piaget's theory, *Human Development,*

17, 424–443.

Papalia, D., E. & Olds, S. W.(1981). *A child's world: Infancy through adolescence*. New York: McGraw-Hill Book Co.

Parkes, C. M.(1972). *Bereavement: Studies of Grief in Adult Life*. New York: International University Press.

Payne, W. L.(1985). A study of emotion: developing emotional intelligence; self-integration; relating to fear, pain and desire.

Patterson, G. R., DeBaryshe, B. D. & Ramsey, E.(1989). A developmental perspective on antisocial behavior. *American Psychologist, 44*, 329–335.

Peck, R. C.(1968). Psychological developments in the second half of life In B. L. Neugarten (Ed.), *Middle age and aging*. Chicago: University of Chicago Press.

Pervin, L. A.(1975). *Personality; Theory, assessment and research*(2nd ed.). New York: John Wiley & Sons, Inc.

Pfeffer, C. R., Klerman, G. L., Hurt, S. W., Kakuma, T., Peskin, J. R. & Siefker, C. A.(1993). Suicidal children grow up: Rates and psychosocial risk factors for suicide attempts during follow-up. *Journal of the American Academy of Child and Adolescent Psychiatry, 32*, 106–113.

Phillips, J. L.(1975). *The origins of intellect Piaget's theory*(2nd ed.). San Francisco: W. H. Fressman & Co.

Piaget, J.(1952). The origins of intelligence in children. New York, NY: International Universities Press.

Piaget, J.(1967). The mental development of the child. In D. Elkind (Ed.), *Six psychological studies of Jean Piaget*.

Piaget, J.(1972). The mental development of the child. In I. B. Weiner & D. Elkind (Eds.), *Readings in child development*(pp. 270~295). New York : John Wiley & Sons, Inc.

Piaget, J.(1974). *Biology and knowledge: An essay on the relations between organic regulations and cognitive process*. Chicago: University of Chicago Press.

Piaget. J.(1972). Intellectual evolution from adolescence to adulthood. *Human Development, 15*, 1–12.

Pike, A., McGuire, S., Hetherington, E. M., Reiss, D. & Plomin, R.(1996). Family environment and adolescent depressive symptoms and antisocial behavior: A multivariate genetic analysis. *Developmental Psychology, 32*, 590–603.

Piotrkowski, C. S. & Repetti, R. L.(1984). Dual-earner families. In B. Hess & M.

Sussman (Eds.). *Women and the family: Two decades of change*(pp. 99~123). New York: The Haworth Press.

Poon, H. F., Calabrese, V., Scapagnini, G. & Butterfield, D. A.(2004). Free radicals: Key to brain aging and heme oxygenase as a cellular response to oxidative stress. *Journal of Gerontology: Medical Science, 59A*, 478–493.

Portes, P. R., Zady, M. F. & Dunham, R. M.(1998). The effects of parents' assistance on middle school students' problem solving and achievement. *Journal of Genetic Psychology, 159*, 163–178.

Powell, D. H. & Driscoll, R. F.(1973). Middle class professionals face unemployment, *society*, Jan-Feb.

Powers, S. I.(1988). Moral judgment development within the family. *Journal of Moral Education, 17*, 209–219.

Public Action Coalition on Toys(1985). Guidlines for choosing toys. *Early childhood Education, 85/86*(pp. 156~158). Sluice Dock, Conn.: The Dushkin Publishing Group, Inc.

Rachlin, H.(1970). *Introduction to modern behaviorism*. SanFrancisco, C. A.: W. H. Freeman & Co.

Radin, N.(1976). The role of the father in cognitive, academic, and intellectual development. In M. E. Lamb (Ed.), *The role of the father in child development*(pp. 237~276). New York: A Wiley-Interscience Publication.

Radloff, L. S.(1991). The use of the Center for Epidemiological Studies Depression Scale in adolescents and young adults [Special issue: The emergence of depressive symptoms during adolescence]. *Journal of Youth and Adolescence, 20*, 149–166.

Raiford, S., & Coalson, D.(2014). Essentials of WPPSI-IV assessment. New York: Wiley & Sons Inc.

Rapoport, R., R. Rapoport and V. Thiessen(1974). Couple Symmetry and enjoyment, *Journal of Marriage and the Family, 36*, 588–591.

Reichard, S., Livson, F. & Peterson, P. G.(1962). *Aging and Personality*. New York: John Wiley.

Rice, R. D.(1977). Premature infants respond to sensory simulation. *Readings in human development, 67/77*(pp. 60~62). Sluice Dock, Conn.: The Dushkin Publishing Group, Inc.

Riedly. C. A.(1973). Exploring the impact of work satisfaction and involvement on marital interaction when both partners are employed, *Journal of Marriage and the Family, 35*, 229–237.

Riegel, K. F. & Riegel, R. H.(1972). Development, drop and death, *Developmental Psychology.* 6(2), 306–319.

Riegel, K. F.(1973). Dialectic operations: The final period of cognitive development, *Human Development, 16*, 346–370.

Robbins, R. I. & Harvey, D. W.(1977). Avenues and directions for accomplishing mid-career change, *Vocational Guidance Quarterly, 25*(4).

Robinson, I., Ziss, K., Ganza, B., Katz, S. & Robinson, E.(1991). Twenty years of sexual revolution, 1965-1985: An update. *Journal of Marriage and the Family, 53*, 216–220.

Roche, A. F. & Davila, G. H.(1972). Late adolescent growth in stature. *Pediatrics, 50*(6), 874–880.

Rogers, C. R.(1961). *On Becoming a Person.* Boston: Houghton Mifflin.

Rogers, C. R.(1978). Person-centered theory. In R. J. Corsini (Ed.), *Readings in current personality theories*(pp. 64~79). Itasca, I. L.: F. E. Peacock Publishers, Inc.

Rogers, D.(1977). The age-stage controversy. In D. Rogers (Ed.), *Issues in Child Psychology*(2nd ed.). Montercy. C. A.: Brooks/Cole Publishing Co. 81–87.

Rogers, D.(1980). Stage theory. In D. Rogers(ed.), *Issues in life-span human development*(pp. 28~31). Monterey, C. A.: Brooks/Cole Publishing Co.

Roid, G. H.(2003). Stanford–Binet intelligence scales, fifth edition, technical manual. Itasca, IL: Riverside.

Rollins, B. C. & Feldman, H.(1970). Marital satisfaction over the family life cycle, *Journal of Marriage and the Family, 32*(1), 20–28.

Rosch, E. H.(1973). On the internal structure of perceptual and semantic categories. In T. E. Moore (Ed.), *Cognition and the acquisition of language.* New York: Academic Press.

Rosenfeld, A.(1976). If Oedipus parents had only known. *Reading in Human Development 76/77*(pp. 44~45). Guilford, Ct.: The Dushkin Pblishing group, Inc.

Ross. R. P.(1990). Ecological Theory of Human Development. R. M. Thomas (Ed.), *The encyclopedia of Humandevelopment and education: theorym research, studies*(pp. 98~101). Oxford: pergamon Press.

Rossi, A. S.(1980). The biosocial side of parenthood. In D. Rogers (Ed.), *Issues in life-span human development*(pp. 141~149). Montercy, C. A.: Brooks/Cole Publishing Co.

Rossi, A. S.(1983). Transition to parenthood, In A. S. Skolnick & J. H. Skolnick & J. H. Skolnick (Eds.), *Family in transition*(4th ed.), Boston: Little, Brown & Co.

453–464.

Rovee, C. K., Cohen, R. Y. & Shlapack, W.(1975). Life-span stability in olfactory sensitivity, *Developmental Psychology, 11*, 311–318.

Rubin, K. H.(1974). The relationship between spatial and communicative egocentrism in children and young and old adults, *Journal of Genetic Psychology, 125*, 295–301.

Rutter, M.(1980). *Changing youth in a changing society: Patterns of development and disorder.* Cambridge, MA: Harvard University Press.

Salkind, N. J.(2003). *Exploring research*(5th ed.). Upper Saddle River, New Jersey: Prentice Hall.

Salovey, P., & Mayer, J. D.(1990). Emotional intelligence. Imagination, cognition and personality, 9(3), 185-211.

Santrock, J. W.(1981). *Adolescence: An introduction.* Dubuque, Iowa: Wm. C. Brown.

Santrock, J. W.(1983). *Life-span development. Dubuque,* Iwoa: Wm. C. Brown Co. Publishers.

Santrock, J. W.(1995). *Life-span development Dubuque.* Iwoa: Wm. C. Brown Co. Publishers.

Scarr, S.(1993). Developmental Theories For the 1990s: Development And Individual Differences In M. Gaurain M. cole (Eds.), *Readings on the development of children.* New York: scientific American Books.

Schaffer, H. R. & Emerson, P. E.(1973). The development of social attachments in infancy, In E. F. Zigler & I. C. Child (Eds.), *Socialization and personality development*(pp. 301~318). New York: Addison Wesley Publishing Co.

Schaie, K. W. & Labouvie-Vief, G.(1974). Generational versus ontogenetic components of change in adult cognitive behavior: a fourteen-year cross-sequential study, *developmental Psychology, 10*, 305–320.

Schludermann, E. & Zubeck, J. P.(1962). Effect of age on pain sensitivity, *Perceptual & Motor Skills, 14*, 295–301.

Schneider, W. J., & McGrew, K. S.(2012). The Cattell–Horn–Carroll model of intelligence. In D. P. Flanagan & P. L. Harrison (Eds.), Contemporary intellectual assessment: Theories, tests, and issues (3rd ed., pp. 99–144). New York, NY: Guilford Press.

Schonfield, D.(1965). Memory Changes with age, *Nature, 28*, 918.

Schultz, D.(1976). *Theories of personality.* Belmont, C. A.: Wadsworth Publishing Co.

Schwartz, B.(1990). The creation and destruction of value. *American*

Psychologist, 45, 7–15.

Seamon, J. G.(1980). *Memory and cognition: An introduction.* N. Y.: Oxford University Press.

Sebald, H.(1986). Adolescents' shifting orientation toward parents and peers: A curvilinear trend over recent decades. *Journal of Marriage and the Family, 48*, 5–13.

Seifert & Hoffnung(1977). *Child and adolescent development*(4th ed.). Boston M. A.: Houghton Mifflin Co. Publishers.

Selman, R.(1976). Social-cognitive understanding: A guide to educational and clinical practice. In T. Lickona (Ed.), *Moral development & behavior.* N. Y.: Holt, Rinehart & winston.

Selmanowitz, O. J., Rizer, R. I. & Orentreich, N.(1977). Aging of the skin and its appendage. C. E. Finch and L. Hayflick (Eds.). *Handbook of the Biology of Aging.* New York: Nostrand Reinhold.

Sheehy, G.(1976). Passages. New York: Dutton.

Shulman, S. & Klein, M. M.(1993). Distinctive role of the father in adolescent separation and individuation. In S. Shulman & W. Collins (Eds.), *Father-adolescent relationships.* San Francisco: Jossey-Bass.

Sigelman, C. K. & Rider, E. A.(2006). *Life-Span Human Development,* Thomson Wadsworth.

Sigelman, C. K. & Shatter, D. R.(1995). *Life-span human development*(2nd ed.). Pacitic Grove, C. A.: Brooks/Cole Publishing. Co.

Silverman, R. E.(1982). *Psychology*(4th ed.). Englewood Cliffs, M. J.: Prentice-Hall, Inc.

Sindberg. R. M., Roberts A. F. & Mcclam D.(1972). Mate selection factors in computer matched marriages, *Journal of marriage and the family, 34*, 611–614.

Skinner, B. F.(1974). *About behaviorism.* New York: Vintage Books, A Division of Random House.

Smart, M. S. & Smart, R. C.(1982). *Children development and relationships*(4th ed.). New York: MacMillan Publishing Co., Inc.

Smart, M. S. & Smart, R. E.(1973). *Infants.* New York: The McMillan Co.

Spearman, C.(1904). "General intelligence:" Objectively determined and measured. American Journal of Psychology, 15, 201–293.

Specht, R. & Craig, G.(1982). *Human Development-A social work perspective.* Prentice-Hall Inc., Englewood Cliffs, New Jersey.

Speicher, B.(1992). Adolescent moral judgment and perceptions of family interaction. *Journal of Family Psychology, 6,* 128–138.

Stayton, D. J. & Ainsworth, M. D. S.(1973). Individual differences in infant responses to brief, everyday separations as related to other infant and maternal behaviors. *Developmental Psychology, 9,* 226–235.

Stein, P. J.(1975). Singlehood: An alternative to marriage, *The Family Coordinator, 24*(4).

Steinberg, L.(1987). Impact of puberty on family relations: Effects of pubertal status and pubertal timing. *Developmental Psychology, 23,* 451–460.

Steinberg, L., Brown, B. B. & Dornbusch, S. M.(1996). Beyond the classroom: Why school reform has failed and what parents need to do. New York: Simon & Schuster.

Sternberg, R.(1982). Who's intelligent? *Psychology Today.* 30–39.

Stevenson, H. W. & Baker, D. P.(1987). The family-school relation and the child's school performance. *Child Development, 58,* 1348–1357.

Stinnet, N. Carter, I. M. and Montgomery, J. E.(1972). Older Persons perceptions of their marriages, *Journal of Marriage and the Family, 34*(4), 665–670.

Stinnett, N. and Walters. J.(1977). *Relationships in Marriage and Family.* Macmillan Publishing Co. Inc.

Stott, L. H.(1974). *The psychology of human development.* New York: Holt, Rinehart & Winston Inc.

Super, D. E.(1951). Vocational adjustment: implementing a self-concept. *Occupations, 30,* 88–92.

Sutton-Smith, B. & Rosenberg, B. G.(1970). *The sibling.* New York: Rinhart & Winston.

Tanner, J. M.(1990). Fetus into man: Physical growth from conception to maturity. Cambridge, MA: Harvard University Press.

Tanner, J. M.(1991). Growth spurt, adolescent. In R. M. Lerner, A. C. Petersen, & J. Brooks-Gunn (Eds.), *Encyclopedia of adolescence,* Vol. 1. New York: Garland.

Tanner, J. M., Whitehouse, R. H., & Takaishi, M.(1965). Standards from birth to maturity for height, weight, height velocity and weight velocity. *British Children Archives of Diseases in Childhood, 41,* 455–471.

Taylor, M., & Hall, J.(1982). Psychological androgyny: Theories, methods, and conclusions. *Psychological Bulletin, 103,* 193–210.

Terman, L. M.(1916). The measurement of intelligence: An explanation of and a complete guide for the use of the Stanford revision and extension of the

Binet–Simon Intelligence Scale. Oxford, England: Houghton Mifflin.

Thomas, J. R., & French, K. E.(1985). Gender differences across age in motor performance: A meta-analysis. *Psychological Bulletin, 98*, 260–282.

Thomas, R. M.(1985). *Comparing theories of child development*(2nd ed.). Belmont: Wadsworth Pubishing Co.

Thompson, R. A.(1994). Emotional regulation: A theme in search of definition. Monographs of the Society for Research in Child Development, 59(2–3, Serial No. 240).

Thorndike, R. L. & Hagen, E. P.(1969). *Measurement and evaluation in paychology and education.* New York: A Wiley International Edition.

Thorne, A. & Michaelieu, Q.(1996). Situating adolescent gender and self-esteem with personal memories. *Child Development, 67*, 1374–1390.

Thurstone, L. L.(1938). Primary mental abilities. Chicago, IL: University of Chicago Press.

Tizard, B., & Rees, J.(1974). A comparison of the effects of adoption, restoration to the natural mother, and continued institutionalization on the cognitive development of four-year-old children. Child Development, 45(1), 92–99. https://doi.org/10.2307/1127754

Toder, N. I. & Marcia, J. E.(1973). Ego identity Status and response to conformity pressure in college women. *Journal of personality and Social Psychology, 26*, 287–294.

Toman, W.(1969). *Family constellation*(2nd ed.). New York: Springer.

Troll, L. E.(1975). Early and Middle Adulthood, Monterey, Calif: Books Cole Publishing Company.

Turiel, E.(1983). The development of social knowledge: Morality and convention. Cambridge University Press.

Turner, J. S. & Helms, D. B.(1983). *Lifespan Development*(2nd Ed.). Halt-Saunders International Editions.

Ullian, D. Z.(1976). The development of conceptions of masculinity and feminity. In B. Lloyd and J. Archer(Eds), *Exploring sex difference.* London: Academic Press.

Vaillant, G. E. & McArthur, C. C.(1972). Natural history of male psychologic health: I. the adult life cycle from 18-50. *Seminars in Psychiatry, 4*(4), 415–427.

Vandell, D. L.(2007). Early child care, The known and the unknown. In G. Ladd(Ed.), *Appraising the human developmental sciences*, Detroit, MI. Wayne State University Press, 300-324.

Verillo, R. T.(1980). Age-related changes in the sensitivity to Vibration, *Journal of Gerontology*, 35, 185–193.

Waldrop, M. C. Halverson, C. L.(1975). Intensive and extensive peer behavior : Longitudinal and cross sectional analyses. *Child Development, 46*, 19–26.

Walk, R. D., & Gibson, E. J.(1975). Visual depth perception in infants. In H. Munsinger (Ed.), *Readings in child development*(2nd ed.), New York: Holt, Rinehart & Winston, 65–69.

Wallach, M. A. & Kogan, N.(1967). Creativiting and intelligance in children's thinking. *Transaction, 4*, 38–43.

Wang, H. S., Obrist, W. D. & Busse, E. W.(1970). Neurophysiological correlates of the intellectual function of elderly persons living in the community. *American Journal of Psychiatry, 126*, 1205–1212.

Waterman, A. S. Geary, P. S. & Waterman, C. K.(1974) Longitudinal study of changes in ego identity status from the freshman to the senior year at college, *Developmental Psychology, 10*, 387–392.

Waterman, A. S.(1999). Identity, the identity statuses, and identity status development: A contemporary statement. *Developmental Review, 19*, 591–621.

Wechsler, D.(1949). Wechler intelligence scale for children. New York, NY:The Psychological Corporation.

Wechsler, D.(1955). Wechsler adult intelligence scale. New York, NY: The Psychogical Corporation.

Wechsler, D.(1966). The I. Q. is an intelligent test. In I. B. Weiner & D. Elkind (Eds.), *Readings in child development*(pp. 161~176). N. Y.: John Wiley & Sons, Inc.

Wechsler, D.(1967). Wechler Preschool and primary scale of intelligence. New York, NY: The Psychological Corporation.

Wecsler, D.(2013). WPPSI-IV maual. San Antonio, TX: Psychological Corp.

Welford, A. T.(1958). Aging and Human Skill, London: Oxford University Press.

Welford, A. T.(1977). Psychomotor performance. In J. E. Birren and K. W. Schaie (Eds.). *Handbook of the Psychology of Aging*. New York: Van Nostrand Reinhold.

Wellman, H. M., Ritten, K. & Flavell, J. H.(1975). Deliberate memory behavior in the delayed reactions of very young children. *Developmental Psychology, 11*, 780–787.

Weschsler, A. D. & Wang, H. S.(1974). Clinical correlates of the vibratory sense in elderly psychiatric patients, *Journal of Gerontology, 29*, 39–45.

Weschsler, D.(1958). *The measurement and appraisal of adult intelligence*(4th Ed.). Baltimore: Williams & Wikins.

Wessells, M. G.(1982). *Cognitive psychology.* New York: Harper & Row Publishers.

White, B. L. & Watts, J. C.(1980). The critical period of development. In D. Rogers (Ed.). *Issues in life-span human development*(pp. 50~54). Monterey. C. A.: Brooks/Cole Publishing Co.

White, R. W.(1975). *Lives in Progress*(3rd Ed.). New York: Holt, Rinehart and winston.

Wickelgren, W. A.(1977). *Learning & memory.* New York: Prentice-Hall Inc.

Wickens, A. P.(1998). *The causes of aging.* Amsterdam: Harwood Academic Publishers.

Woodrow, K. M., Friedman, G. D. Siegelaub, A. B. & Collin, M. F.(1972). Pain tolerance: Differences according to age, sex, and race, *Psychosomatic Medicine, 34,* 548–556.

Wrightsman, L. S.(1977). *Social psychology*(2nd ed.). Monterey, C. A.: Brooks/ Cole Publishing Co.

Yussen S. R. & Santrock, J. W.(1982). *Child development.* Dubuque, Iowa: Wm. C. Brown Co.

Zajonc, R. B.(1976). Dumber by the dozen. *Readings in Human Development*(pp. 76~77). Sluice Dock, Conn.: the Dushkin Publishing Group.

Zanden, J. W.(1978). *Human Development.* New York: Alfred A. Knopf.

Zaslow, M., Crosby, D., & Smith, N(2014). Issues of quality and acess emerging from the changing early childhood policy context. In D. Gershoff, R. Mistry, & D. Crosby(Eds.), *Societal contexts of child development.* New York, N,Y.: Oxford University Press, 54-61.

Zeman, J., & Shipman, K.(1997). Social-contextual influences on expectancies for managing anger and sadness: The transition from middle childhood to adolescence. *Developmental Psychology, 33,* 917–924.

Zimmerman, I. L. & Woo-Sam, J. M.(1973). *Clinical interpretation of the Wechsler Adult Intelligent Scale.* New York: Grune & Stration, Inc.

Zimmermann. C. C. & L. F. Cervantes(1960). *Successful American Families*, New York: Pageant Press.

Index
찾아보기

저자 소개

조복희

서울대학교 사범대학 가정교육과(학사), 서울대학교 대학원 아동학 전공(석사)

University of Tennessee-Knoxville, 아동학 전공(석사)

Oregon State University, Human Development 전공(Ph.D)

경희대학교 생활과학대학 학장, 육아정책연구소장, 한국아동학회 회장, 한국보육지원학회 회장 역임

현재 경희대학교 명예 교수

저서 아동연구의 방법(2009), 아동발달(개정판, 2008), 보육과정(공저, 2007), 보육학개론(공저, 2007), 인간발달(개정판, 공저, 2004), 생활과학연구방법론(2002), 아동발달백서(공저, 2001), 인간발달의 이해(편, 1995), 발달심리의 연구법(공역, 1990)

도현심

이화여자대학교 가정대학 식품영양학과(학사), 이화여자대학교 대학원 아동학 전공(석사)

이화여자대학교 대학원 아동학 전공(문학박사)

현재 이화여자대학교 사회과학대학 아동학 전공 교수

저서 인간발달과 가족(공저, 2005), 존경받는 부모, 존중받는 자녀(공저, 2003), 아동발달백서(공저, 2001), 청년발달의 이론(공역, 1999), 아동발달(공저, 1999), 부모-자녀관계: 생태학적 접근(공역, 1996)

유가효

서울대학교 가정대학 가정관리학과(학사), 서울대학교 대학원 가족학 전공(석사)

고려대학교 대학원 인간발달 전공(박사)

현재 계명대학교 사회과학대학 아동학 전공 교수

저서 가족문제해결 핸드북(공역, 2007), 가정폭력전문상담(공저, 2004), 한국아동학의 연구동향과 전망(공저, 2004), 인간발달(개정판, 공저, 2004), 놀이와 아동발달(공역, 2003), 인지행동놀이치료(공역, 2001), 놀이치료 핸드북(공역, 1998), 보육학개론(공저, 1997), 가족놀이치료(공역, 1997), 새 시대의 가정교육을 위한 탐색적 연구(공저, 1997), 유아의 심리(공저, 1995)

박혜원

서울대학교 가정대학 가정관리학과(학사), 서울대학교 대학원 심리학 전공(석사)

University of Massachusetts/Amherst, 발달심리학 전공(Ph.D)

한국아동학회 회장, 한국발달심리학회, 인지발달중재학회 회장 역임

현재 울산대학교 아동가정복지학과 교수

저서 한국 Wechsler 유아지능검사 4판(K-WPPSI-IV) 실시지침서(공저, 2016)

한국 비언어지능검사(K-CTONI 2) 전문가 지침서(2014)

한국 Bayley 영유아발달검사(K-BSID-II) 실시지침서(공저, 2004)

김영주

서울대학교 가정대학 가정관리학과(학사), 서울대학교 대학원 아동학 전공(석사)

서울대학교 대학원 아동학 전공(박사)

현재 울산대학교 아동가정복지학과 교수

저서 동화로 보는 아동긍정심리 용기편(2017), 동화로 보는 아동긍정심리 감사편(2018), 아동문학(공저, 2013), 아동영성발달(2012), 유아창의성교육(2010), 창의적으로 키우는 전래동화 새롭게 읽기(2010)

5판

인간
발달

1989년 2월 25일 초판 발행
1997년 9월 10일 개정판 발행
2010년 1월 20일 개정2판 발행
2016년 3월 10일 4판 발행
2020년 10월 7일 5판 발행
2022년 1월 25일 5판 2쇄 발행

지은이 조복희·도현심·유가효·박혜원·김영주
펴낸이 류원식
펴낸곳 교문사
편집팀장 김경수
책임진행 성혜진
디자인 신나리

주소 (10881) 경기도 파주시 문발로 116
전화 031-955-6111
팩스 031-955-0955
홈페이지 www.gyomoon.com
E-mail genie@gyomoon.com
등록번호 1960.10.28. 제406-2006-000035호
ISBN 978-89-363-2088-1(93590)
값 28,500원

저자와의 협의하에 인지를 생략합니다.
잘못된 책은 바꿔 드립니다.

불법복사는 지적 재산을 훔치는 범죄행위입니다.